国家出版基金项目
NATIONAL PUBLICATION FOUNDATION

技史新视角研究丛书

中国科学院自然科学史研究所 主编

构建强子结构理论

中国物理学家的层子模型

刘金岩 著

山东科学技术出版社
·济南·

图书在版编目（CIP）数据

构建强子结构理论：中国物理学家的层子模型 / 刘金岩著 . -- 济南：山东科学技术出版社，2022.4
（科技史新视角研究丛书）
ISBN 978-7-5723-1205-2

Ⅰ . ①构…　Ⅱ . ①刘…　Ⅲ . ①粒子物理学　Ⅳ . ① O572.2

中国版本图书馆 CIP 数据核字(2022)第 045325 号

构建强子结构理论：
中国物理学家的层子模型

GOUJIAN QIANGZI JIEGOU LILUN：
ZHONGGUO WULIXUEJIA DE CENGZI MOXING

责任编辑：杨　磊
装帧设计：孙小杰

主管单位：山东出版传媒股份有限公司
出 版 者：山东科学技术出版社
地址：济南市市中区舜耕路 517 号
邮编：250003　电话：（0531）82098088
网址：www.lkj.com.cn
电子邮件：sdkj@sdcbcm.com
发 行 者：山东科学技术出版社
地址：济南市市中区舜耕路 517 号
邮编：250003　电话：（0531）82098067
印 刷 者：山东新华印务有限公司
地址：济南市高新区世纪大道 2366 号
邮编：250104　电话：（0531）82079130

规格：16 开（170 mm × 240 mm）
印张：21.75　**字数：**309 千
版次：2022 年 4 月第 1 版　**印次：**2022 年 4 月第 1 次印刷
定价：68.00 元

总序

中国古代的科学技术是推动中华文明发展的重要力量，是中华文脉绵延不绝的源泉。其向外传播及与周边国家地区、域外文明的接触、交流和融合，为世界科学技术的发展做出了非常重要的贡献。古人在农、医、天、算以及生物、地理等领域，取得了许多重大科学发现；在技术和工程上，也完成了无数令人惊叹的发明创造，留下了浩如烟海的典籍和数不胜数的文物等珍贵历史文化遗产。

“五四”运动前后，我国的科技史学科开始兴起，朱文鑫、竺可桢、李俨、钱宝琮、叶企孙、钱临照、张子高、袁翰青、侯仁之、刘仙洲、梁思成、陈桢等在相关学科发展史的研究方面做出了奠基性的工作。从20世纪50年代起，中国逐步建立科技史学科专门研究和教学机构。中国科技史研究者们从业余到专业、从少数人到数百人、从分散研究到有组织建制化活动、从个别学科到整个科学技术各领域，筚路蓝缕，渐次发展，全方位地担负起中国科学技术史研究的责任。

1957年，中国自然科学史研究室（1975年扩建为中国科学院自然科学史研究所，简称“科学史所”）成立，标志着中国科学技术史学科建制化的开端。此后六十多年，科学史所以任务带学科，组织同行力量，有计划地整理中国自然科学和技术遗产，注重中国古代科技史研究，编撰出版多卷本大型丛书《中国科学技术史》（简称《大书》，26卷，1998—2011年相继出版）、《中国传统工艺全集》（20卷20册，2004—2016年第一、二辑相继出版）和《中国古代工程技术史大系》（2006年开始相继刊印，已出版12卷）等著作。其中，《大书》凝聚了国内百余位作者数十年研究心血，代表着中国古代科技史研究的最高水平。

1978年起，科学史所将研究方向从中国古代科技史扩展至近现代科技史和世界科技史。四十多年来，汇聚同行之力，编撰出版《20世纪科学技术简史》（1985年第一版，1999年修订版）、《中国近现代科学技术史》（1997年）、《中国近现代科学技术史研究丛书》（35种47册，2004—2009年相继出版）和《科技革命与国家现代化研究丛书》（7卷本，2017—2020年出版）等著作，填补了近现代科技史和世界科技史研究一些领域的空白，引领了学科发展的方向。

“十二五”期间，科学史所部署“科技知识的创造与传播研究”一期项目，与同行一道着眼于学科创新，选择不同时期的学科史个案，考察分析跨地区与跨文化的知识传播途径、模式与机制，研究科学概念与理论的创造、技术发明与创新的产生、思维方式与知识的表达、知识的传播与重塑等问题，积累了大量新的资料和其他形式的资源，拓展了研究路径，开拓了国际合作交流的渠道。现已出版的多卷本《科技知识的创造与传播研究丛书》（2018年开始刊印，已出版12卷），涉及农学知识的起源与传播、医学知识的形成与传播、数学知识的引入与传播和技术知识的起源与传播，以及明清之际西方自然哲学知识在中国的传播等方面的主题。丛书纵向贯穿史前时期、殷商、宋代、明清和民国等不同时段，在空间维度上横跨中国历史上的疆域和沟通东西方的丝绸之路，于中国古代科技的史实考证、工艺复原与学科门类史、近现代科学技术由西方向中国传播及其对中国传统知识和社会文化的冲击等方面获得了更多新认知。

科学史所在“十三五”期间布局“科技知识的创造与传播研究”二期

项目，秉承一期项目的研究宗旨和实践理念，继续以国际比较研究的视野，组织跨学科、跨所的科研攻关队伍，探索古代与近现代科学技术创造和传播的史实及机制。项目产出的成果获得国家出版基金资助，将冠以《科技史新视角研究丛书》书名出版。这套丛书的内容包括物理、天文、航海、植物学、农学、医药、矿冶等主题，着力探讨相关学科领域科技知识的内涵、在世界不同国家地区的发展演变与交互影响，并揭示科技知识与人类社会的相互关系，不仅重视中国经验、中国智慧，也关注国外案例和交流研究。

两期项目的研究成果，从更宽视野、更多视角、更深层次揭示了科技知识创造的方式和动力机制及科技知识创造与传播的主体、发挥的作用和关键影响因素，深化了对中国传统科技体系内涵与演变及中外科技交流的多维度认识。

一百多年来，国内外学者前赴后继，在中国古代科学技术史、近现代科学技术史的发掘、整理和研究上已收获累累硕果，形成了探究中国古代和近现代科技史的宏观叙事架构，回答了古代科技的结构与体系特征、思想方法、发展道路、价值作用与影响等一系列问题，开创了近现代科技史研究的新局面。我国学者也迈出了从中国视角研究世界科技史的坚实步伐。

当下我国迈上了全面建设社会主义现代化强国、实现第二个百年奋斗目标、以中国式现代化全面推进中华民族伟大复兴的新征程。这种新形势，一方面需要我国科技群体不停向前沿探索、加快前进的脚步，另一方面也亟需科技史研究机构和学者因应时势进一步深入检视科技史，从中总结经验得失，以支撑现实决策，服务未来发展。在中国历史及世界文明发展的大视野中，进一步总结阐述中国科技发展的体系、思想、成就和特点，澄清关于中国古代科学技术似是而非的认识或争议，充分发掘传统科技宝库以为今用，将有助于讲好中国科技发展的故事，回答国家和社会公众的高度关切之间，推动中华优秀传统文化的创造性转化和创新性发展，提振民族文化自信和创新自信。

《科技史新视角研究丛书》结合微观实证和宏观综合研究，在这承前启后的科技史研究序列中，薪火相传，继往开来。它以新视角带来新认知，在中国古代与近现代科技史实、中外科技交流的研究中，必将更好地发挥以史为鉴的作用。

关晓武

2022 年 1 月

序 一

以史为鉴，推动创新。科学技术史研究伴随近代科技发展而兴起，主要研究科学和技术发展规律并试图总结经验。当今世界正经历百年未有之变局，国家正在高质量实施创新驱动发展战略。在加强基础研究和原始创新、突破关键核心技术的同时，也应发挥科技史研究应有的作用。

就物理学史而言，英国、德国和美国等国家已经形成较大的学术团体和传统，既有专业的物理学史研究者，也有物理学家兼职物理学史研究。现代物理学在中国经历了百年发展，尤其是随着科学春天的步伐和改革开放的深入，中国物理学家的科研工作已逐渐融入国际主流并做出独特贡献。然而，中国的物理学史研究与物理学发展的地位极不相称，缺少具有物理学专业背景又受过科学史规范训练的研究者。叶企孙、杨振宁和周光召等著名物理学家都曾在不同场合呼吁关注物理学史研究。这不仅有利于中国科技史学科发展，对物理学研究也是大有裨益的。

2005 年，我曾邀请因创建电弱统一模型而获得诺贝尔物理学奖的格拉肖（Sheldon Lee Glashow）教授作为中国科学院爱因斯坦讲席教授访问理论物理研究所，在确定他的邀请报告时，他专门提出要做一个关于科学史的公众报告。在他的精彩报告后，我们进行了深入的交谈，他特别提到为什么这次访问要做关于科学史的报告，他说道："知道中国一直希望自己培养的科学家能在自己国家做出诺贝尔奖的科研工作，然而，中国的科学史研究和中国科学家对科学史的了解并不很充分。”在他看来，若对科学史特别是对获得诺贝尔奖工作的发展史不去认真了解和进行总结借鉴，怎么可能去期待获得诺贝尔奖呢？他认为，任何科研工作尤其是科学突破需要长期积累，需在前人研究的基础上向前推进，只有通过对科学史的深入研究和了解，不断总结前人取得科学发现的成功经验，才能达到以史为鉴，推陈出新，最终取得科学突破。正是在那次与格拉肖教授的深入讨论和交谈之后，我开始有意识地鼓励有兴趣的学生转向对科学史特别是物理学史的研究。

2007年，在我担任中国科学院理论物理研究所所长后，就与中国科学院自然科学史研究所张柏春所长开始探讨如何推进我国科学史特别是物理学史的研究和发展，他曾建议和邀请我作为自然科学史研究所的兼职博导，培育具有理论物理学基础并有兴趣致力于科学史和物理学史研究的博士研究生。当时正在理论物理研究所攻读理论物理专业博士学位的刘金岩同学表达了自己对物理学史有兴趣，也阅读了几部物理学史专业书籍。2011年4月末，我向柏春所长正式推荐了金岩。此后，金岩又在柏春所长指导下进行专题研究，逐渐掌握科学史研究方法。在她受聘于自然科学史研究所的职位后，常回理论所与我交流她的研究进展。可以看出，她对物理学史研究是热爱的，也是有长远计划的。

层子模型是中国理论物理学家在20世纪60年代的一项重要的集体研究工作。中国粒子物理学家瞄准当时粒子物理学发展的前沿问题，即基本粒子是否具有内部结构，提出了强相互作用粒子的结构模型。然而，由于当时我国所处的特殊时期，这项研究不得不被中断，使得中国物理学界失去了在强相互作用中做出更重要贡献的机会，那时国际粒子物理学界恰好提出了量子色动力学作为描述强相互作用的基本理论。尽管如此，这项研究为中国粒子物理学的后续发展培养了人才，锻炼了队伍。

金岩自2012年起专注于层子模型历史研究。据我所知，她为此查阅了关于层子模型研究的大量档案。这其中不仅有中文档案，还有日本名古屋大学坂田昌一纪念馆和位于俄罗斯杜布纳的联合核子研究所分别保存的日文和俄文档案。此外，金岩收集了大量珍贵手稿，也拜访了当年参加这项研究工作的亲历者。这些材料和扎实的科学史训练基本功及理论物理学的扎实基础使得她得以完成专著《构建强子结构理论——中国物理学家的层子模型》。这项工作不仅填补了中国物理学史研究的空白，也为物理学家了解中国理论物理学早期发展史提供材料。

基于层子模型专题，金岩也尝试做一些推广研究。例如，她研究了著名理论物理学家彭桓武和周光召先生的学术工作和影响。同时关注杨振宁先生、李政道先生和吴健雄先生在粒子物理理论和实验方面的工作以及他们在推动中国现代科技发展方面所做的重要贡献。这些工作对于我们理解中国现代物理学发展史都是有帮助的。

除了科学史研究，金岩还积极参与国际交流与合作。她与德国马普学会科学史研究所、日本广岛大学、美国纽约州立大学石溪分校和联合核子研究所的研究者开展了不同程度的学术合作。她积极参加国际研讨会，报告中国物理学史研究成果。2020年，金岩成功当选美国物理学会物理学史论坛执委，参与组织一些国际学术活动。特别是在2021年，她参与组织“量子世纪（2025）”在中国的启动会及量子科技系列报告会。

得知金岩历时十年完成的专题研究即将正式出版，我和张柏春老师都感到很欣慰。这称得上是我们最初愿望的一次成功合作，将一名物理学专业博士毕业生培养成为科学史研究的一位优秀的年轻学者。希望金岩在今后的科研工作中继续充分发挥物理学专业知识和科学史研究方法，做出更多有影响力的工作，推动我国物理学史研究的发展。

吴岳良

2022年4月10日于北京中关村

序 二

中国的科技史研究兴起于新文化运动时期，在20世纪50年代实现职业化和建制化，百年来成就了几代专家学者，取得了很有影响力的丰硕成果。面向未来，中国科技史界须着力开创新局面，培养更多的青年才俊，创造更具国际影响力的学术业绩。

刘金岩从读本科到攻读博士学位，都学习和研究物理学，在理论物理方面受到了高水平的训练，打下了非常扎实的学科基础。这为她后来从事科技史研究，特别是探究物理学的发展历程，创造了非常重要的有利条件。2011年4月27日，时任中国科学院理论物理研究所所长的吴岳良院士将她推荐给自然科学史研究所，并鼓励她转向科学史研究。

金岩在2013年2月正式入职自然科学史研究所，以“边干边学”的方式，走进科学技术史学科。九年多来，她认真参与中国科学院及研究所支持的近现代科学史研究项目和物理学史研究项目，积极参加科技史讲座、国际研讨会和国际组织的学术活动，主动选修国内外专家开设的“科技史研究导论”“科学思想史”“实验的历史”和“科学史论著研读”等课程，并且撰写学术论文和调研报告，掌握科技史的知识和研究方法。功夫不负有心人。她在几年的时间里就成长为一名职业的科学史学者，也就是由外行转为内行的成功者。

2012年，金岩采纳老师们的建议，开始关注中国粒子物理学的历史，将"层子模型的创建"作为自己的第一个科技史研究专题，希望能够发挥物理学基础好的优势。她充分借助自然科学史研究所的学术优势和环境，查阅了有关层子模型的各种出版物、手稿和国内外档案等资料，走访层子模型研究的亲历者，积累了丰富的史料，运用了历史学的研究方法。她在期刊和国际会议上发表了多篇论文，包括 *Chinese Physicists' Construction of the Straton Model in Social Context*, *Chinese Scientists in Dubna*,《彭桓武留欧期间的科学贡献》,《坂田昌一与中国科学家及毛泽东的交往》和《杨振宁：中美科技交流合作的推手》，得到了国内外科学史学家和物理学家的好评。

层子模型是 20 世纪五六十年代中国基础科学研究的一个典型案例，且便于科学史研究者聚焦和把握。经过不懈努力，金岩在 2021 年 7 月完成了《构建强子结构理论——中国物理学家的层子模型》书稿，为中国近现代科技史研究做了一项补白。从学术经历来看，它相当于一篇博士后出站报告；从研究的系统性和深度来看，它完全够得上一篇真正的科学史博士学位论文。这意味着她补上了科技史学科的研究生培养经历。

金岩在《构建强子结构理论——中国物理学家的层子模型》一书中厘清了科学家提出一种强子结构理论的基本史实和逻辑主线，对中国物理学家的这项研究工作做出了深入的学术判断："他们在国际主流视强子为点粒子之际，思考粒子物理发展方向，从强子内部有物理实体出发，借鉴核物理和量子场论方法，绕过求解束缚态场论方程问题，引入强子内部结构波函数和层子波函数的重叠积分等概念，给出一套计算 S 矩阵元的近似方法。他们较系统地研究了强子的电磁和弱衰变过程，所取得的部分理论计算结果与当时的实验较为符合，是强子结构的一个理论探索，在当时该方向上处于理论前沿。"

金岩以内史分析为主线，兼论物理学与哲学、政治、外交等因素的互动关系，提出了独到的学术观点。例如，她强调日本物理学家坂田昌一的研究工作和毛泽东主席的哲学观都是促进中国粒子物理学重视研究强子内部结构的重要因素，认为层子模型未能成为一套成熟的正确理论并产生预期的国际影响，这受到了若干种因素的制约。

总之，《构建强子结构理论——中国物理学家的层子模型》在科学分析方面有深度，在史学方面符合学术规范，解决了中国现代物理学史专题研究中的重要学术问题，并且为作者进一步的科技史研究打下了很好的学术基础。在此，我愿意将这部新作推荐给学界同行们和关心中国科技事业发展的读者们。

张柏春

2022 年 3 月 30 日于北京中关村基础科学园区

目 录

导 言

20 世纪初，随着相对论和量子力学的提出，物理学迎来新的大发展。第二次世界大战后，探索物质基本组成及其相互作用规律的粒子物理学发展成独立学科。物理学家意识到相互作用对于研究物质的本质和运动规律的重要性。要描述弱相互作用和强相互作用，就需要引入新的理论框架。中国物理学家在世界粒子物理学研究过程中做出了独特的探索。他们在 20 世纪 60 年代集体研究物质微观结构，提出关于强子结构的理论模型——层子模型。这个理论模型的构建受了政治、哲学和外交等因素的影响，为我们认识中国现代科学的发展提供了一个典型案例。

由于层子模型主要研究成果以中文发表，鲜有国外物理学家了解其具体内容。国外物理学史家对层子模型研究也不多见。1983 年，美国威斯康星大学麦迪逊分校的弗里德曼（E.Friedman）在 *Einstein and Mao: metaphors of revolution* 一文中列举了包括层子模型在内的 1955 年至 1976 年中国政治、经济、外交、文化和科学领域中的一些事件。[①] 2003 年，普林斯顿大学的戈登（M.Gordin）、博林格林州立大学的格伦登（W.Grunden），联合学院的沃尔克（M.Walker）和加州州立理工大学普莫娜分校的王作跃在由沃尔克编辑的 *Science and ideology: a comparative history* 一书中撰文以法国、苏联、德

① FRIEDMAN E. Einstein and Mao: metaphors of revolution[J]. The China Quarterly, 1983(93): 51-75.

国、日本、美国和中国为例讨论意识形态对科学的影响，其中中国部分也涉及层子模型相关论述。[①] 特拉华州立大学的程映虹在 *Ideology and cosmology: maoist discussion on physics and the Cultural Revolution* 一文中考察了 20 世纪 50 年代中期至 70 年代中期中国对物质是否无限可分和时空是否有限等自然科学讨论。[②] 此外，美国波士顿大学曹天予在 2014 年美国物理学会三月会议（March Meeting）报告了毛泽东在层子模型与原子弹研制过程中的作用，目前尚未见公开发表文章。

国内学者初步研究了层子模型的创建历史，但还不够系统和深入。中山大学李华钟在《规范场和夸克动力学模型——关于 QCD 和层子模型的议论》中讨论了量子色动力学（Quantum Chromodynamics, QCD）和层子模型的关系。[③] 他认为夸克动力学模型的基础是非亚贝尔规范场理论，而层子模型没有动力学相互作用机制，是半唯象理论。中山大学关洪在《胡宁传》中较详细地介绍了层子模型研究背景，重点讨论自然科学研究与哲学的关系。不过，他关注的重点是北京大学基本粒子组，尤其是胡宁在创建层子模型过程中的贡献，对中国科学院原子能研究所和数学研究所等单位所做的工作论述不足。他还发表“层子模型前后”文章。[④] 中国科学技术大学丁兆君、胡化凯在《“层子模型”建立始末》中，介绍了层子模型及其创建背景。[⑤]

层子模型研究参与者对于层子模型建立过程的描述散见于各类回忆文章。此类文章主要有胡宁的《层子模型的分析》[⑥]，朱洪元、宋行长和朱重远的《层子模型的回顾与展望》[⑦]，何祚庥的《关于新中国理论物理研究的一段

---

① WALKER M (ed.). Science and ideology: a comparative history[M]. London and New York: Routledge, 2003: 35-65.

② CHENG Y H. Ideology and cosmology: Maoist discussion on physics and the Cultural Revolution [J]. Modern Asian Studies, 2006, 40(1): 109-149.

③ 李华钟. 规范场和夸克动力学模型：关于 QCD 和层子模型的议论[J]. 物理, 2006(04): 340-344.

④ 关洪. 层子模型前后：关于声称以马克思主义哲学指导物理学研究的一个案例分析[J]. 自然辩证法通讯, 2006, 28(2): 97-103.

⑤ 丁兆君，胡化凯. “层子模型” 建立始末[J]. 自然辩证法通讯, 2007, 29(4): 62-67.

⑥ 胡宁. 层子模型的分析[J]. 科学通报, 1978(03): 129-137.

⑦ 朱洪元，宋行长，朱重远. 层子模型的回顾与展望[J]. 自然辩证法研究通讯, 1980(3): 9-23.

回忆》[①]，以及《朱洪元论文选集》附录中收录的何祚庥、戴元本、刘耀阳、高崇寿、黄涛、张肇西、杜东生、李炳安和周邦融等人关于层子模型提出过程的零星叙述。此外，黄涛在《我记忆中的层子模型》一文中回顾了层子模型提出过程和影响。[②]

此外，有学者关注个别物理学家在“层子模型”理论创建过程中的贡献。冼鼎昌在《“层子模型”是强子结构研究的重要开拓》中叙述了朱洪元的贡献。[③] 江向东在《鲜为人知的基础研究重大成果——刘耀阳夸克颜色的发现》中，以刘耀阳在1966年发表的文章为依据，认为刘耀阳是夸克颜色的最初提出者。[④]

总体说来，国外物理学史家在层子模型的相关研究中主要关注毛泽东的作用。国内学者的研究缺乏系统的史实梳理，大多以分析二手文献、回忆文章等为主。本研究基于中文、日文和俄文等史料，梳理国际粒子物理发展历史和中国粒子物理学科的早期发展及人才培养情况，研究毛泽东关注坂田昌一（S.Sakata）工作的缘起及影响，厘清层子模型的具体构建过程、国际评价及后续发展。同时，探讨现代科学理论与中国的文化、哲学、政治、外交等因素的互动关系，从而认识20世纪60—70年代中国基础科学研究的特点。

本研究主要参考以下几种资料。第一，档案资料。包括中国科学院档案馆、中国科学院高能物理研究所、中国科学院数学与系统科学研究院、日本名古屋大学坂田昌一纪念馆、俄罗斯杜布纳联合核子研究所保存的原始档案。第二，公开发表的学术论文。包括刊登在《原子能》和《北京大学学报（自然科学）》的涉及层子模型工作的42篇学术论文、粒子物理早期发展文献等。第三，计算手稿和会议笔记等。中国科学院理论物理研究所张历宁保存了朱洪元早期讲授量子场论的笔记（含1957年北京大学授课讲义和

① 何祚庥. 关于新中国理论物理研究的一段回忆[J]. 北京党史，2005（1）：55-58.

② 黄涛. 我记忆中的层子模型[J]. 现代物理知识，2020, 32（06）：51-57.

③ 冼鼎昌.“层子模型”是强子结构研究的重要开拓[M]// 郭传杰，主编. 中国科学院科技创新案例（二）. 北京：学苑出版社，2004：54-58.

④ 江向东. 鲜为人知的基础研究重大成果：刘耀阳夸克颜色的发现[J]. 中国科技史杂志，1999, 20（1）：1-8.

1958 年青岛量子场论讲习班讲义）以及中国科学院原子能研究所、数学与系统科学研究院和北京大学物理系粒子物理讨论小组的部分报告记录。层子模型参与者戴元本院士提供了北京基本粒子组讨论班报告记录以及他参与层子模型计算过程中的手稿。中国科学院高能物理研究所档案室提供了层子模型主要计算部分手稿。第四，回忆录和口述史料。例如何祚庥的《关于新中国理论物理研究的一段回忆》、刘耀阳的《六十年代粒子物理学回忆》等。笔者还以口述或电话等方式访谈了大部分亲历层子模型研究工作的物理学家，获得了较全面的口述史料。第五，报刊资料。例如《人民日报》《光明日报》和《文汇报》等中国报刊，以及 *China Reconstruct* 和美国物理学会的 *Physics Today* 等外文报刊。第六，已经发表的关于层子模型理论创建历史的研究文献。

第一章

粒子物理早期发展（1950s—1970s）

古希腊时期，哲学家便开始思考物质的基本组元。米利都学派的泰勒斯（Thalēs）、阿那克西曼德（Anaximander）和阿那克西米尼（Anaximenes）分别认为世界的本原是“水”“无限”①和“气”。公元前6世纪，毕达哥拉斯（Pythagoras）提出世界的本原是“数”。大约一个世纪以后，恩培多克勒（Empedocles）提出水、火、土和空气四元素通过“憎”（斥力）和“爱”（引力）组成世界万物。同时代的德谟克利特（Democritus）继承并发展留基伯（Leucippus）创立的“原子论”，提出世界由原子（atomos）和虚空构成。中国古代圣贤则用水、火、木、金和土解释万物起源。

19世纪初，道尔顿（J.Dalton）提出具有科学意义的原子理论，取代上述朴素而原始的哲学思想。进入20世纪以后，基于放射性和电子的发现以及相对论和量子力学的提出，物理学家对物质微观结构的研究深入到原子和原子核尺度。第二次世界大战期间，伴随实验方法和设备的改进以及相应的理论发展，探究基本粒子结构、相互作用及其转化规律的粒子物理学逐渐脱离核物理学并成长为独立学科。在经历过一段混乱发展时期后，物理学家构建了粒子物理标准模型，统一描述强、弱和电磁相互作用。

① 阿那克西曼德认为世界本原是由一种在时间和空间上没有边界的物质 apeiron（“无限”或“元质”）组成。

第一节　学科独立到粒子激增

1897 年，汤姆森（J.J.Thomson）在研究阴极射线时发现电子。这是人类发现的首个基本粒子。此后，物理学家每隔几年就会发现一种新粒子。1905 年，爱因斯坦（A.Einstein）在解释光电效应时提出光量子。1919 年，卢瑟福（E.Rutherford）利用 α 粒子轰击氮原子核散射实验发现质子。1932 年，查德威克（J.Chadwick）证实中子的存在。同年，安德森（C.D.Anderson）在宇宙线实验中发现正电子。此外，为了解释 β 衰变中电子的连续谱问题，泡利（W.Pauli）于 1931 年假设反应末态存在某种未知的电中性粒子，后被费米（E.Fermi）命名为中微子。继中子发现以后，海森堡（W.K.Heisenberg）与伊凡宁柯（D.Iwanenko）独立提出原子核由质子和中子构成。为解释质子和中子如何结合在尺度为 10^{-13}cm 的原子核中，汤川秀树（H.Yukawa）于 1935 年提出介子假说。他认为核力是通过交换一种称之为“pion”介子的粒子实现，并估算该粒子质量约为电子质量的 200 倍。至此，物理学家自认为已经构建了关于物质组成的完整理论，即物质由原子核和电子组成，原子核由质子和中子组成，“pion”介子传递质子和中子间的相互作用力，光子则传递电磁作用力。

然而，事实并非如此。1936 年，安德森等物理学家在宇宙射线中发现所谓的“重电子”，被认为是汤川秀树预言的“pion”介子。不过，理论计算的介子寿命是实验测量的宇宙线粒子寿命的 1%。此外，物理学家认识到这一粒子与物质之间的作用非常微弱，并不具有强的核力作用。为了处理介子寿命问题，汤川秀树和坂田昌一于 1942 年提出“双介子理论”。5 年后，鲍威尔（C.F.Powell）利用新研发的高灵敏乳胶板捕捉到宇宙线粒子衰变后的径迹：在某一点一个介子衰变到另一个较轻的介子（图 1–1a）。由此可以解释安德森等人之前在实验中发现的是较轻的介子，即现在的 μ 轻子；而较重的介子才是汤川预言的介子，现在称之为 π 介子。

物理学家还在宇宙线实验中发现“V”粒子，即粒子留下一个像“V”字形的径迹（图 1–1b）。1947 年，巴特勒（C.Butler）和罗切斯特（G.D.Rochester）在云室实验中首次观察到“V”型事例[①]。随后，实验发现这类粒子通过强相互作用协同产生，而通过弱相互作用衰变，即快产生、慢衰变。物理学家起初无法解释这种现象，故将其称为“奇异”粒子。μ 子和一系列奇异粒子的发现打破了物理学家认为自己已经构建的有关物质组成完整理论的图景。因此，新粒子并未受到物理学家的欢迎。1944 年诺贝尔物理学奖获得者拉比（I.I.Rabi）曾开玩笑说：“谁点了这些粒子？”[②]

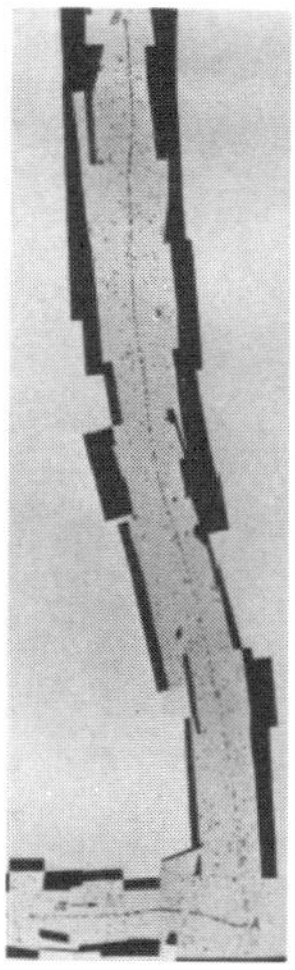

图 1–1a 实验观测的 $\pi \rightarrow \mu \rightarrow e$ 衰变事例

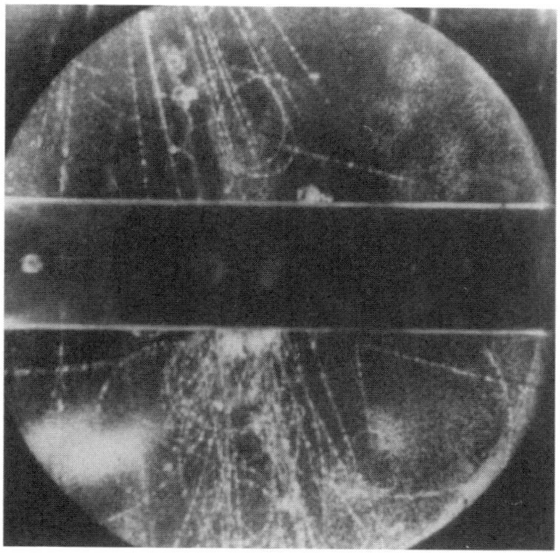

图 1–1b 1946 年 10 月观测到的首例 V^0 衰变事例

① 巴特勒和罗切斯特分别于 1946 年 10 月和 1947 年 5 月观测到两个“V”型事例。随后两年内，他们没有观测到更多“V”型事例。罗切斯特描述自己所在的曼彻斯特小组在该段时间内“着急而且尴尬”。为此，他们甚至决定建立可易拆卸的新的云室和更大的磁铁，并计划将这些设备运往高宇宙线密度的阿尔卑斯山的米迪峰（Pic du Midi，海拔高度为 2877 m）。幸运的是，1949 年 11 月 28 日，加州理工学院的安德森写信给布莱克特（P.M.S.Blackett）告知他的实验组发现 30 多个交叉事例（“V”型事例）。随后，宇宙线物理学家开始在高山顶、飞机以及高空热气球上做实验寻找新粒子。参见：ROCHESTER G D. The early history of the strange particles[M]// Early history of cosmic ray studies: personal reminiscences with old photograph. Edited by SEKIDO Y and ELLIOT H. United States，1985：299–322.

② BROWN L M，DRESDEN M，HODDESON L. Pions to quarks: particle physics in the 1950s[M]. Cambridge University Press，2009：5.

粒子物理实验设备的改进是推动粒子物理学向前发展的直接动力。通常，粒子物理实验主要依赖于加速器产生高能量粒子轰击基本粒子，放置在四周的一系列探测器探测新产生粒子行为并计算和分析各种原始数据。1932年，劳伦斯（E.O.Lawrence）及其弟子设计了第一台能量为1MeV的回旋加速器。第二次世界大战期间，受益于成功研制原子弹所获得的美誉，原子核物理学受到极高重视。在核物理母体孕育下的粒子物理在这一时期也得到快速成长。“二战”结束后，参与战时研究的物理学家返回各自领域从事纯科学研究并获得充足的研究经费。实验物理学家阿尔瓦雷斯（L.W.Alvarez）[①]曾对理论物理学家派斯（A.Pais）说：“战争一结束我们就从军队得到一张空白支票，钱数由我们自己填写。这是由于我们在战争过程中取得了如此辉煌的成功。如果不是因为这些成功，我们也许会被称为恶棍。我们好像从来不用发愁经费。”[②]

充裕的经费支持使得美国在20世纪50—60年代再次兴建高能加速器[③]，以便在更高能量范围内研究基本粒子。从此，GeV量级加速器逐渐取代稀疏的、不受控的宇宙线和几百个MeV量级的加速器。这期间建成的质子加速器有美国布鲁克海文国家实验室（Brookhaven National Laboratory, BNL）的质子同步加速器（Cosmotron）、劳伦斯伯克利国家实验室（Lawrence Berkeley National Laboratory, LBNL）的高能质子同步稳相加速器（Bevatron）和伊利诺伊州阿贡国家实验室（Argonne National Laboratory, ANL）的零梯度同步加速器（Zero Gradient Synchrotron, ZGS）。此外，在和平利用原子能国际背景下，苏联联合核子研究所（Joint Institute for Nuclear Research, JINR; Объединенный Институт Ядерных Исследований, ОИЯИ）和瑞士日内瓦

① 阿尔瓦雷斯（1911—1988）是1968年诺贝尔物理学奖获得者。他发展的氢气泡室技术和数据分析方法，促使粒子物理实验发现大批共振态粒子。

② PAIS A. Inward bound of matter and forces in the physical world[M]. Oxford: Oxford University, 1986: 19.

③ 美国的加速器建造早在20世纪30年代便异常活跃。截至1940年，美国共修建24个回旋加速器和10个其他类型加速器。其中部分加速器在研制原子弹过程中的同位素分离方面发挥重要作用。这使得加速器一度成为美国先进科技领域的典型代表。

近郊的欧洲核子研究中心（Conseil Européen pour la Recherche Nucléaire，CERN）也建成了高能量质子加速器（表 1–1）。电子加速器包括汉堡的德国电子加速器（Deutsches Elektronen–Synchrotron，DESY）和美国斯坦福直线加速器中心（Stanford Linear Accelerator Center，SLAC）（表 1–2）。此外，“二战”期间发展的微波、电子学、真空、低温、计算等领域的先进技术应用于加速器设计和建造。大气泡室、火花室、闪烁计数器等逐渐代替传统云室和核乳胶等探测设备，使得粒子探测更为快捷和高效。

表 1–1　　20 世纪 50—60 年代建立的高能质子加速器

编号	机构（位置）	能量（GeV）	建成时间
1	联合核子研究所（苏联 杜布纳）	0.68 10	1953 年 1958 年
2	欧洲核子中心（瑞士 日内瓦）	0.6 28	1958 年 1959 年
3	加利福尼亚（美国）	0.72	1947—1957 年
4	伯明翰（英国）	1	1953 年
5	特夫脱（荷兰）	1	不详
6	布鲁克海文实验室（美国）	3	1952 年建成（1GeV） 1954 年提高到 3GeV
		33	1960 年
7	萨克莱原子核研究所（法国）	3	1958 年
8	普林斯顿（美国）	3	1963 年
9	加利福尼亚 Bevatron（美国）	6.8	1954 年建成 1960 改建提高流强
10	卢瑟福高能实验室（英国 牛津）	7.85	1963 年
11	理论与实验物理研究所（苏联 莫斯科）	7	1963 年
12	阿贡实验室（美国）	12.5	1963 年

表 1-2　　20 世纪 50—60 年代建立的高能电子加速器

编号	类型	位置	能量(GeV)	建成时间
1	直线加速器	斯坦福(美国)	1	1959 年
2	直线加速器	奥尔赛(法国)	1.2	1961 年
3	电子同步辐射加速器	罗马(意大利)	1.2	1954—1959 年
4	电子同步辐射加速器	东京(日本)	1.2	1956—1961 年
5	电子同步辐射加速器	斯德哥尔摩(瑞典)	1.2	1954—1961 年
6	电子同步辐射加速器	康奈尔(美国)	1.4	1953—1955 年
7	电子同步辐射加速器	加利福尼亚(美国)	1.5	1950—1956 年
8	直线加速器	哈尔科夫(苏联)	2	不详
9	电子同步辐射加速器	肯布里季(美国)	6	1956—1961 年
10	电子同步辐射加速器	耶里温(苏联)	6	未建成
11	电子同步辐射加速器	汉堡(联邦德国)	6	1958—1963 年
12	直线加速器	斯坦福(美国)	45	1966 年

实验设备的发展和实验方法的改进促使粒子物理学成长为独立学科但“欢欣和痛苦”并存。[①] 在 1948 年 Bevatron 对撞产生第一个 π 介子后，开启了人工制造新粒子大门。物理学家陆续发现 K^+(1949)、π^0(1950)、Λ^0 和 K^0(1951)、Δ^{++}、Δ^+、Δ^0 和 Δ^-(1952)；$\bar{p}$(1955)、ν_e 和 $\bar{n}$(1956)、Σ^0(1957)、$\bar{\Lambda}^0$ 和 Ξ^0(1958)以及共振态 ρ、ω、η、K^* 等一批介子、重子和共振态粒子。

新粒子“爆炸式”增长使得粒子物理陷入“混乱不堪”状态(图 1-2)[②]。1955 年，兰姆(W.E.Lamb)在其诺贝尔物理学奖报告中开玩笑说：“在 1901 年颁发诺贝尔奖时，物理学家仅知道两种基本粒子，即电子和光子。但是，自 1930 年开始，基本粒子开始泛滥：中子、中微子、μ 介子、π 介子、重

① BROWN L M, DRESDEN M, HODDESON L. Pions to quarks: particle physics in the 1950s[M]. Cambridge University Press, 2009: 3.

② PAIS A. Inward bound of matter and forces in the physical world[M]. Oxford: Oxford University, 1986: 19.

介子以及各种超子纷纷出现。我听说过去物理学家会凭借发现一个新粒子而被授予诺贝尔物理学奖，现在谁要发现一个新粒子应该罚款 10000 美元。”[①] 当时的粒子物理学家通常以希腊字母命名新发现粒子。冯·诺依曼(von Neumann)无奈地建议在用完希腊字母后以“普尔曼式客车”(Pullmancars)的名字命名新粒子。费米也对其学生莱德曼(L.Lederman)抱怨：“年轻人，如果我能够记住这些新粒子名字，那我不如改行去做植物学家了！”[②] 奥本海默(J.R.Oppenheimer)则将新粒子称为亚原子动物园(subnuclear zoo)。不过，此时的物理学家还没能力将那些野兽放入兽笼并贴上标签。上百种新粒子与化学元素周期表中的元素相似，粒子物理领域也需要一位门捷列夫(D.Mendeleev)。

图 1-2　物理学家戈德哈伯(G.Goldhaber)描绘的 1955—1964 年发现新粒子情景[③]

① LAMB W. Fine structure of the hydrogen atom. Nobel Lecture. Dec. 12, 1955.

② LEDERMAN L, TERESI D. The god particle: if the universe is the answer, what is the question?[J]. American Journal of Physics, 1994, 62(2): 442.

③ 采自劳伦斯伯克利国家实验室 Lina Galtieri 2011 年 11 月 19 日在阿尔瓦雷斯研讨会(Alvarez Symposium)的报告。

第二节　混乱中寻找秩序

新粒子的涌现既给物理学家带来困扰，也为他们系统考察强子性质、探寻其规律提供机会。对上百种粒子进行分类，找出它们之间内在联系及其根源，提出新的概念和理论模型是这一时期粒子物理学家的主要工作。

一、奇异数、费米－杨模型和坂田模型

对于新发现的众多粒子，有物理学家开始怀疑它们是否都是基本粒子。1949 年，费米和杨振宁提出关于基本粒子的第一个复合模型。① 他们在论文中指出：“在最近几年发现了几个新的粒子，它们一般被假设为基本的，也就是根本没有结构的。所有粒子确实都是基本粒子的可能性，随着它们数目的增加变得越来越小了。”费米和杨振宁猜想 π 介子由一个核子和一个反核子构成，由此可以得到 π 介子量子数。不过该模型只能部分解释介子质量谱，不能解释介子的短寿命和重子结构问题。②

为解释奇异现象，盖尔曼（M.Gell-Mann）和西岛和彦（K.Nishijima）引入奇异数概念，指出奇异数在强作用下守恒而在弱作用下不守恒。③④ 例如，奇异数分别为 +1 和 −1 的 K 和 Λ 介子协同产生，随后通过弱作用独立衰变。进而，他们又发现电荷 Q、奇异数 S 与同位旋第三分量 I_3 之间存在 $Q = I_3 + \frac{(B+S)}{2}$ 关系。

① FERMI E, YANG C N. Are mesons elementary particles?[J]. Physical Review, 1949, 76 (12): 1739-1743.

② 强子指参与强相互作用粒子的统称，分为重子和介子。重子指自旋量子数为$\frac{1}{2}$奇数倍的强子，介子是自旋量子数为$\frac{1}{2}$偶数倍的强子。

③ NISHIJIMA K. Charge independence theory of V-particles[J]. Progress of Theoretical Physics, 1955, 13(3): 285-304.

④ GELL-MANN M. The interpretation of the new particles as displaced charge multiplets[J]. IL Nuovo Cimento, 1956(4): 848-866.

日本物理学家坂田昌一仔细研读费米－杨模型，深入研究基本粒子结构问题，于1956年提出基本粒子“复合模型”，即坂田模型。① 坂田模型将质子（p）、中子（n）和兰姆达粒子（Λ）看作基础粒子，通过用Λ粒子个数代替奇异数克服奇异数理论的唯象性质。坂田模型假设介子和重子由基础粒子构成（表1–3）。该模型可以有效解释介子情况，但不适用于重子。此外，模型未给出基础粒子的结合机制。1958年，小川修三（S.Ogawa）指出在忽略p、n和Λ质量差和电荷的前提下，三个基础粒子存在完全对称性。② 第二年，小川修三等人把完全对称性表述为三维幺正群$U(3)$理论，详细考察群结构并尝试对基本粒子分类。③ 例如，将p、n和Λ看作属于三维表示，π、K介子对应于八维表示。不过，在处理重子分类时遇到原则性困难。

表1–3　　坂田模型框架下介子和重子的组分

介子	$\pi^+ = p\bar{n}$	$\pi^- = n\bar{p}$
	$K^+ = p\bar{\Lambda}$	$K^0 = n\bar{\Lambda}$
	$K^- = \Lambda\bar{p}$	$\bar{K}^0 = \Lambda\bar{n}$
重子	$\Sigma^+ = \Lambda\pi^+ = \Lambda\bar{p}$	$\Xi^0 = \Lambda\bar{K}^0 = \Lambda\Lambda\bar{n}$

随着实验数据积累以及群论方法发展，盖尔曼和尼曼（Y.Ne'eman）于1961年独立根据$SU(3)$群不同表示将具有相同自旋、宇称和不同同位旋、奇异数的强子进行分类。④⑤ 例如，将p、n、Λ、Σ和Ξ粒子等八个粒子看作属于$SU(3)$群八维表示（图1–3）。受古印度佛学教义“八正道”启发，盖尔曼

① SAKATA S. On a composite model for the new particles[J]. Progress of Theoretical Physics, 1956, 16(6): 686–688.

② OGAWA S. A possible symmetry in Sakata composite model[J]. Progress of Theoretical Physics, 1959, 21(1): 209–211.

③ IKEDA M, OGAWA S and OHNUKI Y. A possible symmetry in Sakata's model for bosons–baryons system[J]. Progress of Theoretical Physics, 1959, 22(5): 715–724.

④ GELL–MANN M. The Eightfold Way: a theory of strong interaction symmetry[C]. CTSL–20, 1961, TID–12608.

⑤ Ne'EMAN Y. Derivation of strong interactions from a gauge invariance[J]. Nuclear Physics, 1961, 26(2): 222–229.

将这一分类方法命名为八重法。①

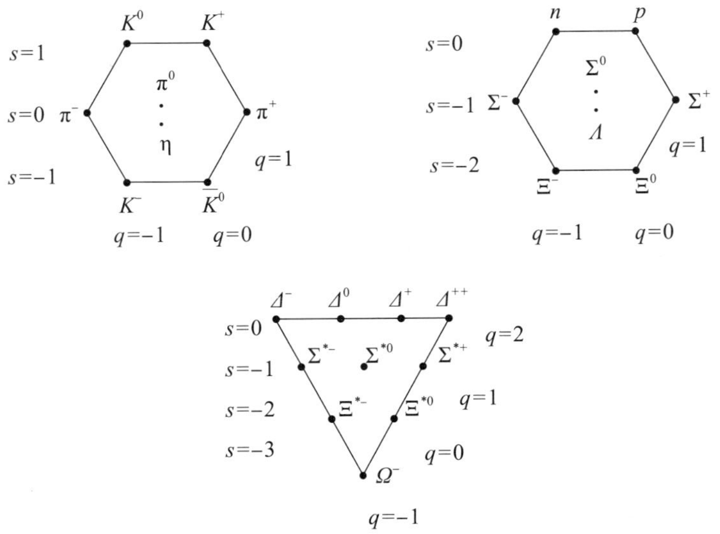

图 1-3　介子八重态、重子八重态和重子十重态示意图

其中 s 代表奇异数，同一水平线上的粒子具有相同奇异数，对角线上的粒子具有相同的电荷

$SU(3)$ 对称性作为一种分类工具能较成功地解释粒子的基本属性。此外，$SU(3)$ 对称性理论预言的粒子质量关系、磁矩、电磁质量差以及强、电磁衰变宽度等与实验结果接近。类似于化学元素周期表，八重法具有预测表中特定位置空缺粒子的能力（见图 1-3）。1964 年，布鲁克海文国家实验室发现 Ω^- 粒子②，其特性与八重法预言的空缺处粒子完全符合，强有力地支持了八重法（图 1-4）。

① 佛教中的"八正道"指正见（right view）、正思维（right intention）、正语（right speech）、正业（right action）、正命（right livelihood）、正精进（right effort）、正念（right mindfulness）和正定（right concentration）。

② 实验上寻找 Ω^- 粒子困难重重。实验物理学家安排经过训练的长岛家庭妇女每天分析几千张粒子照片。她们根据相片上测量角度和曲线来寻找 Ω^- 粒子的确切信号。在分析约 10 万张相片后，实验物理学家终于发现一个质量为（1682 ± 12）MeV、奇异数为 3 的粒子，即 Ω^- 粒子。

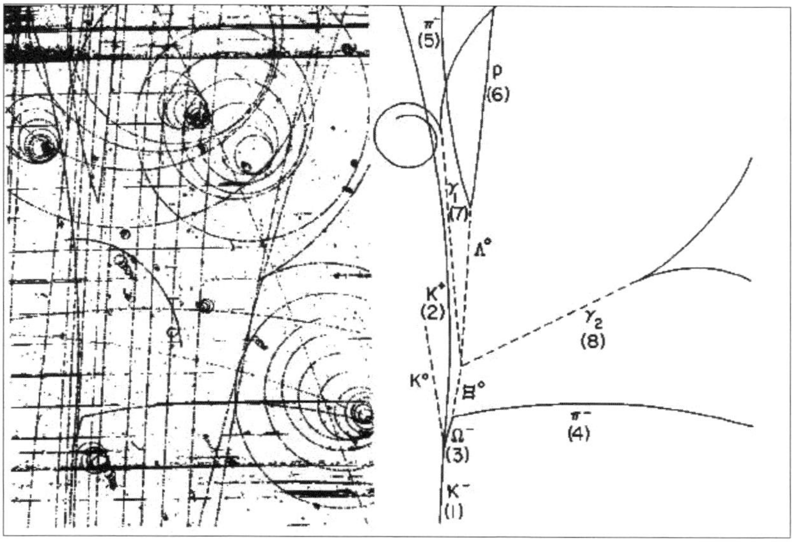

图 1-4　1964 年气泡室相片观测到的首例粒 Ω^- 子产生和衰变事例[①]

二、强子结构模型的提出

费米 - 杨模型和坂田模型虽然指出强子具有内部结构，不过两种模型均选取部分强子作为基本组元构成其他强子。因此，理论不能完全解释重子问题。自 1963 年开始，盖尔曼、兹威格（G.Zweig）和毕德曼（A.Petermann）独立深入到强子内部，分别提出夸克、艾斯和基本旋量粒子概念，在探索物质微观结构道路迈出重要一步。

1. 夸克模型

1963 年 3 月，正在麻省理工学院学术休假的盖尔曼[②]开始思考寻找八重法对介子和重子的强相互作用描述的基本解释。[③]当月末，盖尔曼访问哥伦

① 图片采自 SAMIOS N. Early baryon and meson spectroscopy culminating in the discovery of the omega-minus and charmed baryons［M］// The rise of the standard model-particle physics in the 1960s to 1970s. Edited by L.HODDESON, et al. New York: Cambridge University, 2006: 533.

② 盖尔曼（1929—2019）是"二战"后粒子物理理论发展的核心人物。他 1929 年生于纽约的一个普通犹太家庭，14 岁考入耶鲁大学，22 岁获麻省理工学院博士学位，25 岁成为加州理工学院当时最年轻终身教授。他因对基本粒子的分类及其相互作用方面的贡献荣获 1969 年诺贝尔物理学奖。

③ GELL-MANN M. Quarks, Color, and QCD［M］// The rise of the standard model-particle physics in the 1960s to 1970s. Edited by L.HODDESON, et al. New York: Cambridge University, 2006: 627.

比亚大学并作三次关于强相互作用、八重法和靴袢理论的报告。此时，哥伦比亚大学的物理学家已经转向研究 $SU(3)$ 理论。在一次午餐期间，谢伯尔（R.Serber）询问盖尔曼为何不考虑用 $SU(3)$ 三重态构建强相互作用粒子，即利用 $3\times3\times3=1+8+8+10$ 便可解释重子十重态、八重态和单态。盖尔曼在餐巾纸上写下一些方程，指出若如谢伯尔所言，三重态粒子将携带难以接受的分数电荷 $-\frac{1}{3}e$ 或 $+\frac{2}{3}e$。

不过，谢伯尔的提问还是促使盖尔曼深入思考该问题。他认为“不能因为没有人见过分数电荷就意味着它们不存在。可能这些带分数电荷的亚粒子以某种方式隐藏在强子内部呢？也许它们具有无穷大质量，只是当时没有那么高的能量可以打散它们。所以这些三重态粒子就一直困在它们自身组成的粒子里面而永远不能逃脱出来。这便会解释为何在实验上还没有找到分数电荷”①。假如这一限制条件成立，多数物理学家坚持的“核民主”（nuclear democracy）原则依然保持。因此，盖尔曼为这一框架所吸引。

1963 年末，盖尔曼完成《重子和介子的一个简略模型》文章②（图 1-5）。这篇两页短文于 1964 年 2 月 1 日发表在《物理快报》（*Physics Letters*）。③ 盖尔曼在文章开篇指出：“如果假设不完备的‘八重法’对重子和介子的强作用描述是正确的话，那么我们就有必要为此寻找某种基本的解释。”随后，他提出应将强子视为复合粒子，由更基本的实体构成，且这些实体具有 $SU(3)$ 对称性。$SU(3)$ 基本表示三重态 t 由一个携带 Z 电荷的同位旋单态 s 和分别携带 $Z+1$、Z 电荷的同位旋二重态（u, d）构成。对于任意 Z 值和三重态的自旋，可以利用一个基本中性重子单态 b 通过（$bt\bar{t}$）和（$btt\bar{t}t$）组合构建重子八重态。利用（$bt\bar{t}$）可得 1 维和 8 维表象；而利用（$btt\bar{t}t$）则可得 1, 8, 10, $\overline{10}$ 和 27 维表

① JOHNSON G. Strange beauty: Murray Gell-Mann and the revolution in twentieth-century physics [M]. Random House, 2000: 212.

② GELL-MANN M. A schematic model of baryons and mesons[J]. Physics Letters, 1964, 8(3): 214-215.

③ 盖尔曼担心美国的《物理学评论快报》（*Physics Review Letters*）期刊拒绝发表这篇文章，从而将其投稿给欧洲物理学期刊《物理快报》。

象。有趣的是，当把三重态自旋取作$\frac{1}{2}$，电荷取作 –1 时，四种基本实体 d^-、s^-、u^0、b^0 即与轻子一一对应。紧接着，盖尔曼态度一转，指出假如允许存在分数电荷便能得到一个优美而简洁的框架，即当取三重态 t 自旋为$\frac{1}{2}$，$Z=-\frac{1}{3}$、重子数为$\frac{1}{3}$时，便不需要基本重子 b 存在。盖尔曼将三重态 $u^{\frac{2}{3}}$，$d^{-\frac{1}{3}}$，$s^{-\frac{1}{3}}$称为"夸克"（*quark*）。重子由（qqq）和（$qqqq\bar{q}$）结合而成，介子则由（$q\bar{q}$）和（$qq\bar{q}\bar{q}$）结合而成。假设重子最低态（qqq）给出观测到的 1，8 和 10 维表示。类似地，介子最低态（$q\bar{q}$）给出 1 维和 8 维表示。

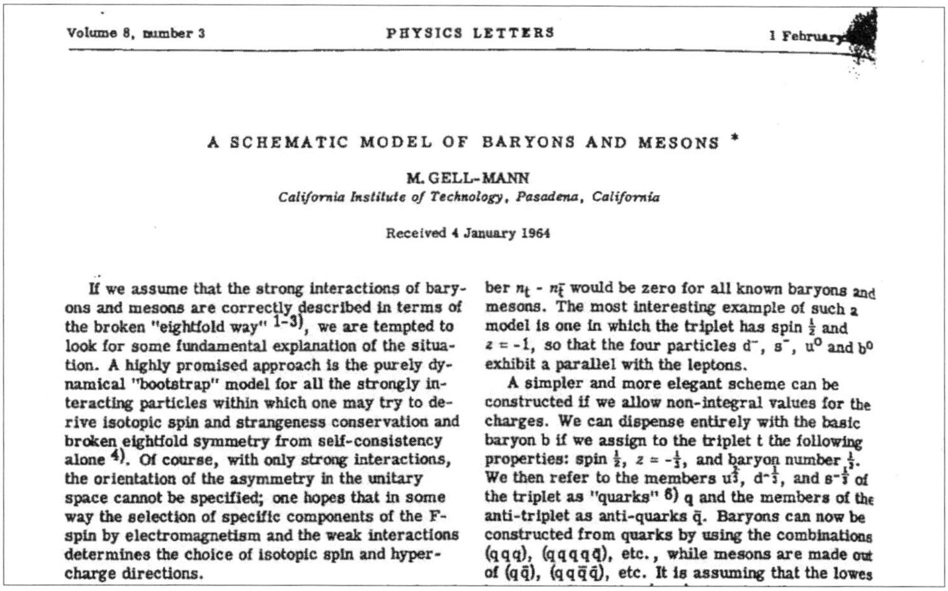
Volume 8, number 3　　PHYSICS LETTERS　　1 February

A SCHEMATIC MODEL OF BARYONS AND MESONS *

M. GELL-MANN
California Institute of Technology, Pasadena, California

Received 4 January 1964

If we assume that the strong interactions of baryons and mesons are correctly described in terms of the broken "eightfold way" 1-3), we are tempted to look for some fundamental explanation of the situation. A highly promised approach is the purely dynamical "bootstrap" model for all the strongly interacting particles within which one may try to derive isotopic spin and strangeness conservation and broken eightfold symmetry from self-consistency alone 4). Of course, with only strong interactions, the orientation of the asymmetry in the unitary space cannot be specified; one hopes that in some way the selection of specific components of the F-spin by electromagnetism and the weak interactions determines the choice of isotopic spin and hypercharge directions.

ber $n_t - n_{\bar{t}}$ would be zero for all known baryons and mesons. The most interesting example of such a model is one in which the triplet has spin $\frac{1}{2}$ and $z = -1$, so that the four particles d^-, s^-, u^0 and b^0 exhibit a parallel with the leptons.

A simpler and more elegant scheme can be constructed if we allow non-integral values for the charges. We can dispense entirely with the basic baryon b if we assign to the triplet t the following properties: spin $\frac{1}{2}$, $z = -\frac{1}{3}$, and baryon number $\frac{1}{3}$. We then refer to the members $u^{\frac{2}{3}}$, $d^{-\frac{1}{3}}$, and $s^{-\frac{1}{3}}$ of the triplet as "quarks" 6) q and the members of the anti-triplet as anti-quarks $\bar{q}$. Baryons can now be constructed from quarks by using the combinations (qqq), $(qqqq\bar{q})$, etc., while mesons are made out of $(q\bar{q})$, $(qq\bar{q}\bar{q})$, etc. It is assuming that the lowes

图 1–5　盖尔曼 1964 年 2 月发表于《物理快报》的《重子和介子的一个简略模型》

关于夸克命名，盖尔曼受到爱尔兰作家、诗人乔伊斯（J.Joyce）所著的《芬灵根守灵夜》（*Finnegans Wake*）启发。① 这部小说使用多国语言，将字词解构重组，语言极其晦涩、难懂。盖尔曼 10 岁时便认真阅读了这部小说。20 多年

① 乔伊斯（1882—1941）是现代主义先锋派和"意识流"风格主要代表之一。《芬灵根守灵夜》被誉为"20 世纪 100 部最好的英语小说之一"以及文学史上的"天书"。乔伊斯用 17 年完成这部著作，书中使用缅甸语、梵语、希腊语、威尔士方言等 50 多种不同语言，采用隐喻、双关等写作技巧，随处可见各类长难词或句子。目前，《芬灵根守灵夜》已成为世界各国学者研究的对象。

后，当他想到能用携带分数电荷的更基本实体解释八重法时，《芬灵根守灵夜》（Viking Press 1939，第383页）中的一段话萦绕在他脑海：

> Good–bark, goodbye! Now follow we out by Starloe!
>
> — Three quarks for Muster Mark!
>
> Sure he hasn't got much of a bark
>
> And sure any he has it's all beside the mark...

盖尔曼使用“Three Quarks for Master Mark”中的“quark”[①] 为三重态命名。引入夸克概念是现代物理学发展的重要里程碑，物理学家借此能解释八重法成功对粒子分类的内因，给出 $SU(3)$ 对称性物理基础，同时使得奇异数和同位旋具有更深刻的意义。

2. 艾斯模型

为解释强子多重态，兹威格[②] 独立于盖尔曼提出类似于夸克的想法。兹威格最初在加州理工学院学习粒子物理实验，试图验证 K 介子衰变是否破坏时间反演对称性。后来他转向研究理论物理并请盖尔曼作为其毕业论文指导教师。由于盖尔曼 1962—1963 年到麻省理工学院访问，兹威格转由费曼（R.Feynman）指导。[③]

1963 年初，兹威格获得博士学位。随后，他到 CERN 从事博士后研究。此时，布鲁克海文国家实验室发现 ϕ 介子通过强作用衰变为正负 K 介子对，而非预期的质量更接近的 ρ 和 π 介子。兹威格对 ϕ 衰变的奇异特点产生兴趣。他猜想介子可能由更小物质构成，粒子衰变源自内部亚粒子被拆散。因此，如果 ϕ、ρ 和 π 由某些亚粒子组合而成，ϕ 介子未衰变到 ρ 和 π 介子的原因即为构成 ϕ 介子的亚粒子不能重新配对结合为 ρ 和 π 介子。

---

① quark 原指海鸟叫声，德语的意思是酸奶酪。

② 兹威格（1937—　）出生于莫斯科，先后获得密歇根大学数学学士学位（1959）和加州理工学院博士学位（1964）。读本科期间，兹威格曾选修物理课程。

③ ZWEIG G. Memories of Murray and the quark model[J]. International Journal of Modern Physics, 2010, A25: 3863-3877.

1963年夏，兹威格开始深入考虑这一想法。他曾读过坂田昌一文章，发现坂田模型并不完善。1964年1月17日和2月21日，兹威格相继完成“强相互作用对称性 SU_3 模型及其破缺”[①]及该文的续篇[②③]。两篇论文最初都以CERN预印本形式传播。相对于盖尔曼文章，兹威格第二篇论文更详细（约80页），包括具体物理结果和理论预言。类似于盖尔曼想法，兹威格在文中指出，介子和重子由一组三个称作艾斯（Aces）的基本粒子构成。之所以称之为“Aces”，部分原因是兹威格希望这些组分在某种意义上对应于当时实验发现的四种轻子，即电子、μ 子及与之相应的中微子。[④]

根据盖尔曼－西岛关系，兹威格得出区别于轻子携带整数或零电荷，艾斯将携带分数电荷，其性质见表1–4。受艾斯分数电荷困扰，兹威格指出：“一组粒子（轻子）带整数电荷，另一组粒子带分数电荷的情况很丑陋。尽管如此，这一点上却别无他法。”[⑤]兹威格用圆圈、三角形和四方形（等价于上夸克、下夸克和奇异夸克）表示艾斯。例如，质子由两个圆圈和一个三角形通过“弦”连接而成（图1–6右）。值得注意的是，兹威格明确指出艾斯可以作为基本单元构造介子和重子，并猜测将艾斯结合的力可能是强力或比强力更强的相互作用。与盖尔曼类似，兹威格认为艾斯模型能给出介子和重子的统一基础。

---

① ZWEIG G. An SU_3 model for strong interaction symmetry and its breaking I. 1964. CERN–TH–401.

② ZWEIG G. An SU_3 model for strong interaction symmetry and its breaking II. 1964. CERN–TH–412, NP–14146, PRINT–64–170.

③ 兹威格的这两项工作几乎完成于1963年感恩节期间。他经常在还没完成简单的计算时就激动地跳起来，走来走去，然后再冲回去检查结果是否正确。当他同加州理工学院博士后戈麦斯（R.Gomez）谈起自己的工作时，戈麦斯说他做这样的工作简直是疯了。参见：ZWEIG G. Memories of Murray and the quark model[J]. International Journal of Modern Physics, 2010, A25: 3863–3877.

④ 兹威格当时并不确定介子和重子有多少种组分。为与实验已知的四种轻子对应，他将其命名为艾斯（与扑克牌四种花色♣，♡，♠和◇对应）并以正多边形表示，如○表示 p_0，△表示 n_0，□表示 Λ_0。若发现第四种艾斯，则用⌂表示。

⑤ ZWEIG G. An SU_3 model for strong interaction symmetry and its breaking I. 1964. CERN–TH–401.

表 1-4　　　　兹威格给出的艾斯性质

Ace	同位旋 I	同位旋第三分量 I_Z	奇异数 S	重子数 B	电荷 Q	自旋 J	宇称 P	寿命
$p_0(A_1)$	$\frac{1}{2}$	$+\frac{1}{2}$	0	$\frac{1}{3}$	$\frac{2}{3}$	$\frac{1}{2}$	+	$\sim\infty$
$n_0(A_2)$	$\frac{1}{2}$	$-\frac{1}{2}$	0	$\frac{1}{3}$	$-\frac{1}{3}$	$\frac{1}{2}$	+	~minutes
$\Lambda_0(A_3)$	0	0	−1	$\frac{1}{3}$	$-\frac{1}{3}$	$\frac{1}{2}$	+	$\sim10^{-10}$s
$\bar{p}_0(\bar{A}_1)$	$\frac{1}{2}$	$-\frac{1}{2}$	0	$-\frac{1}{3}$	$-\frac{2}{3}$	$\frac{1}{2}$	−	$\sim\infty$
$\bar{n}_0(\bar{A}_2)$	$\frac{1}{2}$	$+\frac{1}{2}$	0	$-\frac{1}{3}$	$+\frac{1}{3}$	$\frac{1}{2}$	−	~minutes
$\bar{\Lambda}_0(\bar{A}_3)$	0	0	+1	$-\frac{1}{3}$	$+\frac{1}{3}$	$\frac{1}{2}$	−	$\sim10^{-10}$s

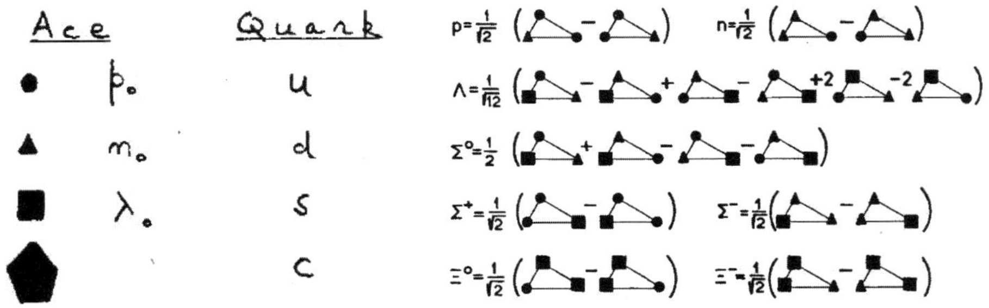

图 1-6　艾斯及其与夸克的对应关系（左）及兹威格给出的重子八重态组合方式（右）[①]

3. 基本旋量粒子

物理学史研究表明，除盖尔曼和兹威格外，曾在 CERN 理论室工作的瑞士理论物理学家毕德曼[②]也独立提出基本粒子三重态想法。他的文章用

① 图片采自 ZWEIG G. Origins of the Quark Model. 1980, CALT-68-805: 24.

② 毕德曼（1922—2011）是 CERN 理论物理实验室早期成员之一，其主要工作是与导师斯图克尔贝格（E.Stueckelberg）在 1953 年发展的关于重整化群理论的研究（法文），另一项工作是最早进行关于 μ 子反常磁矩的次领头阶计算。有趣的是，兹威格 1963—1964 年也在 CERN 理论物理实验室做博士后研究。

法文撰写，题目为《矢量介子的奇异性和质量公式》[①]（图 1-7）。该文是 1963 年 12 月 30 日投稿于《核物理》（*Nuclear Physics*），正式发表于 1965 年。毕德曼提出的强子模型明确指出介子由正反基本旋量粒子（elementary spinor particles）构成，重子由至少三个旋量粒子组成，且基本旋量粒子携带分数电荷。不过，毕德曼的工作并未引起物理学界注意。直到 2014 年，CERN 理论部前主任彼得洛夫（V.A.Petrov）在第 30 届高能物理国际会议的报告中介绍他的工作后才被学界了解。[②]

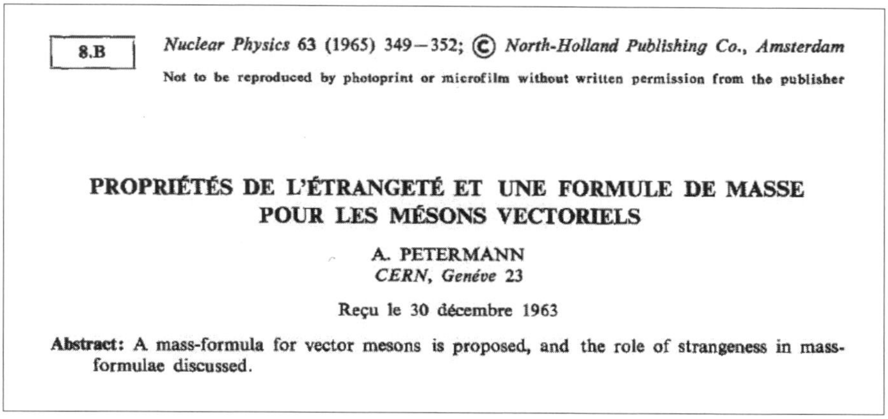

8.B　*Nuclear Physics* 63 (1965) 349–352; © *North-Holland Publishing Co., Amsterdam*

Not to be reproduced by photoprint or microfilm without written permission from the publisher

PROPRIÉTÉS DE L'ÉTRANGETÉ ET UNE FORMULE DE MASSE POUR LES MÉSONS VECTORIELS

A. PETERMANN

CERN, Genéve 23

Reçu le 30 décembre 1963

Abstract: A mass-formula for vector mesons is proposed, and the role of strangeness in mass-formulae discussed.

图 1-7　毕德曼发表的关于"基本旋量子"的文章（1965）

第三节　寻找和怀疑夸克

夸克（艾斯）概念被提出后，实验物理学家立即利用加速器和宇宙线实验等多种方式寻找这类携带分数电荷的特殊粒子。据不完全统计，1964—1965 年约有 18 组实验致力于寻找夸克。不过，几乎所有实验结果都是否定的，即未发现夸克存在的确凿证据。

① PETERMANN A. Properties of strangeness and a mass formula for vector mesons[J]. Nuclear Physics, 1965, 63(2): 349-352.

② PETROV V A. Half a century with quarks(a superficial survey)[C]. Proceedings of 30th International Workshop on High Energy Physics. 2014.

一、寻找夸克实验

通常，实验上利用带电粒子经过云室或气泡室留下径迹的粗细判断该粒子携带电荷大小。[①]CERN 的莫瑞森（D.R.O.Morrison）最先设计寻找夸克的实验。在盖尔曼关于夸克的文章发表后，莫瑞森随即（1964 年 2 月 25 日）指出当携带分数电荷粒子的质量小于 2.4GeV 时，由能量为 24GeV 的核子对撞产生 $\frac{q}{e}=0.7$ 粒子的截面小于 $10^{-33}cm^{-2}$，而 $\frac{q}{e}=0.2$ 粒子的截面则小于 $4\times10^{-34}cm^{-2}$。[②] 几乎同时（1964 年 2 月 27 日），CERN 的宾汉（H.H Bingham）、迪金森（M.Dicknson）等人报告利用能量为 21GeV 的质子－铜对撞实验寻找 $m\leqslant2.2GeV$、$0.2\leqslant\frac{q}{e}\leqslant0.7$、$\tau\leqslant10^{-7}s$ 粒子的概率近似为零。[③] 紧接着（1964 年 3 月），BNL 的利普纳（L.B.Leipuner）等人指出携带 $-\frac{1}{3}e$ 的夸克或稳定或通过 β 衰变缓慢衰变到 $-\frac{2}{3}e$ 夸克，若夸克真实存在，它们也许与普通物质耦合很小，也许具有很大质量。利普纳等人的实验结果显示通过 28GeV 的质子－核子对撞产生夸克的截面小于 $10^{-34}cm^{-2}$，该结果排除携带 $\frac{1}{3}e$、质量低于 2GeV 夸克存在的可能性。[④] 同年 8 月，宾夕法尼亚大学的哈戈皮安（V.Hagopian）等和 BNL 的拉姆（D.Rahm）等人报告寻找 $\frac{1}{3}e$ 和 $\frac{2}{3}e$，$\tau>10^{-7}s$、质量大于 2.5GeV $\left(\frac{1}{3}e\right)$ 或 3.0GeV $\left(\frac{2}{3}e\right)$ 粒子的否定

① 带电粒子通过云室或气泡室时，可从云室中介质（气体或液体）的原子中打出电子。这些电子成为云室或气泡形成的中心，于是带电粒子通过的地方将出现由凝聚的雾滴或气泡形成的径迹。此径迹粗细正比于粒子电荷平方，反比于粒子速度。对于电荷为 $\pm e$ 的高能粒子，由于速度接近光速，其径迹粗细几乎一样。所以，如果发现一条比正常径迹细的，那其电荷就比 $\pm e$ 小。参见：南部阳一郎. 夸克：基本粒子物理前沿［M］. 陈宏芳，译. 合肥：中国科学技术大学出版社，2013：14.

② MORRISON D R O. Experimental limit on the production by 24 GeV protons of long-lived particle with fractional electric charge［J］. Physics Letters，1964，9（2）：199-200.

③ BINGHAM H H, et al. An unsuccessful search for fractionally charged particles with mass<2.2 GeV［J］. Physics Letters，1964，9（2）：201-203.

④ LEIPUNER L B, et al. Particles with a charge of $\frac{1}{3}e$［J］. Physical Review Letters，1964，12（15）：423.

结果。[①]1965年1月13日，BNL的费兰齐尼（P.Franzini）等人以及哥伦比亚大学的施瓦茨（M.Schwartz）报告BNL交变梯度同步加速器（Alternating Gradient Synchrotron, AGS）利用30GeV的质子－钨核对撞实验寻找质量在2.5～5.0GeV的夸克实验结果，观测事例数同样为零。[②] 此外，CERN的布鲁姆（W.Blum）小组[③]和哥伦比亚大学的多芬（D.E.Dorfan）小组[④]的实验结果也是否定的。利用加速器寻找夸克的实验结果见表1–5。

另一种寻找夸克的方法是利用宇宙线。1964年6月，BNL的桑亚（A.W.Sunyar）小组在海平面开展宇宙线中寻找携带$\frac{1}{3}e$粒子的实验[⑤]，得到否定结果；随后，鲍恩（T.Bowen）小组[⑥]和亚利桑那大学德利塞（D.A.Delise）小组在高山顶开展寻找分数电荷粒子的实验。后者给出90%置信水平的760 g/cm^{2}大气压下$\frac{1}{3}e$和$\frac{2}{3}e$夸克垂直密度分别为$IQ\left(\frac{1}{3}\right)<8.7\times10^{-9}\ \mathrm{cm^{-2}\ sec^{-1}\ sr^{-1}}$和$IQ\left(\frac{2}{3}\right)<1.8\times10^{-8}\mathrm{cm^{-2}\ sec^{-1}\ sr^{-1}}$。[⑦] 其他实验小组结果见表1–6。

① HAGOPIAN V, et al. Further search for fractionally charged particles[J]. Physical Review Letters, 1964, 13(8): 280–281.

② FRANZINI P, et al. Search for massive particles produced in interactions at 30 BeV[J]. Physical Review Letters, 1965, 14(6): 196–197.

③ BLUM W, BRANDT S, COCCONI V T, CZYZEWSKI O, DANYSZ J. Search for fractionally charged particles produced by 27.5 GeV/c protons[J]. Physical Review Letters, 1964, 13(11): 353–355.

④ DORFAN D E, EADES J, LEDERMAN L M, LEE W, and TING C C. Search for massive particle[J]. Physical Review Letters, 1965, 14(24): 999–1003.

⑤ SUNYAR A W, SCHWARZSCHILD A Z, CONNORS P I. Search for charge $\frac{1}{3}e$ particles in cosmic rays[J]. Physical Review, 1964, 136(48): 1157–1159.

⑥ BOWEN T, DELISE D A, KALBACH R M, MORTARA D W. Mountain–altitude quest for fractionally charged particles[J]. Physical Review Letters, 1964, 13(24): 728–731.

⑦ DELISE D A, BOWEN T. Cosmic–ray search for fractionally charged particles[J]. Physical Review, 1965, 140(28): 458–462.

表 1–5　　1964—1966 年利用加速器探测夸克的实验

	截面 (cm^2)	电荷 $\left(\frac{1}{3}e\right)$	质量 (GeV)	能量 (GeV)	粒子束	事例数	参与者	时间
1	$<2\times10^{-10}$	+1, 2	<7	30	p	0	D.E.Dorfan, J.Eades, et al.	1965
2	$<2\times10^{-9}$	−2	<2.5–5	30	p	0	P.Franzini, B.Leontic, et al.	1965
3	$<2\times10^{-9}$	+1, 2	<2.2	21	p	0	H.H.Bingham, M.Dickinson, et al.	1964
4	$<2\times10^{-9}$	+1, 2	<4.0	28	p	0	W.Blum, S.Brandt, et al.	1964
5	$<2\times10^{-8}$	+1, 2	<2.5	31	p	0	V.Hagopian, W.Selove, et al.	1964
6	$<2\times10^{-8}$	+1	<2	28	p	0	L.B.Leipuner, W.Chu, et al.	1964
7	$<2\times10^{-8}$	+1, 2	<2.4	24	p	0	D.R.O.Morrison.	1964

表 1–6　　1964—1966 年通过宇宙线寻找夸克的实验

	流强 ($cm^{-2}sr^{-1}s^{-1}$)	电荷 $\left(\frac{1}{3}e\right)$	质量 (GeV)	屏蔽数	事例数	参与者	时间
1	$<2\times10^{-10}$	+2		220	0	J.C.Barton, C.T.Stockel	1966
2	$<2\times10^{-9}$	+1, 2		0.5	0	A.Buhler–Broglin, G.Fortunato, et al.	1966
3	$<2\times10^{-9}$	+1, 2			0	H.Kasha, L.B.Leipuner, R.K.Adair	1966
4	$<2\times10^{-9}$	+1, 2			0	R.C.Lamb, R.A.Lundy, et al.	1966
5	$<2\times10^{-8}$	+1, 2	>7	2.8	0	D.A.Delise, T.Bowen	1965
6	$<2\times10^{-8}$	+2	>2.5	0.5	0	T.Massam, T.Muller, A.Zichichi	1965
7	$<2\times10^{-8}$	+1		2.5	0	T.Bowen, D.A.de Lise, et al.	1964
8	$<2\times10^{-7}$	+1		0.8	0	A.W.Sunyar, A.Z.Schwarzschild, et al.	1964

此外，有物理学家通过太阳紫外光谱、陨星光束、提升石墨粉等物质实验寻找分数电荷粒子（表1–7）。其中，提升石墨粉方法类似于密立根

表 1–7　　1964—1966 年通过物质实验寻找夸克

	夸克 / 核子	电荷 $\left(\frac{1}{3}e\right)$	方法	事例数	参与者	时间
1	$<10^{-10}$		Sun/uv spec	0	W.R.Bennett	1966
2	$<10^{-17}$	+1, 2	Meteorites+ion/ beam	0	W.A.Chupka, J.P.Schiffer, et al.	1966
3	$<10^{-16}$	+1, 2	Levited graphite	0	G.Gallinaro, G.Morpurgo	1966

（R.N.Millikan）的油滴实验。20 世纪初，密立根设计一系列测量油滴运动实验，发现油滴电荷的改变以 e 为单位。其实验原理为当液体中一粒油滴重力与其所受摩擦力平衡时，油滴将做匀速下落。加上外电场后，油滴会因失去或得到一个电子而受电场力作用。改变油滴所带电荷，其运动方向随之改变。计算后可得油滴所带电荷。1966 年，意大利热那亚大学莫谱戈（G.Morpurgo）[①] 同其助手加利纳里（G.Gallinaro）开始进行寻找自由夸克实验。[②] 他们将一个石墨粉粒置于磁场中，开启电场后，悬浮在空气中的石墨粉会漂浮到一个新位置。电场越强，小颗粒漂浮位置越远。随后，利用辐射源将一个电子发射进去后重新测量石墨粉位置。莫谱戈和加利纳里多次重复该实验，始终未发现携带分数电荷夸克。11 年后，莫谱戈、加利纳里以及马

① 莫谱戈（1927—　）出生于意大利佛罗伦萨，1948 年毕业于罗马大学物理系。受 1949 年费米在罗马和米兰的一系列演讲启发，莫谱戈开始研究 Lamb 位移。他的早期工作还涉及低能核物理，曾提出一种计算 H（3）和 H（4）结合能的新方法。1952—1953 年间，莫谱戈在芝加哥大学学习，参加费米讲授的课程。随后，莫谱戈回到罗马并同陶歇克（B.F.Touschek）合作。其间，莫谱戈同弗兰齐内蒂（C.Franzinetti）合作撰写关于新（奇异）粒子实验和理论方面的评论文章。1957 年，莫谱戈到普林斯顿高等研究院访问一年，研究集中于核物理（M1 跃迁；原子核光子跃迁的 E1 选择定则）。随后，莫谱戈因升任教授返回意大利，相继在帕尔玛大学、佛罗伦萨大学和热那亚大学工作。目前，莫谱戈为热那亚大学的基本粒子与核物理专业退休教授。——意大利热那亚大学莫谱戈教授邮件交流（2015 年 9 月 13 日）。

② GALLINARO G, MORPURGO G. Preliminary results in the search for fractionally charged particles by the agnetic levitation electrometer[J]. Physics Letters, 1966, 23(10): 609–613.

利内利（M.Marinelli）[①]将石墨粉换作小圆柱体重复上述实验。这次，他们还是未能发现自由夸克。密歇根大学的光物理学家弗兰肯（P.Franken）甚至利用海洋生物牡蛎（Oysters）来寻找夸克。他认为深海环境很难受到其他宇宙线背景干扰，且牡蛎的肾脏具有良好过滤功能，可将夸克聚集起来。如果牡蛎肝脏过滤掉一个含有一个额外夸克的原子或分子，则其外壳将显现出独特的化学成分。于是，弗兰肯等人敲碎上万吨牡蛎壳，探测有夸克成分的原子发出的特殊谱线。据盖尔曼回忆，弗兰肯经常在半夜给他打电话报告这种贝类实验的最新结果。[②]

也有物理学家偶尔宣称发现自由夸克，但从未得到高能物理学界认同。斯坦福大学费尔班克（W.M.Fairbank）[③]自1965年便持续开展寻找夸克实验。该实验在原理上与莫谱戈实验类似：将处于超导状态的小铌球（质量为9×10^{-5}g）悬浮在两个金属板之间的磁场中，外加交变电场使铌球做受迫振动，通过测量铌球振动幅度的变化速率可知其电荷。1980年末，费尔班克宣称观测到几个铌球携带$\frac{1}{3}e$。[④]不过，有物理学家怀疑铌球不是绝对球形，由此产生的电多极力可能会造成存在分数电荷假象。至今，该实验未得到重复验证。

二、怀疑夸克

鉴于之前未发现有任何携带分数电荷自由粒子的实验迹象，盖尔曼和兹威格在表述夸克或艾斯概念时采取了迂回态度。对于夸克是否存在，盖尔曼有如下表述：

---

① 马利内利曾是一名工人，出于对物理感兴趣，他邀请莫谱戈作为其硕士论文指导教师。

② GELL-MANN M. Quarks, Color, and QCD[M]// The rise of the standard model-particle physics in the 1960s to 1970s. Edited by L.HODDESON, et al. New York: Cambridge University, 2006: 627.

③ 费尔班克（1917—1989），1948年获耶鲁大学博士学位。先后在艾姆赫斯特学院（1947—1952）、杜克大学（1952—1959）和斯坦福大学（1959—1985）任教。费尔班克研究领域主要集中于超导、引力波、自由夸克以及磁单极的实验探测。

④ PHILLIPS J D, FAIRBANK W M, FISEL C R. Observation of fractional charge of $\frac{1}{3}e$ on matter [J]. Physical Review Letters, 1982, 93(15): 48-60.

> 把夸克看作具有有限质量的物理粒子（而非单纯的具有无限质量的纯粹数学实体）来推测其会有怎样的行为是有趣的。由于电荷和重子数严格守恒，因此一定有一种夸克（假定为 $u^{\frac{2}{3}}$ 或 $d^{-\frac{1}{3}}$）是稳定的，二重态中的其他成分会通过 β 衰变或 K^- 俘获的方式缓慢衰变。同位旋单态也许会通过弱作用衰变到二重态。在地球的发展历史中贯穿高能宇宙射线，因此地球表面的普通物质会沾染上稳定夸克。但据估计这种沾染率非常小以至于实验家永远探测不到。在最高能量的加速器上寻找携带 $-\frac{1}{3}e$、$+\frac{2}{3}e$ 的稳定夸克，或 $-\frac{2}{3}e$、$\frac{1}{3}e$、$+\frac{4}{3}e$ 的稳定双夸克将有助于我们确信真正的夸克并不存在！①

类似于盖尔曼模棱两可的态度，兹威格也退了一步。他在第一篇关于艾斯文章的结尾处认为艾斯“提供了对介子和重子的某些特性的粗略的定性理解”，将其定义为“精心制作的助记工具”②。不过，兹威格同样指出：“还存在另外一种可能，这个模型是比我们想象的更接近自然的近似，我们中间确实充满着带分数电荷的艾斯。”③

一系列寻找夸克实验的失败使得其他物理学家更加坚决反对夸克。事实上，在盖尔曼初步想到利用 $SU(3)$ 三重态构建强子时便给 CERN 理论部主任魏斯考普夫（V.Weisskopf）打电话。魏斯考普夫不相信分数电荷粒子存在，随即说道：“默里，请让我们严肃点，这是一个越洋电话，我可不想在这个问题上浪费时间。”④ 相比于盖尔曼，兹威格遭受的反对更强烈。兹威格原计划将“艾斯模型”的 CERN 预印本投稿《物理学评论》（*Physics Review*）。但面对《物理学评论》审稿人咄咄逼人的问题和反对意见，兹威格最终不得不放弃发

① GELL-MANN M. A schematic model of baryons and mesons[J]. Physics Letters, 1964, 8(3): 214-215.

② ZWEIG G. An SU_3 model for strong interaction symmetry and its breaking I. 1964. CERN-TH-401.

③ ZWEIG G. An SU_3 model for strong interaction symmetry and its breaking I. 1964. CERN-TH-401.

④ GELL-MANN M. Quarks, Color, and QCD[M] // The rise of the standard model-particle physics in the 1960s to 1970s. Edited by L.HODDESON, et al. New York: Cambridge University, 2006: 627.

表该论文。16年后，此文才作为追溯夸克历史的文章收录于《强子夸克理论的发展》文集。兹威格在1980年举行的第四届重子共振态国际会议上所做的关于夸克模型起源报告中描述了当时物理学界对于“艾斯模型”的态度：

> 理论物理学界对艾斯的态度是不宽容的。要让CERN的预印本以我想要的形式出版是如此之难，以至于我最终不得不放弃这一努力。当时一所颇有声望的大学正在考虑是否给我职位，但在讨论招聘人才教工会议上一位资深理论物理学家，也是当时理论物理学界的最受尊敬的代言人之一，指责艾斯模型是“骗子”的工作，最终驳回了我的申请。①

在从事20多年理论物理研究后，兹威格最终转行研究神经生物学。

对理论物理学家而言，特别是研究强相互作用的理论物理学家，夸克也是难以接受的。粒子物理学界对于实验未观测到自由夸克的普遍解释是其质量大，当时加速器没有足够能量产生这类粒子。因此，这意味着夸克质量至少在GeV量级。不过，由夸克结合形成的强子质量则相对较轻。在核物理领域存在轻粒子有较重组元的情形，即束缚态质量小于所有组分的总质量，该质量差即为原子核“结合能”。相比于“结合能”占核质量很小一部分，强子中夸克结合能则与夸克质量在同一量级。这意味着夸克之间结合力非常强。对于这类强耦合情形，场论物理学家束手无策。因此，夸克受到他们的冷遇。

从事*S*矩阵理论研究的物理学家也反对夸克。1943年，海森堡(W.K.Heisenberg)和惠勒(J.A.Wheeler)独立提出*S*矩阵理论。他们指出，关于微观现象的实验研究都可以归结为某种散射过程，故而期待用*S*矩阵取代哈密顿量，构建出一种新的取代现有量子力学的基本理论。此时正被量子电动力学(Quantum Electrodynamics，QED)发散问题困扰的理论物理学家寄希

① ZWEIG G. Origins of the quark model[C].(Caltech). 1980: CALT-68-805, C80-07-14.1-17.

望该理论可以提供走出困境的途径，纷纷转向 S 矩阵研究[①]。基于 S 矩阵建立的色散关系理论和靴袢理论同样不支持夸克。色散关系尝试从散射振幅的解析延拓给出新物理，靴袢理论则认为所有粒子都是平等的，类似于系鞋带相互构成束缚态。

第四节　强相互作用理论发展

基于经典场论、狭义相对论和量子力学建立的量子场论是描述微观世界的基本理论。量子场论可以统一处理粒子和场，更完整地表述微观粒子波粒二象性。应用量子场论，物理学家可精确处理电磁相互作用，但处理强相互作用和弱相互作用时却遇到困难。因此，量子场论在 20 世纪 50—60 年代失去“宠爱”。推广的 S 矩阵理论和对称性理论是风靡一时。随着电弱规范理论和量子色动力学的建立，量子场论重获重视。就在国际粒子物理学大发展之时，中国物理学家因“文化大革命”而远离国际同行的前沿研究。

一、量子场论“失宠”

量子场论早期发展的重要阶段是处理“无穷大问题”。“无穷大问题”指在处理电磁相互作用时利用微扰理论进行高阶计算时得到的无穷大结果。[②] 20 世纪 40 年代末，费曼、施温格（J.Schwinger）、朝永振一郎（S.Tomonaga）以及戴森（F.Dyson）发展的重整化方案通过重新定义物理的电子质量和电荷去掉电子自能和真空极化过程中出现的无穷大。重整化方案成功应用于量子

① S矩阵理论试图保留场论中的相对论性、幺正性、交叉对称性和因果性等基本特征，回避系统随时间演化的详细动力学描述。该理论认为理论只能表达为实验上可以用仪器直接观测到的物理量之间的联系。一切不能用仪器直接观察到的物理量都是主观的虚构，应该从理论中驱逐出去。对于粒子物理而言，实验中直接观察到的物理量有能级、碰撞截面和衰变寿命。20 世纪 50—60 年代，基于 S 矩阵幺正性、解析性以及一些基本对称性要求建立和发展的色散关系理论得到一些不依赖微扰论的普遍结果，为以后用非微扰方法研究 S 矩阵性质打下基础。

② 电磁相互作用的强度远小于 1，约为 $\frac{1}{137}$，通常可以利用微扰理论计算各种物理量。

电动力学，使之成为目前理论预言与实验符合最精确的理论。不过，由于无法从物理上理解重整化，有物理学家认为这种方法只是将发散问题“扫到地毯下面的小把戏”①，并没有真正解决“无穷大问题”。

对于 QED 的成功处理，使得量子场论一度很受欢迎。但当它应用于强相互作用时，由于其强度远大于 1，不能忽略高阶项贡献，微扰理论不再适用并且同样存在“无穷大问题”。量子场论随即进入萧条期。物理学家或试图绕开量子场论或做纯粹唯象学研究，部分物理学家甚至声明放弃量子场论而准备迎接下一场革命。20 世纪 60 年代初，苏联和美国物理学界甚至不允许新一代理论物理专业学生学习量子场论。苏联物理学家朗道（L.D.Landau）宣称量子场论作废：

> 众所周知，目前的理论物理对于强作用问题无能为力……当下鲜有关于介子理论的文章。戴森断言至少在下一个百年也不一定能提出正确的理论。由此能看出曾经为该理论辩驳的理论物理学家已经默认其作废。②

在美国，特别是伯克利和东海岸的大部分年轻理论物理学家甚至忽略量子场论，取而代之的是 *S* 矩阵。③1961 年，戈德伯格（M.Goldberger）表示量子场论不再有吸引力：

> 我感觉我们已经从场论学到了很多……场论对我而言是一个老的，但是友善的情妇。当我在大街上遇见时我还能够认出她，但是

① HUANG K. A critical history of renormalization［J］. International Journal of Modern Physics 2013, A28：1330050.

② LANDAU L D. Fundamental problems［M］// FIERZ M and WEISSKOPF V F, eds. Theoretical physics in the twentieth century：a memorial volume to Wolfgang Pauli. New York：Interscience, 1960：245-248.

③ GROSS D. Asymptotic freedom and the emergence of QCD［M］// The rise of the standard model-particle physics in the 1960s and 1970s. Edited by HODDESON L, et al. New York：Cambridge University, 2006：205.

> 抛弃这个情妇使我感到非常高兴。从哲学和实际角度来讲，S 矩阵方法对我来说更有吸引力。[①]

靴袢理论的提出者丘（G.Chew）也表达过类似想法：

> 我相信场论和强作用的关系就会断开了。场论没有对强作用做出任何阐明。只有基于解析延拓的 S 矩阵的解析性以及对称性原理构建的理论才能正确描述强作用。同朗道一样，我不愿断言场论是错的，但就强作用而言它确实是无用的。场论就像老兵一样，永远没有逝去，只是退出舞台[②]。[③]

二、基本粒子对称性理论

根据色散关系和靴袢理论能够导出一些有趣的定理，但物理上鲜有新意。相比而言，基本粒子对称性理论简单易懂，盛极一时。奇异粒子发现后，理论家尝试扩充同位旋对称性，以便包含更广的高级对称性。不过，物理学家在 20 世纪 60 年代初期精通的群论知识有限。即使受过良好训练的理论家也仅是掌握与转动、洛伦兹变换和几种分立对称性相关的群论知识。[④]

1964 年，Ω^- 粒子的发现促使物理学家关注 $SU(3)$ 对称性。在低能核物理领域，同位旋对称性 $SU(2)$ 可以扩充到同位旋 - 自旋对称性 $SU(4)$。类似地，可将强作用的 $SU(3)$ 对称性推广到 $SU(6)$ 对称性。1964 年 5 月，盖尔曼在一篇关于流代数文章中提出 $SU(6)$ 群，并称该群“会把不同自旋和宇称

---

① GOLDBERG M. Theory and applications of the single-variable dispersion relations[M]. Quantum Theory of Fields, 1961: 179.

② 丘在此处引用前美国陆军五星上将麦克阿瑟（D.MacArthur）1951 年 4 月 19 日被解职后在国会大厦发表演讲中的一句话“Old soldiers never die. They just fade away”。

③ CHEW G. The S-Matrix theory of strong interactions[M]. New York, W.A.Benjamin Inc, 1962: 1-2.

④ 例外的是，拉卡（G.Racah）及其学派在 20 世纪 40 年代便成功应用一些比较先进的群论方法研究原子和原子核能谱。

的粒子安排在一些超超超多重态里（super-super-supermultiplets）”[①]。这引起派斯注意。他建议土耳其理论物理学家居尔塞伊（F.Gürsey）深入研究 $SU(6)$ 群。随后，居尔塞伊与意大利理论物理学家拉迪卡蒂（L.A.Radicati）合作将关于原子核的 $SU(4)$ 对称性推广到 $SU(6)$ 对称性，并称其为“静态 $SU(6)$”。[②③] 崎田（B.Sakita）[④] 和派斯 [⑤] 也做了类似工作。

引入夸克概念后，可以方便对强子分类。这也促使物理学家关注对称群理论。盖尔曼赋予夸克的自旋为 $\frac{1}{2}$，每种夸克都存在自旋向上（↑）和向下（↓）两种独立状态，即 $q=u_\uparrow, u_\downarrow, d_\uparrow, d_\downarrow, s_\uparrow, s_\downarrow$。这意味着可将 $SU(3)$ 扩充为 $SU(3)\times SU(2)$，获得 $SU(6)$ 对称性。由 $SU(6)$ 近似对称性可得下列结果：

（1）$SU(6)$ 表示提供一种更高的强子分类体系。35 维表示和 56 维表示可涵盖实验观测的基态介子和重子，具体如下：

介子：$6\times 6=35+1$，其中 $35=(8, 1)+(8, 3)+(1, 3)$，包括 0 自旋介子八重态、1 自旋介子八重态和一个 $SU(3)$ 单态矢量介子，即 $(1, 3)$。

重子：$6\times 6\times 6=20+56+70+70$，其中 $56=(8, 2)+(10, 4)$，包括 1 个 $\frac{1}{2}$ 自旋重子八重态和 1 个 $\frac{3}{2}$ 自旋重子十重态。

（2）理论预言核子的磁矩比 $\frac{\mu(n)}{\mu(p)}=-\frac{2}{3}$，实验值为 0.685。

此外，通过静态 $SU(6)$ 对称性的一些变型可以预言介子 – 重子散射相关的新现象。从长远意义上讲，静态 $SU(6)$ 指明了通往一个新的动力学自由度（即色自由度）的道路。

---

① GELL-MANN M. The symmetry group of the vector and axial vector currents[J]. Science, 1964, 144(3618): 563-563.

② GÜRSEY F, PAIS A, RADICATI L A. Spin and unitary spin independence of strong interactions[J]. Physical Review Letters, 1964, 13(8): 299-301.

③ 1936 年，维格纳（E.P.Wigner）基于 $SU(4)$ 群建立了超多重态理论。拉迪卡蒂此前曾研究过维格纳的理论。

④ SAKITA B. Supermultiplets of elementary particles[J]. Physical Review, 1964, 136: B1756-B1760.

⑤ PAIS A. Implications of spin-unitary spin independence[J]. Physical Review Letters, 1964(13): 175-177.

尽管 $SU(6)$ 对称性预言的部分结果与实验符合，仍存在不完善之处。首先，上述结果依赖于将重子填充到相应的 56 维表示，这与夸克自旋统计矛盾。其次，$SU(6)$ 对称性不具有“洛伦兹不变性”。因为 $SU(6)$ 对称性下需明确区分自旋角动量和轨道角动量，这种区分只有在非相对论情形下才是合理的。为此，物理学家尝试构建一种兼具 $SU(6)$ 对称性和洛伦兹不变性的理论。1965 年初，萨拉姆（A.Salam）与其合作者将 $SU(6)$ 对称性做相对论推广为 $\tilde{U}(12)$ 对称性，提出基于 $\tilde{U}(12)$ 对称性的粒子分类方案并给出 $\tilde{U}(12)$ 群及其结构。① 该方法将重子和介子分别填充到完全对称的 364 和 144 表示。计算表明，$\tilde{U}(12)$ 能够给出 $SU(6)$ 对称性的全部结果，但同样存在其他不自洽性。

三、非相对论夸克模型

在对 $SU(6)$ 对称性做相对论性推广失败的情况下，有物理学家考虑对强子内部动力学做非相对论性描述的可能性。代表性工作是前文曾提到的莫谱戈。他在夸克概念提出后便立即对此产生兴趣。②1965 年 4 月，他在意大利举行的一次高能物理会上报告是否可能对基本粒子内部动力学做非相对论近似描述，③ 明确指出夸克可以真实存在且质量很重（约为 5GeV）。他认为对于约束在深而平底势阱中的重夸克来说，非相对论性完全可以想象，并从唯象角度探索这一模型的可行性。他假设势阱足够深以抵消粒子质量，势阱宽度大于组分粒子康普顿波长。相对论性和非相对论性依赖于势阱宽度和组分粒子质量，而非势阱深度。这一非相对论夸克模型有两个基本假设：（1）夸克质量 M 远大于重子质量 M_B，即 $M \gg M_B$；（2）$M \gg \mu$，其中 μ^{-1} 为两夸克相

① SALAM A，DELBOURGO R，STRATHDEE J. The covariant theory of strong interaction symmetries [J]. Proceedings of the Royal Society A，1965，284（1396）：146－158.

② 莫谱戈的同事曾参加在意大利巴里（Bari）举行的意大利物理学会会议。拉迪卡蒂在此次会议上提到盖尔曼和兹威格关于强子结构的工作。这位同事返回热那亚后向莫谱戈提起此事，引起莫谱戈兴趣。——意大利热那亚大学莫谱戈教授邮件交流（2015 年 9 月 13 日）。

③ MORPURGO G. Is a non－relativistic approximation possible for the internal dynamics of elementary particles？[J]. Physics Physique Fizika，1965，2（2）：95－105.

互作用力程。

紧接着，莫谱戈同其助手贝齐（C.Becchi）详细讨论检验非相对论夸克模型的两种方法。第一种方法是矢量介子电磁衰变。莫谱戈提出的非相对论夸克模型不仅能得出正确的核子磁矩比①，还能用夸克磁矩表示质子和中子磁矩绝对值。类似于用核子坐标表示核子哈密顿量，可以用夸克坐标表示基本粒子哈密顿量。莫谱戈熟悉核物理理论，将核子由三个夸克构成的结构类比于 He^3 和 H^3 由三个核子组成，提出利用夸克磁矩预言其他粒子电磁衰变性质来检验模型。最简单方法是计算 $V \to P + \gamma$ 过程衰变率（其中 V 是矢量介子，P 为赝标介子），且这些衰变均为 $M1$ 衰变，仅依赖于夸克磁矩。随后，贝齐和莫谱戈计算了 $\omega \to \pi^0\gamma$; $\omega \to \eta\gamma$; $\rho \to \pi\gamma$; $\rho^0 \to \eta\gamma$; $K^{*+} \to K^+\gamma$; $K^{*0} \to K^0\gamma$; $\varphi \to \eta\gamma$ 七个过程衰变宽度并分析可能存在的不确定性因素。②

第二种方法是证明非相对论模型中 $N^*_{33} \to N + \gamma$ 过程振幅 $E2$ 部分消失。③类似于核物理和原子物理领域，贝齐和莫谱戈假定末态光子不是由 Δ 释放，而是由其中某个夸克释放。一般地，由于光子自旋为 1，该过程可由两种方式产生。一种是释放光子的夸克自旋从 $\frac{1}{2}$ 翻转到 $-\frac{1}{2}$（即发生磁偶极或 $M1$ 跃迁）；另一种是三夸克系统的相对轨道角动量改变一个单位（即发生电四极 $E2$ 跃迁）。不过，贝齐和莫谱戈指出，Δ 和质子均属于夸克轨道角动量为 0 的 $SU(6)$ 多重态，因此后者可能性被排除。Δ 共振态的电磁衰变只有自旋反转的 $M1$ 跃迁一种途径，$E2$ 跃迁被组分夸克模型的“选择定则”所禁止。实验上，$M1$ 和 $M2$ 跃迁对应于发射光子不同的角分布。经验证，Δ 衰变过程中 $E2$ 跃迁概率比 $M1$ 跃迁概率低 4%。

1966 年春，莫谱戈在非相对论夸克模型框架下讨论夸克的饱和性问题，

---

① 不过，贝格（M.A.B.Beg）和派斯等人指出在假设非相对论极限下 $SU(6)$ 对称性有效且质子和中子属于 $SU(6)$ 的 56 维表示条件下容易得到核子磁矩比 $-\frac{3}{2}$。所以仅得到核子磁矩比不足以验证模型。

② BECCHI C, MORPURGO G. Test of the nonrelativistic quark model for “elementary” particles: radiative decays of vector mesons[J]. Physical Review, 1965, 140(3B): B687-B690.

③ BECCHI C, MORPURGO G. Vanishing of the E2 part of the $N^*_{33} \to N+\gamma$ amplitude in the non-relativistic quark model of “elementary” particles[J]. Physics Letters. 1965, 17(3): 352-354.

以解释为何三个夸克可以形成质子，四夸克或者更多夸克不能结合在一起的问题。[①] 非相对论夸克模型理论预言的诸如磁矩、$V \rightarrow P\gamma$ 衰变、$E2\Delta \rightarrow P\gamma$ 禁戒、介子和重子谱等均与实验结果符合。这也是莫谱戈被该模型吸引并多年开展实验寻找自由夸克的原因。[②③]

尽管非相对论夸克模型的部分理论预言与实验符合，但鲜有物理学家支持。此时的主流物理学家将夸克视为数学符号。同一时期，中国粒子物理学家受毛泽东物质无限可分思想影响，借鉴原子核理论和量子场论，提出描述强子结构的“层子模型”。不过，该工作并未对国际粒子物理学发展产生预期影响（详见第四章）。

四、“色”自由度与渐近自由

夸克概念提出时不可避免地存在如何解释统计问题。在夸克理论框架下，Ω^- 是由三个 s 夸克组成的束缚态。在组分夸克模型下，Ω^- 空间波函数是对称的。[④] 然而，根据泡利不相容原理，该波函数必须是反对称的。为解决这一矛盾，格林伯格（O.W.Greenberg）于 1964 年 10 月假设夸克是秩为 3 的仲费米子（parafermions），遵从“仲统计法”（parastatistics）而非费米 – 狄拉克统计，并给出正确的数学计算。[⑤] 根据费米 – 狄拉克统计，一个状态只能被一个粒子占据；而在“仲统计法”中，一个状态可被三个粒子占据，多则不行。这种方法打开了泡利原理的一个“天窗”，却使得夸克统计问题潜在的动力学重要性变得模糊。

南部阳一郎（Y.Nambu）和韩茂阳（M.Y.Han）提出了另一种解决办法。他

① MORPURGO G. The saturation problem in the non-relativistic quark model of “elementary” particles [J]. Physics Letters, 1966, 20(6): 684-686.

② 意大利热那亚大学莫谱戈教授的邮件交流（2015 年 9 月 13 日）。

③ MORPURGO G. Quarks realistic and naïve [J]. Physics Today, 2008, 40(12): 112.

④ 三个夸克自旋取向一致，给出 Ω^- 自旋。当交换两个夸克时，Ω^- 波函数不变。

⑤ GREENBERG O W. Spin and unitary spin independence in a paraquark model of baryons and mesons [J]. Physical Review Letters, 1964, 13(20): 598-602.

们于1965年8月末发表了三－三重态模型（Three-triplet Model）[①]。在文章引言部分，南部和韩提及：

> 尽管 $SU(6)$ 对称性强烈显示重子是由某种基本三重态组成，但从现实角度出发，夸克模型不是令人完全满意的。原因有：(1)夸克电荷不是整数；(2)三个 s 态夸克不可能给出对称的 $SU(6)$ 56 维表示的重子波函数；(3)对于最低能级的零－三重态（zero-triality state）缺乏基本的动力学理解。

随后，南部和韩指出通过扩展三重态个数可以避免上述问题。在此之前，南部曾提出二－三重态模型。[②③] 二－三重态模型假设两类三重态 t_1 和 t_2 携带电荷为（1, 0, 0）和（0, −1, −1），重子和介子的组成方式分别为 $t_1t_1t_2$ 和 $\sim at_1\overline{t_1}'+bt_2\overline{t_2}'$。三重态质量大于重子质量，因此意味重子和介子具有很强的结合能。同时，南部引入"粲数"（charm）量子数[④]，t_1、t_2 和强子的粲数分别为1，−2和0。通过引入一种中性场同粲数强耦合可以解释为何只有粲数为零的单态强子存在。而在三－三重态模型中，南部和韩将每组三重态分别称为 I、U、V- 三重态（同位旋、U 旋和 V 旋二重态和相应单态）。因此，夸克数目增加三倍，即9种，每种夸克携带整数电荷且满足盖尔曼－西岛关系。基于此，模型在原有 $SU(3)$ 对称性之外又引入一种新的 $SU(3)$ 对称性，即群 $G=SU(3)'\times SU(3)''$。此外，模型引入8个规范矢量场，即 $SU(3)''$ 八重态。规范矢量场与每组三重态的耦合正比于 $SU(3)''$ 生成元 λ_i''。

---

① HAN M Y, NAMBU Y. Three-triplet model with double $SU(3)$ symmetry [J]. Physical Review, 1965, 139(4B): B1006-B1010.

② NAMBU Y. Dynamical symmetries and fundamental fields [C] // KURSUNOGLU B, PERLMUTTER A, and SAKMAR I, eds., Proceedings of the Second Coral Gables Conference on Symmetry Principles at High Energy. San Francisco: W.H.Freeman, 1965: 274-285.

③ NAMBU Y. A systematics of hadrons in subnuclear physics [C] // DE-SHALIT A, FESHBACH H, and VAN HOVE L, eds., Preludes in Theoretical Physics, Amsterdam: North-Holland, 1966: 133-142.

④ 南部在文中提及比约肯和格拉肖最早使用"粲数"（charm）表示第四种夸克并提出 $SU(4)$ 对称性。

三–三重态模型可以给出对称的 $SU(6)$ 56 维多重态重子波函数，定性解释为何实验上观测不到群 G 的高维表示粒子。不过，夸克怀疑者依然抱怨上述尝试：

> 这些苦苦编织出来的东西正如古代天文学家托勒密为了保持地球是宇宙中心的思想，他无止境地修补自己的宇宙学理论。当天体不是以完美的圆周绕着地球运动时，他提出它们的轨道包含称为本轮的花边。为了使得他的宇宙学理论与观测符合，托勒密不断地把本轮加到均轮上去。[①]

1972 年，盖尔曼与弗里奇（H.Fritzsch）提出解决夸克统计问题的不同方案。类似于南部–韩模型，他们也考虑九种夸克，同时假设三种同类夸克具有一种新的、守恒的量子数，并称之为“色”量子数。[②] 夸克具有红、绿、蓝三种颜色。$SU(3)$ 色量子数是一种严格对称性。他们假设强子波函数为“色”群单态。重子波函数具有反对称色指标，交换两个夸克，重子波函数会因此变号，这样便满足了泡利不相容原理。引入“色”量子数后，可以有效解释所谓的三角反常及预言中性 π 介子衰变。随后，他们将色群解读为规范群，由此导致的规范理论类似于量子电动力学。夸克之间的相互作用由称之为胶子的无质量的色规范玻色子的八重态来传递。他们将这一理论称之为量子色动力学。1973 年，盖尔曼、弗里奇和劳意特维特（H.Leutwyler）合作发表了该理论的详细结果。[③]

另一个困扰物理学家的问题是为何夸克之间相互作用在距离小时很弱，

---

① JOHNSON G. Strange Beauty: Murray Gell-Mann and the revolution in twentieth-century physics [M]. Random House, 2000: 236.

② FRITZSCH H and GELL-MANN M. Current algebra: quarks and what else? [C]// Proceedings of 16th International Conference on High-Energy Physics, Batavia, Illinois, 6-13 Sep Vol.2, JACKSON J D, ROBERTS A, DONALDSON R, eds., hep-ph/0208010 (1972): 135.

③ FRITZSCH H, GELL-MANN M, LEUTWYLER H. Advantages of the color octet gluon picture [J]. Physics Letters, 1973, 47B (4): 365-368.

在距离接近核子尺度时又变得很强。将重整化群技术和Yang-mills规范场理论应用于强相互作用时便可得到解释。1973年春，普林斯顿大学的格罗斯（D.Gross）、维尔切克（F.Wilczek）以及哈佛大学的波利策（H.D.Politzer）分别发现非阿贝尔规范场具有渐近自由（asymptotic freedom）性质[①②③]，即当两个夸克距离很近时它们之间相互作用力几乎为零。这一发现使得利用微扰理论处理强作用成为可能，同时也意味着红外奴役或色禁闭是可信的，即夸克和胶子在远距离时吸引力很大以至于永久被限制在强子内部，不能自由逃脱，从而解释实验为何观测不到自由夸克。

五、粒子物理标准模型

1961年，格拉肖（S.L.Glaschow）[④]利用规范场理论[⑤]尝试统一描述电磁相互作用和弱相互作用。随后，温伯格（S.Weinberg）[⑥]和萨拉姆[⑦]应用希格斯（P.W.Higgs）[⑧]、恩格勒特（F.Englert）和布鲁特（R.Brout）[⑨]于1964年提出的

---

① 1972年，荷兰理论物理学家特霍夫特（Gerard’t Hooft，1946—　）曾在某次会议上报告类似结果。不过，由于其忙于其他研究而延误发表这一结果及其推论。2004年，格罗斯、维尔切克和波利策因发现强相互作用中夸克的渐近自由性质而获得诺贝尔物理学奖。而特霍夫特则于1999年与导师韦尔特曼（M.J.G.Veltman）因在理论上解释了亚原子粒子之间电弱相互作用的量子结构而获得诺贝尔物理学奖。

② GROSS D，WILCZEK F. Ultraviolet behavior of non-abelian gauge theories[J]. Physical Review Letters，1973，30(26)：1343-1346.

③ POLITZER H D. Reliable perturbative results for strong interactions[J]. Physical Review Letters，1973，30(26)：1346-1349.

④ GLASHOW S L. Partial-symmetries of weak interactions[J]. Nuclear Physics，1961，22(4)：579-588.

⑤ 1954年，杨振宁与米尔斯（R.Mills）合作提出非阿贝尔规范场。该理论目前成为现代物理发展的基石。

⑥ WEINBERG S. A model of leptons[J]. Physical Review Letters，1967，19(21)：1264-1266.

⑦ SALAM A. Weak and electromagnetic interactions[C]// N. SVARTHOLM(ed.). Elementary particle theory: relativistic groups and analyticity. Nobel symposium 8. Stockholm: Almquvist and Wiksell，1968：367-377.

⑧ HIGGS P W. Broken symmetries and the masses of gauge bosons[J]. Physical Review Letters，1964，13(16)：508-509.

⑨ ENGLERT F，BROUT R. Broken symmetry and the mass of gauge vector mesons[J]. Physical Review Letters，1964，13(9)：321-323.

对称性自发破缺机制成功给出规范玻色子的质量，构建了规范的电弱相互作用的现代形式。1971 年，特霍夫特证明该理论是可重整的。①1973 年，CERN 观测到电弱理论预言的中性流。1983 年，弱相互作用传播子 $W^{\pm}$ 和 Z 的发现促使电弱规范理论被普遍接受。

在强相互作用方面，1968 年 SLAC 的电子 - 质子散射实验发现电子偶尔会被原子核以大角度散射，费曼②与比约肯（J.Bjorken）等人③将此现象解释为中子与质子由称为"部分子"（parton）的点粒子组成。物理学家很自然地将"部分子"与夸克联系起来。此外，电弱规范理论的成功重新引起物理学家对 Yang–Mills 理论的兴趣。量子色动力学理论就是基于 $SU(3)$ 规范对称性的可重整的 Yang–Mills 场论。

1974 年，丁肇中和里克特（B.Richter）发现第四种夸克——粲（c）夸克。第二年，佩尔（M.L.Perl）等人又发现 τ 轻子。此后，物理学家开始寻找第三代夸克。1977 年，费米国家加速器实验室发现底（b）夸克。1979 年发现的"三喷注"夸克、反夸克和胶子喷注令物理学家公认 QCD 作为描述强相互作用的正确理论，即强子由两个或三个夸克（以及内部无数对夸克和反夸克对）通过带色胶子束缚起来。1994 年，Tevatron 实验发现顶（t）夸克。2012 年，大型强子对撞机上发现了标准模型所预言的 Higgs 粒子。

对于 20 世纪 60—70 年代的粒子物理学发展，物理学史界曾这样描述：

> 1964 年至 1979 年粒子物理领域发生了剧变。起初没有一个关于亚原子世界的统一理论。60 年代初期的粒子物理被划分为很多块"封地"，但没有一个能宣称自己的所有骑士都始终不渝地忠诚。贵族显赫之间混战，没有一个国王统一众小国。标准模型出现后取代了之前

---

① GERARD'T HOOFT, VELTMAN M J G. Regularization and renormalization of gauge fields［J］. Nuclear Physics, 1972, 44（1）: 189–213.

② FEYNMAN R P. The behavior of hadron collisions at extreme energies［C］// High Energy Collisions: Third International Conference at Stony Brook, N. Y. Gordon & Breach, 1969: 237–249.

③ BJORKEN J D, PASCHOS E A, PASCHOS E. Inelastic electron–proton and γ–proton scattering and the structure of the nucleon［J］. Physical Review, 1969, 185（5）: 1975–1982.

各种各样的理论，且得到绝大多数粒子物理学家的一致认可，从而结束了这种混乱局面。①

尽管理论预言大都与实验符合，但由于存在自由参数太多、中微子质量、不自然性等问题，标准模型通常被视为一种低能有效理论。目前，物理学家正致力于探索超出标准模型以外的新物理。例如，引力的量子化、中微子质量问题、宇宙中正反物质不对称、暗物质和暗能量本质等是粒子物理学界目前研究的热点问题。

① HODDESON L, BROWN L, RIORDAN M, DRESDEN M. The rise of the standard model: 1964–1979 [M]// The rise of the standard model–particle physics in the 1960s and 1970s. Edited by HODDESON L, et al. New York: Cambridge University, 2006: 30.

第二章

粒子物理在中国的早期发展

现代物理学在中国的传播和发展肇始于20世纪初，经历了较为曲折的过程。伴随“科学救国”和“实业救国”思潮兴起，一批中国学生先后留学日本、欧洲和美国学习先进科学技术。他们学成回国后积极组织学术社团、在大学培养人才和创办研究机构，努力将现代物理学移植到中国并使之建制化。①

第一节　中国粒子物理人才的早期培养

中华人民共和国成立之前，中国物理学研究在社会动荡和战乱中举步维艰。得益于第一代留学归国物理学家的苦心经营，第二代学生在完成本科学业后继续出国深造。20世纪30年代起，相继有张宗燧、马仕俊、彭桓武、胡宁、朱洪元等人在欧洲或美国从事粒子物理理论研究。他们回国后积极推动粒子物理在中国的发展，在学科建设、培养人才、普及知识和编写教材等方面发挥了重要作用。

张宗燧（1915—1969），浙江省杭州人。1934年毕业于清华大学物理

① 严济慈. 近数年来国内之物理学研究［J］. 东方杂志，1935，32（1）：15.

系。随后在清华大学研究院吴有训指导下读研究生。1936年考取中英庚款第四届留英公费生[①]算学专业，在英国剑桥大学师从英国皇家学会会员福勒（R.H.Fowler）[②]研究统计物理。1938—1939年，张宗燧先后在丹麦哥本哈根大学理论物理研究所、瑞士苏黎世联邦理工学院和法国巴黎工作，并在穆勒（C.Mϕller）、泡利（W.Pauli）指导下研究量子场论和粒子物理（图2-1）。[③]张宗燧早期工作集中于合作系统的统计力学。量子场论方面的工作则集中于赝标介子性质，包括赝标介子被静电场散射、被核子吸收并辐射出光子、被核子散射及寿命的公式。[④⑤]

1939年秋，张宗燧回国。第二年春起担任中央大学物理系教授（1940—1945）。教学之余，张宗燧研究统计物理和量子场论。1945—1948年，张宗燧相继在英国剑桥大学和美国普林斯顿高等研究院研究量子场论。在剑桥大学工作期间，他还讲授量子场论课程。1945年，他首先给出有约束的哈密顿系统的量子化方案，并将该理论用于电磁场在Lorentz条件下的量子化和含有高阶导数的量子理论。此外，他还给出含有高阶导数的量子理论的系统理论，包括正则量子化方案、拉氏体系、能量－动量张量等物理量的表示式等。

1948年秋，张宗燧回国，先后任教于北京大学物理系（1948—1952）、北京师范大学物理系（1952—1956）。1956年，张宗燧调入中国科学院数学研究所，担任理论物理研究室主任。[⑥]此外，张宗燧自1958年起兼任中国科学技术大学数学系教授。1957年，张宗燧当选中国科学院学部委员（后改称院士）。

---

① 1933年夏举办第一届中英庚款留英公费生考试，前后共举办八届，共录取193人。

② 福勒（1889—1944）是英国著名物理学家和天文学家，研究领域涉及天体物理、统计物理和量子物理等。张宗燧到达剑桥大学后，很快就在《伦敦皇家学会会刊》（*Proceedings of the Royal Society of London*）和《剑桥哲学学会会刊》（*Proceedings of the Cambridge Philosophical Society*）上发表7篇论文。1938年7月，他以论文《统计力学中贝特方法的应用》获剑桥大学哲学博士学位。

③ 朱重远. 张宗燧传［M］// 陈佳洱. 20世纪中国知名科学家学术成就概览·物理学卷，第2分册. 北京：科学出版社，2014：92-105.

④ CHANG T S. Properties of mesons described by a pseudoscalar wave-function［J］. Det Kgl. Danske Videnskabernes Selskab. Mathematisk-fysiske Meddeleler, 1942, 19（10）：1-17.

⑤ CHANG T S. The azimuthal dependence of processes involving mesons［J］. Proceedings of the Cambridge Philosophical Society, 1940, 36（1）：34-42.

⑥ 张宗燧自1951年起便担任中国科学院数学研究所合聘研究员。

图 2-1　1938 年丹麦哥本哈根大学理论物理研究所成员合影[①]
［前排右 1 张宗燧，左 7 玻尔（N.Bohr），右 3 穆勒］

马仕俊（1913—1962），四川省会理县人。1935 年毕业于北京大学物理系，随后在北京大学理科研究所物理学部吴大猷指导下读研究生。1937 年考取中英庚款第五届留英公费生理论物理专业，在剑桥大学海特勒(W.H.Heitler)[②]指导下研究介子理论。1941 年，马仕俊回国任教于西南联合大学，讲授相对论量子力学、电动力学等课程。杨振宁和李政道都曾聆听过他讲授的量子场论课程。[③]1946 年后，马仕俊先后在普林斯顿高等研究院（1946—1947）、爱

① 图片采自：尹晓冬，朱重远. 张宗燧与科学大师们［J］. 物理，2015, 44（07）: 460-468.

② 海特勒（1904—1981）于 1926 年毕业于慕尼黑大学，随后相继在哥廷根大学（1927—1933）、布里斯托尔大学（1933—1941）、都柏林高等研究院（1941—1949）和苏黎世大学（1949—1974）工作。1927 年，海特勒与伦敦（F.W.London）首先用量子力学处理氢分子，解释了氢分子中共价键的实质问题，为化学键的价键理论提供理论基础，建立量子化学学科。1936 年，海特勒出版个人专著 *Quantum Theory of Radiation*。

③ 杨振宁后来回忆的马仕俊授课情况："他是一位极其认真的老师，讲稿准备得非常整齐。我们两人（与李政道）曾在不同时期（1941—1943 年和 1945 年）听过他的课。我清楚地记得 1943 年春，从马先生开设的课程中学习过场论。他的讲课既清楚又有条理而且范围广泛。今天，我们回想起那时的教室，既无暖气、御寒设备，窗户又被常有的空袭震碎，泥地由于使用过度而到处凹凸不平。想起这些，我们仿佛仍然可以看到年轻、瘦削、腼腆的马先生站在黑板前振笔疾书。我再一次认识到，默默诚意的努力可以战胜物质上的欠缺。"参见：杨振宁. 三十五年心路［M］. 南宁：广西科学技术出版社，1989: 199.

尔兰都柏林高等研究院（1947—1949）、芝加哥大学核物理研究所（1949—1951）和加拿大国家研究院（1951—1953）工作。1953 年，他前往澳大利亚悉尼大学工作。

马仕俊的研究主要集中于量子场论。他在西南联合大学工作期间与学生合作发表 4 篇文章，计算了氘核内质子和中子交换的介子场对氘核磁矩和电矩的贡献，发展一种求解量子散射积分方程的近似方法。此外，他在 *S* 矩阵方面也做出有影响的工作。1945 年，穆勒提出 *S* 矩阵动量复平面负虚轴上的零点对应于束缚态。第二年，马仕俊指出在指数位势情况下，负虚轴上有多余的零点不对应于束缚态。随后，他又指出如果位势在无穷远处迅速趋于零，则不存在多余零点。他后来还指出 virtue state（存在于质子 – 中子系统的 *s* 波单态）对应于 *S* 矩阵（严格地说是 Jost 函数）在动量复平面正虚轴上的零点。[①②]

彭桓武（1915—2007），湖北省麻城市人。1935 年毕业于清华大学物理系，1935—1937 年在清华大学研究院师从周培源研究广义相对论。1938 年，彭桓武考取中英庚款第六届留英公费生理论物理专业。同年秋，彭桓武赴英国爱丁堡大学留学，在玻恩（M.Born）[③] 指导下相继于 1941 年和 1945 年获哲学博士和科学博士学位。此外，彭桓武还于 1941—1943 年和 1945—1947 年在由薛定谔（E.Schrödinger）[④] 担任首任所长的爱尔兰都柏林高等研究院理论物理所工作（图 2–2）。[⑤]

① MA S T. Redundant zeros in the discrete energy spectra in Heisenberg's theory of characteristic matrix [J]. Physical Review, 1946, 69(11–12): 668.

② MA S T. On a general condition of Heisenberg for the S matrix [J]. Physical Review, 1947, 71 (03): 195–200.

③ 玻恩（1882—1970）是量子力学的奠基人之一。1954 年，他因对量子力学的基础性研究尤其是对波函数的统计学诠释获得诺贝尔物理学奖。他培养的中国学生有彭桓武、程开甲、杨立铭和黄昆。此外，魏嗣銮、王福山留德期间也曾听过玻恩的授课。

④ 薛定谔（1887—1961）是量子力学的奠基人之一。他在 1926 年提出用波动方程描述微观粒子运动状态的理论（薛定谔方程），奠定波动力学基础，获 1933 年诺贝尔物理学奖。此外，他还发展了分子生物学。

⑤ 刘金岩. 彭桓武留欧期间的科学贡献 [J]. 自然科学史研究，2018, 37(1): 87–103.

图 2–2　1946 年 6 月彭桓武在 DIAS 门前与参加该院第五次科学研讨会的同事们合影（3 薛定谔，4 海特勒，7 玻恩，10 程开甲，16 胡宁，18 彭桓武）

彭桓武早期研究集中在固体物理方面，计算了由于均匀形变引起的晶格的势能变化以及金属的弹性模量。1942 年，彭桓武与海特勒合作发展了辐射阻尼理论，并把该理论用于研究宇宙射线多重产生过程。1943 年，彭桓武、哈密顿（J.Hamiton）与海特勒合作提出以三人名字首字母命名的 HHP 理论。① 在该理论框架下详细计算了宇宙射线中介子能量、高度和纬度分布。随后，彭桓武独立改进计算。相比于微扰论，该理论与宇宙射线实验结果在定性上符合得更好。此外，彭桓武还同玻恩合作深入研究场的量子力学，系统分析量子场论性质，并在处理量子场论发散问题投入很多精力。②

彭桓武在 1947 年底回国，先后在云南大学（1947—1949）、清华大学

① HAMILTON J, HEITLER W, PENG H W. Theory of cosmic-ray mesons[J]. Physical Review, 1943, 64(3-4): 78-94.

② BORN M, PENG H W. Statistical mechanics of field and the “apeiron”[J]. Nature, 1944, (153): 164-165.

（1949—1950）、中国科学院近代物理研究所[①]（1950—1961）、中国工程物理研究院（1961—1972）、中国科学院高能物理研究所（1972—1978）和中国科学院理论物理研究所（1978—2007）工作。回国后，他主要研究核物理和原子能科学技术，为中国核武器理论设计做出重要贡献，获得"两弹一星"功勋奖章。1955年，彭桓武当选为中国科学院学部委员（院士）。

胡宁（1916—1997），江苏省宿迁人。1938年，毕业于西南联合大学物理系，随后在周培源指导下研究流体力学湍流理论。1940年，胡宁考取庚子赔款第五届清华大学留美公费生金属学门（图2-3）。第二年赴美国加州理工学院，先后师从冯·卡门（T.von Kármán）[②]和艾普斯坦（P.S.Epstein）[③]研究湍流理论和原子核的量子理论。1943年，胡宁到普林斯顿高等研究院，在泡利指导下研究介子理论和广义相对论。1945—1950年，他先后访问爱尔兰都柏林高等研究院、丹麦哥本哈根大学理论物理研究所、美国康奈尔大学原子核研究所、美国威斯康星大学物理学系和渥太华加拿大国家研究院研究所和大学，从事理论物理学诸多方面研究。[④]

留学期间，胡宁主要研究引力理论和量子场论。在引力理论方面，他计算了双星系统的辐射阻尼。[⑤]在量子场论方面，他于1944—1945年发表关于

① 中国科学院近代物理研究所先后于1953年和1958年更名为中国科学院物理研究所和中国科学院原子能研究所。

② 冯·卡门（1881—1963）是流体力学家，开创了数学和基础科学在航空航天和其他技术领域的应用。他所在的加州理工学院实验室后来成为美国国家航空和航天喷气实验室。他培养了中国学生钱伟长、钱学森和郭永怀。

③ 艾普斯坦（1883—1966）是俄裔美国数学物理学家，在量子理论建立早期和热力学物理等方面做出重要贡献。

④ 宋行长．胡宁［M］// 陈佳洱．20世纪中国知名科学家学术成就概览·物理学卷，第2分册．北京：科学出版社，2014：141-156.

⑤ HU NING. Radiation damping in the general theory of relativity[J]. Proceedings of the Royal Irish Academy, 1947, A51: 87-111.

核力的介子理论文章。①②③ 这些文章曾被温策尔（G.Wentzel）著的 *Quantum Theory of Fields*（1949）引用。1948 年，胡宁证明短程位势散射中 *S* 矩阵作为动量的复平面上的解析函数只有单极点，没有高阶极点或支点，给出 *S* 矩阵一种简单表示式，同时指出下半平面的复数极点可导出共振公式（与 Breit-Wigner 公式相似）。④ 该工作是色散关系基础性工作之一。此外，他还论证 Tomonaga-Schwinger 量子电动力学微扰论中附加条件的满足不需消去横场。

胡宁在 1950 年回国，1951 年任北京大学物理系教授，1953 年起兼任中国科学院近代物理研究所研究员，1956—1958 年任联合核子研究所理论物理实验室小组负责人。1955 年，胡宁当选为中国科学院学部委员（院士）。

图 2-3 胡宁（左）和张宗燧（右）在欧洲留学时的合影 ⑤

① JAUCH J M, HU N. On the mixed theory of nuclear force[J]. Physical Review, 1944, 65(09-10): 289.

② HU N. The relativistic correction in the meson theory of nuclear physics[J]. Physical Review, 1945, 67(11-12): 339.

③ PAULI W, HU N. On the strong coupling case for spin-dependent interactions in scalar-and vector-pair theories[J]. Reviews of Modern Physics, 1945, 17(2-3): 267-286.

④ HU N. On the application of Heisenberg's theory of S-Matrix to the problems of resonance scattering and reactions in nuclear physics[J]. Physical Review, 1948, 74(2): 131-140.

⑤ 尹晓冬. 纪念张宗燧先生诞辰一百周年专题[J]. 现代物理知识, 2015, 27(02): 3-5.

朱洪元（1917—1992），江苏省宜兴市人。1939年，毕业于同济大学机械工程系。1944年，通过英美奖学金研究生与实习生考试（机械工程的机械设计与制造组）。[①]1947年，留学曼彻斯特大学物理系，在布莱克特（P.M.S.Blackett）领导的宇宙线小组研究同步辐射和基本粒子（图2-4）。1948年，获哲学博士学位，并留校任物理系帝国化学工业科学基金会研究员。

图2-4　朱洪元（中）与其导师布莱克特（右）

在宇宙线方面，朱洪元于1947年计算出高速电子在磁场中偏转时辐射电磁波的频率谱和角分布公式（即同步辐射公式），指出宇宙射线在地球磁场中辐射的光子和由它产生的电子对只集中在很小角度内，地球磁场不会在地球表面产生大范围的广延大气簇射。[②]这与布莱克特和旅英印度理论物理学家

① 1933年春，应英国文化协会及英国工业协会之邀，教育部选派9名研究生和31名实习生赴英国研究和实习。这批留学生在英国的工作获得好评。第二年，英国政府又续赠奖学金。同时，麻省理工等五所美国学校也请中国派研究助理。国民政府在第一届自费留学生出国日期决定后，旋即举行英美奖学金研究生实习生考试。其中，英国文化委员会赠各科奖学金研究生60名，各科名额由中国自行分配。该委员会负担所有研究生的旅费、学费、生活费及其在研究期内的一切费用。——参见：刘真，主编. 留学教育：中国留学教育史料［M］. 第4册. 台北：编译馆，1980：2127.

② TZU H Y. On the radiation emitted by a fast charged particle in the magnetic field［J］. Proceedings of the Royal Society, 1948, A192（1029）: 231-246.

巴巴（H.Bhabha）预言不符。[①]1949 年，施温格（J.Schwinger）在研究加速器中电子辐射性质时也得到类似结果。这两项成果至今仍是同步辐射应用的基本参考文献。此外，朱洪元在 1949 年分析了两个介子通过产生和吸收核子对的相互作用。

朱洪元在 1950 年 10 月回国，1950—1957 年任中国科学院近代物理研究所研究员。1957—1981 年任中国科学院原子能研究所理论室主任[②]，其间于 1959—1961 年赴联合核子研究所工作，被选为该所 1959—1965 年学术委员会委员。此外，他还兼任北京大学物理系和中国科学技术大学物理系的教授。在层子模型研究中，朱洪元起主导作用。此外，他还积极推动建造北京正负电子对撞机。

除上述几位早期留学欧美学习量子场论的物理学家外，王福山（1907—1993）曾在德国哥廷根大学（1929—1933）和莱比锡大学（1933—1940）留学。他以汤川理论计算介子或中子与原子核碰撞而产生介子的作用截面，得出大气中的介子由宇宙线中高能质子或中子与原子核碰撞后的韧致作用而产生的结论。[③]1940 年回国后，王福山先后任教于光华大学（1940—1946）[④]、同济大学（1946—1952）和复旦大学（1952—1980）[⑤]。

1949 年 10 月 1 日中华人民共和国成立，这为科学、技术、教育和工业等事业的发展创造了和平的环境。国家在第一个“五年计划”（1953—1957）期间优先发展重工业，奠定工业化的基础。在这种情况下，应用研究更加受到重视。彭桓武、张宗燧、胡宁和朱洪元回国后一段时间内并未延续此前的基

---

① 布莱克特（1897—1974）是著名实验物理学家，1948 年诺贝尔物理学奖获得者。他曾考虑宇宙线中高能电子进入地球大气层前受地球磁场影响放出辐射，在经过大气层后是否在地球表面产生一个特大范围的光电簇射。

② 1973 年，在原子能研究所一部基础上组建了中国科学院高能物理研究所。

③ WANG F S. Über die Bremsung sehr energiereicher Protonen und newtronen durch Ausstrahlung von Mesotronen[Diss.]. Universität Braunschweig, 1940.

④ 1951 年，以大夏大学（1924）和光华大学（1925）为基础，同时调进圣约翰大学、复旦大学、同济大学和浙江大学等高校的部分系科，在大夏大学原址上创办华东师范大学。

⑤ 中国科学技术协会编. 中国科学技术专家传略. 理学编[M]. 物理学卷 2. 北京：中国科学技术出版社，2001：21-31.

础研究工作。彭桓武转向从事核武器理论设计工作，[①]张宗燧研究洛伦兹群表示，朱洪元专注研究原子核物理并关注量子场论发展，胡宁从事与介子理论和 S 矩阵理论相关的研究工作。[②③]

1956 年 1 月 14 日，周恩来总理在中共中央关于知识分子问题的会议上做报告时号召“向科学进军”，明确指出：“如果我们不及时地加强对于长远需要和理论工作的注意，那么，我们就要犯很大的错误。没有一定的理论科学的研究做基础，技术上就不可能有根本性质的进步和革新。”[④]同年，国务院组织几百名科学家制定《1956—1967 年科学技术发展远景规划纲要》（以下简称《纲要》）。这是新中国发展科学技术的一项重大战略举措。[⑤]规划制定者确定“以任务为经，以学科为纬，以任务带学科”为主要原则，任务带不动的就以学科规划来补充。[⑥]《纲要》将原子核与粒子物理作为物理学发展的三个重点领域之一，并把场论和量子力学基础研究列入第 56 项任务——“现代自然科学中若干基本理论问题的研究”[⑦]。在这种背景下，周光召、何祚庥、戴元本等新一代粒子物理人才快速成长。

周光召（1929—　），湖南长沙人。1951 年，毕业于清华大学物理系，随

① 彭桓武留欧期间已深入掌握量子力学基本理论，回国后积极传授量子力学。1952—1955 年，他在北京大学物理系讲授量子力学。1954 年，他在青岛量子力学讲习班培训量子力学师资。

② “张宗燧、朱洪元回国之初未继续从事量子场论研究，这可能与当时政治形势有关。他们当时心情很不舒畅，境遇也不是很好。”——2014 年 4 月 24 日，中国科学院理论物理研究所戴元本院士访谈。

③ 戴元本. 中国量子场论研究的初期［J］. 现代物理知识，2009，21（05）：64-65.

④ 周恩来. 关于知识分子问题的报告（1956 年 1 月 14 日）［G］// 中央文献研究室. 建国以来重要文献选编：第 8 册. 北京：中央文献出版社，1994：38.

⑤ 张久春，张柏春. 规划科学技术：《1956—1967 年科学技术发展远景规划》的制定与实施［J］. 中国科学院院刊，2019，34（9）：982-991.

⑥ 十二年远景规划的实施满足了国家战略需求，填补许多学科领域空白，构建了现代科学技术体系的基本框架，全面推进了科技进步，产生以“两弹一星”为代表的重要科研成果，为经济社会发展做出了重要贡献。需要指出的是，苏联专家和苏联科学院等机构为中国制定规划提出了很多建议，并且帮助开展了一些领域的研究。

⑦ 部分科学家认为“任务带学科”的做法忽视了基础科学的理论研究。在规划制定的后期，争论反映到周恩来总理那里。经周总理指示，加了一项按照学科规划的“现代自然科学中若干基本理论问题的研究”，目的是研究那些任务带不起来的重大科学问题。

后在彭桓武指导下研究基本粒子物理与量子场论。1952 年，院系调整时，清华大学物理系并入北京大学物理系。①1954 年，周光召研究生毕业，留在北京大学任教。他的研究生毕业论文与原子核能级问题相关，涉及双力程核子力问题。② 他首先利用双力程位能计算 ^{2}H、^{3}H、^{3}He、^{4}He 原子核结合能和中子对低能质子散射过程。计算结果显示结合能值有随核子数 A 上升过快的趋势。为解决该问题，周光召继续研究介子场的三体力位能，通过计算赝标介子赝向矢量耦合中的三体力讨论其能否解释 ^{3}H、^{3}He、^{4}He 原子核结合能问题。③ 严格地说，周光召这两项工作属于处理原子核能级问题，讨论原子核内部标量耦合、张量耦合和矢量耦合等不同介子势。

1957—1961 年，周光召经胡宁推荐赴苏联杜布纳，在联合核子研究所从事粒子物理理论研究。他利用那里优越的学术交流环境，研究前沿问题并取得有影响力的成果（详见本章第四节）。1961 年 2 月，周光召回国，被借调到第二机械工业部（以下简称“二机部”）北京第九研究所（中国工程物理研究院前身），参与尖端武器的理论预研工作，后来获得了“两弹一星”功勋奖章。④ 他在回国初期曾指导北京大学高崇寿、苏肇冰研究粒子物理理论。完成尖端武器理论设计后，他在 20 世纪 70 年代初重返理论物理学界，组织“量子场论大范围性质研究”项目，与合作者发展了凝聚态物理中的非平衡态统一理论的闭路格林函数方法。

戴元本（1928—2020），湖南省常德市人。1952 年，毕业于南京大学物理

① 1952 年秋，全国开始实行高等教育的院系调整，即参照苏联高等教育模式，对全国高校进行合并、拆分、新建和裁撤，使高等教育服务于经济建设。国家重点发展工科院校和综合性大学的理科，同时适当地发展农林、师范、卫生和其他各类学校。

② 周光召. 双力程核子力的讨论［J］. 物理学报，1955，11（4）：299-316.

③ 周光召. 介子场论中的三体力位能［J］. 北京大学学报（自然科学版），1955（00）：53-66.

④ 周光召利用“最大功原理”解决原子弹研制过程中的九次计算问题，使得中国原子弹研制继续向前推进。原子弹爆炸成功后，周光召等人马上攻关氢弹原理。事实上，负责原子弹和氢弹理论设计的彭桓武设计了三套氢弹研制方案，分别由周光召、黄祖洽和于敏负责。彭桓武曾回忆说，三套氢弹研制方案在原理上都是合理可行的，黄祖洽负责的方案实际上是一个保底方案。

系，随后到南京工学院[①]教授普通物理。当时，全国正进行院系调整和教学改革，南京工学院的学生数量增加一倍，教学任务繁重。戴元本每周须教学 20 余小时，但仍对科学研究有浓厚兴趣。[②]除补学相对论、电磁辐射理论、量子力学和热力学统计等基础知识外，他还借助俄文教科书、论文集等资料自学量子场论，并了解高能物理的前沿发展。[③]

为培养高校师资和科研人才，高等教育部决定自 1956 年起在全国范围内招收自由报考的研究生，取代此前采取的“保送、审查、批准”的招生形式。同年，戴元本利用 Bathe–Salpeter 方程研究 S 态介子 – 核子散射的重整化效应，将自己的论文投稿至《物理学报》。审稿人朱洪元写信鼓励戴元本计算多个能量值以便绘制一条曲线。[④]不过，戴元本在全力准备参加 1957 年研究生考试，无充足时间再做计算，便将文章改投《南京工学院学报》。[⑤]

1957 年，戴元本如愿考取中国科学院数学研究所张宗燧的研究生。读研期间，戴元本关注弱相互作用和双重色散关系理论研究。其中，较重要的工作是同朱洪元等人合作研究 μ 子在质子的辐射俘获。他们利用重整化后的费米型 V–A 弱相互作用计算 μ 子被质子吸收产生辐射俘获现象，发现一个严格的选择定则，即当始态 μ^- 子与质子组成自旋为零的 S 态时，μ^- 子辐射俘获不会发生，只有当强相互作用重整化效应存在时，μ^- 子辐射俘获才会发生。[⑥]朱

① 南京工学院成立于 1952 年，在中央大学工学院基础上，并入复旦大学、交通大学、浙江大学、金陵大学等学校的有关系科。1988 年，南京工学院更名为东南大学。

② 戴元本. 我的求学之路[M]// 中国科学院院士工作局编. 科学的道路(上卷). 上海：上海教育出版社，2005：342–343.

③ 戴元本通过阅读沙可洛夫编著的《量子场论》自学量子场论。他还研读苏联物理学杂志 *Problem in Soviet Union Physics*。该杂志将国际前沿物理成果译为俄文以专辑形式出版。其中，有几期专辑的主题是量子场论和粒子物理，内容涉及施温格 – 费曼 – 戴森重整化方法、Wick 定理、Bethe–Salpter 方程、Tamm–Dancoff 方法，以及盖尔曼的部分文章。——2014 年 4 月 24 日，中国科学院理论物理研究所戴元本院士访谈。

④ 戴元本当时并不知审稿人是谁。待他同朱洪元相识后，通过笔迹知道当时的审稿人是朱洪元。

⑤ 戴元本. S 状态介子 – 核子散射的重整化效应[J]. 东南大学学报(自然科学版)，1957(01)：109–115.

⑥ 戴元本，冼鼎昌，何祚庥，朱洪元. μ 介子为质子所辐射俘获[J]. 物理学报，1959，15(05)：262–268.

洪元等进一步阐明其原因：在此过程中，$V\text{–}A$ 理论经变换后起作用的是标量及赝标量，它们禁戒在自旋为零的 S 态中发生辐射俘获过程。①

20 世纪 60 年代初，戴元本已成长为活跃的青年粒子物理学家并开始协助张宗燧指导研究生。1963—1965 年，戴元本深入研究 Regge 理论。他指出 Regge 理论中所要求的 Regge 渐近行为只在某些特殊位阱情况下才出现，而在一些高奇异性的位阱散射情况下并不出现。这否定了 Regge 理论作为“基本理论”的理论基础。他在 1964 年北京科学讨论会上报告了这项工作，引起与会者关注。1978 年，他调入中国科学院理论物理研究所。

何祚庥（1927—　），上海人。1951 年，毕业于清华大学物理系，随后被分配至中国共产党中央委员会宣传部（以下简称中宣部）科学处任干事。1956 年，调入中国科学院物理研究所（1958 年更名为原子能研究所）研究基本粒子理论，相继在联合核子研究所（1959—1960）、二机部第九研究所理论部（1961—1965）、中国科学院原子能研究所一部理论室（1965—1973）、高能物理研究所第四研究室（1973—1978）和理论物理研究所（1978—　）工作。②

1954 年，何祚庥同邓稼先合作应用群表示论求出有库伦修正的 n 次禁戒跃迁的 β 衰变普遍理论。③ 在朱洪元指导下，他同冼鼎昌、李文铸④、戴元本、

① 朱洪元，何祚庥，戴元本. 核子结构对质子俘获 μ 介子的影响［J］. 物理学报，1959，15（10）：521-524.

② 《科学家传记大辞典》编辑组. 中国现代科学家传记（第四集）［M］. 北京：科学出版社，1993：151.

③ 邓稼先，何祚庥. β-中微子角关联，β-γ 角关联和 β-能谱因子［J］. 物理学报，1956，12（2）：96-126.

④ 李文铸（1924—　），1947 年毕业于浙江大学物理系。1949 年在该校研究生毕业。1952—1957 年，李文铸在中国科学院原子能研究所访问学习。陈中谟（1932—　），1955—1956 年在北京大学学习，随后分配至中国科学院原子能研究所。

陈中谟合作研究 V–A 型弱相互作用理论的物理效应等问题[①②③④]、μ 子的辐射俘获和极化 μ 子在极化核中的俘获。在层子模型研究中，何祚庥提出涉及物理图像和物理效应方面的想法（详见第四章）。1974—1979 年，何祚庥等建立量子复合场论，这有助于理解强子结构和粒子物理中其他束缚态问题。他还关注科学领域中的哲学问题以及经济、能源等问题。[⑤]

除上述三位青年物理学家外，在 20 世纪 50—60 年代表现活跃的青年粒子物理学家还有中国科学院原子能研究所的汪容、冼鼎昌、阮图南和陈中谟，北京大学的高崇寿、宋行长，清华大学的张礼[⑥]，兰州大学的宫学惠[⑦]，山东大学的王普、王政之，以及中山大学的李华钟[⑧]等。

第二节　量子场论在中国的普及

粒子物理在中国发展初期，急需普及专业知识和培养专业人员。1958 年青岛量子场论、相对论电动力学、原子核理论讲习班以及朱洪元、胡宁分别编著的量子场论中文教材在这一过程中发挥了重要作用。

---

① 1958 年，苏联物理学家塔姆（I.Y.Tamm）访华。他在报告中介绍了最新发展的普适弱相互作用 V–A 理论，这促使中国物理学家深入研究这一问题。

② 陈中谟，何祚庥，冼鼎昌，朱洪元. 超子及 K 介子衰变的分支比和平均寿命间的比例[J]. 物理学报，1959, 15(2)：63–76.

③ 陈中谟，何祚庥，冼鼎昌，朱洪元. 超子衰变产物的角分布[J]. 物理学报，1959, 15(02)：77–88.

④ 陈中谟，何祚庥，冼鼎昌，朱洪元. 带有任意自旋粒子衰变产物的角分布[J]. 物理学报，1959, 15(5)：254–261.

⑤ 欧阳钟灿. 何祚庥[M] // 陈佳洱. 20 世纪中国知名科学家学术成就概览·物理学卷. 第 2 分册. 北京：科学出版社，2014：618–622.

⑥ 张礼（1925—　），1946 年毕业于辅仁大学，1956 年获苏联列宁格勒大学数理科学副博士，随后回国任教于清华大学。他曾于 1963 年访问丹麦哥本哈根理论物理研究所。

⑦ 宫学惠（1922—？），1945 年毕业于日本东北帝国大学，随后留校从事科研和教学工作。1957 年回国后，任南开大学物理系副教授，核物理教研室主任。1965 年，调往兰州大学近代物理系任理论物理教研室主任，原子核研究所副所长。1984 年，调往辽宁大学物理系。

⑧ 李华钟（1930—2018），1951 年毕业于岭南大学物理系，随后留校任教。1954 年，任中山大学物理系讲师，1978 年任教授，1980 年任物理系主任，1981 年 1 月任中山大学副校长。李华钟的研究领域涉及粒子物理理论和规范场论。

一、青岛讲习班

20世纪50年代初期，高等学校教育在教学改革过程中设置了国家建设所需的专业和专门化。例如，北京大学就设立了一系列理论物理专门化课程。1957年，朱洪元为北京大学物理系理论物理班讲授量子场论。这是中国的大学首次系统讲授量子场论课程。① 北京大学高崇寿对于朱洪元的授课印象深刻：

> 1957年2月，我在北京大学物理系理论物理班学习，那学期新开设的课程有量子场论，这是过去国内从来还没有开设过的理论物理课程，同学们都很兴奋，传说这门课将是由一位从英国回国的在科学院做研究工作的"老先生"来开设，当时同学们把年龄超过30岁，在国外留学后回国工作的教授都称为老先生。开学第一堂课，40岁的朱洪元教授带着厚厚的讲稿，迈着稳健的步伐，进入教室，用洪亮的声音开始这门前沿理论课程的系统讲授……那时国内还没有量子场论方面的书籍，我们听朱先生清晰透彻、由浅入深、逻辑性强的讲课，努力认真记笔记，学习和领会量子场论理论的精髓。②

量子场论在全国首次大规模普及得益于1958年暑期在山东大学（校址青岛）举办的量子场论、相对论电动力学、原子核理论讲习班（简称青岛讲习班），具体日程见表2-1。来自全国高校和研究所的60多位代表参加讲习班，

① 朱洪元作为北京大学兼职教授讲授量子场论课程。胡宁此时正在苏联联合核子研究所工作。1958年，胡宁回国后，接替朱洪元讲授量子场论课程。

② 高崇寿. 深切怀念朱洪元老师[M]//朱洪元论文选集编辑委员会. 朱洪元论文选集. 北京：中国科学院高能物理研究所，2002：327.

包括中国科学院数学研究所的张宗燧、戴元本、张历宁[①]，原子能研究所朱洪元、何祚庥、冼鼎昌、陈中谟和宇宙线小组全体成员以及清华大学谢毓章等。

青岛讲习班由山东大学物理系王普教授组织。他早年在德国（1935—1938）和美国（1938—1939）学习核物理，1947—1956年再次赴美访问，在那里利用原子核乳胶研究宇宙射线中不稳定粒子。此外，王普利用闪烁谱仪研究 X 射线谱和各种材料对其吸收效果。1956年回国后，他任教于山东大学物理系并领导原子物理教研室，同时兼任中国科学院原子能研究所研究员（1956—1958）。这一时期，李政道和杨振宁提出的弱作用下宇称不守恒定律得到实验验证。王普留美期间与吴健雄、袁家骝夫妇关系密切。当吴健雄与合作者完成检验 β 衰变宇称不守恒实验后，王普立即发去贺电并组织山东大学青年研究人员深入调研 β 衰变和宇称问题。为进一步分析和理解问题本质，他还组织人员研究量子力学含义及各种诠释。他当时在山东大学主持了 β 衰变、量子力学诠释以及利用原子核乳胶进行高能物理研究，[②]这三项工作的理论基础是量子场论和相对论量子电动力学。这也是王普组织青岛讲习班的动机（图2-5）。[③]

① 张历宁（1933—　），1956年毕业于北京大学数学系，随后分配到中国科学院数学研究所研究微分几何并加入新组建的数学物理组。张宗燧建议他补学必要的量子力学和量子场论专业知识。于是，张历宁参加了朱洪元在北京大学讲授的量子场论课程和青岛讲习班。据张历宁回忆，1957年朱洪元与张宗燧尚未相识。张宗燧看到张历宁记录的朱洪元授课内容后，并未给予高度评价。张宗燧和朱洪元熟悉后，发现朱洪元数学水平很高。——2015年12月23日，中国科学院理论物理研究所张历宁研究员访谈。

② 王普根据山东大学当时实验条件提出利用原子核乳胶研究宇宙线及大型加速器高能反应的实验现象。此外，他还提出利用当时刚兴起的晶体闪烁技术研究电磁辐射。参见：《王普先生纪念集》编委会编. 王普先生纪念集[M]. 济南：山东科学技术出版社，2011：419。

③ 2014年11月10日，中国海洋大学于良教授访谈。

图 2-5　1958 年青岛讲习班授课旧址正面及背面照
（现为中国海洋大学老干部活动中心，刘金岩摄于 2014 年 11 月）

青岛讲习班以朱洪元的量子场论课程为主，张宗燧的量子电动力学讲座为辅。清华大学谢毓章讲授原子核理论，为基础不足的学员补习量子力学。[①]戴元本、冼鼎昌、何祚庥和陈中谟担任讲习班助教。其中，戴元本和冼鼎昌分别担任张宗燧和朱洪元的助教，何祚庥和山东大学青年教师于良承担部分会务工作（表 2-1）。

表 2-1　　讲习班课程安排 ※

8 月 13 日	核物理（谢毓章）、相移分析（戴元本）
8 月 14 日	李模型和海森堡理论（张宗燧）
8 月 15 日	核物理（谢毓章）、相移分析（戴元本）
8 月 16 日	教学改革经验座谈会（戴元本）
8 月 17 日	核物理（谢毓章），相移分析及兰姆移动、反常磁矩等实验（戴元本、何祚庥）

① 1957 年春，谢毓章由美国回国。随后，相继访问山东大学和清华大学，并最终决定到清华大学任教。青岛讲习班邀请谢毓章讲课，以便了解其知识基础。——2014 年 11 月 10 日，中国海洋大学于良教授访谈。

（续表）

8月18日	崂山游览
8月19日	海森堡理论（张宗燧）
8月20日	核物理（谢毓章）、解答问题（集体）
8月21日	基本粒子理论（张宗燧）
8月22日	核物理（谢毓章）、宇称不守恒问题实验讨论（何祚庥）
8月23日	研究工作座谈会
8月24日	休息或继续
8月25日	核物理（谢毓章）
8月26日	基本粒子模型（张宗燧）
8月27日	核物理（谢毓章）、*K*介子计算（张宗燧）
8月28日	上午总结、下午休息
8月29日	上午山大党委总结报告

※ 本表根据张历宁笔记整理（朱洪元课程除外）。

朱洪元的授课内容基于他在北京大学的讲义，内容涉及量子场论基础、标量场和矢量场性质、各种表象、*S*矩阵、场量子化、重整化理论及解决“交缠重整化”方法等（表2–2）。他每天上午授课4小时，下午备课并撰写讲义。朱洪元在课前简要总结上节课内容，偶尔还布置课后习题（图2–6）。他以“跃进”的授课风格，使基础薄弱的学员较快地熟悉前沿发展，清除“拦路虎”。①

① 何祚庥. 回忆朱洪元先生对我们的教导［M］// 朱洪元论文选集编辑委员会. 朱洪元论文选集. 北京：中国科学院高能物理研究所，2002：312.

表 2-2　　朱洪元讲授的《量子场论》课程内容※

第一章
1.1　量子力学的局限性
1.2　量子场论的发展过程
1.3　量子场论的基本困难
第二章
2.1　量子化方法的正则形式
2.2　场论的拉氏形式
2.3　场的动量守恒和能量守恒
2.4　复数的场变量、电荷守恒
2.5　场论的哈密顿形式
2.6　场的正则量子化方法
第三章
3.1　马克斯威（Maxwell）方程的四维形式
3.2　拉氏函数、能量和动量
3.3　电磁场的量子化
3.4　分解为平面波
3.5　电磁场的不连续性，光子的存在
3.7　应用不定度规的量子化方法
3.8　纵光子和标量光子的意义
3.9　对易关系的相对论不变性
第四章
4.1　Klein—Gorden 方程
4.2　拉氏函数 一些守恒量
4.3　标量介子场的量子化
4.4　分解为平面波
4.5　*a* 和 *a**, *b* 和 *b** 之间的对易关系
4.6　总能量、介子场的不连续性
4.7　电荷
4.8　角动量
第五章
5.1　自由电子的 Dirac 波动方程
5.2　狄拉克方程的洛伦兹不变性
5.3　由波函数组成的共变量
5.4　电荷共轭变换
5.5　狄拉克方程作为场的运动方程
5.6　分解为平面波
5.7　电子场的能量、动量和电荷
5.8　电子场的不连续性 电子的存在
5.9　在 N 表象中力学量的矩阵表示
5.10　对易关系的洛伦兹不变性
第六章
6.1　如何引入相互作用
6.2　中性标量场（实标量场）和 Dirac 场之间的相互作用
6.3　荷电介子场（复标量介子场）与核子场之间的相互作用
6.4　荷电介子场与核子场的另一种处理方法
6.5　电荷无关的介子场、核子场理论
6.6　一些其他种类玻色子和 Dirac 场之间的相互作用
第七章
7.1　海森堡表象和薛定谔表象的缺点
7.2　相互作用表象
第八章
8.1　散射矩阵
8.2　微扰论的洛伦兹不变形式
8.3　散射矩阵的简化
8.4　Wick 氏的方法，两种表示
8.5　Wick 氏的方法，二条定理
8.6　电子的相互散射
第九章　康普顿散射
第十章　量子场论中的发散困难
电子自能、真空极化、顶角极化等
第十二章　重整化的一般理论
12.1　原始发散
12.2　原始发散的种类、Furry 定理
12.3　不可化简的图形及其无穷大
12.4　光子相互作用的 *S* 矩阵元
12.5　正规图形和非正规图形

※ 本表根据张历宁笔记整理（其中第十一章内容缺失）。

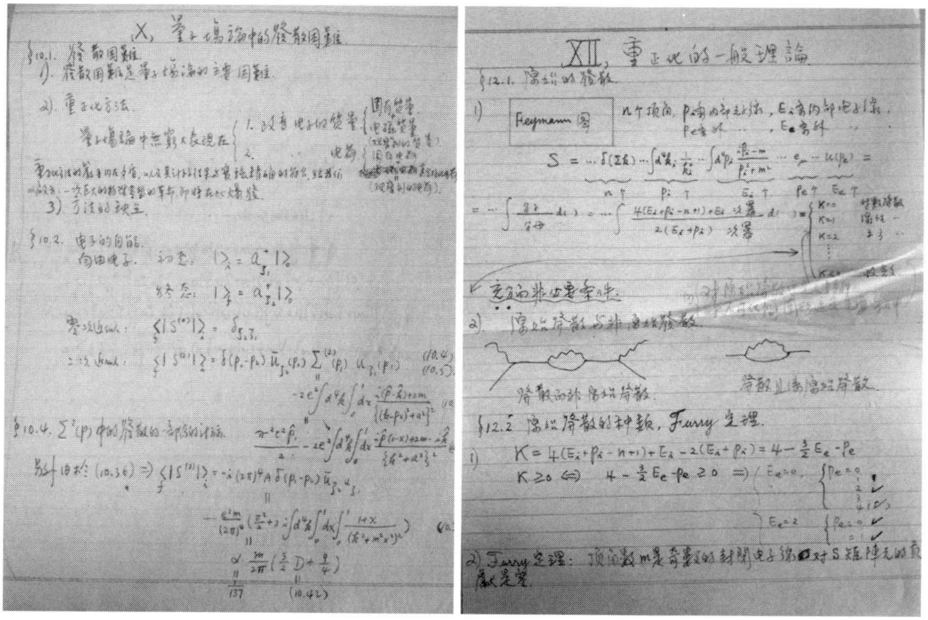

图 2-6　朱洪元讲授的《量子场论》课程第十章和第十二章内容
（采自张历宁笔记）

青岛讲习班举办之时正值反右派斗争后期和“大跃进”时期，山东大学正在筹备迁往济南。此次全国性讲习班的成功组织与山东大学校领导的重视密不可分。山东大学教务处长吴富恒出席开班仪式，党委成员在讲习班结束前做总结报告（图 2-7）。青岛讲习班后全国部分高校物理系相继开设量子场论和基本粒子理论课程。山东大学物理系专门组建理论物理专业，系主任余寿绵担任理论物理教研室主任。他在讲习班结束后也开始研究基本粒子理论。①

① 赖谋新. 理论物理教授余寿绵［M］// 中国人民政治协商会议浙江省衢州市委员会文史资料委员会. 衢州文史资料：第十一辑，杭州：浙江人民出版社，1993：41.

图 2–7　1958 年基本粒子与原子核理论暑期讲习班全体成员合影
（二排：左 4 冼鼎昌、左 5 戴元本、左 6 余寿绵、左 8 王普、左 9 张宗燧、
左 10 谢毓章、右 6 吴富恒、右 5 朱洪元、右 6 朱光亚、右 1 何祚庥。
四排：右 1 于良。采自《王普先生纪念集》）

二、出版量子场论中文教材

20 世纪 60 年代之前，国际上鲜有英文量子场论教材。中国的初学者需借助于原始文献或俄文教材。因此，迫切需要出版中文量子场论教材。朱洪元著《量子场论》和胡宁著《场的量子理论》对于量子场论在中国的早期普及起到了重要作用。

1. 朱洪元《量子场论》

因教学和研究需要，朱洪元基于自己的授课讲义撰写了中国第一部量子场论专著——《量子场论》。该书于 1960 年由科学出版社出版，两年内发行 12000 册，是中国几代粒子物理学者标准教科书及研究工作参考书，被誉为量子场论在中国的“启蒙之作”（图 2–8）。①

① 科学出版社，编. 科学出版 60 年（1954—2014）[M]. 北京：科学出版社，2014：107.

朱洪元的《量子场论》物理图像清晰、数学推导详尽，系统阐述了当时的量子场论基础理论和主要成果，包括在量子场论框架下解释电子反常磁矩、氢原子能级兰姆移动、二分量中微子理论、普适费米型弱相互作用理论，等等。该书共分十四章，以处理电磁相互作用、弱相互作用和对称性质的理论工具为主体。前五章全面、扼要地叙述量子场论发展过程、自旋为0、$\frac{1}{2}$粒子场的基本性质和处理方法；第六至九章介绍基本粒子间相互作用、相互作用表象及在相互作用表象下发展的微扰论处理一系列电、弱相互作用现象；第十至十二章分析量子场论发散困难性质并制定消除无穷大的重整化方法；最后两章简略阐释海森堡表象和色散关系。朱洪元着重对所涉及问题的现象和本质加以物理诠释。

图 2-8　朱洪元著《量子场论》

相比于北京大学和青岛讲习班的授课讲义，朱洪元适当补充了各章节的内容。例如，引言部分补充基本粒子物理实验和量子场论发展历史；第一章补充能、动量和总角动量算符；第六章补充费米弱相互作用理论和汤川弱相互作用理论；增加两章强相互作用相关内容。不过，由于编写时间较早，该书不包含随后发展的诸如非阿贝尔规范理论、量子色动力学、弱电统一理论、对撞机物理、超对称和超弦理论等。① 此外，该书中采用的度规不同于目前国际通用度规。

① 1954年，杨振宁与米尔斯（R.Mills）提出 Yang–Mills 规范场论。不过由于实验尚未发现理论预言的无质量规范玻色子，该理论在当时未引起重视。直到 Higgs–Brout–Englert 机制提出后，才引起物理学家关注。因此，朱洪元著《量子场论》中没有包含这部分内容。

2. 胡宁《场的量子理论》

1960 年，胡宁接替朱洪元为北京大学物理系理论班讲授量子场论和基本粒子理论。1963 年 1 月，胡宁应邀到中山大学讲授量子场论。该校物理系青年教师王永丰将胡宁的讲稿整理成“量子场论讲座”油印小册子。1964 年 5 月，胡宁在原讲稿基础上加以修订、补充，出版《场的量子理论》（科学出版社，图 2–9）。

图 2–9　胡宁著《场的量子理论》

《场的量子理论》按历史的发展引入自由场量子理论。前三章详细讨论场的量子化问题，介绍介子场、狄拉克场时均由经典理论过渡到量子理论，阐明为何要量子化以及如何量子化问题，着重介绍对电磁场的标量场和纵场的各种处理方式。第四章中给出由相互作用拉氏量表示的碰撞矩阵并应用其计算、讨论基本粒子碰撞和衰变；对于尚未发展完善的强相互作用理论，胡宁专置一章。不过，他认为研究强相互作用主流理论——色散关系只提供一个理论框架，并未引入超出量子场论框架外的新内容。因此，该书未介绍色散关系理论，而是重点介绍非相对论 π 介子和核子散射理论、π–π 相互作用共振现象、Tamm–Dancoff 和 Bethe–Salpeter 近似。最后一章讨论量子场论关键问题——重整化理论，不仅一般性介绍光子、电子重整化，还给出新见解。例如，胡宁认为一个全面重整化理论须能够证明只有有限种类的费曼图导致发散困难；给出如何用协变方法区分计算结果中的发散和有限部分；证明区分的发散部分只代表“不可观察”的质量改变和电荷改变（或其他作用常数的改变），并给出消除发散部分的步骤。此外，该书试图分析量子场论各理论分支的不足并提出解决问题的见解。

第三节　参与联合核子研究所工作（1956—1965）

中华人民共和国成立后便与苏联在经济、科技、文化和军事等领域进行了长达十几年的密切合作。[①②] 苏联援华的一个重点领域是核物理研究和核武器制造，苏方不仅向中方提供重要设备和技术资料，还选派专家在中国参与勘察铀矿、建设核设施和培训专业人员等工作。在核物理和高能物理领域，中国除了向苏联派遣留学生，还参与联合核子研究所的合作研究。借助于那里的实验设备和国际交流条件，中国科学家取得了重要的研究成果，既提升了联合所的国际影响，也促进了中国粒子物理学发展。

一、创建联合核子研究所

苏联的核物理学研究起步较晚，但关注最新发展，在20世纪30年代末达到相对成熟的状态。[③] 苏联科学家对核物理研究的新发现比较敏锐，并及时开展相应的探索。得知哈恩（O.Hahn）、施特拉斯曼（F.W.Strassmann）和迈特纳（L.Meitner）发现铀的裂变现象之后，苏联物理学家就立即展开相应研究。[④] 在美国向日本投放原子弹后，斯大林（I.V.Stalin）将原子弹研制列为国家优先考虑事项之一，并在1946年向科学家提出赶超美国的目标。[⑤] 苏

① 张柏春，姚芳，张久春，等. 苏联技术向中国的转移（1949—1966）[M]. 济南：山东教育出版社，2003：9.

② 张柏春，田淼，张久春. 科技革命与中国现代化[M]. 济南：山东教育出版社，2017：90.

③ KOJEVNIKOV A B. Stalin’s great sciences: the times and adventures of Soviet physicists[M]. London: Imperial College Press, 2004: 127.

④ 苏联物理学家在核物理理论研究方面成果丰硕。例如，弗列洛夫（G.N.Flerov, 1913—1990）和彼得扎克（K.N.Petrzhak, 1907—1998）发现铀原子的自然裂变（1940）；弗伦克尔（Y.I.Frenkel, 1894—1952）改进核裂变液滴模型（1936—1939）；维尔多维奇（Y.B.Zel’dovich, 1914—1987）和卡里顿（Y.Khariton, 1904—1996）证明最先进的铀的链式反应及相关条件（1940）。

⑤ KOJEVNIKOV A B. Stalin’s great sciences: the times and adventures of Soviet physicists[M]. London: Imperial College Press, 2004: 131.

联在1949年8月成功试爆核弹，这提升了核物理学家的社会地位。此后，多数物理学家重返基础研究，并要求在非军事项目中获得同样支持。鉴于核物理和粒子物理的应用价值和广泛影响，苏联政府也乐于支持他们的研究。

苏联物理学家自20世纪40年代中期一直重视核物理基础研究。1946年底，在库尔恰托夫（I.V.Kurchatov）① 推动下，中央政府决定建造一台能量为500～700MeV的质子同步回旋加速器（synchrocyclotron），为此于次年在莫斯科以北125公里外的一处湿地森林、伏尔加河畔的新伊万科沃开始建设科学城，并组建苏联科学院水利技术实验室（Hydroengineering Laboratory，ГТЛ АН）（图2-10）。② 该同步回旋加速器在1949年12月成功投入运行。到1953年，它可将质子能量加速到680MeV，创下同时期质子加速器最高能量纪录，实验室更名为苏联科学院原子核问题研究所（ИЯП АН СССР）。另外1951年，苏联科学院在距离水利技术实验室5公里处开始建电子物理实验室（Electrophysical Laboratory，ЭФЛ АН СССР），维克斯勒（V.I.Veksler）③ 负责设计和建造新型加速器——同步稳相加速器（synchrophasotron）（图2-11）。这台加速器建成后一度成为世界上能量最高的（可将质子能量加速到10GeV）的加速器，被苏联人视为与1957年发射第一颗人造地球卫星同等的标志性科

① 库尔恰托夫（1903—1960）是苏联核武器研制和核能工业的主要领导者。1923年，毕业于克里米亚大学，1925—1942年在列宁格勒物理技术研究所工作，1955—1960年担任苏联科学院原子能研究所所长。1943年后参与苏联原子弹研制工作，领导成功试爆苏联第一颗原子弹和氢弹。他能够将科学研究和重要的国家事务联系起来，并且关心核物理和粒子物理等基础研究。

② 实验室的命名是出于保密考虑。该实验室是基于苏联科学院测量仪器实验室（又称第2实验室或LIPAN）的第4回旋加速器部门组建的。实验室的大部分工作人员来自第2实验室的回旋加速器物理部门和苏联科学院物理研究所第11实验室。1953年，水力技术实验室从第二实验室分离出来，成为独立的实验室。

③ 维克斯勒（1907—1966）是苏联著名实验物理学家。1931年，毕业于莫斯科动力学院（Moscow Power Engineering Institute），1936年开始在列别捷夫物理研究所（Lebedev Physical Institute）研究粒子探测器和宇宙射线。1944年，维克斯勒在E.L.Feinberg（1912—2005）协助下，独立于麦克米伦（E.M.McMillan，1907—1991）发现加速器的自动稳相原理，这就突破了回旋加速器能量限制，推动同步回旋加速器、现代质子直线加速器、同步加速器等新型加速器发展。他先后于1951年和1959年获斯大林奖和列宁奖。关于维克斯勒的介绍，可参见：SHAFRANOVA M G. 2003. Vladimir Iosifovich Veksler. Dubna: JINR。

学成就。①

图 2-10　苏联 680MeV 同步回旋加速器外景
（图片来源 http://www.jinr.ru/history-en/）

图 2-11　苏联 10GeV 同步稳相加速器外景
（图片来源 http://www.jinr.ru/history-en/）

① KADYSHEVSKY V G, SISSAKIAN A N. The Joint Institute for Nuclear Research: the first half-century[J]. Physics-Uspekhi, 2006, 49(3): 297-304.

20 世纪 50 年代，核物理和粒子物理研究，一方面要借助越来越昂贵的设备和仪器，另一方面需要科研机构和工业部门的协调以及国际合作。物理学家意识到核科学不应局限于秘密实验室中，而须开展广泛的国际合作，实现原子能的和平利用。[①]1953 年 12 月 8 日，美国总统艾森豪威尔（D.D.Eisenhower）在联合国大会上发表了"和平利用原子能"演讲。这次演讲启动了一项同名计划，旨在为希望发展和平核应用的国家提供技术和教育资源。1954 年 9 月，经过几年的谈判，欧洲核子研究中心（CERN）在日内瓦成立，以巩固西欧在微观物质领域研究方面的地位。为了抗衡该中心的影响，苏联高层希望社会主义国家阵营也建立一个相应的联合研究所。[②]

苏联与美国在核物理及其应用技术的控制和扩散等问题存在不同的利益考量和政策。1955 年 1 月 18 日，苏联部长会议发表《关于苏联在促进原子能和平用途的研究方面予以其他国家以科学、技术和工业上的帮助的声明》。[③]其中强调"苏联政府高度重视为和平目的使用原子能，决定向其他国家提供科学、技术和生产援助，以建立实验基地、发展核物理研究并和平利用原子能"。4 月 27 日，苏联与中国签订了一项援助协定，承诺帮助中国建造一座热功率 7000 千瓦的实验性原子反应堆和一台直径 1.2 米的回旋加速器，并接受中国人去苏联考察和学习。10 月，钱三强和彭桓武等人带领一个"实习团"赴苏联学习核反应堆和加速器的原理和操纵、仪器的制造和使用。

1955 年 7 月 1 ~ 5 日，苏联科学院在莫斯科大学召开和平利用原子能会议。[④]这次会议有意安排在瑞士日内瓦举行的和平利用原子能国际会议之前的一个月。其目的是更全面地报道苏联的核物理和技术工作。会后，院长涅

① MATVEEV V A. JINR: the initiator of future discoveries[J]. Physics-Uspekhi, 2016, 59(3): 217-224.

② Дубна—остров стабильности: Очерки по истории объединенно института ядерных исследований (1956-2006 гг.). Под общ. ред. В.Г.Кадышевского, А.Н.Сисакяна, Ц.Вылова. М: ИКЦ Академкнига. 2006.

③ 中华人民共和国国务院关于苏联建议帮助中国和平利用原子能问题的决议[J]. 科学通报，1955(02): 1-2。

④ 致对外文化联络局关于拟派王淦昌、薛禹谷出席苏联将原子能用于和平目的的大会的函（附简历及苏联来电译文一份）[A]. 中国科学院档案，1955-02-082-14。

斯梅亚诺夫（A.N.Nesmeyanov）邀请社会主义国家的科学家参观原子核问题研究所，了解同步回旋加速器实验。[①] 在参观过程中，苏方提议社会主义国家科学家联合开展加速器的实验研究。8 月 8 日至 20 日，第一届和平利用原子能国际会议在日内瓦举行。会议取得的巨大成功使得苏联政府意识到部分社会主义国家有意加入欧洲核子研究中心，以便利用那里的实验装置进行基础研究。苏联中型机器制造部第一副部长万尼科夫（B.L.Vannikov）在当年 11 月 4 日给苏联共产党中央委员会的绝密信中认为，当发生政治突变时，苏联和其他社会主义国家有可能失去对欧洲核子研究中心的投资。他还认为，更好的策略是另建一个研究核物理和技术的“东方”实验室，并鼓励该实验室与欧洲核子研究中心合作。[②]

1955 年 11 月 16 日，赫鲁晓夫主持的中央政治局常委会议认为，应该考虑建立东方核研究实验室，基辅或布拉格可作为备选地址。在与部分社会主义国家政府商谈后，苏联中央政治局委员长会议于 1956 年 1 月 14 日通过一项决议。该决议建议邀请中国、朝鲜、蒙古、南斯拉夫等社会主义国家共同组建东方核研究所，选定新伊万科沃附近的 Bol’shaya Volga 地区，并将位于此处的加速器作为苏联的贡献。决议还建议于当年 2 月在莫斯科组织一次国际会议，讨论该研究所的成立。关于组织国际研究机构的备忘录随后被发送至所有社会主义国家。

经过积极准备，苏联科学院主席团于 1956 年 3 月 20 ~ 26 日在莫斯科召开关于成立新科学中心的筹备会议，参加会议的有苏联、中国、阿尔巴尼亚、保加利亚、匈牙利、民主德国、朝鲜、蒙古、波兰、罗马尼亚、捷克斯洛伐克 11 国政府代表团（图 2–12）。与会者们讨论了新科学中心的选址、命名、工作目标、章程方案、组织结构、实验设施建设项目，以及成员国会费份额等

① 中方派中国科学院物理研究所王淦昌研究员和中国科学院学术秘书处数理化学部的薛禹谷参加会议。

② LIU J Y, WANG F, ZHEMCHUGOV A. Chinese Scientists in Dubna (1956–1965). Chinese Annals of History of Science and Technology, 2021, 5(2): 031–088.

内容，并最终将中心定名为“联合核子研究所”[①]（以下简称联合所）。3月26日，11国代表签署《关于成立联合核子研究所的协定》（简称《协定》），其中规定成员国向联合所提供份额0.05%～47.25%不等的资金支持，苏联和中国分别承担47.25%和20%的经费。[②]会上，布洛欣采夫[③]当选所长，波兰的宇宙线专家丹尼什（M.Danysh）和捷克斯洛伐克的理论物理学家沃特鲁巴（V.Votruba）当选为副所长。此外，联合所还设有科学顾问委员会、财务委员会和各国全权代表委员会。

图2–12　联合所11个成员国会议
（1956年3月26日，图片采自 http://www.jinr.ru/history/）

① 在筹备过程中曾将该中心称作“东方原子核研究中心”（Восточный институт ядерных исследований）。不过，大多数与会者否决了这个具有地理意味的名称。

② 苏联政府还承担维持杜布纳市正常运行的责任。

③ 布洛欣采夫于1934年获莫斯科大学物理－数学博士学位。1935年起相继任莫斯科大学教授、苏联科学院物理研究所研究员（1935—1950）、奥布宁斯克市科学研究实验室主任（1950—1956）、联合原子核研究所所长（1956—1965）和理论物理实验室主任（1965—1979）。他因主持修建奥布宁斯克核电站获列宁奖。

联合所筹备会召开的前三天，即1956年3月17日，周恩来总理、薄一波和刘杰在北京商谈出席此次会议的有关事宜。当天晚上，周总理致电中国驻苏联大使刘晓："我国决定由刘杰（地质部副部长）、钱三强、彭桓武和赵忠尧4人组成代表团参加会议……会上将讨论的问题，国内已给他们原则指示。"[①] 据此，以刘杰为全权代表的四位科学家参加了会议（图2–13）。第一任科学顾问委员会的中国委员由中国科学院物理研究所研究员赵忠尧和王淦昌，以及北京大学教授胡宁担任；物理研究所副所长李毅担任第一任财政委员会委员。[②] 筹备会议结束后，刘杰、钱三强继续在莫斯科参加关于苏联援助中国发展原子能事业的会谈。[③] 同年8月17日，中苏签订《关于苏联援助建设原子能工业的协定》。

图2–13　出席联合所成立全权代表大会的中国代表
（前排右2–5位分别为彭桓武、钱三强、刘杰和赵忠尧）

1956年9月，联合所成员国会议在杜布纳召开，主要商讨相关规章和

① 中共中央文献研究室，编. 周恩来年谱（1949—1976）［M］. 上册. 北京：中央文献出版社，2007：559.

② 关于参加联合原子核研究所的报告［A］. 中国科学院档案，1957–02–012–05–084。

③ 白文治为国务院第三办公室原子能小组组长；刘伟和冯麟分别担任国家建设委员会建筑技术局局长和副局长。

条例，[①]通过了编制和预算，选举了各实验室主任和学术委员会成员，讨论了各实验室工作计划。会议还决定接纳越南人民共和国为联合所的成员国。联合所主要以原子核问题研究所和电子物理实验室为基础，[②]二者更名为原子核问题实验室和高能物理实验室。随后，相继设立理论物理实验室[③]、中子物理实验室[④]和核反应实验室[⑤]。维克斯勒（V.I.Veksler）、杰列波夫（V.P.Dzhelepov）、博戈柳博夫（N.N.Bogolyubov）、弗兰克（I.M.Frank）和弗列洛夫分别担任上述实验室主任（图 2–14，图 2–15）。王淦昌和胡宁分别当选高能物理实验室和理论物理实验室的学术委员会委员。

图 2–14　1956 年 9 月 24 日召开的联合所 12 个成员国会议（联合所提供图片）

① 联合所建所目的为：(1)为联合所成员国科学家的核物理理论和实验研究提供保证；(2)通过成员国之间交流理论和实验研究成果和经验，促进核物理学发展；(3)与苏联内外核物理研究机构保持联系，寻找新的核能利用可能性；(4)为天才科学家成长创造条件；(5)促进核能和平利用，造福人类。

② 研究所所在的科学城迅速扩建为莫斯科州的杜布纳市。

③ 理论物理实验室主要研究高能粒子相互作用和量子场论的基本原理，拥有计算部和电子计算机。

④ 中子物理实验室的基本设备是功率一千瓦的脉冲反应堆，设有物理操纵组、自动控制组、机械组和电器组。反应堆工作人员多，主要任务是出中子数。该室的研究工作涉及核裂变、中子和非裂变物质截面等。

⑤ 核反应实验室成立于 1957 年 5 月 25 日，主要从事低能物理研究，拥有 3m 直径、加速能量较高的多电荷离子加速器（重离子）。

图 2–15　联合所第一届主要领导（1957 年，杜布纳）
［由左至右：中子物理实验室主任弗兰克，联合所副所长丹尼什，原子核问题实验室主任杰列波夫，副所长沃特鲁巴，所长布洛欣采夫，行政所长谢尔琴科（V.N.Sergienko），高能物理实验室主任维克斯勒，所长助理雷佐夫（A.M.Ryzhov），理论物理实验室主任博戈柳博夫，核反应实验室主任弗列洛夫］

自成立以来，联合所取得了显著的科学成就，苏联时期的一半核物理学成就由联合所完成。[①]20 世纪 50—60 年代，联合所的理论研究集中于色散关系的推导，[②③] 以及利用双重色散关系研究低能基本粒子相互作用；[④] 最早提出不同类型中微子之间存在振荡关系；[⑤] 研究强子对称性、分类方法 [⑥⑦] 并构建夸克的“袋模型”；还独立证明超导理论和提出描述核子谱的声子模型。在

① Дубна—остров стабильности: Очерки по истории объединенно института ядерных исследований（1956–2006 гг.）. Под общ. ред. В.Г.Кадышевского, А.Н.Сисакяна, Ц. Вылова. М: ИКЦ Академкнига. 2006: 41.

② BOGOLYUBOV N N, SHIRKOV D V. Introduction to the theory of quantized fields[in Russian], Moscow, Gostekhteorizdat（1957）.

③ BOGOLYUBOV N N, MEDVEDEV B V, POLIVANOV M K. Problems in the theory of dispersion relations[in Russian], Moscow, Ftzmatgiz（1958）.

④ SHIRKOV D V. International Winter School in Theoretical Physics[in Russian], Izd. JINR, Dubna（1964）.

⑤ PONTECORVO B M. Electron and muon neutrinos. Zh. Eksp. Teor. Fiz, 37: 1751–1757.

⑥ MARKOV M A. Hyperons and K–Mesons[in Russian], Moscow, Fizmatgiz（1958）.

⑦ BOGOLYUBOV N N, TAVKHELIDZE A N, STRUMINSKII B V. JINR preprint D–1968, Dubna（1965）.

实验方面，研发丙烷气泡室、静电产生仪以及存储和研究超冷中子的技术；发现反西格玛负超子，并专长于核子性质和相互作用、合成新元素和重离子研究。1968 年发现第 105 号新元素，1997 年国际纯粹与应用化学联合会将这个元素命名为“Dubnium”，以表彰联合所贡献。

联合所的成就依赖那里的杰出物理学家和广泛的学术合作。① 布洛欣采夫、博戈柳博夫、弗兰克、王淦昌、周光召等来自苏联、中国等国的一流物理学家在此工作。约里奥 – 居里（F.Joliot–Curie）、狄拉克（P.A.M.Dirac）、玻尔（N.Bohr）、朗道（L.D.Landau）等著名物理学家在建所之初就相继到此访问。另一方面，联合所也派遣成员国科学家参加国际会议，并积极组织国际高能加速器会议（1963）和国际高能物理会议（1964）。联合所被誉为“杜布纳学校”②，为成员国培养了许多高水平物理学家和科学领导者，包括苏联科学院副院长洛古洛夫（A.A.Logunov）、中国科学院院长周光召、蒙古科学院院长索德诺姆（N.Sodnom）、越南科学技术研究院院长 N.Van Hieu、格鲁吉亚科学院院长塔夫切利泽(A.N.Tavkhelidze)、乌兹别克斯坦科学院院长 B.Yulbashev 和匈牙利科学院副院长 N.Kroo。

二、中国科学家在杜布纳的研究工作

中国方面对于杜布纳的合作研究非常重视。选派人员的标准不低于留苏研究生条件，而且要求至少有两年以上科研经验，能较熟练阅读俄文专业书籍。按照规定，科学家们在杜布纳的工作期限通常为两年，③ 但是约一半人延长了工作时间，最长者超过 5 年。中方对他们在那里的工作有明确的

① 目前，联合所成员国已扩展为 18 个国家，与欧洲核子中心、国际理论物理中心等 62 个国家的 800 多个研究所和大学建立合作关系。工作人员约 4500 名，其中科研人员超过 1200 名。主要研究方向为基本粒子物理、核物理和凝聚态物理，设有理论物理、核问题、核反应、高能物理、中子物理、信息技术、放射性生物学 7 个实验室。联合所专长于发现或合成新元素（114 号元素 fu 铁、116 号元素鉝、118 号元素 Og、115 号元素镆、113 号元素鉨和 117 号元素 Ts，等等），推动了现代物理学和化学发展。

② KADYSHEVSKY V G, SISSAKIAN A N. The Joint Institute for Nuclear Research—the first half–century[J]. Physics–Uspekhi, 2006, 49(3): 297–304.

③ 关于选拔研究人员赴苏参加联合原子核研究所工作的通知[J]. 中国科学院档案，1961–10–028–01–001。

安排。[①] 从 1956 年 9 月开始，中国科学家开始利用联合所的条件，研究核物理和粒子物理，在理论和实验上均取得有影响力的成果（图 2–16，图 2–17）。其中，最具代表性的工作是王淦昌小组发现反西格玛负超子（$\overline{\Sigma}^{-}$）和周光召的理论研究。

图 2–16　联合所主楼

1. 发现反西格玛负超子

王淦昌 1929 年毕业于清华大学物理系，1933 年获德国柏林大学博士学位，1934 年回国工作。1941 年，他提出用 K 电子俘获的方法寻找中微子，后

① 例如，1959 年派出的王乃彦、王世绩、曾乃工等前往以前对中国人不开放的中子实验室学习如何开堆，原子能所副所长力一带领加速器设计组学习如何建造加速器，1962 年派出的杨芙清到计算中心研究硬件和软件。不同阶段的重点方向也有变化，如教育部 1962 年建议的重点方向是核电子学、放射化学和中子物理，而 1964 年建议的方向为计算技术、电子学和放射化学。

图 2-17　中国科学家在联合所的公寓

来被实验证实。[①]1956 年 9 月，王淦昌与李毅出席联合所成员国会议后，作为高级研究员留在联合所的高能物理实验室工作。1959—1960 年，王淦昌担任联合所副所长（图 2-18）。

图 2-18　联合所副所长王淦昌（右）与布洛欣采夫所长（中）
（联合所提供图片）

初到杜布纳，王淦昌根据高能物理研究热点和联合所加速器特点，提

① 李炳安，杨振宁. 王淦昌先生与中微子的发现［J］. 物理，1986，15（12）：758-761。

出应重点研究高能核作用下基本粒子产生规律和寻找反超子等新奇异粒子。[①] 此时，高能实验室的 synchrophasotron 和相配套的探测器尚处于建设中。[②] 实验室成员在调试加速器的同时，还设计多种探测器及附属设备（图 2–19）。其中，王淦昌小组于 1957 年春开始设计长 55cm、容积为 24L 的丙烷气泡室。之所以选择制作丙烷气泡室，一方面由于联合所在制作小型气泡室方面有经验，制作周期短；另一方面考虑到丙烷气泡室能全面观测粒子的产生、飞行和相互作用过程，有利于显示极短寿命的反超子径迹。[③] 这台气泡室于 1958 年夏设计完成，是同时期同类设备中最大的。高能实验室的其他研究组还改

图 2–19　王淦昌与小组成员检查自行设计和制作的气泡室
（Rossiya Segodnya 提供图片）

① 王寿君，主编. 以身许国：那些从杜布纳回国的科学家的故事[M]. 北京：中国原子能出版社，2017：64.

② 此时，synchrophasotron 只配备一套确定次级粒子及其飞行方向的闪烁望远镜系统、膨胀云雾室和大型扩散云雾室。

③ 丁大钊. 我国基本粒子研究发展中的一个里程碑：记王淦昌教授发现反西格玛负超子（$\overline{\Sigma}^-$）[J]. 现代物理知识. 1989, 1(4)：5–9。

进了厚层乳胶法、电子学方法和分光仪。1957 年 4 月 17 日，synchrophasotron 成功将质子加速至 10GeV，在 1958 年中期投入正常运行。

1957 年夏，王淦昌决定利用高能 π^- 与气泡室液体中的氢和碳原子核相互作用寻找反超子。[①] 该方法有本底大的不利因素，[②] 但优势是原始反应中没有反重子，而末态中发现的反超子就是新粒子。1958 年秋，王淦昌小组利用这种方法寻找反超子。[③] 王淦昌根据超子特性给出反超子事例满足的标准[④]，并为小组成员示范如何扫描气泡室照片。1959 年秋，小组从 4 万多张气泡室底片中发现一个 $\overline{\Sigma}^-$ 候选事例。[⑤] 事例照片的径迹表明，由入射粒子 π 与氢原子核的质子 p 相互作用产生 $\overline{\Sigma}^-$。其中 $\overline{\Sigma}^-$ 是由其衰变物 π 和 $\overline{n}$ 反推而来，而 $\overline{n}$ 则是根据它与碳原子核湮没作用产生一个大能量事例而推出。[⑥]

1959 年 7 月 15 ~ 25 日，在基辅召开第 9 届国际高能物理会议。彭桓武、张文裕、王淦昌等 15 位中国物理学家参加了会议。他们的工作以苏联物理学家大会报告引用的形式被国际同行了解。王淦昌小组成员丁大钊在分组讨论会介绍了利用 6.8MeV 的 π 与核子碰撞实验，暗示可能存在的 $\overline{\Sigma}^-$ 事例。[⑦⑧] 不过，中国代表团会上交流的重点是由王淦昌报告的“可能发现的一种新粒

① 王淦昌. 无尽的追问［M］. 长沙：湖南少年儿童出版社，1997：103－115.

② 事实上，利用质子－反质子相互作用最有利于发现反超子。但获得“纯净的”反质子束需借助于复杂的电磁分离系统从相同动量的次级负离子束中去除数量庞大的 π^- 和 K^-。但建造该系统会使得联合所 synchrophasotron 失去在能量上的短暂领先优势。因为 CERN 和美国即将在 1959 年和 1960 年建成 28GeV 的 PS 加速器和 33GeV 的 AGS 加速器。因此，利用联合所的加速器高效设计实验显得尤为重要。

③ 王淦昌. 无尽的追问［M］. 长沙：湖南少年儿童出版社，1997：103－115.

④ 王淦昌提出的三个标准：(1) 在气泡室照明区内能看到该粒子的产生与衰变；(2) 衰变产物与该粒子“同平面”，且衰变产物足够长可进行动量分析；(3) 要观察到衰变重产物的湮灭量。

⑤ 据王淦昌小组成员库兹涅佐夫回忆：“反西格玛负超子是在观看了 4 万张立体照片后发现的，这些照片记录了数万个 π^- 介子与丙烷的氢原子和碳原子的其他相互作用。现在，我很难记得确切时间。要么是在 1960 年 1 月底，要么是在 2 月初。……我只记得当时还是冬天。外面很冷，下着大雪。”

⑥ 胡济民，许良英，等. 王淦昌和他的科学贡献［M］// 王祝翔. 王淦昌的实验工作之一：反西格玛负超子 ($\overline{\Sigma}^-$) 的发现. 北京：科学出版社，1987：141－144。

⑦ 参加第九届国际高能物理会议的报告［A］. 中国科学院档案，1959－04－060－04－020。

⑧ 王淦昌在《无尽的追问》中提到自己在基辅会议上报告了可能存在的 $\overline{\Sigma}^-$ 事例。不过，笔者发现周光召 1959 年发表的《基辅高能物理会议的概况》一文和中国科学院档案明确记录当时的报告人是丁大钊。

子”，即7月发现的 D^+ 粒子。然而，该事例最终并未得到实验证实。

1960年3月，$\overline{\Sigma}^-$ 事例最终被实验确认。4月24日，王淦昌回国参加第三届学部委员大会。他在大会发言时介绍了 $\overline{\Sigma}^-$ 发现过程。会后，大会主席钱三强说道：

> 这工作说明12个社会主义国家的大协作。做工作的17人中，我国有3人，组长是王淦昌同志。组内包括著名的维克斯勒通讯院士。这个工作，苏联也很重视。联合所也是我们中国的，我们也把这个工作当作我国今年的重大成就之一。希望王淦昌同志把学部大会对这项工作的重视和鼓励带回联合所，从而激励身边的中国同志做出更大的成绩。①

1960年7月，王淦昌小组实验结果正式发表在苏联的《实验与理论物理》② 与中国《物理学报》③。$\overline{\Sigma}^-$ 的发现首次证明荷电超子具有反粒子，填补了粒子－反粒子表的一项空白，是联合所取得的第一个重要实验成果。1960年，联合所首次颁发最佳工作奖（3项）。“在磁场的丙烷气泡腔中发现 $\overline{\Sigma}^-$ 粒子以及对能量为7–8BeV 离子产生奇异粒子的性质研究”即是其中一项。④⑤布洛欣采夫所长在联合所成立十周年的纪念文章中认为联合所在 π–N 非弹

① 反西格玛负超子的发现［A］. 中国科学院档案，1960–02–023–06–020.

② WANG K C, WANG C C, VEKSLER V I, et al. Production of a $\overline{\Sigma}^-$ Hyperon by 8.3 Bev/c Negative π Meson［J］. Soviet Physics JETP, 1960, 11（4）: 976–979.

③ 王淦昌，王祝翔，维克斯勒，等. 8.3Бэв/с 的负 π 介子所产生的 $\widetilde{\Sigma}^-$ 超子［J］. 物理学报，1960, 16（7）: 365–368.

④ Дубна—остров стабильности: Очерки по истории объединенно института ядерных исследований（1956–2006 гг.）. Под общ. ред. В.Г.Кадышевского, А.Н.Сисакяна, Ц.Вылова. М: ИКЦ Академкнига. 2006: 30.

⑤ 根据彭桓武等人回国后提交的会议总结报告可知，这张气泡室照片是在1959年7月5日发现的，但由于时间仓促未经严谨的测量分析，在粗糙误差上可以认为是 D^+ 粒子衰变。联合所领导请王淦昌在基辅会议上宣布。为保证科学严谨性，中国大使馆派王祝翔和吕敏对这张照片进行严谨测量与分析。在会议正式开始前，他们携带数据来到基辅，认为在误差范围内，这张照片可能是 D^+ 粒子衰变解释，但也可用 K^+ 介子电荷交换核反应解释。王淦昌的报告引起与会人员的注意。

性相互作用的研究以发现 $\overline{\Sigma}^-$ “加冕”。[①] 甚至在联合所建所 60 年后，发现 $\overline{\Sigma}^-$ 仍然被视作联合所在核物理领域完成的“划时代的重要工作”，是“杜布纳科学家的一个胜利”。[②] 为纪念王淦昌的贡献，联合所将一条路命名为“王淦昌路”。1982 年，“反西格玛（$\overline{\Sigma}^-$）负超子的发现”获中国国家自然科学一等奖。

图 2–20　王淦昌领导实验小组部分成员
（左 1 王淦昌，右 1 丁大钊，1958 年夏，联合所提供图片）

在联合所，高能物理实验室是国际化程度最高的。[③] 王淦昌小组最初只有三位苏联成员。由于实验工作需要，他在 1956 年底将原子能所丁大钊和王祝翔调到杜布纳（图 2–20）。到 1960 年，王淦昌小组包括来自中国、苏联、朝鲜、罗马尼亚、波兰、民主德国、捷克、越南等国的 20 多位成员（图 2–21）。王淦昌针对成员自身特点安排工作，结合研究进展定期组织交流会。1960 年，一位苏联成员向王淦昌提议研制一台 2m 丙烷气泡室。尽管了解研制巨型气泡室的挑战性，但鉴于其对未来高能核作用和基本粒子研究的重要意义，王淦昌全力支持这项提议。2m 丙烷气泡室后来成为联合所和苏联谢尔布霍夫

① BLOKHINTSEV D I. A decade of scientific work at the Joint Institute for Nuclear Research［J］. Soviet Atomic Energy, 1966, 20（4）: 328–345.

② MATVEEV V A. JINR: the initiator of future discoveries［J］. Physics–Uspekhi 2016, 59（3）: 217–224.

③ LEBEDENKO M. Dubna［N］. Europhysics News 1, 1969（1）: 4–7.

76GeV 高能加速器中心的主要设备。此外，为了促进理论和实验交流，王淦昌还组织中国学者内部的业余讨论班。每周由理论工作者向实验家讲课。这不仅有助于实验工作者了解粒子物理理论，也提高理论工作者对知识的理解程度。后来，这种讨论班演变为各研究室、组召开的内部学术研讨会。

图 2-21　1960 年 9 月，王淦昌领导的实验小组成员
（联合所提供图片）

2. 证明赝矢量流部分守恒定律

1957 年 1 月底，经胡宁推荐，周光召以北京大学副教授身份赴联合所从事粒子物理理论研究（图 2-22）。在联合所，他与苏联物理学家合作研究量子场论和基本粒子理论的基础问题。为适应分析高能散射振幅和雷吉理论需要，周光召与希罗科夫（M.I.Shirokov）于 1958 年引入相对论性自旋算符，给出有质量粒子任意自旋态的相对论性描述。[①]1959 年，他基于群理论方法独

① CHOU K C, SHIROKOV M I. The relativistic theory of reactions involving polarized particles[J]. Soviet Physics JETP, 1958, 7(5): 851-857.

立将上述理论推广到无质量粒子（如光子、中微子）情形。①② 几乎同时，雅各布（M.Jacob）和威克（G.C.Wick）也关注类似问题，提出螺旋度概念，建立系统的螺旋性理论。③ 随后，这套理论广泛应用于基本粒子的理论研究和高能物理实验的分析。

图 2–22 周光召（2 排右 2）在参加联合所的学术活动
（1 排由左至右：联合所所长布洛欣采夫，高能物理实验室主任维克斯勒和周光召的合作导师马尔可夫）

周光召的另一项重要工作与粒子的基本对称性相关。1956 年，李政道和杨振宁提出弱相互作用下宇称（P）不守恒定律。④ 随后，物理学家开始怀疑基本相互作用在电荷共轭（C）、电荷共轭－时间反演（CP）和时间反演（T）变换下是否守恒。1958 年，大久保（S.Okubo）利用弱相互作用低阶近似理论得出

① CHOU K C. Selection rules in reactions involving polarized particles[J]. Soviet Physics JETP, 1959, 8(3): 543–544.

② CHOU K C. Reactions involving polarized particles of zero rest mass[J]. Soviet Physics JETP, 1959, 9(3): 642–648, 1394.

③ JACOB M, WICK G C. On the general theory of collisions for particles with spin[J]. Annals of Physics, 1959, 7(4): 404–428.

④ LEE T D and YANG C N. Question of parity conservation in weak interactions[J]. Physical Review, 1956, 104(1): 254–258.

可利用实验测量 Σ^{+} 和 $\overline{\Sigma}^{-}$ 衰变分支比，分支比不同则表明 C 或 T 变换的守恒破坏。周光召随后证明大久保的方法具有普适性。同时指出测量 Σ 粒子及其反粒子（最简单的情况是测量 Σ^{+} 和 $\overline{\Sigma}^{-}$ 衰变）的角关联也可以得到 CP 变换守恒的信息。[①②]

周光召在联合所期间最著名的工作是利用更简洁和清晰的方法证明赝矢量流部分守恒定律，这是强子领域的一项重要工作。弱作用宇称不守恒定律提出后，粒子物理学家逐渐深入研究弱作用本质。1958 年，费曼和盖尔曼[③]与苏达珊（E.C.G.Sudarshan）和马尔萨克（R.E.Marshak）[④]两组理论物理学家几乎同时给出弱作用普适形式，即费米作用具有 V–A 形式（V 和 A 分别表示矢量和轴矢量）且由中间矢量玻色子传递，为弱电统一理论发展开辟道路。另外，他们的工作中还包含矢量流守恒思想。

1960 年，盖尔曼、费曼与利威（M.Lévy）在美国合作研究当时与实验符合较好的戈德伯格 – 特里曼（Goldberger–Treiman）关系[⑤]。为解释戈德伯格 – 特里曼关系，盖尔曼等人提出轴矢流部分守恒（Partial Conservation of Axial Current，PCAC）思想，即轴矢量流散度不为零，正比于 π 场。几乎同时，周光召在杜布纳也意识到解释戈德伯格 – 特里曼关系的重要性。他于 1960 年利用特定矩阵元的解析性质表明关于 $\pi \to \mu + \nu$ 衰变的戈德伯格 – 特里曼关系，同样适用于更广一类的强相互作用。[⑥]而此前，费曼、盖尔曼和利威证明此关系仅适用于具有赝标量耦合的普通赝标量理论。周光召在该工作中利用

---

① CHOU K C. A note on the decay of the Σ–hyperon and its antiparticle[J]. Nuclear Physics, 1958/59, 9（4）: 652.

② CHOU K C. Some symmetry properties in processes of antihyperon production with annihilation of antinucleons[J]. Soviet Physics JETP, 1959, 9(3): 663.

③ FEYNMAN R P, GELL–MANN M. Theory of Fermi interaction[J]. Physical Review, 1958, 109(1): 193–198.

④ SUDARSHAN E C G, MARSHAK R E. Chirality invariance and the universal Fermi interaction[J]. Physical Review, 1958, 109(5): 1860–1862.

⑤ 戈德伯格 – 特里曼关系指 π 衰变常数 f_{π}、β 衰变轴矢量耦合常数 g_{A} 及强相互作用耦合常数 g 间的关系式，即 $gf_{\pi}=mg_{A}$。

⑥ CHOU K C. On the pseudovector current and lepton decays of baryons and mesons[J]. Soviet Physics JETP, 1961, 12(3): 492–497.

同一方法处理超子和 K 的轻子衰变。由戈德伯格 – 特里曼关系得出的 PCAC 假设与 CVC 相对应。PCAC、CVC 以及盖尔曼在夸克模型基础上提出的流代数，使粒子物理学家重新关注量子场论，对构建电、弱相互作用的规范理论有重要意义，促使格拉肖、萨拉姆和温伯格提出电弱统一理论。

图 2–23　赵忠尧（左 1）、胡宁（左 3）、周光召（右 2）、王淦昌（右 1）参加在联合所举办的学术讨论会

周光召在联合所的表现引起了国际同行关注（图 2–23）。在合作导师马尔可夫看来："周光召同志在联合核子研究所理论物理研究室工作期间完成了一系列研究工作……他是一位特别有能力且有前景的科学研究员，毫无疑问，他完全胜任该职位。"[①] 当周光召在联合所工作即将满两年时，布洛欣采夫所长给钱三强写信建议延长周光召工作时间。他在信中强调"博戈柳博夫院士特别挑选出了年轻学者周光召"，建议"将周光召至少再留下工作一年，能够极大地丰富他的个人科研工作，对于联合所也很有裨益"[②]。此时，在

① 联合所理论物理研究室关于周光召工作的评语，联合核子研究所档案。

② 联合所所长布洛欣采夫致中国科学院原子能研究所所长钱三强信函，1958 年 6 月 21 日. 联合原子核研究所档案 380/23 号函。

美国的杨振宁和李政道也注意到周光召的工作。杨振宁后来写道："周光召在杜布纳工作的时期是多产的，他在苏联《实验与理论物理》杂志上发表了很多文章。当时我在美国研究了他的这些论文，尤其是他关于赝矢量流部分守恒的工作。他在美国被认为是杜布纳联合核子研究所最杰出的年轻科学家。"① 李政道的评价类似，写道："周光召是世界著名理论物理学家。20 世纪 70 年代在和他见面之前，我就已经知道他在 1950 年代末的许多重要工作。他的工作得到国际科学界的高度评价。另外，他的文章通常都写得深入和简洁。"②

除王淦昌和周光召的工作外，中国科学家在联合所还开展了其他工作。1959 年 12 月初，力一③ 率领由方守贤、曾乃工、汪达基等成员组成的加速器设计组赴联合所，在加速器专家指导下设计一台 450MeV 的中能强流加速器，开展介子物理研究（图 2–24）。尽管没能制成加速器，但这为 1980 年代北京正负电子对撞机建造的方案论证和工程组织积累了经验。在朱洪元指导下，何祚庥、冼鼎昌合作指出丘（G.F.Chew）和曼德斯坦（S.Mandelstam）由双重色散关系推导 π–π 散射积分方程中存在严重发散困难（图 2–25）。④ 吕敏曾在中子实验室负责测量反应堆输出的脉冲波形，由幅度起伏推断反应堆功率输出；王世绩则与苏联同事合作试制成功首台高分辨率载镉大液体中子闪烁探测器。

① YANG C N. Introduction of Selected Papers of K.C.Chou［M］// CHOU K C，WU Y L. Selected Papers of K.C.Chou. Singapore：World Scientific Publishing，2010.

② LEE T D. Foreword of Selected Papers of K.C.Chou［M］// CHOU K C，WU Y L. Selected Papers of K. C. Chou. Singapore：World Scientific Publishing，2010.

③ 力一是电讯和粒子加速器专家。早年从事电讯工作。曾任建筑技术局副局长（1955 年成立），负责"一堆一器"研制工作。1955—1956 年任回旋加速器组组长，赴莫斯科热工物理研究所和基辅乌克兰科学院物理研究所的回旋加速器考察和实习。

④ Сянь Дин–чон，Хэ Цзо–сю，В. Цёллнер. 低能 π–π 散射的积分方程［J］. Ж. Э. Т. Ф.，1960，39：1668.

图 2-24　原子核问题实验室主任杰列波夫（右 3）与周光召（左 1）、力一（左 3）、王淦昌（左 4）、钱三强（右 2）等中国科学家在同步回旋加速器大厅（1959，联合所提供图片）

图 2-25　理论物理实验室的讨论会（联合所提供图片）

三、中国科学家回国工作

20世纪50年代后期，中苏领导人在对斯大林的评价、国家利益、内政和外交政策等方面的分歧愈加严重。1960年7月16日，苏联政府照会中国政府，决定撤回全部援华专家，中苏关系由此加速走向破裂。[①]于是，中国不得不“自力更生”发展核事业。1960年11月，钱三强出席联合所的全权代表大会，会下向部分中国学者介绍国家发展核武器的决策以及技术攻关的情况。此时，王淦昌的副所长任期届满，他决定回国参加研制核武器。紧接着，周光召、何祚庥、吕敏也主动递交报告请求参与核武器研究。此前，王树芬、丁大钊和唐孝威等人已回国工作。

1961年1月28日，布洛欣采夫所长致函钱三强希望中方推荐接替王淦昌工作的人选。他在信中写道：

> 我们得知，王淦昌教授不会再回到联合所工作。我们完全理解，中国科学事业的发展需要王淦昌教授回到祖国工作，借此机会我想指出，中国科学事业的发展对我们来说也是非常重要和珍贵的。但我们仍不得不感到遗憾，王淦昌教授将不再参与我们国际性社会主义研究所的工作。
>
> 由于王淦昌教授离开联合所，我们目前在为高能物理实验室丙烷组寻找小组领导方面遇到了很大困难。如果您能够从中国科学家中推荐一位来代替王淦昌教授担任小组领导，我们将会非常高兴。[②]

在给王淦昌的信中，布洛欣采夫希望他在祖国工作的同时，也能协助联合所取得更大成就。[③]随后，原子能研究所宇宙线实验室主任张文裕研究员接替王淦昌，于1961年11月赴联合所作为中方负责人继续开展高能物理研

① 张柏春，田淼，张久春. 科技革命与中国现代化［M］. 济南：山东教育出版社，2017：96。

② 联合所所长布洛欣采夫致钱三强信函，1961年1月28日. 联合核子研究所档案：54/23号函。

③ 联合所所长布洛欣采夫致原子能研究所王淦昌信函，1961年1月28日. 联合核子研究所档案：55/23号函。

究（图 2–26，图 2–27）。张文裕 1938 年获剑桥大学博士学位，导师是卢瑟福（E.Rutherford）。他回国后先后在四川大学、西南联合大学和云南大学任教。1943 年赴美国，任普林斯顿大学和普渡大学客座教授。1956 年秋回国后在中国科学院物理研究所工作。他在联合所的主要研究成果是把当时已知的重子共振态归纳成核子和超子的激发态，提出一个重子能级跃迁纲图，并深入研究了 Λ 超子和核子散射。[①]

图 2–26　张文裕实验小组

［前排为张文裕（右）和 Kim Hee In（朝鲜），第二排由右及左：V.N. Penev（保加利亚）、Nguyen Din Ty（越南）、E.Kladnitskaya（苏联）。联合所提供图片］

① 张文裕同志生平［J］. 现代物理知识. 1993（02）：4.

图 2–27　1964 年在联合所工作的中国科学家
（3 排左 8 为张文裕，姚志铨提供图片）

中苏交恶后，中国科学家在联合所的工作并不顺利。1961 年 11 月，经国家科委和二机部联合请示中央决定对于联合所工作采取“继续维护，充分利用”的方针。① 但从 1962 年开始，两国关系持续恶化，联合所的中苏人员相互指责。1963 年 6 月 27 日，苏联外交部照会中国驻苏大使馆，宣布在联合所工作的中方党支部书记姚毅为“不受欢迎的人”，要求中国政府将其“立即从苏联召回”。②③ 两天后，姚毅等五人回国。此后，在联合所工作的中方科研人员常“采取反制措施，外出路线、人数等都事先安排，互相照应”④。

同时，中、苏双方对于张文裕小组工作产生明显分歧。1964 年 7 月 30 日，钱三强致信布洛欣采夫，申明张文裕在联合所工作遇阻：

① 徐新民. 科技外事风云录［M］. 北京：科学技术文献出版社，2015：41–42.

② 被宣布为“不受欢迎的人”还有大使馆工作人员梅文岗、鲁培新、王耀同和中国留苏研究生刘道玉。参见：《人民日报》1963 年 6 月 30 日——《苏联政府无理要求我召回驻苏使馆人员等五人》。

③ 大公报社人民手册编辑委员会，编辑. 1964 人民手册［M］. 北京：大公报社，1964：269–270.

④ 2019 年 5 月 27 日，上海技术物理研究所姚志铨研究员访谈。

> 为了共同发展社会主义国家的科学研究工作，我们接受您的建议，派遣了我国高级研究人员张文裕教授前来联合核子研究所工作。据我了解，目前所方对张文裕教授施加了种种限制和刁难：他正在进行的研究项目被无礼地取消了；他所领导的研究组使用计算机的时间一再被缩减，并几次要从他的研究组调走实验员；张文裕教授在所内没有受到科学家应有的尊重，他作为一个学术委员，所内有些学术会议没有邀请他参加；同时，到目前为止，张文裕教授还没有自己合适的办公室。由于以上情况，使张文裕教授的研究工作无法正常进行。①

联合所领导对于钱三强的申诉信极为重视。8月29日，布洛欣采夫回复钱三强，对有关情况做了解释道：

> 在联合所工作期间，张文裕教授受邀参加了高能物理实验室科学技术委员会和学术委员会的所有会议，并直接参与制定和修改实验室和个别研究小组的学术工作计划。
>
> 实验室理事会多次提醒张教授小组不应研究过多课题（5个课题），而专注2～3个具有现实意义的题目。但他固执地忽略了这一建议。尽管如此，为了巩固社会主义阵营，实验室理事会秉着善意原则，在今年为他的小组增加了实验室助理。因此，到今年年中时，为他9名成员的工作组共配备20名实验室助理，这在联合所是史无前例的。
>
> 此外，张教授工作组的计算机使用时间约占整个实验室所分配时间的20%……在所有实验室中，没有任何一个科研组曾像他的工作组一样享有如此优待的工作条件。
>
> 在国际高能物理会议举行前一段时间，张文裕教授本人及其工作组很明显已无法应付手头工作，课题由5个减少到2个，以便这两个

① 钱三强致联合核子研究所所长布洛欣采夫信函，1964年7月30日．联合核子研究所档案。

> 课题能够完成并提交会议。相应地，部分实验室助理被分配到其他已准备好参会的工作组。即便如此，尚有10位助理供张教授调度，以保证他成功完成剩下的两个课题。然而，在会议马上要举办前，张文裕教授是唯一没有向会议提交任何工作的小组领导。
>
> 因此，问题显然不在于张文裕教授没有自己的独立办公室（顺便提一句，大多数与张文裕教授同资历的学者都没有自己的办公室），而在于他不善于——更准确地说，是不愿意利用为他提供的优越条件去顺利开展科研工作。
>
> 除此之外，我想补充一点，研究所科学顾问委员会和实验室委员会有权根据科研计划的变动、实验和理论工作个别方向的发展情况去调整科研和辅助人员的配置。
>
> 因此，您没有任何理由把张文裕教授工作不顺利的责任推加给联合所。①

很明显，双方负责人都将合作受阻的原因归结到对方。

需要特别强调的是，中国在1964年10月16日成功试爆了原子弹，1967年6月17日又成功试爆氢弹。这些突破对中国来说意义非凡。毛泽东曾说，应该给赫鲁晓夫（N.S.Khrushchev）发一个一吨重的勋章。② 他应该是从赫鲁晓夫逼迫中国自力更生这个意义上讲的。

1964年11月，周恩来率领中国代表团前往苏联参加十月革命47周年纪念活动，在莫斯科接见了在联合所工作的中国科学家。到1965年，恰逢联合所制定第三个五年计划。中苏双方在人员配置、1965—1970年发展规划、资金预算和外交政策等方面出现分歧。联合所的苏方固定工作人员（2000多人）远超其他成员国，苏联科学家担任所长、各研究室主任、联络处等领导岗位。而在王淦昌离任后，再无中国人担任联合所实权岗位。参与联合所工作期间，

① 联合所所长布洛欣采夫致钱三强信函，1964年8月29日．联合核子研究所档案：875/23号函。

② 张柏春，姚芳，张久春，等．苏联技术向中国的转移（1949—1966）[M]．山东教育出版社，2003：374.

中国共支付2900万卢布，折合人民币约1亿1445万元。[①] 为升级设备，联合所在1965—1971年的财政预算激增。例如，联合所拟先期投入2300万卢布改造原子核问题实验室680MeV加速器。此外计划与谢尔普霍夫高能物理研究所合作用十年时间为该所70GeV加速器主机完善配套设施，需投入二倍于主机价值的资金。[②] 中国不支持上述两项计划。同一时期，联合所与CERN进行学术交流，还试图接受印度为成员国并且帮助其研制核乳胶。这都与中国的外交政策相矛盾。[③]

1965年4月，邓小平指示，对联合所采取革命的办法，应设法退出，尽快“吹掉”，不再干。[④] 同年5月底，由力一、二机部外事局局长魏兆麟、张文裕、朱洪元、中国驻莫斯科大使馆商务参赞处科技组组长朱永行，以及翻译曹经和曹国帧组成的代表团前往联合所出席学术委员会和全权代表大会。6月6日，力一在全权代表大会闭幕式上宣布“中国退出杜布纳联合所。从1965年7月1日起，中方不再承担对杜布纳联合所的任何义务”[⑤]。

按照《协定》，任何成员国均可退出联合所，但其代表须在当年财政年度结束前三个月向所长提交书面退出通知。[⑥] 中国突然宣布退出联合所，令各国科学家意外。中子实验室主任弗兰克询问王乃彦能不能不离开杜布纳。王乃彦向弗兰克教授表示感谢，同时表示中方退出是由于“两党、两国关系紧张，使得我们已经没法在联合所继续工作下去了，这和您我没有任何关系，我们很感谢您本人对我们的关心帮助和爱护”。[⑦] 随后，中国学者以分批到附

---

① 关于参加欢迎联合原子核所工作人员回国大会情况的汇报［A］. 中国科学院档案，1965-10-025-02-005.

② 中国认为建成后不利于其他成员国（波兰和民主德国）要求发展的低能物理。

③ 关于参加欢迎联合原子核所工作人员回国大会情况的汇报［A］. 中国科学院档案，1965-10-025-02-005.

④ 徐新民. 科技外事风云录［M］. 北京：科学技术文献出版社，2015：41-42.

⑤ 葛维维. 曹经：笑脸相随，快意人生［J］. 中国核工业，2017：54-56.

⑥ 中华人民共和国外交部，编. 中华人民共和国条约集：第十集（1961）/ 关于成立联合原子核研究所的协定［M］. 北京：法律出版社 1962：408-413.

⑦ 王寿君，主编. 以身许国：那些从杜布纳回国的科学家的故事 / 王乃彦：为祖国争光［M］. 北京：中国原子能出版社，2017：177.

近森林采蘑菇的形式传达撤离指示以及做好撤离前的准备工作，并在回国前一天突然通知联合所安排车辆送他们到火车站。[①]6月17日，在联合所工作的47名成员乘火车离开莫斯科，并于6月23日抵京。[②] 6月26日上午，国务院分管科技工作的副总理聂荣臻在北京科学会堂接见全体人员。

到1965年，共有142位中国科学家到联合所工作（表2–3），其中包括6位高级研究员（或教授）[③]、4位副教授和100多位青年学者人员。1956—1958年的17位中国科学家主要是中国科学院原子能研究所、北京大学、清华大学和兰州大学推荐的。1959年选派的49人大都来自原子能所和地方原子能研究单位。20世纪60年代以后，数量明显下降，[④] 每年约10人，人员范围扩大至天津大学、云南大学等高校教师和曾留苏的人员。

表2–3　　1956—1965年中国选派联合所工作的人员

实验室	1956	1957	1958	1959	1960	1961	1962	1963	1964	1965
高能物理	4		2	7	5	3	1	2	4	
理论物理	4	2		10	4		2	1	3	
中子物理			1	7	1		6	3	3	5
原子核问题	1		3	22	7	3	2		3	1
核反应				3	6	4	1	1		5
其他					1					
人数	9	2	6	49	24	10	12	7	13	10

① 2019年5月27日，上海技术物理研究所姚志铨研究员访谈。

② 离开杜布纳联合原子核研究所 我国47位科学人员离苏回京 武衡、钱三强、力一等到车站迎接. 人民日报，1965-06-24: 01.

③ 6位高级研究员包括王淦昌、胡宁、何增禄、力一、朱洪元和张文裕。除力一外，其他5位中国物理学家都有在欧美国家学习、工作的经历，并做出有影响力的工作。

④ 新中国自1951年起开始向苏联派遣留学生。到1959年，中国派往苏联的留学生达14798名。中苏交恶后，选派苏联的留学生数量逐年降低，1960年约300名，1961年、1962年分别只派遣71名、35名。参见：曹强. 试析中苏关系对建国初期留苏学生派遣的影响[J]. 理论视野，2010(2)：55-57.

事实上，1962 年之前，联合所的中苏同事关系融洽。中国科学家的出色工作给苏联同事“留下深刻的印象”[①]。各实验室负责人在 1958 年一致认为，“所有中国同事都表现出认真负责、善于思考的品质。在工作中取得了良好的成果，从各方面来看，未来都能独立开展工作”[②]。苏联导师或同事积极指导中国年轻学者解决难题，优先提供实验器材。即便在中苏关系恶化的情况下，大多数中国学者与苏联同事之间仍保持友好关系。王淦昌回国后还曾于 1962 年 2 月给布洛欣采夫所长写信请求他帮忙购买实验所需设备。[③] 布洛欣采夫决定竭尽所能帮助王淦昌。[④] 假日里，中苏两国科学家还组织丰富的业余活动（图 2-28）。中国科学家经常应邀到苏联同事家做客。1960—1962 年在联合所工作的徐鸿贵后来回忆：“柔和的灯光下，在那墙壁贴满挂毯的小屋里，当手风琴响起的时候，不同的嗓音汇成一首首优美的歌曲，中国的和俄罗斯的民歌歌声飘扬出屋外，回荡在这座小城的夜空。”[⑤]

图 2-28　中苏科研人员共同组织活动
（姚志铨提供图片）

① 联合所所长布洛欣采夫致钱三强信函，1961 年 1 月 28 日. 联合核子研究所档案：54/23 号函。

② 联合所所长布洛欣采夫致钱三强信函，1961 年 1 月 28 日. 联合核子研究所档案：54/23 号函。

③ 王淦昌致联合原子核研究所所长布洛欣采夫信函，1962 年 2 月 1 日. 联合核子研究所档案。

④ 联合所所长布洛欣采夫致原子能研究所王淦昌信函 . 联合核子研究所档案。

⑤ 杜布纳情思［N］. 人民日报，1994-08-20：07.

中国科学家回国后投身于发展核武器、粒子物理理论、加速器技术等工作。在研制核武器方面，王淦昌负责核武器的实验研究和领导工作；周光召利用“最大功原理”解决原子弹理论预研的“九次计算问题”；唐孝威设计原子弹中子点火实验，提出测量中子的原理和方法；吕敏从事核武器试验的实时物理测量；王世绩参与氢弹微观核参数测量和研究；钱绍钧、王乃彦分别从事核试验放射化学诊断和核武器实验中近区测量工作。他们的工作对于中国成功爆炸原子弹、氢弹起到了至关重要的作用。朱洪元、何祚庥、汪容、冼鼎昌等人积极推动粒子物理理论发展，参与提出强子结构模型——层子模型。力一、张文裕、冼鼎昌和方守贤等人在20世纪80年代末建成北京正负电子对撞机（2.2GeV），精确测量了陶轻子（τ）质量。杨芙清参加研制计算机的软件系统等。姚志铨从事核电站反应堆实验研究，参与中国第一座核电站工程。此外，王福钧在农业同位素、顾广本在医用加速器等方面都有所贡献。

第四节　粒子物理研究的四家机构及其协作

1956年10月，李政道和杨振宁发表弱相互作用下宇称不守恒工作。这一理论发现在1957年初被吴健雄等人的实验证实，立即引起中国物理学界重视。[①] 中国科学院为此组织专题报告会。[②] 朱洪元做专题报告，赵忠尧、钱三强、彭桓武、张文裕等参与讨论。报告会第二天，《人民日报》刊登于敏[③] 撰

① 有学者表示，李、杨获得诺贝尔物理学奖，当时在中国官方引起的反响并不强烈。参见：华新民，王作跃. 李政道、杨振宁遭遇冷处理：60年前中国人第一次获诺奖［N］. 科学春秋，2017-11-28. 不过，杨振宁并不赞同此观点，参见：杨振宁，何祚庥. 李政道杨振宁获诺贝尔奖的相关情况［J］. 科学文化评论，2020, 17（04）：99-103.

② 1956年秋，在普渡大学工作的张文裕决定回国担任中国科学院原子能研究所研究员。他同夫人王承书留美时同李、杨关系密切，回国时带回李、杨二人文章的预印本并将其送给正在从事基本粒子理论研究的表弟何祚庥。中国科学院组织的研讨会即基于何祚庥提供的预印本，因为当时在国内还找不到李、杨二人正式发表的文章。——2015年4月8日，中国科学院理论物理研究所何祚庥院士访谈。

③ 于敏（1926—2019），1949年毕业于北京大学物理系，随后留校攻读研究生并兼任助教。1951年起在中国科学院近代物理研究所。1960年底开始从事核武器理论研究，并在中国第一颗氢弹的理论设计中做出重要贡献。

写的科普文章[①]。随后，李、杨论文被译为中文发表在《科学通报》。[②]张宗燧[③]和朱洪元[④⑤]也撰文做普及性介绍。在诺贝尔奖委员会宣布李政道和杨振宁获得1957年诺贝尔物理学奖后，吴有训、周培源和钱三强代表中国物理学会致贺电，认为“中国物理学家对这一可喜的事件感到自豪”[⑥]。

李政道和杨振宁荣获诺贝尔物理学奖对中国物理学界产生深远影响，激励一批青年人选择粒子物理专业，励志学习他们投身前沿科学研究。[⑦]就基本粒子理论专业而言，那时仅有中国科学院原子能研究所、北京大学物理系和中国科学院数学研究所招收研究生。自20世纪50年代末，上述机构在粒子物理理论研究领域学术交流和合作频繁，形成“一盘棋”的局面。

一、中国科学院原子能研究所理论物理研究室

中国科学院原子能研究所前身是1950年5月19日成立的中国科学院近代物理研究所。这个所是在原中央研究院物理研究所（南京）和北平研究院原子学研究所的基础上建立的，旨在发展原子核科学，所址设在北京东皇城根甲42号（图2-29左）。1953年10月，近代物理研究所更名为物理研究所。第二年，物理研究所迁址中关村物理大楼（图2-29右）。1958年上半年，物理研究所在北京房山县坨里建成新的研究基地。同年7月，物理研究所更名为原子能研究所。

---

① 原子核物理学的一个重大发现：我留美两科学家证明宇称守恒定律不是普遍的定律［N］. 人民日报，1957-02-21：1.

② 李政道，杨振宁. 弱相互作用中的宇称守恒问题［J］. 吴之，译. 科学通报，1957（6）：161-165.

③ 张宗燧. 宇称守恒定律是怎样被动摇的［J］. 物理通报，1957（5）：257-267.

④ 朱洪元. 关于宇称守恒定律的问题［J］. 自然辩证法研究通讯，1957（2）：8-9.

⑤ 朱洪元. 关于宇称守恒定律［J］. 自然辩证法研究通讯，1957（3）：22-26.

⑥ 吴有训、周培源、钱三强电贺李政道、杨振宁［N］. 人民日报，1957-11-02：01.

⑦ 黄庆桥. 宇称不守恒理论在新中国的传播与影响［J］. 自然科学史研究，2016，35（1）：84-94.

图 2–29　中国科学院原子能研究所旧址（左）及中关村物理所大楼（右）
（左图采自 http://pic.ihep.cas.cn/tpk/lstp/201308/t20130813_3911817.html.
右图采自孙勤，主编. 核铸强国梦［M］. 北京：中国社会科学出版社，2013.）

原子能研究所由二机部和中国科学院双重领导，以二机部领导为主，① 分为“一部”（中关村）和“二部”（坨里）两部分，包括 8 个研究室和 2 个工程技术单位②（表 2–4）。其中，第四研究室为理论物理室，设在中关村，由彭桓武和朱洪元等负责。彭桓武调入二机部研究尖端武器理论后，朱洪元接任室主任。③ 理论物理室成立初期的成员以高校分配的大学毕业生为主。除何祚庥、冼鼎昌、陈中谟、阮同泽、阮图南外，又相继分配陈时、汪容、徐德之和吴济民④。

表 2–4　　中国科学院物理研究所科研机构设置（1956）

研究室	研究方向	负责人
一室	静电加速器和其他加速器研制及相关实验工作	赵忠尧、梅镇岳等
二室	使用反应堆和回旋加速器研究中子物理、裂变物理和反应堆物理	钱三强、何泽慧、朱光亚等
三室	宇宙线和高能物理	王淦昌、张文裕、肖健等

① 陈和生，王恒久，李春明，许同舟. 中国科学院高能物理所［M］// 王杨宗，曹效业. 中国科学院院属单位简史：第 1 卷上. 北京：科学出版社，2010：145.

② 《中国科学院》编辑委员会，编. 当代中国丛书 · 中国科学院：上［M］. 北京：当代中国出版社，1994：290.

③ 朱洪元也曾参与核武器理论研究，但其工作重点还是基本粒子理论研究为主。

④ 吴济民（1938—　），1962 年毕业于清华大学物理系。

（续表）

研究室	研究方向	负责人
四室	理论物理	彭桓武、朱洪元等
五室	放射化学等	杨承宗、郭挺章、刘静宜等
六室	金属方面	王竹溪、李林、吴乾章等
七室	放射生物和卫生防护	贝时璋、孙琦等
八室	同位素应用	冯锡璋、张家骅等

工程技术单位	研究方向	负责人
一	反应堆的建造、维护、运行和发展	连培生、籍孝宏等
二	回旋加速器的建造、维护、运行和改进	力一、王传英等

1961年，中国科学院各研究所和部分大学试行考试和推荐相结合的方法招生研究生，进而逐渐恢复导师个别指导研究生制度。1962年底，研究生招收范围扩大。由于各单位尚未设立研究生院，研究生通常分散管理，未开设基础课程，专业学习以导师指导、学生自学为主。1963年夏，张肇西、黄厚昌（后改名黄涛）经推荐、笔试后考取朱洪元的研究生。张肇西是中国科学技术大学近代物理系首届毕业生，黄涛则毕业于北京大学物理系理论物理专业。第二年，朱洪元又招收杜东生和李炳安，二人分别毕业于北京大学技术物理系和中国科学技术大学物理系。同一年分配到理论室工作的还有郁鸿源（后改名郁宏）、詹振兵[①]、鞠长生和沈齐兴[②]等。

朱洪元注重培养学生理论知识。在与张肇西、黄涛初次见面时，他便推荐阅读朗道、栗弗席兹（E.M.Лифшиц）著《量子力学》和狄拉克著《量子力学原理》，明确要求读完后在研究组做详细报告，[③]并请于敏、郑林生等青年学

① 詹阵兵，1964年毕业于北京大学物理系理论物理专业。

② 沈齐兴，1964年毕业于浙江大学物理系。

③ 张肇西. 回忆朱洪元导师指导我做研究［M］// 朱洪元论文选集编辑委员会. 朱洪元论文选集. 北京：中国科学院高能物理研究所，2002：332-335.

者担任考试委员会成员考核他们，[①] 考核通过后，朱洪元又要求张肇西、黄涛研读三篇关于单重色散关系证明的经典文献。张、黄二人读懂三篇文章后在小组内做报告。张肇西对此过程记忆犹新，他说：

> 在我报告中间，他（注：朱洪元）和学术小组成员随时、不断地提出问题。他们所提的问题不少是我事先没想到和没有理解好的，因此，我有时回答得不好，甚至回答不上来，使得报告进行不下去。每次碰到这种情况，我只好停下来，下来进一步准备，准备好后，再另行安排时间，继续进行报告。当时我内心有些接受不了，常常感到老师让我“下不了台”。后来才真正认识到那正是朱洪元老师在教我如何“阅读”学术论文。[②]

黄涛也有类似经历，他说：

> 当我从图书馆借出这三篇文章阅读以后，自认为北大物理系学了六年已有良好基础的我傻了眼，不知所措，无从下手，哪一篇都看不懂。只好耐下性子学习这三篇文章，不懂的地方就去找书、查文献去弄懂，例如当时这三篇文章中都用到广义函数，就借书去学懂。经过三个月左右的时间，总算学完了并向朱先生汇报。朱先生并不完全信任地反问“是吗?”随即安排在场论组内报告。第一次我上台讲单重色散关系的证明，当时朱先生、阮图南、陈中谟等都坐在下面听。刚开场不久，一个问题接着一个问题使我难以招架，只好用“可能”“我想”“大概”等词来招架。朱先生毫不客气地说科学问题懂就是懂，不懂就是不懂，你就是不懂，今天就报告到这里，下去搞懂以后，下星期再讲。这可是给我当头一棒，一星期后再讲怎么办？只好埋头苦

① 黄涛. 回忆我的导师朱洪元先生[M]//朱洪元论文选集编辑委员会. 朱洪元论文选集. 北京：中国科学院高能物理研究所，2002：329–331.

② 张肇西. 回忆朱洪元导师指导我做研究[M]//朱洪元论文选集编辑委员会. 朱洪元论文选集. 北京：中国科学院高能物理研究所，2002：332–335.

> 干。经过几个星期的反复，经常是卡在哪里就停在那儿，弄懂以后下星期再讲，最后终于讲完了三篇关于单重色散关系证明的文章。[①]

通过研读文献和小组汇报讨论等方式，朱洪元指导研究生掌握学科基本知识，为开展具体研究工作打下基础。[②]

二、北京大学理论物理研究室基本粒子组

北京大学理论物理教研室成立于1953年，王竹溪担任教研室主任。这个教研室早期的研究方向包括热力学与统计物理学、基本粒子理论和量子场论、原子核结构理论和宇宙线物理等。其中，基本粒子理论和量子场论方面的研究主要由胡宁和周光召负责。[③]

胡宁回国后致力于北京大学物理系的本科生教学和研究生培养。他先后为理论物理专门化本科生讲授流体力学、基本粒子理论和广义相对论课程。胡宁善于以清晰而具体的物理图像讲清比较抽象的物理概念。他通常在两节课时间内充裕地完成全部教学内容，布置学生课后完成具体公式推演。这既有助于学生掌握物理概念，激发学习热情，也锻炼了推演能力。[④⑤]

1962年，胡宁招收杨国桢、关洪两位研究生。杨国桢和关洪均毕业于北京大学物理系理论物理专业（学制6年）。对于胡宁的研究生培养方式，杨国桢的回忆说：

> 大学毕业后，我当了胡先生的研究生，对他有了更多的接触。胡先生对研究生的培养既认真又放手。他培养我们的一个重要方式是

---

① 黄涛. 回忆我的导师朱洪元先生［M］// 朱洪元论文选集编辑委员会. 朱洪元论文选集. 北京：中国科学院高能物理研究所，2002：329-331.

② 2015年3月9日，中国科学院理论物理研究所张肇西院士访谈。

③ 沈克琦，赵凯华，主编. 北大物理九十年［M］. 北京：北京大学物理学院，2003：93.

④ 杨国桢. 怀念胡宁先生［J］. 现代物理知识，1998（3）：42-43.

⑤ 王正行. 回忆胡宁先生［M］// 北京大学物理学院百年纪念文集编委会. 北京大学物理百年纪念文集. 北京：北京大学物理学院，2013：67.

定期（两周左右）召开学术讨论会。除了研究生以外，有时也有青年教师参加。每个人都要轮流做报告，涉及的内容十分广泛，包括文献调研和自己的研究工作。对于文献调研，报告人除介绍别人的工作外，还一定要对别人的工作做出评价，指出其中不足之处，并从哪些方面是可以继续发展的，如果我们分析得合理，胡先生就立即肯定并引导和鼓励我们“你们可以按照你们的想法去进行试探”。这样也就产生了研究题目。一般过了几个星期，试探工作总会有些结果，于是再在讨论会上介绍和讨论，根据其不同情况，胡先生作出判断，有的是可以告一段落写成论文，有的是应继续深入，并明确了继续深入的方向和具体方法。如一个人感到力量单薄时，大家可以自愿加人。于是在这样的研究集体中形成了一个良好的合作风气。胡先生在学术上是很民主的，他鼓励年青的研究生们创新和大胆发表意见，如果我们说错了，他总是耐心地一一指出。①

1963 年，胡宁又招收华中师范大学讲师刘连寿②为研究生。刘连寿对胡宁研究组的学术氛围印象深刻并说：

胡先生领导的北京大学基本粒子研究组当时正处于黄金时期。学术思想活跃，学术讨论热烈，学术氛围浓厚，学术作风民主。组内的青年教师和研究生都是胡宁教授的学生，平时对胡先生很尊敬，但学术讨论时不分师生，激烈争论。学生可以跑上讲台，不客气地指出老师的错误。大家共同探讨物理，真理面前人人平等。③

---

① 杨国桢. 悼念我的恩师：胡宁先生［J］. 现代物理知识，1998（3）：44-45.

② 刘连寿（1932—2009），1952 年毕业于华中大学物理系，随后留校任教。1955 年考取留苏预备生，师从栗弗席兹。1957 年回国后回到华中师范大学。1963 年，他以在职研究生身份考取研究生。华中师范大学安排他负责创办该校的理论物理研究方向。他在北京做研究时，华东师范大学物理系指定两位教师配合他做建设理论物理专业的准备。

③《桂苑师林》编委会主编. 桂苑师林：投身于“太阳底下最光辉的职业”［M］. 武汉：华中师范大学出版社，2005：254.

1961—1962 年，胡宁指导本科生的毕业论文题目集中于色散关系，包括双重色散关系。杨国桢的本科毕业论文计算 s 波 π–π 散射[①]；关洪的毕业论文题目也与色散关系有关。研究生入学后，杨国桢和关洪继续学习朗道、栗弗席兹著《量子力学》和狄拉克著《量子力学原理》经典著作。这既加深他们理解专业知识，又提高英文水平。按北京大学研究生培养计划，一年级结束时要通过一次相当于美国研究生资格考试的综合考试。胡宁认为杨国桢和关洪经过六年本科训练，已经具备一定的研究能力。于是，他建议杨、关二人"尽量将能对付的考试全都对付过，然后集中精力做研究"[②]。与此同时，胡宁没有要求他们继续研究色散关系，而是转向研究基本粒子对称性。他要求研究生精读费曼、盖尔曼关于弱相互作用的文章[③]和盖尔曼关于 $SU(3)$ 对称性"八重法"的文章。[④]

研究色散关系和内部对称性运用的数学工具不同，分别为复变函数和李群。理论物理学家当时熟悉点群和转动群，却不熟悉李群、李代数，需要补习相关基础知识。为此，北京大学理论物理研究室的讨论内容由原来复变函数的复平面、解析延拓、柯西定理和留数等概念转换到李群、李代数、特征标、生成元和 $SU(3)$ 对称性等。[⑤] 一年后，胡宁小组率先发表两篇题为《SU_3 群不可约表示直乘的分解》[⑥]和《B_2 群和基本粒子强相互作用》[⑦]的群理论论文。

周光召回国后参与二机部尖端武器理论研究，但其人事编制还在北京大

① HU N, YANG G Z. The S–wave π–π scattering[J]. Acta Physica Sinica. 1964, 20(3): 233–240.

② 2014 年 6 月 6 日，中国科学院物理研究所杨国桢院士访谈。

③ FEYNMAN R P, GELL–MANN M. Theory of the Fermi interaction[J]. Physical Review, 1958, 109(1): 193–198.

④ GELL–MANN M. Symmetries of baryons and mesons[J]. Physical Review, 1962, 125(3): 1067–1084.

⑤ 北京大学物理系在群论教学方面有一定基础，王竹溪曾与华罗庚、陈省身在西南联合大学共同主持过一个李群讨论班。参见：王正行. 回忆胡宁先生[M]// 北京大学物理学院百年纪念文集编委会. 北京大学物理百年纪念文集. 北京：北京大学物理学院，2013: 65.

⑥ 孙洪洲，韩其智. SU_3 群不可约表示直乘的分解[J]. 物理学报，1965, 21(1): 56–66.

⑦ 关洪. B_2 群和基本粒子强相互作用[J]. 物理学报，1965, 21(1): 1–11.

学。自1962年起，周光召指导高崇寿和苏肇冰研究场论和粒子物理理论。高崇寿和苏肇冰为北京大学物理系理论物理专业1958届毕业生（学制5年），本科毕业后留校工作。高崇寿担任物理系理论物理教研室副主任，协助教研室主任王竹溪组织教学科研活动。苏肇冰分管物理系教学行政工作。物理系按研究生的要求重点培养他们，但不给学籍。① 据苏肇冰回忆说：

> 在那一段时间里，光召是每星期六来一天，照常是我们三个人进行讨论，常常是整一个上午。光召告诉我们，科学讨论和合作研究是非常重要的，在讨论中要最大限度地吸取对方正确的看法，改进自己对问题的理解，在正和反的辩论过程中要使双方的科学思想都能不断地提高……因为学校教室很挤，我们常要到处找寻讨论的教室。②

高崇寿记得当时《物理学评论》等期刊上的论文大都集中于色散关系理论和雷吉极点理论。论文数量如此之多以至于“还没看完这一期，下一期又来了，越来越多，所以光看文章时间都不够”③。周光召认为研究雷吉极点需要阅读大量文献，很难走到国际前沿。于是，他建议高崇寿和苏肇冰转向研究当时尚未属于主流理论的基本粒子对称性理论：

> 你们现在进行高能物理理论的探索研究，要注意了解和关注这方面的国际进展，但你们更应从事粒子物理对称性理论的研究。从事对称性理论的研究所用的数学工具与强相互作用色散理论及Regge极点理论所用的数学工具完全不同，前者比后者要困难得多，但如果你们直接从这里开展研究，很快就可以达到国际上这个领域的最前沿。④

---

① 2015年5月13日，北京大学物理学院高崇寿教授访谈。

② 苏肇冰. 往事与祝福［M］// 徐冠华，主编. 我们认识的光召同志：周光召科学思想科学精神论文集. 北京：科学出版社，2010：247.

③ 2015年5月13日，北京大学物理学院高崇寿教授访谈。

④ 高崇寿. 我跟随周光召先生进行科学研究［M］// 徐冠华，主编. 我们认识的光召同志：周光召科学思想科学精神论文集. 北京：科学出版社，2010：318.

同时，周光召鼓励他们不要因为刚开始没基础和看文献困难而放弃，还建议应关注色散理论研究新进展。

1962 年底，周光召、高崇寿和苏肇冰合作完成基本粒子 $2 \to n$ 过程研究。该研究针对 $\pi + p \to \Lambda + \pi + K$ 反应过程，提出唯象描述近阈效应、共振现象和末态相互作用，特别是近阈效应和在阈附近共振的关联的新方法。[①] 随后，苏肇冰被调到北京第九研究所工作。周光召继续指导高崇寿研究新粒子对称性分析和新粒子分类方面的唯象学研究。1964—1965 年，高崇寿共发表 13 篇学术论文，除一篇与宋行长合作外，其余均独立完成。[②] 其中，较著名的工作是提出赝标介子和矢量介子质量之间平方等距关系，指出由此关系可以推广为假定介子质量分裂参数与自旋宇称无关，并据此基于八重法分类已发现的介子。[③]1964 年，高崇寿在北京科学讨论会上报告了这项工作。

除上述介绍的青年学者外，北京大学理论物理教研室的秦旦华、宋行长、赵光达、黄朝商等也在同一时期从事粒子物理研究。

三、中国科学院数学研究所理论物理研究室

1956 年下半年，中国科学院数学研究所设立数学物理组。[④] 同年底，张宗燧由北京师范大学调入数学研究所。数学物理组最初仅有张宗燧、张历宁和陈龙玄[⑤]三位成员。张历宁、陈龙玄为北京大学数学力学系 1956 届毕业生。张历宁此前主要研究微分几何，后因对理论物理感兴趣而申请加入新组建的数学物理组。鉴于张历宁刚转入理论物理领域，张宗燧建议他补习量子力学、

---

① 苏肇冰，高崇寿，周光召. $\pi + p \to \Lambda + \pi + K$ 反应共振 – 近阈效应关联的研究 [J]. 物理学报，1963, 19(10): 649-672.

② 此时，周光召因全力研究原子弹理论而对高崇寿的指导时间减少。考虑到保密原因，周光召名字在此期间鲜见于学术期刊。——2015 年 5 月 13 日，北京大学物理学院高崇寿教授访谈。

③ 高崇寿. SU_3 群八重态理论和强相互作用粒子的分类 [J]. 物理学报，1964, 20(12): 1187-1198.

④ 中国科学院数学研究所之所以设立数学物理组并邀请张宗燧作为负责人有如下原因：数学所所长华罗庚 1956 年参加全苏第三届数学大会时注意到苏联数学全面发展的特点是重视理论物理研究，他认为中国在发展力学与计算数学的同时也应发展理论物理；此外，华罗庚同张宗燧关系密切，二人在英国留学期间已结为密友。——2015 年 12 月 23 日，中国科学院理论物理研究所张历宁研究员访谈。

⑤ 陈龙玄（1933— ），1956 年毕业于北京大学数学系，随后分配至中国科学院数学研究所工作。

量子场论等课程。于是，张历宁参加了朱洪元1957年在北京大学讲授的量子场论课程以及1958年青岛讲习班。[①]1958年，张宗燧招收戴元本为研究生。随后，数学物理组逐步扩大，刘易成[②]、陈庭金、安瑛、周龙骧、赵万云、胡诗婉、朱保如[③]等高校毕业生相继分配到数学物理组。到1963年底，数学物理组已经更名为理论物理研究室，张宗燧任主任，成员有9人。

1963年，侯伯宇和朱重远考取张宗燧的研究生。[④]朱重远是兰州大学物理系应届毕业生。侯伯宇比朱重远年长12岁，早年曾在清华大学、台湾大学、西北大学学习物理。张宗燧对两位研究生采取了不同的培养方式（图2-30）。张宗燧建议没有研究经验的朱重远以专业学习为主。而对已经具备良好的专

图2-30　1963年，张宗燧同数学所理论室成员游览颐和园
（左起：朱重远、张宗燧、侯伯宇、戴元本。采自《十一维空间：物理学家侯伯宇的多维人生》）

① 2015年12月23日，中国科学院理论物理研究所张历宁研究员访谈。

② 刘易成(1930—2018)，1952年考入北京大学数学力学系。1958年被分配至中国科学院数学研究所工作。1959—1964年被选派赴苏联联合核子研究所工作。1965年9月起参加中国第一颗人造卫星轨道研究，担任副组长。

③ 朱保如，1962年毕业于北京大学物理系。

④ 中国科学院曾在1957年有过一次大规模招生，其后有两次小范围招生，1963年是第二次大范围招生。当年的研究生考试科目分基础课（高等数学和量子力学）和专业课（量子场论）两项。

业基础和研究能力的侯伯宇，张宗燧建议他免去基础专业课和研究生必修的政治和外语课程学习，直接开展具体研究。[①]

20 世纪 60 年代初，数学研究所理论物理室的工作聚焦在调研粒子物理（涉及色散关系）专题。1964 年下半年至 1965 年上半年，研究室工作安排如下：

1. 研究工作

因人员去东北参加“四清”工作，原定研究项目中的高能散射、Regge 极点及对称性与弱作用完全停止。1965 年下半年恢复。

在原定项目的第三项下，拟在 64 年最后几个月研究色散关系中的色散振幅对耦合常数的解析性（现已有初步成果），拟在 65 年上半年（i）学习色散关系中有关运动学；（ii）学习及比较色散关系的积分方程的各种近似解法及做一些方面的研究。

以上严格讲来不是微扰论而是色散理论的研究。

2. 与外单位合作方面

以前所安排的带复旦学生做论文，川大一教师来进修均停止。与原子能所、北大组成的讨论班也停止。

3. 选作方面

拟写出色散理论一书。本来估计 60 万字，现因代元本（注：戴元本）同志前去“四清”，Regge 极点一章只好大大简化。现估计 40 万字，明年五月前完成一半。此项工作为组中目前最主要工作。

4. 遗留问题

遗留问题当然为将来“四清”队伍回来时，必须从速恢复并继续以前的研究工作。目前的问题为学报的审稿问题，代元本、侯伯宇去东北后，审稿力量，大大地削弱。[②]

① 赵韦. 十一维空间：物理学家侯伯宇的多维人生［M］. 西安：陕西人民出版社，2013：177.
② 一九六四下半年及一九六五上半年的工作安排：理论物理室［A］. 中国科学院档案，Z370-95.

在此项工作计划中，张宗燧将研究色散关系和撰写色散理论专著列为研究室最主要工作。此外，张宗燧在《色散关系》油印稿序言中明确表达他对散射关系研究的态度：

> ……由于强相互作用耦合很大，微扰论完全不能用，这样就需要从根本上建立处理强相互作用的方法。
>
> 由于这一问题十分复杂，今天已得到的结果离这一问题的解决尚远，作为解决这一问题的尝试，有着一些试探性的工作。其中多少可以认为取得了某些半定量的只有所谓 Chew–Low 理论及色散关系的方法。即便是这两种方法也还十分不完善。我们认为，在探寻解决强相互作用的方法上先熟知上述两方面的工作会有些好处。
>
> 我们的目的是企图把如今已如此纷繁的有关色散关系的工作作一个初步总结，希望它能为我国物理学工作者提供一些了解与探索强相互作用问题的一点初步知识。①

可见，尽管张宗燧认为色散关系理论尚不完善，但探寻处理强作用方法时需熟悉该工作。因此，他坚持在20世纪60年代初带领研究室成员调研和研究色散关系，并主持色散关系证明和量子场论微扰论解析性讨论班（图2–31）。②③

①《色散关系》，中国科学院数学研究所理论物理室油印资料，年代不详。

② 戴元本. 怀念我的老师张宗燧先生［J］. 现代物理知识，2015(02)：19–20.

③ 在编著色散关系专著时，理论室成员参与讨论著作大部分内容并在手稿完成后又分读部分章节。1965年末，张宗燧完成《色散关系引论》书稿，交由科学出版社准备出版。后因“文革”爆发，已经排版上册的《色散关系导论》未能出版。“文革”期间，张宗燧受迫害于1969年自尽。1980年，尽管粒子物理学界已不再关注色散关系理论，华罗庚和理论室成员仍支持将张宗燧著《色散关系引论》出版。

图 2-31 1964 年 1 月数学所量子场论讨论班全体参加者合影
（左 6 戴元本、左 7 张宗燧，采自《现代物理知识》2015 年第 2 期）

四、中国科学技术大学近代物理系理论物理教研室

制定《1956—1967 年科学技术发展远景规划（纲要）》时有科学家建议利用中国科学院专家与先进设备优势，自办一所培养尖端科技人才的大学。在周恩来、邓小平、聂荣臻、郭沫若和严济慈等支持下，中共中央于 1958 年 5 月正式批准成立中国科学技术大学，主校址设在北京玉泉路。

中国科学技术大学实行“全院办校，所系结合”，即学校各系教学管理工作与中国科学院的相关研究所对口结合。其中，原子核物理和原子核工程系（当时称 01 系，1961 年更名为近代物理系）由原子能研究所对口分包。首任系主任由原子能研究所副所长赵忠尧担任，张文裕、彭恒武、朱洪元等到系里授课、做讲座，指导本科生毕业论文。

原子核物理和原子核工程系下设原子核物理、原子核工程和理论核物理专业。其中，理论核物理专业由中国科学院原子能研究所理论物理室对口分包，由朱洪元主持，承担部分行政和教学任务。理论核物理专业的讲师刘耀阳1956年毕业于北京大学物理系，随后分配到原子能研究所工作。其间，他曾参与调研宇称不守恒工作。中国科学技术大学成立后，刘耀阳调入原子核物理和原子核工程系。除完成教学任务外，他自学量子场论并做自由研究。①另一位讲师赵保恒也是北京大学物理系1956届毕业生，在原子能研究所研究生毕业后分配到中国科学技术大学任教。1963年，中国科学技术大学招收首批研究生，近代物理系应届毕业生周邦融考取了朱洪元的研究生。②

五、“一盘棋”局面的形成

朱洪元、胡宁和张宗燧学术风格各异，对粒子物理未来发展方向的看法也不同。张宗燧和戴元本主要研究雷吉极点和色散关系，胡宁逐渐由色散关系转向对称性理论和唯象理论研究，朱洪元则对色散关系和唯象理论都有兴趣。尽管如此，朱、胡、张关系密切，经常带领各自研究组联合组织报告会和讨论班，③逐渐形成一支团结协作、思想活跃、学术氛围民主的团体。④他们在20世纪50年代末便开展了合作研究。例如，戴元本与朱洪元、何祚庥、冼鼎昌合作研究μ子被质子吸收产生辐射俘获现象。1960年，戴元本还与周光召合作研究μ介子与轻原子核散射时的反冲效应，⑤以及π介子–核子碰撞产生π介子的色散关系。⑥

1961年，朱洪元结束联合所工作回国初期的工作与国防任务相关，涉及光子、电子、中子和原子核高温、高密度性质，以及系统内部输运过程、反应过程和系统流体力学行为等。这期间，他持续关注粒子物理和场论发展，与张宗燧、胡宁和戴元本在原子能研究所不定期讨论高能物理发展。通常由戴

① 2015年9月23日，中国科学技术大学刘耀阳教授访谈。

② 原子能所于敏指导周邦融做核理论方面的本科毕业论文。出于专业兴趣和被朱洪元讲授的群论课程及学术讲座吸引，周邦融决定报考朱洪元的研究生。——2016年1月15日，中国科学院研究生院物理学院周邦融教授邮件交流。

③ 中国科学技术大学近代物理系理论核物理专业的科研人员与原子能所理论室一同进行学术活动。

④ 朱重远. 张宗燧传［M］// 陈佳洱. 20世纪中国知名科学家学术成就概览·物理学卷：第2分册. 北京：科学出版社，2014：92–105.

⑤ 戴元本，周光召. μ介子与轻原子核散射时的反冲效应［J］. 物理学报，1960，16（2）：76–80.

⑥ 周光召，戴元本. π介子核子碰撞产生π介子的色散关系［J］. 物理学报，1960，16（5）：252–262.

元本报告量子场论和粒子物理新发展，朱洪元等参与讨论。[①] 胡宁也提倡合作研究，在 1956 年就指出理论物理学界“需要经常组织讨论会和学习会，充分交流全国理论工作者的成就和经验”[②]。关洪回忆说：

> 1962 年秋天开始，我们在北京大学毕业后留校念研究生。大概每一两个星期，粒子理论科研组的教师和研究生都要集体去位于中关村的原子能研究所参加一个只有十几个人出席的小型讨论班。开始的时候，胡先生通知我们几点钟在原子能所大门外集合，然后由胡先生向门卫出示他的出入证，带我们进去。[③]

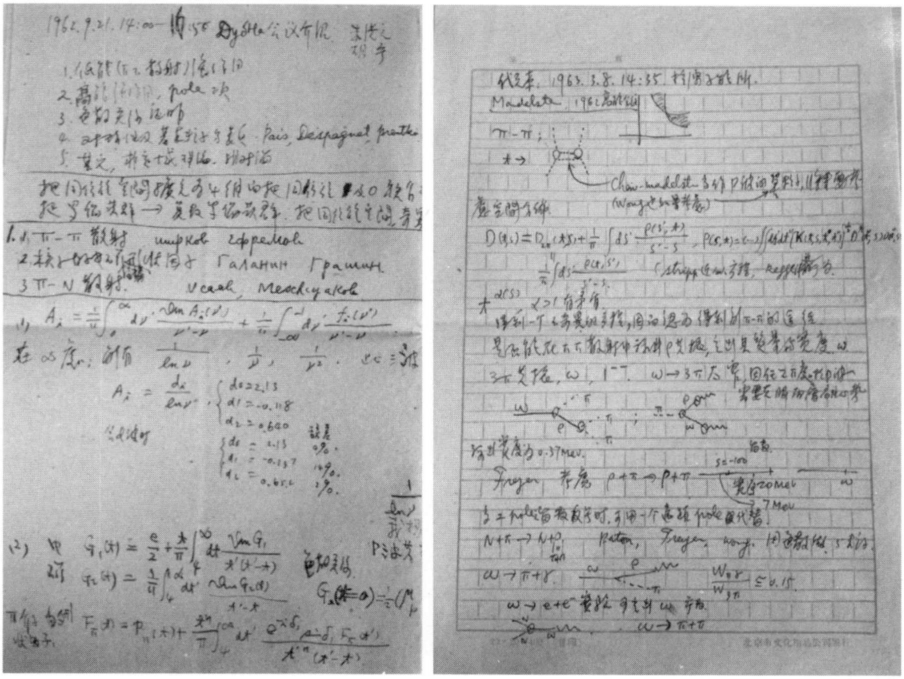

图 2–32　中国科学院原子能研究所、数学研究所和北京大学定期组织的讨论班笔记（张历宁记录，其中左图为朱洪元、胡宁介绍某次国际会议情况，右图为戴元本在原子能所的报告内容）

① 戴元本. 怀念朱洪元先生［M］// 朱洪元论文选集编辑委员会. 朱洪元论文选集. 北京：中国科学院高能物理研究所，2002：321.

② 胡宁. 关于发展我国物理学理论研究工作的意见［J］. 科学通报，1956(4)：45–47.

③ 关洪. 胡宁传［M］. 北京：北京大学出版社，2008：169.

朱重远也清晰地记得在他读研究生时，原子能研究所、数学研究所及北京大学三个单位之间联系是非常密切的，形成较大范围讨论且讨论问题各有侧重（图 2-32）。他认为，北京粒子物理学界的学术民主气氛和力争走到学术最前沿的劲头很强，这种情况在当时中国的其他城市和学科并不多见。[①]

① 2014 年 1 月 8 日，中国科学院理论物理研究所朱重远研究员访谈。

第三章

日本物理学研究对中国的影响

20世纪60年代初，中国与苏联交恶，遂试图发展与西方国家和日本的关系。实际上，中日科学界，尤其物理学界已在20世纪五六十年代开辟了学术交流的渠道。在这方面，日本物理学家坂田昌一扮演了重要角色。

第一节　日本物理学家与中国科学家的交往

一、坂田昌一及其物理学研究

坂田昌一，1911年出生于日本东京一个内务省官员家庭，由首相桂太郎（T.Katsura）起名为“昌一”（图3-1）。坂田昌一的祖父是明治时期众议院议员，父亲曾担任内务大臣秘书、高松市市长等职务，并于1920年后退出政界。[①] 坂田昌一在甲南高中读书期间，正值相对论和量子力学在日本物理学界引起广泛关注。他遂对理论物理学表现出浓厚兴趣。他通过参加世界语俱乐部同加藤正（T.Kato）相识，从加藤正那里熟知此后影响自己科学研究工

① LOW M. Shoichi Sakata: his life, the Sakata model and his achievements[J]. Progress of Theoretical Physics Supplement, 2007(167): 1-8.

作的经典著作——恩格斯的《自然辩证法》。坂田昌一对这部著作的评价是："就像珠玉一样放射着光芒，始终不断地照耀着我四十年来的研究工作，给予了不可估量的启示。"① 另外，坂田昌一还熟读了列宁的《唯物主义和经验批判主义》，并深有感触地说，这两部著作"在我的内心深处产生了一个强烈的冲动，想在我的真正的研究工作中实际运用自然辩证法作为当代科学的方法论"②。

图 3-1　幼年坂田昌一与祖母（左）及中年坂田昌一（右，摄于 1968 年）
（左图采自《坂田昌一の生涯：科学と平和の創造》，第 12 页）

1930 年，坂田昌一进入京都大学物理系学习。大学期间，通过仁科芳雄（Y.Nishina）③ 介绍结识刚毕业不久的汤川秀树和朝永振一郎（图 3-2）。1932 年中子被发现以后，海森堡关于核结构论文传到日本，激起汤川秀树浓厚兴

① 坂田昌一. 坂田昌一科学哲学论文集［C］. 安度，译. 北京：知识出版社，1987：314.

② 坂田昌一. 坂田昌一科学哲学论文集［C］. 安度，译. 北京：知识出版社，1987：319.

③ 仁科芳雄（1890—1951），日本原子物理研究开拓者，专注研究原子核物理理论与实验及宇宙射线研究。仁科 1918 年毕业于东京帝国大学。1921 年起先后在英国剑桥大学、德国哥廷根大学、汉堡大学和丹麦哥本哈根大学学习。曾师从玻尔且与爱因斯坦关系密切。1928 年，仁科与瑞典物理学家克莱因（O.Klein）合作导出关于 X 射线的康普顿散射"克莱因－仁科公式"。同年，仁科返回日本并于 1931 年任理化学研究所（RIKEN）主任研究员，主持仁科研究室（Nishina Laboratory），同时在京都大学讲授量子力学。

图 3-2　前排由左至右为汤川秀树（前排左一）、朝永振一郎（前排左二）、
小林唸（前排左三）及坂田昌一（站立者）合影
（名古屋大学坂田昌一纪念馆供图）

趣。汤川秀树建议坂田昌一以《关于原子核的理论》作为毕业论文题目。

大学毕业后，坂田昌一作为理化学研究所仁科研究室研究生，与朝永振一郎[①]合作计算 $\gamma \rightarrow e^{+}e^{-}$ 过程。1934—1942 年，坂田昌一先后在大阪帝国大学、京都大学任教，并与汤川秀树合作研究介子理论。改进介子理论是日本许多物理学家通力合作研究的集体成果。以汤川秀树为中心的关西小组，同聚集在以朝永振一郎为中心的东京文理大学及理化研究所（RIkagaku KENkyusho，RIKEN）仁科研究室小组之间，曾保持密切联系。尤其是仁科芳雄 1937 年提议成立的介子俱乐部，使得日本基本粒子理论研究者之间形成一个密切的合作组织。在这期间，坂田昌一结识毕生朋友——武谷三男（M.Taketani）。武谷三男通过分析量子力学发展历程，提出任何物理学发展都要经历的"三阶段论"，即人们对自然的认识是沿着现象论、实体论和本质论三个阶段以螺旋式发展的。坂田昌一根据武谷三男的"三阶段论"，认为汤川秀树的介子假说可以看作原子核理论发展过程中沿着实体论的路线发展的

① 朝永振一郎（1906—1979）于 1965 年因"重整化理论"方面的贡献获诺贝尔物理学奖。

结果。获得“三阶段论”启示，坂田昌一等人对汤川理论成功抱有很大期待。他们在不断尝试中积累经验，于1942年提出“双介子理论”成功解释介子寿命问题。1949年，汤川秀树获得诺贝尔物理学奖，成为日本第一位获得该奖的理论物理学家。

1942年，坂田昌一升任名古屋大学物理系教授，并建立基本粒子研究室。1955年9月中旬，坂田昌一研究室为准备随后在京都大学召开的学术会议，举行几次非正式会议。坂田昌一学生田中翔（S.Tanaka）在研究室组会上报告其试图在费米–杨模型的框架内从动力学上理解奇异数和这一尝试所面临的困难。围绕田中翔报告参会人员讨论热烈直至深夜，讨论结果是至少要引入一个带奇异量子数的基本粒子。第二天，坂田昌一在组会上报告了自己提出的强相互作用粒子复合模型，即“坂田模型”（图3–3）。他大胆引入Λ粒子，用Λ粒子个数来表示奇异数（详见第一章）。在随后召开的京都大学学术会议，坂田昌一报告该工作。文章于1956年9月正式发表在日本物理学杂志《理论物理学进展》[①]（*Progress of Theoretical Physics*）16卷6号。

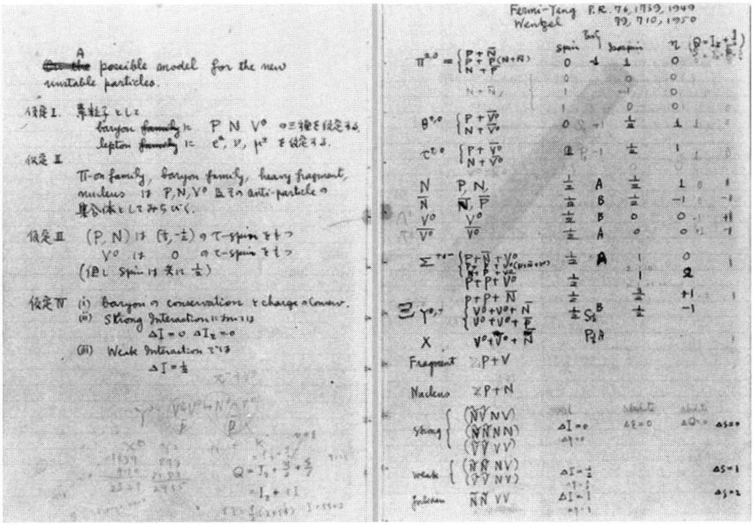

图3–3　坂田模型手稿
（1956年，图片来源于坂田纪念史料）

①《理论物理学进展》创刊于1946年，汤川秀树担任首任主编。这个英文期刊有助于在世界范围内宣传日本理论物理发展。1949、1965和2008年诺贝尔物理学奖得主的工作均发表在该期刊。

坂田昌一后来指出复合模型的提出与他始终坚信世界是无限的，物质是无限可分的观点密不可分。他经常把《自然辩证法》中的一段话当作自己科学研究工作的座右铭，即：

> 新的原子论和所有已往的原子论的区别，在于它不主张物质只是非连续的，而主张各个不同阶段的各个非连续的部分是各种不同的关节点，这些关节点决定一般物质的各种不同的质的存在形式。①

坂田模型提出时，正值李政道、杨振宁发现弱相互作用下宇称不守恒。相比于坂田模型，弱作用宇称不守恒在当时对粒子物理学界的影响更大。因此，短时间内国际粒子物理学界并未注意到坂田昌一的工作，但日本物理学家在坂田模型基础上开展一系列工作。迅速研究坂田模型的是牧（Z.Maki）和松本（K.Matumoto）。牧第一个在场论框架下处理坂田模型。②松本提出一个复合粒子的半经验质量公式，能很好地计算出已知复合粒子质量，同时还有预言未知粒子能力。③

1958 年，小川修三指出在忽略 p, n, Λ 质量差和电荷前提下，提出三个基本粒子存在完全对称性。④第二年，小川等人把完全对称性这一概念表述为三维幺正群（$U(3)$）理论，并详细考察这种群的结构，同时尝试对基本粒子进行分类。例如，把 p, n, Λ 看作属于三维表示，π、K 介子对应八维表示。⑤另一方面，有人指出弱相互作用中重子族和轻子族之间存在很强相似性，且在 $p \to \nu$, $n \to e^-$, $\Lambda \to \mu^-$ 变换下存在明显的对称性。这为研究重子和轻子之

① 坂田昌一. 坂田昌一科学哲学论文集[C]. 安度，译. 北京：知识出版社，1987：323.

② MAKI Z. On a theory of a composite model of elementary particles[J]. Progress of Theoretical Physics, 1956, 16(6): 667-683.

③ MATUMOTO K. Some consequences of the compound hypothesis for elementary particles[J]. Progress of Theoretical Physics, 1956, 16(6): 583-588.

④ OGAWA S. A possible symmetry in Sakata composite model[J]. Progress of Theoretical Physics, 1959, 21(1): 209-211.

⑤ IKEDA M, OGAWA S and OHNUKI Y. A possible symmetry in Sakata's model for bosons-baryons system[J]. Progress of Theoretical Physics, 1959, 22(5): 715-724.

间关系提供重要线索。为解释完全对称性及重子 – 轻子对称性，坂田昌一等人提出名古屋模型（图 3–4），[①] 模型假定新引入的物质是重子质量及其相互作用根源，带正电物质附着在三种轻子上生成 p、n、Λ，即 $p = <B^+, \nu>$，$n = <B^+, e^->$，$\Lambda = <B^+, \mu^->$。不过，模型没有对这种物质的具体性质和与轻子结合规律给出明确解释。

1962 年，实验证实自然界存在两种中微子。于是，需要对名古屋模型做必要修改。坂田认为 B^+ 仅附着在两种中微子特定的混合态：

$$v_1 = \cos\theta\, v_e + \sin\theta\, v_\mu;\ v_2 = -\sin\theta\, v_e + \cos\theta\, v_\mu$$

其中，v_1 和 v_2 是中微子质量本征态。[②] 修改后的模型成功地解释核子的轻子

图 3–4　讨论中的名古屋大学理学部物理学教研室素粒子论研究室成员
（1963 年，右三为坂田昌一，名古屋大学坂田昌一纪念馆供图）

① MAKI Z, NAKAGAWA M, OHNUKI Y, SAKATA S. A unified model for elementary particles[J]. Progress of Theoretical Physics, 1960, 23(6): 1174–1180.

② KATAYAMA Y, MATUMOTO K, TANAKA S, YAMADA E. Possible unified models of elementary particles with two neutrinos[J]. Progress of Theoretical Physics, 1962, 28(4): 675–689.

衰变和 Λ 粒子的轻子衰变之间关系。这个模型除了继承完全对称性理论在重子分类上的困难外，还包含一些新的特定的假设，例如 $<B^{+}>$ 物质与轻子相结合方式，以及中微子混合根源等。为克服修改后的名古屋模型的过渡性质，牧在 1963 年引进四个原始重子来解释重子族和介子族的对称性。① 在这一假设下，可将坂田模型和推广的名古屋模型的积极因素都集中到一个统一模型，但同时理论包含许多假设。

尽管坂田模型没有发展成为一套正确有效的科学理论，但对推动粒子物理学发展起到了重要作用。它加速了基本粒子物理分化为强子物理理论和具有更深层次结构的粒子物理（强子组分和轻子）理论，使人们从对奇异粒子的研究扩展到丰富的强子物理家族。利用强子组分可以清楚地看到主要的强子弱作用形式和理解弱相互作用的特性，例如普适性、重子 – 轻子的统一性等。模型发展过程中提出的中微子味混合矩阵—MNS 矩阵② 已经得到中微子震荡实验证实；另外，坂田的学生小林诚（M.Kobayashi）和益川敏英（T.Maskawa）进一步提出存在第三代夸克。他们构建的 KM 矩阵不仅能够描述夸克味之间混合，同时能够解释 CP（电荷 – 宇称）对称性破坏问题。③ 该理论已经被日本高能加速器研究组织的 B 工厂实验和美国的斯坦福直线加速器中心实验证实。二人因此获得了 2008 年诺贝尔物理学奖。目前，对描述轻子部分和夸克部分的 MNS 轻子混合矩阵以及 KM 夸克混合矩阵的理论研究和实验测量已成为粒子物理的前沿课题。坂田昌一基于辩证唯物主义的研究方法影响了日本青年物理学家（图 3–5）。他主张基本粒子可分的思想有助于减少许多反对引入新粒子研究者的心理障碍。正是在此情况下，四夸克理论和六夸克理论问世。

① MAKI Z. The “fourth” baryon, Sakata model and modified B–L symmetry［J］. Progress of Theoretical Physics, 1964, 31（2）: 333–334.

② MNS 即为 Maki–Nakagawa–Sakata 三位物理学家姓氏首字母缩写。

③ 坂田昌一基于辩证唯物主义的科学研究方法不仅影响了日本青年物理学家，甚至影响了中国物理学家对强子结构的研究。

图 3-5　坂田昌一（左二）同研究生做游戏
（名古屋大学坂田昌一纪念馆供图）

日本粒子物理研究成果卓著，与其自 20 世纪初的学术传承密切相关。明治维新以后，日本政府派遣大批留学生学习现代科技。1877 年，东京大学首次开设物理课程，但物理学研究水平还很低。长岗半太郎（N.Hantaro）①、石原纯（J.Ishihara）②和仁科芳雄等物理学家留学欧洲，将现代物理知识带回日本。长岗半太郎坚信“没有理由让白人在每个方面都如此超前”并希望日本人“在 10 或 20 年之内打败那些白人”③。他返回日本后提出土星原子结构模型（1903）并创办日本理化研究所（1917）。随后，长冈的学生仁科芳雄向日本引介量子力学，带回“哥本哈根精神”。“二战”前后，汤川秀树、朝永振一

① 长冈半太郎（1865—1950）是日本物理学的开拓者。他于 1887 年毕业于东京帝国大学理学院。随后，在该校研究生院研究磁偏角。1890 年，任东京帝国大学理学院副教授。1893 年获博士学位。1896—1899 年，留学德国。回国后升任东京帝国大学教授。1903 年，他提出土星型有核原子结构模型理论，这是卢瑟福在 1911 年提出的“原子行星模型”的先导。1917 年，日本创立物理化学研究所，长冈任所长和物理学部长。1931—1934 年，他担任大阪大学首任校长。

② 石原纯（1881—1941）是日本著名理论物理学家和诗人。他于 1906 年获东北帝国大学理论物理学学士学位。1909 年 10 月，发表日本第一篇关于相对论的学术论文。1912 年，石前往德国慕尼黑在索末菲（A.Sommerfeld）指导下做研究。留学期间，他参加了普朗克的学术讨论会和爱因斯坦主持的讨论班。第一次世界大战爆发之前，他返回日本任东北帝国大学教授。

③ 冈本拓司. 科学与竞争：以日本物理学为例（1886—1949）[J]. 科学文化评论，2006（2）：38-52.

郎、坂田昌一和武谷三男带领日本年轻学者合作密切，且通过基本粒子论小组试图影响政治决策并诱导研究系统的现代化。[①] 目前，粒子理论物理和中微子实验研究依然日本物理学发展的优势领域。

二、初识中国科学家和政要

1949 年 11 月，以美国为首的西方资本主义国家在巴黎成立输出管制统筹委员会，实行对苏联和东欧的禁运政策。朝鲜战争爆发后，中国与资本主义国家关系更趋紧张。1951 年 5 月，联合国大会通过关于对中国实行禁运的美国提案。[②]1952 年 9 月，由北约成员国和日本参加的巴黎统筹委员会增设一个中国委员会，加强对中国的禁运。在这种冷战的国际环境下，日本学术会议[③] 依然于 1952 年通过了《关于促进日本与中国和苏联学术交流活动的决议》，以实现日本学术交流的全球化。

1955 年 5 月，应苏联科学院邀请，以日本学术会议会长、物理学家茅诚司（S.Kaya）为团长的日本学术会议代表团对苏联进行三周访问。访苏前，茅诚司致信中国科学院院长郭沫若，主动提出在访苏返日途中计划访问中国科学院，并提供 15 位团员名单。中国科学院联络处认为这些成员都不是很进步，甚至是偏右的，但学术水平较高。郭沫若回复了茅诚司，接受他们的请求。[④] 日本学术代表团于 1955 年 6 月 3 抵达北京。在华期间参观访问一些研究所、大学、工厂、博物馆、美术馆和剧场，对中国的发展感到“震惊”[⑤]。回国之后，日本学术代表团编写了访华报告书，把成员们对华印象发表在日

① “二战”后，日本粒子物理研究者由战前的 15 人迅速扩充到 200 多人。为加强学界内部联系，成立基本粒子论小组及办公室。办公室发行内部通报，出版日文杂志《素粒子论研究》（月刊），介绍研究者在研工作、新思想、海外同行信件交流和苏联论文译文等。这有利于同行间的交流与合作。到 20 世纪 50 年代末，“基本粒子论小组”成员超过 300 人。基本粒子论小组的组织形式后来被日本其他领域效仿，相继出现原子核谈话会、宇宙线研究者会议、物性论恳谈会，等等。

② 关于这项提案，苏联、白俄罗斯、乌克兰、波兰、捷克斯洛伐克五国拒绝参加投票，印度弃权。

③ 日本学术会议基于日本科学研究工作者的意愿，与政府保持相对独立、有权利建议政府的组织体制。

④ 中科院接待日本学术会议代表团有关文件［A］. 中国科学院档案，1955-02-067.

⑤ 西谷正. 坂田昌一の生涯：科学と平和の創造［M］. 日本：鳥影社，2011：227.

本“各大报纸”[①]。茅诚司马上筹划邀请中国学术代表团访日。

在茅诚司努力下，郭沫若应日本物理学会邀请，率领中国科学院学术代表团于当年12月1日至25日访问日本。代表团由15位成员组成，包括4位随员和翻译。[②]在日本政府敌视新中国情况下，这次访问具有不同寻常意义，实际上被日本媒体视为新中国成立后“第一批公事访问团”[③]。12月9日，完成对东京的访问后，郭沫若在京都会见专程从名古屋赶来欢迎他的坂田昌一。尽管坂田昌一与郭沫若初次见面，两人却谈得十分投机和愉快。郭沫若邀请坂田昌一在方便的时候访问中国。坂田昌一愉快地接受邀请，并表示尽快到向往已久的中国访问。[④]自此，坂田昌一成为中日物理学界交流的积极推动者。他先后两次访问中国。一次是1956年参加世界和平理事会会议之后，应郭沫若邀请在归国途中访问中国。另一次是1964年作为日本代表团团长，出席北京科学讨论会。

坂田昌一十分关注社会主义国家苏联和中国的发展。当时日本和苏联、中国尚未建立邦交关系，想要访问两国必须经由其他国家。1956年4月2日，坂田昌一应邀出席在瑞典斯德哥尔摩召开的世界和平理事会特别会议。4月5日，郭沫若写信邀请坂田昌一在归途访问中国。坂田昌一欣然接受邀请，但日本代表团先答应归国途中访问苏联，故不能马上确定访中国日程（图3-6，图3-7）。[⑤]

---

① 中科院接待日本学术会议代表团有关文件［A］. 中国科学院档案，1955-02-067.

② 刘德有是翻译之一，著有《随郭沫若战后访日：回忆与纪实》（辽宁人民出版社，1988年09月第1版）。此次访日代表团代表中国科学界最高水平，成员来自教育、历史、数学、桥梁工程、水利工程、生理、药学、物理、考古等领域。成员有：冯乃超（广州中山大学副校长）；翦伯赞（中国科学院哲学社会科学部委员，北京大学教授、历史系主任）；苏步青（中国科学院物理学数学化学部委员，上海复旦大学教授）；茅以升（铁道研究所所长，中国科学院技术科学部副主任）；汪胡桢（水利部设计院总工程师，中国科学院技术科学部委员）；冯德培（中国科学院生理生化研究所所长，中国科学院生物学地学部委员）；薛愚（北京医学院药学系主任兼教授）；葛庭燧（中国科学院金属研究所研究员）；尹达（中国科学院考古研究所副所长）；熊复（中国科学院历史研究所第三所研究员）。

③ 岩佐昌暲. 作为文献史料的报纸文章：记郭沫若1955年访日的报道［J］. 郭沫若学刊，2011（5）：28-30.

④ 王廷芳. 郭沫若夫妇与两位日本科学家［J］. 百年潮，2002（10）：36-40.

⑤ 关于日本坂田昌一来华时间的函［A］. 北京：中国科学院档案，1956-04-080-01.

图 3-6　访苏日本代表团
（左二为坂田昌一，图片来源于名古屋大学坂田昌一纪念馆）

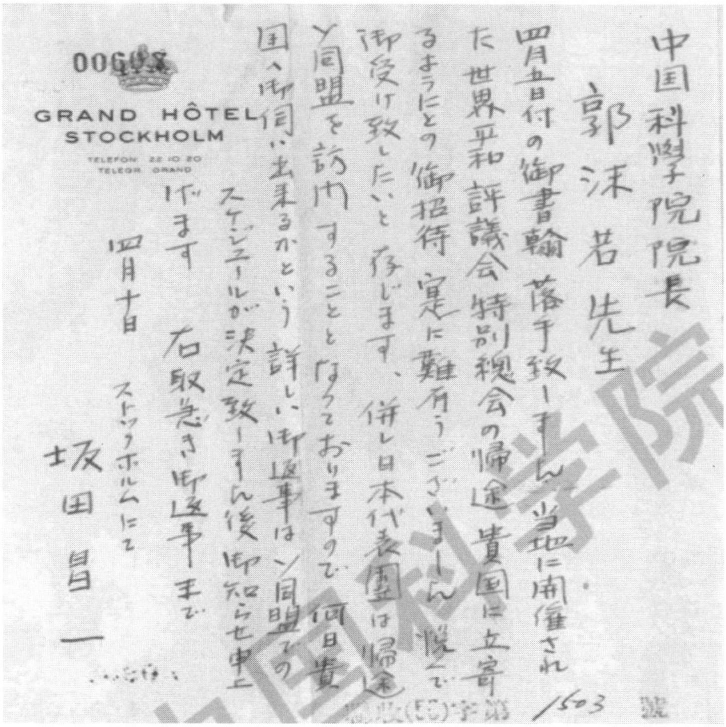

GRAND HÔTEL
STOCKHOLM
TELEFON 22 10 20
TELEGR. GRAND

中国科學院院長
郭沫若先生
四月五日付の御書翰落手致しました。当地に開催された世界平和評議会特別総会の帰途貴国に立寄るようにとの御招待寔に難有うございました。悦んで御受け致したいと存じます。併し日本代表團は帰途ソ同盟を訪問することとなっておりますので、何日貴国へ伺い出来るかという詳しい御返事はソ同盟でのスケジュールが決定致しました後御知らせ申上げます　右取急き御返事まで
四月十日　ストックホルムにて
坂田昌一

1503 號

图 3-7　坂田昌一在斯德哥尔摩写信接受郭沫若的访华邀请
（图片来源于中国科学院档案）

在苏联，坂田昌一访问了联合核子研究所，对其印象深刻：

这个研究所是世界上最大的国际原子核中心……世界上任何一个国家的科学家都可以参加研究所的研究，研究成果全部公开，无任何秘密。加盟国无论投入资金多少，地位平等，共同经营着这个研究所。①

1956年5月2日早晨，坂田昌一与日本和平代表团离开莫斯科，前往中国。他们在伊尔库茨克留宿一夜，于5月3日到达北京。坂田昌一因此成为第一个未经日本政府允许而访华的理论物理学家。数学家苏步青代表中国科学院到机场迎接。② 坂田昌一到达中国第二天，便与苏步青商定访问行程：5月10日以前，在北京市内参观考察；5月10日后，访问大学和研究所（图3-8）。③

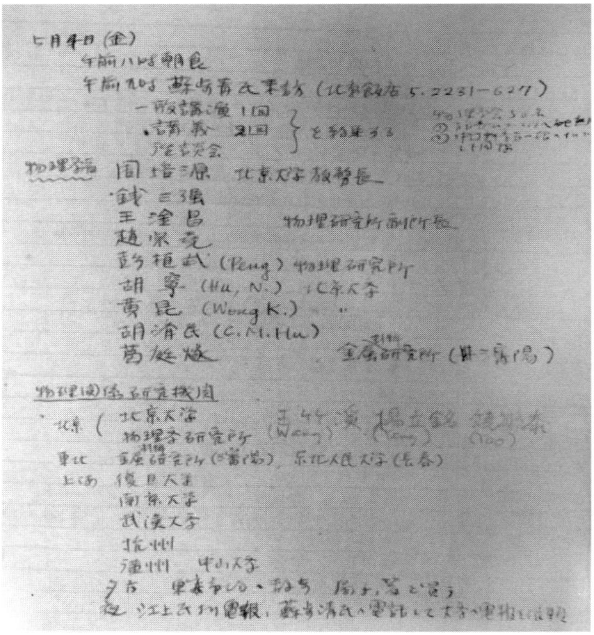

图3-8 坂田昌一访问北京期间的工作日记
（名古屋大学坂田昌一纪念馆供图）

坂田昌一在10日前完成对北京市内的参观考察。其间，他参加了郭沫若举行的宴会，10日受到周恩来总理接见。坂田昌一将自己在中国的活动都记

① 西谷正. 坂田昌一の生涯：科学と平和の創造［M］. 日本：鳥影社，2011：227.

② 1955年12月，苏步青曾随中国科学院代表团访日，在东京大学基础物理学研究所举行的座谈会上与坂田昌一相识，二人算是旧识。

③ 中国の印象—北京での日記から［A］. 坂田記念史料室：56 01 ZC 03.

在《北京日记》：

> 11 日，在中国科学院物理研究所参观学习。12 日，作内容为“在日原子核发展现状”讲演，并围绕该讲演展开座谈会。讲演中提到，日本核物理发展就是学问与封建制度和殖民主义做斗争胜利的成果，还论说了在物理学发展中起到作用的武谷“三阶段”理论，讲述复合模型方法论提出背景。13 日，攀爬万里长城。14 日，参观故宫博物院和北海公园。15 日，访问北京大学并作关于“素”粒子（注：基本粒子）复合模型演讲。16 日，参观景泰蓝。17 日，在北京大学召开座谈会，讨论复合模型相关的诸多问题，并参加周培源举办的宴会。18 日，在物理研究所报告复合模型。19 日，北京广播电视台录音，讲述对中国的印象。①

在《北京日记》中，坂田昌一还说：“中国和苏联一样重视基础科学，这是值得日本学习的地方。目前在日本无论是政治家，商人，还是新闻工作者，一旦提到原子力，就会引起骚动。像素粒子这样的基础学科已经处于半休业状态。”（图 3–9，图 3–10）

图 3–9　坂田昌一 1956 年访华作“基本粒子”相关报告
（名古屋大学坂田昌一纪念馆供图）

① 西谷正. 坂田昌一の生涯：科学と平和の創造［M］. 日本：鳥影社，2011：228–229.

图 3-10　坂田昌一（前中）参加北京大学座谈会
（名古屋大学坂田昌一纪念馆供图）

5 月 20 日，坂田昌一在中国科学院作题为《日本理论物理学的发展与现状》的演讲，听众大约 200 人。演讲结束后，中国物理学会理事长、北京大学副校长周培源赠予坂田昌一《中国物理学报》。坂田昌一还收到北京大学物理系学生罗蓓玲[①]注解的毛泽东的《矛盾论》和《实践论》。他于 22 日到达上海，23 日返回日本（图 3-11）。

回国后，坂田昌一认真阅读毛泽东的《矛盾论》和《实践论》，并在书的角落上写上"兼听明，偏信暗"[②③]。1956 年 6 月 3 日，坂田昌一致函郭沫若，表示自己对新中国的发展印象深刻，要力争推进中日文化交流，商讨日本物理学代表团访华等事宜：

---

① 罗蓓玲（1932—　）1956 年北京大学物理系理论物理专业研究生毕业，同年 9 月到中山大学物理系任教。

② 西谷正. 坂田昌一の生涯：科学と平和の創造［M］. 日本：鳥影社，2011：230.

③ 这一成语出自《资治通鉴·唐太宗贞观二年》，其上载曰："上问魏徵曰：'人主何为而明，何为而暗？'对曰：'兼听则明，偏信则暗。'"毛泽东在《矛盾论》曾引用："唐朝人魏徵说过：'兼听则明，偏信则暗。'也懂得片面性不对。可是我们的同志看问题，往往带片面性，这样的人就往往碰钉子。"

图3-11　坂田昌一（左三）1956年访华期间与王垣守（左一）、苏步青（左二）、谢希德（右一）等合影①

我亲眼看到以深渊的学问和高尚的道德为基础正在建设中的新中国的面貌，深受感动。尤其是新中国的科学在十二年的计划之下正在稳而迅速的发展，这对我们科学者来说是件极其喜悦庆贺不尽的事。

通过这次的旅行我得到很大的确信就是我认为中日两国学问交流的进展不仅是在保留两国的学问传统以及进一步发展其学问上必要，而且为实现亚洲的和平，为世界的和平也是不可缺少的要素。

……

我接收的您给与汤川秀树先生的信件已转至汤川先生。在贵国的时候你方提出的关于邀我们物理学代表团访问的事情，现与基础物理学研究所以及日本物理学会正在商谈中，你们对我们的深厚友谊，我们都深受感激。

① 图片采自：西谷正. 坂田昌一の生涯：科学と平和の創造［M］. 日本：鳥影社，2011：229.

> 汤川先生最近赴往欧洲，后还要赶赴美国，九月底才回国，因此物理学代表团的出发时期最早也要在今年年底。关于这件事今后我方需要给你方增加很多麻烦，请你方多协助。
>
> 六月二十五日我出席日本学术会议计划工作会议之际，向茅诚司会长报告这件事商谈的结果，学术会议为实现中日物理学交流准备尽最大的努力。①

此外，应《科学通报》编辑部之约，坂田昌一回国后根据自己访问中国时所作报告撰写《日本理论物理学的发展与现状》一文②。他在文中介绍了自己刚提出的基本粒子复合模型。他认为盖尔曼－西岛理论处于武谷三男理论中的现象论阶段，任意要素较多，不能预言新粒子存在。相比而言，坂田模型则处于实体论阶段，理论更严谨，而且能预言新粒子存在的可能性。在文章结尾，坂田昌一说：

> 我想我所提出的模型是适当的，虽然在足以使人信服的数学方法上还未从我的理论中得出适当的结论。然而，我的共同研究者松本贤一在计算中所预言的粒子的形式，与物理研究所萧健先生等屡经实验所找出的粒子的性质竟非常相似，这真是可喜的事。我衷心希望中日两国学者在这些具体问题上的学术合作今后能日益发展。

不过，坂田模型在当时并未引起中国物理学家注意。直到1961年，安徽大学岳德铨以及兰州大学段一士、张敬业才分别在《关于基本粒子理论的研究》③④和《基本粒子广义协变理论与海森堡理论》⑤中引用坂田昌一关于基

① 函转日本名古屋大学理学部坂田昌一给郭沫若的来信原文及译文请郭沫若院长审阅［A］. 中国科学院档案，1957-04-019-11.

② 坂田昌一. 国际科学交流与动态 日本理论物理学的发展与现况［J］. 张绍声译. 科学通报，1956，7：79-83.

③ 岳德铨. 关于基本粒子理论的研究［J］. 安徽大学学报. 1961（1）：1-22.

④ 岳德铨在该文中提出基本粒子“物质云模型”来试图解释基本粒子产生、衰变、湮灭和相互转化。

⑤ 段一士，张敬业. 基本粒子广义协变理论和海森堡理论［J］. 兰州大学学报，1961（3）：119-124.

本粒子复合模型的工作。

坂田昌一访华开启了中日物理学界交流的新篇章。郭沫若委托他带回中国科学院给汤川秀树、朝永振一郎等十几名学者访华的邀请函。回国后，坂田昌一通过日本物理学会、学术会议等机构力促日本物理学代表团访华。原计划由汤川秀树任代表团团长，但由于此时他担任原子能研究会委员，出访中国会涉及日美关系，日本外务省不允许他访问中国。坂田昌一则因未得到出差允许就于1956年访华，回国后被日本文部省视为“问题人员”，因而被要求不能参加这次访华。① 日本政府将访华的物理代表团名额由33人削减至20人。1957年5月至6月，由朝永振一郎任团长，有山兼孝任副团长的日本物理代表团到中国进行学术访问，受到中方热烈欢迎。1957年5月13日，周恩来接见了代表团。② 代表团在北京作了24次学术报告，召开十余次专业性座谈会，接着分组参观北京、天津、沈阳、昆明、武汉、上海等地的物理学研究机构和大学。1957年5月28日，有山兼孝同中国物理学会理事长周培源共同签署《关于中日两国物理学界的学术交流的备忘录》③。

对于坂田昌一和汤川秀树未能访问中国，④ 郭沫若致信坂田昌一：

---

① 据坂田夫人回忆：“由于他在出访地（苏联和中国）往报社投稿，所以这次对苏联和中国的访问被公开化，引起了一场不小的风波。他本人还没有回到日本，有关当局就已向名古屋大学校方提出，当坂田回国后让他写检讨书。但是，当我丈夫回国之后，根本没有理睬这些。听别人跟我说，文部省还特为此事给他打过电话，他在接电话时，一反平常那种和蔼态度，用很强硬的语气大声反驳说：‘科学没有国境!’说完啪地就把电话挂上了，惊动了在场的研究室工作人员。”

② 周总理接见日本物理学家代表团[N]. 人民日报，1957-05-14: 1.

③ 《备忘录》的具体内容如下：中国物理学会和日本学术会议派遣的日本物理学家访华代表团，为了增进中华人民共和国物理学界和日本物理学界的学术交流，经过双方的商谈，提出以下的建议：两国的物理学界将尽他们的最大的努力寻觅和促进逐步实现一切可能的步骤，（促进）物理学的交流和彼此间的友好关系。例如：（1）两国各学术机构间建立直接联系；（2）双方物理学界将邀请双方的物理学家参加在两国举行的物理学会议和相互讲学；（3）经过双方的邀请，双方物理学家将组织各种形式的相互访问。

④ 已看到的资料表明，中方主要是通过坂田昌一争取汤川秀树访华。中华人民共和国建立初期遭到西方国家的敌视。日本的科学家访华不仅对中国科学家开拓国际学术交流十分有益，而且对新中国突破西方的封锁也有积极意义。

朝永先生们这次来增加了中日两国学术界的友谊。我们受到很大的鼓舞。您和汤川先生这次没有来，可谓美中不足。我们希望汤川先生和他的夫人能来中国访问，请您代为转述。汤川先生如能来访，任何时候都好。请他决定后告诉我们，我们将以最大的热忱，表示欢迎。①

三、率团参加北京科学讨论会

1964年8月21日至31日，中国科学技术协会和世界科协北京中心在北京召开新中国首次承办的国际科学讨论会。会议贯彻了1963年9月公布的“一九六四年北京科学讨论会筹备会议公报”的精神：必须反对帝国主义和新老殖民主义，争取和维护民族独立，保卫世界和平，才能使亚洲、非洲、拉丁美洲和大洋洲这些地区的民族经济、文化和科学事业得以发展。② 会议共收到299篇论文，共有来自亚、非、拉和大洋洲的44个国家和地区的367位代表参加会议。③ 其中，社会科学方面约占$\frac{1}{4}$，自然科学方面约占$\frac{3}{4}$。自然科学的论文又以理科最多，约占全部论文的30%。有的代表没准备论文，有的甚至是在北京下了飞机才写文章。④ 会议的政治意义似乎大于科学内涵。

事实上，北京科学讨论会在召开之前曾受到多方抵制和阻挠。1963年，为打破美苏对中国的孤立政策，开展国际交流，向世界介绍中国的科技成就，

① 致坂田昌一关于希望汤川和他的夫人来华访问的函[A]. 中国科学院档案，1957-04-020-77.

② 一九六四年北京科学讨论会公报[J]. 科学通报，1964(9)：755.

③ 44个国家和地区包括亚洲18个国家和地区，非洲19国，拉丁美洲5国，大洋洲2国。代表有前任总理、现任部长或相当于部长级的干部、科协主席、研究所所长和大学校长；还有知名学者；如澳大利亚天文学家克里斯琴森、墨西哥医学家蒙塔尼奥、日本物理学家坂田昌一。尽管有些国家的代表身份不高，但在本国的确是拔尖人物，例如索马里的一名代表是工程师，而索马里全国只有三名工程师；阿尔及利亚有的代表是大学讲师、助教，当时该国还没有教授。

④ 在内容方面，社会科学的论文突出的特点是与现实政治斗争紧密联系，谈纯技术问题或者冷僻问题的只占少数。绝大多数作者都有不同程度的反对帝国主义、反对殖民主义的倾向，赞扬中国社会主义革命和建设的成就，支持亚非拉美的民族解放运动，主张加强亚非拉美各国人民的团结。

中共中央和国务院支持中国科协建立世界科协北京中心。同年 9 月，中国科协召开庆祝世界科协北京中心成立以及 1964 年筹备北京科学讨论会的会议。会上，世界科协秘书长、法国科学家毕加同蒙古和巴西的代表试图阻挠筹备北京科学讨论会。为抵消北京科学讨论会的影响，印度邀请 28 个国家，45 位外国代表，先于北京会议，即 1964 年 7 月底开了四天印度科学讨论会。印度总统主持开幕式，会议主要讨论印度问题，外国代表未宣读论文。

日本科学界从 1963 年起开始筹备参加北京科学讨论会。1964 年初，日本科学家建立了由 54 个团体和单位组成的北京科学讨论会日本联络协议会，筹备参加北京会议。协议会在 1964 年 7 月安排了一系列活动，如国内科学讨论会、代表团会议、协议会总会等。坂田昌一多次联系外务省为全体团员办理护照。

坂田昌一在日本的《自然》杂志上发表了题为《北京科学会议的意义》的文章。文章提到反帝、反殖和反对修正主义，提倡亚、非、拉和大洋洲的科学家创造“扎根于本国的科学”和“有助于本国人民的科学”，称赞中国的自力更生方针。京都大学教授井上清在日本共产党中央机关报《赤旗报》上撰文认为，亚、非、拉和大洋洲的科学家共聚一堂，进行一切科学领域的讨论，是世界科学史上前所未有的事，将开辟科学的新时代。①

日本组织了由社会、人文、自然科学等学术领域的 61 位专家组成的代表团参加北京科学讨论会。据当时《参考消息》报道，61 名从事不同学术研究的学者一道访问北京，这对日本来说还是第一次。② 代表团团长是坂田昌一，副团长有井上清、法政大学教授栢植秀臣、日本学术会议会员福岛要一、东京大学教授宗像诚也。代表团大部分成员于 1964 年 8 月 18 日抵达北京。福岛要一在机场发表讲话，表达日本科学界对北京科学讨论会的支持和感谢。③

① 日本科学家热烈支持北京科学讨论会［N］. 人民日报，1964-08-02：1.

② 日六十名科学家将来北京参加科学讨论会［N］. 参考消息，1964-07-03：1.

③ 日本也门和塞拉勒窝内科学家谈北京科学讨论会的意义：摧毁帝国主义锁链，创造独立自主的科学［N］. 人民日报，1964-08-20：5.

日本代表团来参加北京科学讨论会受到了重重阻挠。福岛说："日本政府之所以给我们护照签证，是由于日本大学的所有教授都支持我们参加这次讨论会。日本政府如果不发护照，就会把大家闹翻了。"[①] 井上清说："有几个人没有得到护照，是因为美国人给日本施加了压力。"团员武田友四郎说："我自己因为是政府的工作人员，用参加讨论会的名义政府不给发护照，后来以观光的名义才得到护照。九州大学还扣了我一个月的薪水。"团员森田说："英国政府不给日本人（指团长三人）发入境签证，这还是第一次。我们估计这是印度政府通过英国政府阻挠会议。"还有代表反映，《朝日新闻》和另一家报纸不允许刊登北京科学讨论会的有关消息，但在代表团临行前这两家媒体又上门约稿。坂田昌一、栢植秀臣，松浦一和代表团部分成员由于英国人

图 3-12　中日友协副会长廖承志（左四）和中国科学代表团团长周培源（左二）到机场欢迎坂田昌一（左一）等日本代表团成员

① 1964 年北京科学讨论会工作简报第 105 期：日本代表团反映［A］. 中国科学院档案，1964-01-030-063.

不准他们过境香港而绕道金边，于 8 月 19 号到达北京（图 3-12）。① 日本科学家在北京科学讨论会上宣读了 51 篇科学论文。另有一些日本科学家未能办成访华手续，但也向北京会议提交了 26 篇科学论文。可见，日本科学家对会议之重视与学术准备之认真。

1964 年 8 月 22 日，三千多位各国科学家和来宾参加了在人民大会堂举行的北京科学讨论会开幕式（图 3-13）。全国人民代表大会常务委员会委员长朱德元帅接见会议主席团。国务院分管科技工作的副总理聂荣臻元帅致贺词；人大常委会副委员长、中国科学院院长郭沫若致欢迎词，国务院副总理陈毅元帅、人大常委会副委员长林枫，政协全国委员会副主席、全国科学技

图 3-13　1964 年 8 月 22 日北京科学讨论会在人民大会堂举行开幕式

① 一批外国科学代表团和代表到京［N］. 人民日报，1964-08-20：5.

术协会主席李四光等出席开幕式。① 在各国代表团负责人向大会宣读本国领导人的贺信后，37 位科学家先后讲话，向大会表示祝贺。坂田昌一在讲话中再次强调将反对帝国主义、反对殖民主义的态度深入贯彻到学术内部中去，号召亚洲、非洲、拉丁美洲和大洋洲的国家创造“扎根于本国的科学”，发展“有助于本国人民的科学”的活动。②

8 月 23 日，北京科学讨论会在为此次会议专门兴建的北京科学会堂举行分组学术交流。在理科专业论文报告会上，科学家们报告了有关基本粒子物理、和平利用原子能和射电天文方面的 6 篇论文。③ 日本立教大学教授町田茂宣读了东京 – 名古屋工作组集体提出的两篇有关基本粒子物理研究中的方法论的论文：一篇是《核力问题》，另一篇是《基本粒子的坂田模型方法》。《核力问题》文章着重介绍了武谷三男运用辩证唯物主义的方法论，在核力问题上所取得的研究成果。《基本粒子的坂田模型方法》则介绍了坂田模型提出的历史背景、基本粒子的对称性与坂田模型、名古屋模型及其发展。日本物理学家在国际科学界有一定影响，他们的报告受到与会者重视。

坂田昌一出席了理科组论文报告会。他认为巴基斯坦物理学家艾哈迈德 · 侯赛因（A.Hussein）关于用实验方法研究基本粒子的论文，对基本粒子理论特别是重子族理论具有启示作用。他说：“坂田模型理论对基本粒子介子族方面的研究获得了很大的成功，但对重子族研究还不够。巴基斯坦科学家的论文涉及的研究如能取得好结果，对确定重子族中哪一种模型比较好，有很大意义。”④ 在会后接受采访时，他提到日本有些科学家在以往的国际科学会议上也提出过在科学研究中运用辩证唯物主义方法论的问题，但是，还没有任何一次会议像这次讨论会一样，对他们的论点表现出强烈的反响和普遍的兴趣。⑤

① 北京科学讨论会在欢呼声中开幕［N］. 人民日报，1964-08-22：1.

② 日本代表团团长坂田昌一教授的致辞［N］. 人民日报，1964-08-22：6.

③ 充满自由讨论学术空气　洋溢亲密团结友好气氛　北京科学讨论会进入分组学术交流活动［N］. 人民日报，1964-08-23：1.

④ 新科学的起点：坂田昌一教授谈北京科学讨论会［N］. 人民日报，1964-08-30：3.

⑤ 新科学的起点：坂田昌一教授谈北京科学讨论会［N］. 人民日报，1964-08-30：3.

中国代表团有61位成员，另有特邀代表32人。中国科协副主席、北京大学副校长周培源任团长，张劲夫、范长江、张友渔、张维、钱信忠、于光远任副团长。粒子物理学界的两位代表分别是中国科学院数学研究所的副研究员戴元本以及北京大学讲师高崇寿。① 戴元本报告题目是《高度奇异位势和一类非定域位势的 Regge 行为》，高崇寿报告题目是《八重态理论与强相互作用粒子的分类》。② 坂田昌一对二者工作做了评价道："中国科学家和青年科学工作者戴元本、高崇寿、萧健、姜承烈等分别提出的有关原子核物理方面的论文，都涉及当前国际物理学界研究的尖端问题，而且达到了国际第一流的水平。"③

8月27日晚，郭沫若在四川饭店用家乡菜宴请日本代表团全体成员，还当场为61名成员每人写了一幅字（图3-14，左）。他将自己曾在武夷山作的诗（图3-14，右）题写给坂田昌一：

图3-14　郭沫若（前中）向坂田昌一（前左）等解说题字内容（左）及郭沫若为坂田昌一题词（右）
（右图采自中国科学院国际合作局网站）

① 张辉，尹晓冬，1964年北京科学讨论会的初步研究：以两篇中国粒子物理报告为例［J］. 自然科学史研究，2017，36（4）：452–465.

② 据北京大学高崇寿教授回忆："粒子物理学界之所以选择这两个报告，其一是因为雷级极点理论（Regge pole）当时是国际粒子物理学流行的研究课题，戴元本研究员做的工作比较前沿；其二是因为中科院原子能所朱洪元研究员建议高崇寿作另外一个与对称性有关的报告。每个报告时间为15分钟，很精炼。高崇寿用中文报告，北京大学资历较高的胡宁教授当场翻译成英文。"——2014年5月13日，北京大学物理学院高崇寿教授访谈。

③ 新科学的起点：坂田昌一教授谈北京科学讨论会［N］. 人民日报，1964-08-30：3.

玉女方淋浴，慵妆傍镜台。虹桥横水段，云幔逐波开。
大块多诗笔，扁舟一酒杯。坐观天入峡，深幸与中来。

8月28日游览北海公园时，坂田昌一、有山兼孝、森田右、永田忍和町田茅谈了对北京科学讨论会的看法和今后的希望。他们认为这次讨论会很成功，但也觉得有不足之处。讨论会在社会科学方面讨论的问题比较广泛，有大家共同关心的东西，但在自然科学方面共同性的问题就少了一些。中国的论文“完全”是科学实验数据，出乎意料。坂田昌一说：

“中国方面这次可能是出于政治原因有意这样搞的。今后北京科学讨论会应考虑如何既往纵的方面发展，更重要的是如何往横的方面发展，如除讨论学术本身之外还应研究发展各种学科的方法、基础和背景，等等。”

森田也说：

“我很希望听听中国有关学科是怎样发展的，以及如何订研究计划和题目、怎样进行研究工作，可惜没有这方面的论文。”

坂田昌一等人希望下届讨论会多安排一些自然科学方面大家共同关心的问题，以区别资本主义国家的单纯学术会议。①

8月30日上午，坂田昌一接受《人民日报》采访。他再次表达了自己的一贯态度，并对北京科学讨论会做了评价，其中也有溢美之词：

北京科学讨论会是新科学的起点。到目前为止，欧美的科学虽有很大发展，但颓废色彩已经很浓。科学虽然没有国境，科学的真理也

① 坂田昌一等五位物理学家谈对这次讨论会的看法和今后的希望［A］. 中国科学院档案，1964-01-030-091.

> 不因民族不同而有区别，但真正要使科学对人类幸福、对世界和平有贡献，科学家应该有正确的方法和态度。……我们必须采取反对帝国主义和反对新老殖民主义的态度。在科学研究中，应该同实用主义和经验主义决裂，应该用辩证唯物主义的方法，应该以这种观点来创造新科学。①

同日下午，原子能所所长钱三强邀请日本物理学家坂田昌一、町田、森田和永田，以及中国的物理学、哲学学者何泽慧、朱洪元、于光远、力一、龚育之和何祚庥进行座谈，讨论物理学和辩证唯物论的问题。坂田昌一首先介绍了围绕量子力学解释的争论，并提出了日本学者如武谷三男等的看法。随后论述了哥本哈根学派实证主义的影响。在这种学派影响下，理论物理学家埋头于烦琐的计算工作，或作虚无缥缈地揣测，不再探索物理现象的模型或图像，作为建立理论的基础。日本学者提出的三阶段论，特别是其中第二阶段的实体论是和实证主义是针锋相对的。坂田昌一还谈到他阅读毛泽东主席的《实践论》和《矛盾论》的感想。他觉得日本的三阶段论是符合《实践论》的，但是毛泽东的思想要比他们的三阶段论更深刻和广博。② 坂田昌一表示他们还要仔细学习毛主席的著作。

座谈会结束后，坂田昌一说："今天晚上非常愉快，交谈很有兴趣。"③ 他认为北京科学会堂是举行物理学国际夏令讲习班的理想地方，方便朝鲜和越南物理学家参加；以参加夏令讲习班名义邀请汤川秀树来讲学，因为不牵涉政治问题，可以增大汤川秀树获得护照的可能性。不过，出于政治原因抑或其他原因，汤川秀树一生未能访华。

---

① 充满自由讨论学术空气　洋溢亲密团结友好气氛　北京科学讨论会进入分组学术交流活动［N］. 人民日报，1964-08-23：1.

② 北京科学讨论会的汇报提纲和钱三强邀请日本科学家后情况反映［A］. 中国科学院档案，1964-01-026-01-001.

③ 北京科学讨论会的汇报提纲和钱三强邀请日本科学家后情况反映［A］. 中国科学院档案，1964-01-026-01-001.

北京科学讨论会开会期间，坂田昌一等270位科学家联合签名抗议美国侵略越南。这份签名刊登在1964年9月1日的《人民日报》第4版。

1964年8月31日，北京科学讨论会在人民大会堂闭幕。陈毅、郭沫若、林枫、李四光、包尔汉、张治中等政要出席闭幕式。闭幕式通过了北京科学讨论会公报。公报中指出这种多科性的科学讨论会很有益处，有必要继续举行，确定1968年在北京再次召开科学讨论会，并决定成立相应的讨论会联络处，中方负责有关联络事务。同时希望1965年至1968年内在一些国家能够举行单科性或专题性的科学讨论会，并且互相联系，以便有关国家的学者参加。①

第二节　坂田昌一在中国的影响

1963年，坂田昌一的工作及用辩证唯物主义指导科研的主张引起了毛泽东的注意。毛泽东在多种场合谈论坂田工作，还在北京科学讨论会上祝贺他取得的成绩。北京科学讨论会后，坂田昌一在中国的影响力进一步扩大。

一、译介坂田昌一论文

20世纪50年代初，中宣部科学卫生处的何祚庥负责中国科学院的党组联系工作。② 他同龚育之私交很好③，1951年下半年常去探望因病休学的龚育之。其间，中宣部部长陆定一在某次部里办公会议讲话中提到中国科学院负责出版的《科学通报》“有点脱离政治、脱离实际”④。会后，科学卫生处副处长赵沨将陆定一的意见告诉何祚庥。何祚庥又将此信息转告龚育之，

① 一九六四年北京科学讨论会公报[N]. 人民日报，1964-09-01: 1.

② 龚育之.《何祚庥科学思想言论集》序[M]// 龚育之. 党史札记：末编. 北京：人民出版社，2014: 226.

③ 在清华大学读书时，何祚庥和龚育之分别担任理学院的党支部书记和宣传委员、副支书。

④ 何祚庥. 追求革命 追求科学[M]//《走近龚育之》编辑组，编. 走近龚育之. 北京：北京出版社，2010: 31.

并送他多本《科学通报》。[①] 龚育之迅速撰写文章并投稿到《人民日报》。文中肯定《科学通报》在介绍苏联先进科学成就、报道中国工业建设和科学技术成就等方面的作用，也批评其脱离政治和实际，忽视宣传毛泽东思想和马克思列宁主义。[②] 这是科学界内部批评科学界存在问题的第一篇文章，《人民日报》负责人征求中宣部是否同意发表并送赵沨预印小样。[③] 陆定一审阅小样后批准发表。[④]1952 年 1 月 10 日，龚育之文章发表在《人民日报》第 3 版。

龚育之文章发表后，立即引起中国科学院领导“极大震动”[⑤]。文章发表第二天，竺可桢副院长便同郭沫若院长商谈有关《科学通报》事宜。他们“决计从三卷一期起改变方针，将已付印之稿收回，但将损失数千元”[⑥]。1 月 12 日上午，郭沫若和副院长李四光、竺可桢、吴有训、陶孟和，编译局局长杨钟健又开会商谈《科学通报》要“改变姿态”[⑦]。当晚，竺可桢向龚育之父亲龚饮冰打电话了解他的情况。第二天，竺可桢等拜访龚饮冰、龚育之父子并谈《科学通报》之事。郭沫若有意聘请龚育之主编《科学通报》。不过，龚育之此时已经接受赵沨邀请到中宣部工作。[⑧]

何祚庥和龚育之共事时经常讨论哲学问题。即使何祚庥调入中国科学院原子能研究所后也常同中宣部同事交流科学发展动向。[⑨]1962 年，苏联《哲

---

① 2015 年 4 月 8 日，中国科学院理论物理研究所何祚庥院士访谈。

② 龚育之. 纠正科学刊物中脱离政治、脱离实际的倾向：评第二卷[N]. 人民日报，1952-01-10：3.

③ 2015 年 4 月 8 日，中国科学院理论物理研究所何祚庥院士访谈。此处龚育之和何祚庥回忆稍有不同。龚育之认为这篇文章由中宣部注意到并送到《人民日报》发表（龚育之：《回忆中宣部科学处》，《中国科技史杂志》2007 年第 3 期，p.215）；何祚庥回忆是龚育之完成文章后给他看后由他交由《人民日报》的。

④ 2015 年 4 月 8 日，中国科学院理论物理研究所何祚庥院士访谈。

⑤ 范岱年. 回忆与龚育之的五十五年交往[M]//《走近龚育之》编辑组，编. 走近龚育之. 北京：北京出版社，2010：189.

⑥ 竺可桢. 竺可桢日记[M]. Ⅳ，1957-1965. 北京：科学出版社，1989：254.

⑦ 竺可桢. 竺可桢日记[M]. Ⅳ，1957-1965. 北京：科学出版社，1989：254.

⑧ 2015 年 4 月 8 日，中国科学院理论物理研究所何祚庥院士访谈。

⑨ 2015 年 4 月 8 日，中国科学院理论物理研究所何祚庥院士访谈。

学问题》(Вопросы философии)[①] 发表坂田昌一文章——《基本粒子的新概念》(Новые представления об элементарных частицах)。何祚庥注意到这篇文章在研究基本粒子结构问题中提倡运用辩证唯物主义。此时，由龚育之参与创办和编辑的《自然辩证法研究通讯》(季刊，以下简称《通讯》)即将复刊。[②③] 复刊后的《通讯》以介绍国外有关自然科学的哲学问题的工作和评论为主。何祚庥认为坂田文章符合《通讯》办刊宗旨，便将其推荐给龚育之并受邀为文章作了评注。两篇文章发表在《通讯》复刊第 1 期(1963 年 8 月)。此后，《通讯》陆续刊载汤川秀树、玻恩、狄拉克、布洛欣采夫、丘等物理学家讨论物理学研究中哲学问题的文章。复刊后的《通讯》，每一期出版后都由该杂志的专职编辑范岱年寄送给毛泽东、刘少奇、周恩来等百余位中央领导和党委负责人。[④]

二、与毛泽东的思想共鸣

毛泽东希望中国有能力造出原子弹，并且关心现代物理学的哲学意义。1955 年 1 月 15 日，他在中南海主持召开中共中央书记处扩大会议，听取李四光、刘杰和钱三强汇报，并做出研制原子弹的决策。[⑤] 毛泽东在会上还与钱三强讨论了原子、基本粒子等是否可分的问题。听钱三强解释基本粒子是不可再分的，毛泽东略加思索后说：

---

① 20 世纪 40 年代末，当时深受斯大林信任并在苏共中央主管意识形态的日丹诺夫（A.Zhdanov）发起了关于自然科学中的哲学问题讨论。苏共中央要求苏联理论界对现代科学，特别是爱因斯坦的理论展开批判，从而“提出了对现代物理学中的资产阶级反动观点展开斗争的问题”。《哲学问题》的创刊或许与此事件有关。

② 1956 年制定自然辩证法研究工作十二年规划时，有人建议在哲学研究所设立自然辩证法组，并创办一个通讯性质的杂志。这两条建议当年便付诸实施，于光远任自然辩证法组组长，《通讯》杂志即由该组负责编辑。许良英、龚育之也参与创办杂志。1960 年，国内整顿刊物，要求哲学研究所集中力量办好《哲学研究》，并承担《通讯》的任务。实际上，《哲学研究》不能完全承担此项任务，于是《通讯》于 1963 年复刊。

③ 龚育之，逄先知，石仲泉. 毛泽东的读书生活［M］. 北京：中央文献出版社，2003：101.

④ 2017 年 12 月 28 日，笔者与美国纽约州立大学胡大年教授访谈范岱年研究员。

⑤ 根据中国人民解放军军事科学院研究员时文生的研究，这一时间可能是 1955 年 1 月 16 日。

> “我看不见得。从哲学的观点来看，物质是无限可分的。质子、中子、电子，也应该是可分的。一分为二，对立统一嘛！不过，现在实验条件不具备，将来会证明是可分的。你们信不信？你们不信，反正我信。”①

20世纪50年代，毛泽东在多种场合强调“一分为二”。1963年2月，时任中共中央党校副校长杨献珍②在为党校学员讲授《唯物主义引言》时，提出“合二而一”概念，指出事物既是“一分为二”，也是“合二而一”的。紧接着，全国展开关于“一分为二”与“合二为一”的学术争论。杨献珍的“合二而一”被视为反对毛泽东的“一分为二”哲学观。学术争论很快演变为政治批判。几个月后，毛泽东读到《通讯》发表的坂田昌一著《基本粒子的新概念》，用铅笔在题目前面画了三个大圈，在作者坂田昌一名下画了一道线，在每页上都画有横线或波纹线或双线，甚至在文末的译者段生林③下面也画了一道。（图3-15）这反映了毛泽东对文章及其作者的格外关注。他还读了同一期刊载的何祚庥对坂田昌一文章的简短评注以及郁里的《评玻恩的〈物理学中的实在概念〉一文》。

《通讯》复刊号能迅速引起毛泽东的关注，可能还与他的女儿李敏、女婿孔令华以及柳树滋有关。④孔令华⑤当时是北京航空学院的青年教师，他和柳树滋都对自然辩证法感兴趣并且关系密切⑥。柳树滋1963年毕业于复旦大学

---

① 钱三强. 钱三强文选［M］. 杭州：浙江科学技术出版社，1994：271.

② 杨献珍（1896—1992），1920年毕业于国立武昌商业专门学校。曾担任中共中央直属高级党校党委书记、校长。

③ 段生林（1927—2008），1956年毕业于北京大学物理系，随后在北京大学哲学系师从于光远研究自然辩证法。1963年到中国科学院从事行政管理工作直至退休。

④ 胡大年．“文革”中的“无产阶级科学革命”：中国科学院“相对论批判组”再考［J］. 自然科学史研究，2018，37（03）：53-89.

⑤ 孔令华（1935—1999）与李敏相识于北京八一学校。二人于1959年8月结婚。1956—1962年，孔令华在北京航空学院学习，毕业后留校任教。理工科毕业的孔令华，对自然辩证法、辩证唯物主义和相对论都很感兴趣，并在20世纪60年代有机会同毛泽东讨论相关问题。

⑥ 柳树滋（1937—　）与孔令华是北京一〇一中学高中同班同学。柳担任班长，孔担任校学生会学习部长。二人读书时经常讨论与学习和有关生活的话题。

物理系，当年9月到中国科学院哲学研究所自然辩证法研究组报到，师从于光远和龚育之，成为自然辩证法专业研究生。他看到《通讯》复刊号后“带了一本给孔令华和李敏，表示希望毛主席能看一看”[①]。孔令华深知毛泽东对自然科学哲学方面的兴趣，找机会将杂志送给毛主席。毛主席读后又派秘书将杂志送还孔令华。[②]

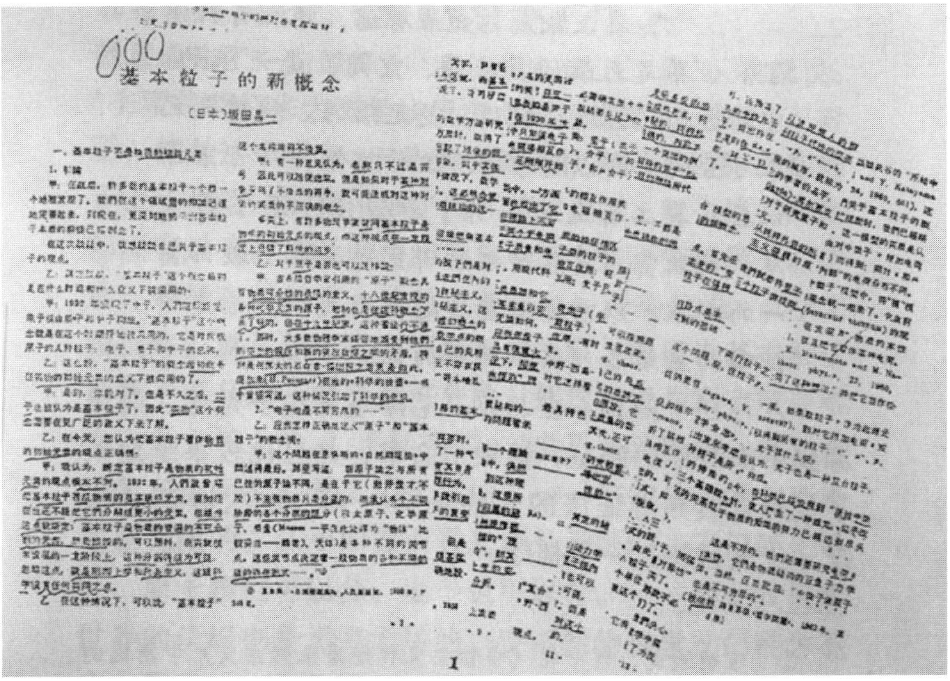
基本粒子的新概念
〔日本〕坂田昌一

图3-15　毛泽东在坂田昌一《基本粒子的新概念》上所做的批注
采自《毛泽东的读书生活》（中央文献出版社）

1963年12月16日，中央科学小组的聂荣臻、张劲夫、韩光、于光远、范长江等到中南海颐年堂向毛泽东汇报1962—1972年科学技术发展规划的有

① 将复刊号交给孔令华后不久，柳树滋便被研究所安排到通县参加“四清”八个月。1964年6月，他结束“四清”后回到哲学所。当他与孔令华和李敏在后者位于中南海旁边的家中再次见面时，孔、李二人立即兴奋地把毛主席做了许多勾画的杂志拿给柳看，柳见此大为惊讶：“只见［坂田］文章的行间和空白处，［毛］主席用粗粗的铅笔画满了圈圈、道道、曲线、直线”，“全文在杂志上共占八面，几乎每面都划满了横道，夹有一些波纹线和双线”，足见毛泽东阅读之认真和对此文的重视。柳树滋立即将此情况汇报给自然辩证法研究组内的同事。参见胡大年《“文革”中的“无产阶级科学革命”》。

② 柳树滋. 序一［M］// 孔淑静. 唯实：我的哥哥孔令华. 海口：海南出版社，2003：4-5.

关问题。谈话中，毛泽东讲社会科学也要有一个十年规划，并说："有一本杂志《自然辩证法研究通讯》，曾停了很久，现在复刊了。复刊了就好。现在第二期已经出了。"[①] 据于光远回忆，他当时不知道毛泽东为何注意到《通讯》，回家后翻阅复刊后的两期杂志，推断可能与坂田昌一文章有关。[②]

1964 年 8 月 18 日，毛泽东在北戴河接见《红旗》编辑部组织的"一分为二"和"合二为一"问题写作班子。在同康生、陈伯达、吴江、关锋、龚育之、邵铁真、邓惠和林杰等关于哲学的谈话中，毛泽东又讲到《通讯》杂志，特别提起坂田昌一文章，称赞坂田关于基本粒子可分的观点。[③] 龚育之整理了当时的谈话记录，其中说道：

> 列宁讲过，凡事都可分。举原子为例，不但原子可分，电子也可分。可是从前认为原子不可分。原子核分裂，这门科学还很年轻。近几十年来，科学家把原子核分解了。有质子、反质子、中子、反中子、介子、反介子，这是重的，还有轻的。至于电子同原子核可以分开，那早就发现了。电线传电，就利用了铜、铝的外层电子的分离。电离层，在地球上空几百公里，那里电子同原子核也分离了。电子本身到现在还没有分裂，总有一天也会分裂的。"一尺之棰，日取其半，万世不竭。"这是个真理。不信，就试试看。如果有竭，就没有科学了。世界是无限的。时间、空间，是无限的。空间方面，宏观、微观，是无限的。物质是无限可分的。所以科学家有工作可做，一百万年以后也有工作可做。听了些说法，看了些文章，很欣赏《自然辩证法

① 中央文献研究室《缅怀毛泽东》编辑组. 缅怀毛泽东：上[M]. 北京：中央文献出版社，2013：284.

② 关于毛泽东为何注意到坂田昌一的文章，笔者发现他在 1921 年新民学会会员新年大会讨论会友的个人计划时提到"觉得普遍知识要紧，现在号称有专门学问的人，他的学问，还只算得普通或还不及。自身决定三十以内只求普通知识，因缺乏数学、物理、化学等自然的基础科学的知识，想设法补足。……两年中求学方面，拟从译本及报志了解世界学术思想的大概"。（中共中央文献研究室编. 毛泽东年谱：1893—1949[M]. 修订本，上. 北京中央文献出版社，2013：78）可见，毛泽东认为快速补学自然科学基础知识的捷径是读译本和报纸，这可能是他关注介绍国外有关自然科学哲学问题的《通讯》杂志的原因之一。

③ 据龚育之回忆，当时正值全国批判"合二为一"之际。《红旗》编辑部组织写作班子筹备撰写关于"一分为二"和"合二为一"问题的文章。

研究通讯》上坂田昌一的文章。以前没有看过这样的文章。他是辩证唯物主义者，引了列宁的话。[①]

1964年8月21日至31日，中国科学技术协会和世界科协北京中心在北京召开国际科学讨论会。8月23日下午，毛泽东接见参加北京科学讨论会全体代表。在接见日本代表团团长坂田昌一时，对他在基本粒子研究中所取得的成果表示祝贺。坂田昌一对这次接见有如下回忆：

北京科学讨论会第三天下午，当接到毛泽东主席要接见全体代表的通知时，大家都觉得非常幸运。按预定，我们乘车来到人民大会堂，进入团长招待室。……在这期间，周培源教授陪同毛泽东主席走了进来。毛泽东主席在中国人中算是个子比较高的了，有着极富有特点的宽宽的额头，看起来比前天看见的画像还要更加精神，完全看不出71岁的样子。他边拍手边向我们款款走来。从翻译小崔（注：指坂田昌一的翻译崔泰山）那里得知，主席会到各个代表团长所在的位置一一进行问候，所以大家不需要离开座位。使七亿多人民得以解放，建立了新的国家体制的伟大的政治家，《实践论》和《矛盾论》的作者，现代世界最著名的哲学家，这位历史性的人物就站在我面前，使我万分感动。这是此次中国之旅最为精彩的一刻。

周培源先生依次介绍各国代表团团长，毛泽东主席同每个人一一握手，并进行了短暂交谈。当轮到我的时候，周先生介绍说："这是我的同行，一位理论物理学者。"毛泽东主席表示，他读过我的论文。当我正在为不知毛主席读了哪篇论文而迷惑时，毛泽东主席解释道：就是那篇被登载在《日本物理学会志》上，名为《新基本粒子观对话》

① 龚育之. 自然辩证法在中国［M］. 北京：北京大学出版社，2005：124-125.

> 的论文。[①] 从埃德加•斯诺的著作《红星照耀中国》中知道毛泽东主席是名副其实的读书家，但是没想到他竟然连我的文章也读过。……与毛泽东主席进行的关于自然辩证法的对话，令我感到非常愉快，但遗憾的是时间太短了。可是，后来听翻译小崔说，主席与我的对话是这里面最长的。我永远不会忘记与他温暖的大手接触的一刻。[②]

第二天，毛泽东在住处召见周培源和于光远，从坂田昌一的文章讲起，比较系统地谈了他对自然辩证法的一些见解。关于这次谈话的情况，于光远有如下描述：

> 到了颐年堂，毛泽东身旁的工作人员就把周培源和我领到了卧室。毛泽东正靠在床上，第一句话是不无歉意地做了一句解释"我习惯在床上工作"。我就说："主席找我们来大概是谈坂田文章的事吧？"他说："对了，就是这个事。"于是我们就坐在离床不远的两把椅子上。……谈话时房间里只有三个人，安静极了。于是，毛泽东就长篇大论地说起来。一开头他说："今天我找你们就是想研究一下坂田的文章。坂田说基本粒子不是不可分的，电子是可分的。他这么说是站在辩证唯物主义立场上的。"毛泽东讲："世界是无限的。世界在时间上和空间上都是无穷无尽的。……宇宙从大的方面看来是无限的、从小的方面看来也是无限的。不但原子可分，原子核也可以分，电子也可以分。……因此我们对世界的认识也是无穷尽的，要不然物理学这门科学不会发展了。如果我们的认识是有穷尽的，我们已经把一切都认识到了，还要我们这些人干什么？"……

---

① 坂田昌一此处记载与于光远回忆有所出入。于光远在文献《缅怀毛泽东（上）》中提到："毛泽东在同坂田昌一握手时说：'你的文章很好，我读过了。'坂田昌一听到后很高兴，但其当时并不知道毛泽东读的是哪篇文章。"从前文知，毛泽东所读坂田昌一的文章只注明译自苏联的《哲学问题》，并没有标明原载于《日本物理学会志》。故笔者推测毛泽东并不清楚坂田文章最初发表于何处且在同坂田握手时不会有时间谈及细节。于光远的回忆中也印证坂田当时并不确定毛泽东读的是哪篇文章。

② 西谷正. 坂田昌一の生涯：科学と平和の創造［M］. 日本：鳥影社，2011：223-224.

话题又转到物理学的新发现上来。毛泽东说："什么东西都是既守恒又不守恒。本来说守恒，后来在美国的中国科学家李政道和杨振宁说它不守恒。质量守恒、能量守恒是不是也这样？世界上没有绝对不变的东西。变、不变，又变、又不变，组成了宇宙。既守恒、又不守恒，这就是既平衡又不平衡，也还有平衡完全破裂的情形。……世界上一切都在变，物理学也在变。牛顿力学也在变。世界上从原来没有牛顿力学到有牛顿力学，以后又从牛顿力学到相对论，这本身就是辩证法。"①②

北京科学讨论会期间，于光远等陪同坂田昌一游颐和园（图 3-16）。当坂田昌一询问毛泽东读的哪篇文章时，于光远告诉他是 1963 年《通讯》复刊第一期刊登的《基本粒子的新概念》，并说毛泽东非常重视他引用列宁关于电子不可穷尽的论述及关于"基本粒子"可分的见解。于光远还告诉坂田昌一，毛泽东在 1957 年访问莫斯科时曾提过一分为二的普遍现象，即原子分为原子核和电子，原子核又分为质子和中子，质子又有反质子，中子又有反中子等。坂田昌一表示可惜自己并不知道毛泽东 1957 年讲过这些见解，否则一定会在文章引用的。返日后，坂田昌一多次撰文引用毛泽东的这一见解。此外，考虑到毛泽东在同于光远、周培源谈话中提到宇称不守恒现象，并且提出任何东西都是既守恒又不守恒，质量守恒、能量守恒是否也如此等问题，于光远与坂田昌一讨论了质量、能量守恒问题，并把讨论结果以报告形式向毛泽东汇报。③

---

① 中央文献研究室《缅怀毛泽东》编辑组. 缅怀毛泽东：上[M]. 北京：中央文献出版社，2013：284.

② 于光远与毛泽东谈话时只是作简单记录，周培源作了详细记录。于光远回家后马上作了追记，与周培源的记录核对后定稿。

③ 中央文献研究室《缅怀毛泽东》编辑组. 缅怀毛泽东：上[M]. 北京：中央文献出版社，2013：286.

图 3-16　北京科学讨论会期间，坂田昌一（右二）等日本代表团成员在颐和园听鹂馆

三、译著在中国的影响

毛泽东对坂田文章的赞赏使得其论著在中国格外受到推崇。由于俄文期刊翻译时存在不严谨处，[①] 于光远、龚育之等邀请具有留日经历的北京工业大学物理教师张质贤[②]将坂田文章直接由日文译成中文，题目按原文恢复为《关于新基本粒子观的对话》（新素粒子観対話），并保留了原文中的参考文献（图 3-17）。

① 中日物理學交流檔案［A］. 坂田記念史料室.

② 中国社会科学院哲学研究所还邀请张质贤翻译《坂田昌一物理学与方法论论文集》（岩波书店出版）。广东科学院黄友谋参与此事，后又请北京编译社协助校订。后因“文化大革命”影响到 1974 年才正式出版。——商务印刷馆历史系主任陈应年网络论坛文章。

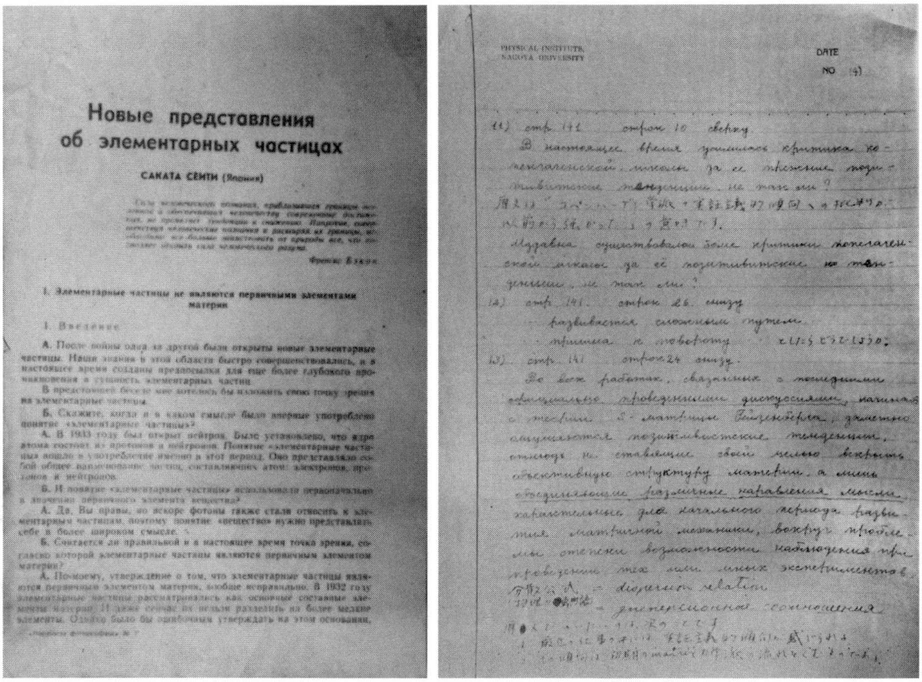
Новые представления об элементарных частицах

САКАТА СЕЙТИ (Япония)

I. Элементарные частицы не являются первичными элементами материи

1. Введение

PHYSICAL INSTITUTE, NAGOYA UNIVERSITY

DATE

NO (4)

图 3-17　苏联《哲学研究》杂志刊登的坂田昌一文章（左）及坂田所做的勘误表（右）
（图片来源于日本名古屋大学坂田昌一纪念馆）

据龚育之回忆，毛泽东讲过一般读者看不懂文章内的专门名词和专门知识，应该做些注释。于是，龚育之请庆承瑞、柳树滋等对文章做了注释。① 龚育之等根据毛泽东 1957 年在莫斯科国际共产运动会议上的讲话等内容，精心起草了一份较长的编者按，连同译文、注释一起，经于光远提议发表在中共中央主办的《红旗》杂志 1965 年第 6 期（图 3-18）。编者按中强调了“世界是无限的”“世界是充满着矛盾的”“物质是无限可分的”“人类对自然界的认识同样是无穷无尽的”等毛泽东的论断。编者按中还强调作为自然科学家的坂田昌一能够“自觉地运用辩证唯物主义指导研究工作，根据粒子物理领域的新事实验证物质无限可分思想，发挥自然科学理论无限发展的思想，尖锐

① 据庆程瑞（1933—　）回忆，当时她正准备参加“四清”，临时被请去参加突击任务——为坂田昌一文章作注解。一起参与作注解工作的还有高崇寿和柳树滋。他们三位都不懂日文，当时在中国物理学界找日文翻译很难，只有翻译张质贤是真正的日文通。——2015 年 4 月 8 日，中国科学院理论物理研究所庆程瑞研究员访谈。

地批判在这个问题上的形而上学和唯心主义，写出这样好的作品是很少见的；中国科学工作者阅读坂田昌一文章有利于学习和运用唯物辩证法，反对形而上学；从事其他工作的人读了该文章也是有好处的”。《人民日报》更是在《红旗》杂志出版前一天，即在5月31日的第五版和第六版全文刊登《关于新基本粒子观的对话》及注释。

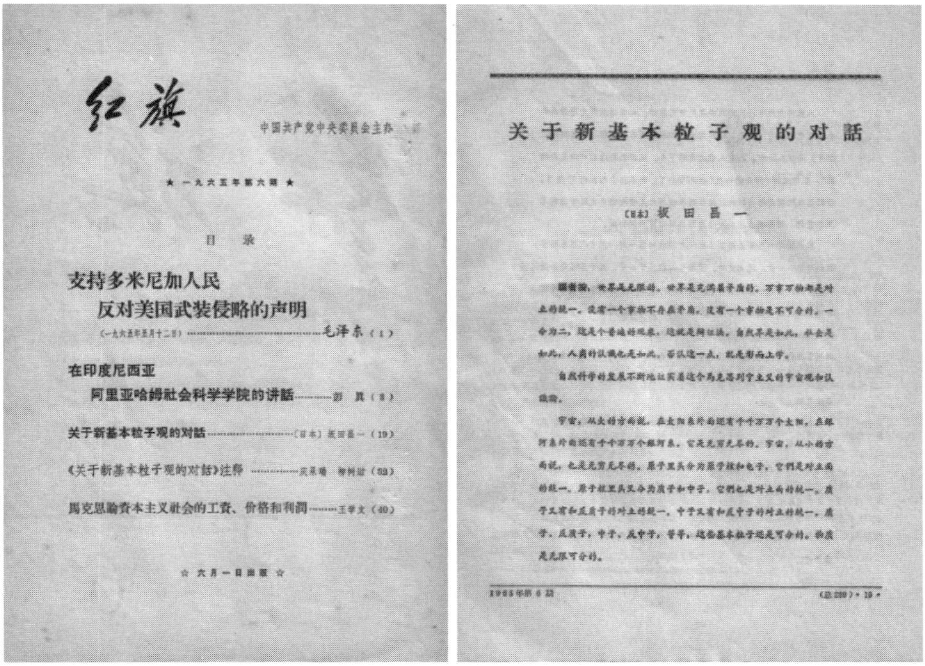

图3–18　1965年《红旗》第6期刊登的坂田昌一《关于新基本粒子观的对话》

紧接着，中国科学界立即针对《红旗》杂志和《人民日报》发表的坂田文章展开热烈座谈。1965年5月12日和6月17日，《红旗》编辑部哲学组和中国科学院哲学研究所自然辩证法组邀请北京的物理学者和哲学学者座谈如何在物理学研究工作中自觉地运用辩证唯物主义。中国科学院哲学研究所、原子能研究所、半导体研究所、心理研究所，中国科学技术大学，北京大学物理系和技术物理系等单位也分别组织了讨论。7月3日，北京自然辩证法学会筹委会举办有自然科学学者、哲学学者等600余人参加的报告会，朱洪元在会上介绍坂田昌一文章。当月17日和21日，中国科学技术协会、中国科学院哲学研究所、北京市自然辩证法学会筹委会联合举办700余位科技工作者参加的自然辩证法座谈会，讨论内容转而具体到如何自觉地运用毛泽东思想指导科学技术工作。[①] 例如，中国科学院心理研究所、北京大学心理学专业、哲学研究所自然辩证法组、北京师范大学心理教研室集中座谈坂田昌一文章，并讨论在心理学研究中“更好地贯彻辩证唯物主义思想、高举毛泽东思想红旗的问题”[②]。

几次座谈会的发言先后发表在《红旗》《光明日报》等重要期刊和大报，充分体现领导机关对这类活动的高度重视。《通讯》多次刊登各学科专家，尤其是物理学家围绕“一分为二”问题和坂田昌一文章讨论的文章（表3-1）。此外，坂田昌一、武谷三男的物理学哲学文章也相继被翻译成中文（表3-2）。

表3-1 《自然辩证法研究通讯》刊登的与“一分为二”问题和坂田工作相关的文章

1964年第4期	对立统一规律在天体演化中的体现（戴文赛）
1965年第1期	就自然界中的分化现象驳“合二而一”论的“不可分性”（关士续）
	试论疾病发生的辩证法（丘仁宗）
	试论基本粒子领域里的“一分为二”（汪容）
	生物学支持“一分为二”（方宗熙）
	生物繁殖的辩证观——驳精卵结合的“合二而一”论（黄天授）
	脊椎动物进化的过渡类型不是“合二而一”的（吴汝康）
1965年第2期	一定要用毛泽东思想来指导科学研究工作——坂田昌一的《关于新基本粒子观的对话》一文读后感（朱洪元，汪容）
	水的性质是“一分为二”的（葛春霖）

① 本刊记者. 我国科学界热烈座谈《红旗》杂志发表的坂田昌一的文章[J]. 自然辩证法研究通讯，1965(3)：26.

② 徐联仓. 北京心理学工作者座谈坂田文章并讨论如何在心理学中更好地贯彻辩证唯物主义思想[J]. 心理科学通讯，1965(4)：1-2.

（续表）

1965 年第 3 期	哥本哈根学派的实证主义和日本基本粒子论学派的三阶段论（朱洪元）
	关于《关于新基本粒子观的对话》的对话（何祚庥，庆承瑞）
	近年来西方基本粒子研究中的形而上学观点（胡宁）
	现代分子结构理论的三大流派及其发展中的某些方法论问题（徐光宪）

表 3–2　《自然辩证法研究通讯》刊登的日本物理学家的物理学哲学文章

1965 年第 1 期	基本粒子论的哲学问题（坂田昌一；张质贤）
	理论物理学和自然辩证法（坂田昌一；张质贤）
1965 年第 2 期	近代物理学和认识论（武谷三男）
	汤川理论发展的道路（坂田昌一；张质贤）
1965 年第 4 期	基本粒子论和哲学（坂田昌一；黄友谋）
	量子力学的观测问题（武谷三男；张质贤）
	关于量子力学的观测问题——其中两三个主要问题（柳濑睦男；张质贤）

1965 年 6 月 23 日，于光远、朱洪元致信坂田并寄去十本《红旗》杂志。他们在信中说：

> 北京科学讨论会后一别，已近一年。但在会上和先生会见的愉快记忆犹新。在和先生座谈中得到很多教益。后来并蒙惠赠在《自然》杂志上发表的大作的抽印本。在去年底又收到先生寄来的贺年片。当时我们都不在北京，未能及时致谢。现在谨在此一并向先生表达我们热诚的谢意。
>
> 《红旗》杂志编辑部很重视大作《关于新基本粒子观的对话》，为此编辑部请张质贤同志从该文的日文原文翻译成中文。为了便于广

大读者阅读该文，《红旗》编辑部又请庆承瑞同志和柳树滋同志写了一篇关于一些专门名词的注释，附在译文后。这两篇文章已刊载在《红旗》六月号中。由于时间匆促与通讯不便，编辑部来不及在发表以前将译稿送请先生审校。他们托我们向您代致歉意，并托我们寄上大作译文和注释的《红旗》杂志十本，请先生拨冗将译文及注释中错误处和不妥处指正，不胜感激。

1965年6月至9月，于光远和龚育之等还组织科学家和哲学家讨论《红旗》杂志关于坂田昌一文章的编者按。① 随后，他们根据座谈会发言编辑“自然科学和唯物辩证法”专辑，刊登在1965年《红旗》第9期。专辑收录物理学家朱洪元、高崇寿，化学家徐光宪以及哲学家龚育之、艾思奇和于光远的文章（图3-19，表3-3）。其中，龚育之在《谈物质的无限可分性》一文中指出，“‘分’的概念不只归结为机械的分割，而是看到‘分’的实质是对立的统一，进而批评了对于“分”的简单化理解。辩证法讲分，就是指一分为二……但是，辩证法不能把‘分’理解为只是量的分割……量的分割，到一定的阶段，引起质的变化……玩具店里有一种套娃娃。打开外面的大娃娃，肚子里还套着一个一模一样的小娃娃，打开这个小娃娃，肚子里面还套着个一模一样的更小的娃娃”②。于光远则主张科学工作者“自觉学习和运用唯物辩证法，自觉地把毛泽东同志的哲学想法运用到研究工作中来，那就可能在纷繁复杂的自然现象中洞察事物的本质，找到解决问题的最好途径”③。

① 何祚庥. 毛泽东和粒子物理学研究：纪念毛泽东诞辰100周年［J］. 自然辩证法研究，1993（11）：51-55.

② 龚育之. 关于物质的无限可分性［J］. 红旗. 1965（9）：31-36.

③ 于光远. 学习毛泽东哲学思想，改进科学研究方法［J］. 红旗. 1965（9）：38-41.

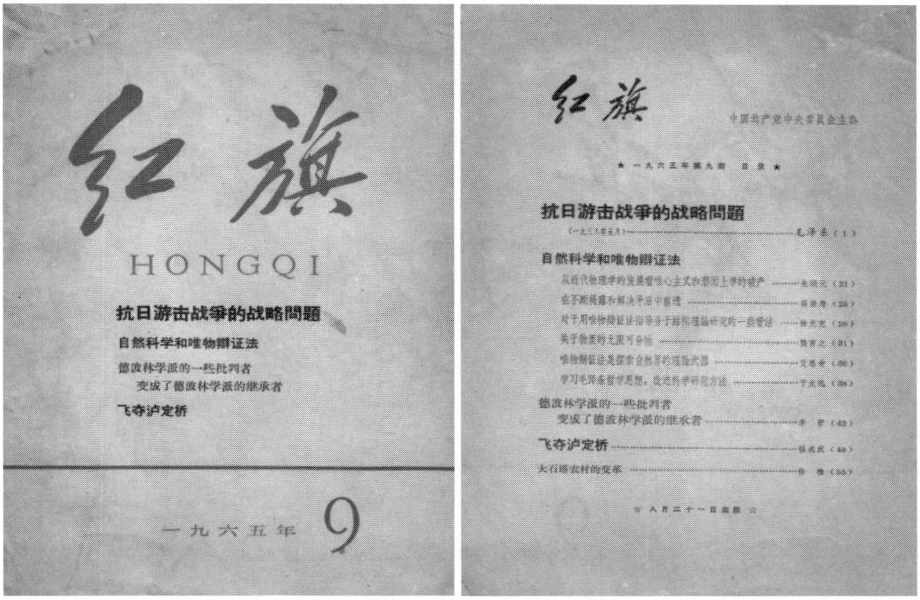

图 3–19　1965 年《红旗》第 9 期刊登的自然科学和唯物辩证法专栏

表 3–3　　1965 年《红旗》第 9 期“自然科学和唯物辩证法”专辑目录

自然科学和唯物辩证法	
朱洪元	从近代物理学的发展看唯心主义和形而上学的破产
高崇寿	在不断揭露和解决矛盾中前进
徐光宪	对于用唯物辩证法指导分子结构的一些看法
龚育之	关于物质的无限可分性
艾思奇	唯物辩证法是探索自然界的理论武器
于光远	学习毛泽东思想，改进科学研究方法

除北京外，其他城市也多次组织学习坂田昌一文章的座谈会。《解放日报》编辑部、《文汇报》编辑部和上海自然辩证法研究会组织三次座谈会。1965 年 6 月 2 日，中国科学院光学精密机械研究所上海分所副所长邓锡铭、上海农业科学院助理研究员刘日新、同济大学副教授朱伯龙、上海交通大学副校长朱物华、上海交通大学副教授孙璧媃、中国科学院华东技术物理研究所研究员汤定元、复旦大学教授谷超豪、上海第二医学院教授佘铭鹏、中国

科学院生理研究所研究员张香桐、复旦大学讲师倪光炯、上海师范学院教授涂羽卿、某军医大学研究室主任梁维经等在《解放日报》组织的座谈会上联系各自专业举例说明“自然科学的发展不断地证实马克思主义的宇宙观和认识论，并且一致认为自然科学工作者要对社会主义事业做出更大贡献，一定要认真学习毛主席著作，在科学研究工作中运用唯物辩证法，反对形而上学”①。此外，《解放日报》还刊登力学家王磊②和佘铭鹏的学习体会③。同年6月10日、14日、17日和7月6日的《文汇报》在《自然科学工作者要自觉地学习和运用唯物辩证法》通栏标题下选登张香桐、苏步青、谢希德、陈念贻、周世勋、袁运开等人的部分发言。

广东省科学技术协会和广东省哲学社会科学学会联合会邀请20余位自然科学和哲学学者，座谈学习坂田昌一文章和《红旗》杂志编者按的心得体会。暨南大学物理系教授古文捷、中山医学院副教授吴秀荣、轻工业部甘蔗糖业科学研究所工程师梁周和中国科学院海洋研究所南海分所唐流阶分别发言。④中山大学物理系和华南师范大学物理系也针对坂田昌一文章展开讨论。⑤

江苏省哲学社会科学工作者联合会于1965年9月也组织相关座谈会。南京大学地质系张祖、化学系戴安邦、物理系冯端认为“在自然科学研究中形而上学、唯心主义的影响还很深……自然科学者不能回避哲学，否则必然为一种最坏的哲学所支配。自然科学工作者必须认真学习马克思列宁主义、毛泽东思想，使自己成为一个辩证唯物主义者”⑥。

---

① 《解放日报》邀请自然科学工作者座谈《关于新基本粒子观的对话》自然科学工作者要认真学习毛主席著作 在科研中运用唯物辩证法反对形而上学［N］. 解放日报，1965-06-16: 2.

② 科学工作者要自觉地掌握唯物辩证法［N］. 解放日报，1965-07-23: 4.

③ 不受任何框框束缚 一切从实际出发学习《关于新基本粒子观的对话》后的几点体会［N］. 解放日报，1965-07-24: 2.

④ 广东科学工作者举行座谈会在科研中自觉地运用唯物辩证法［N］. 光明日报，1965-10-24: 2.

⑤ 诸多讨论会中，有学者认为形而上学观点阻碍科学发展；有学者回顾学科发展历史，总结经验教训，说明科学家学习和自觉运用辩证唯物主义的重要性；有学者批判国外科学家否认马列主义对自然科学指导作用的言论；还有学者对坂田昌一、武谷三男等人的“三阶段论”作了初步评价。

⑥ 江苏举行“关于新基本粒子观的对话”座谈会［N］. 人民日报，1965-09-12: 5.

坂田昌一在中国的影响甚至引起意大利学界的注意。1965年12月，意大利东方出版社出版《东风》杂志（季刊）刊载中国报刊重要文章和新闻报道。该刊第一期便转载了《红旗》杂志上的《关于新基本粒子观的对话》。[①]

四、跨越求中药

1968年8月，坂田昌一被诊断为多发性骨髓肿。同年秋，有山兼孝致函郭沫若，为坂田昌一寻求中药方。郭沫若请卫生部提供了一份中医处方。坂田昌一照方服药之后病情好转，[②] 但到1970年初病情急转直下。1月11日，有山兼孝再次写信给郭沫若为坂田昌一寻第二份中药方，[③] 在信中提及：

> 针对此病，您如能想出比1968年寄来的药方更为合适的药方就太好了。若是将此新药方邮寄给我，不胜感激。我衷心地盼望着。假如可能的话尽速寄来，无上幸运。
>
> 再者，对您上次赠送药方的厚情，坂田教授曾打算在他痊愈之后，马上与夫人一道去中国访问，直接表达隆重的谢意，但是连谢文也没有及时写去一事，觉得很抱歉。此文奉坂田教授的热情嘱托，由教授的最亲密的朋友之一的我来写给您，恳求帮助！

据郭沫若秘书王廷芳回忆，郭沫若对这封信极为重视。1970年1月20日下午，周恩来总理的联络员刘西尧到郭沫若家中谈工作，商量此事的处理办法。刘西尧随即给卫生部军代表邱国光打电话，请他马上找知名中医咨询，并要拿出初步意见。随后，刘西尧马上向周总理汇报。当天，郭沫若给有山回信

① 意大利东方出版社决定出版一份季刊，用来刊载我国报刊的文章和新闻报道［N］. 参考消息，1966-02-20：1.

② 坂田昌一还服用西药，接受日本医生的治疗。

③ 郭沫若院长在坂田昌一患病期间的往来文书：有山兼孝请郭老为坂田昌一教授的病寻一剂中药方［A］. 中国科学院档案，1970-04-0004-001.

告知："所嘱之件，已经交有关部门研究，结果如何，当尽快手答。"① 第二天，周总理批示同意按郭沫若和刘西尧商量的办法迅速办理。22日，卫生部派人将中药处方送到郭沫若处，郭沫若马上复信有山兼孝并附上处方。2月6日，有山兼孝向郭沫若询问第二份处方上的两味稀缺中药——鸡血藤和阿胶珠。2月18日郭沫若托人将药带往日本，转给有山兼孝。3月30日，坂田昌一来信称："由于先生的帮助并托中国医学之福，我的病情已经全面的好转，渐渐地在恢复了：但须尽快地恢复健康，有朝一日为中日学术交流多少做出点贡献。"② 中国科学院特意将坂田昌一因服中药而好转的情况报告给周总理和中央办公厅。③

1970年5月5日，有山兼孝来信称坂田昌一病情逐渐好转，打算在月末出院。坂田昌一在1970年6月10日出院修养，但到8月末病情恶化，9月14日再次入院治疗。9月29日，他接到郭沫若的慰问电报，口述复电言："希望中日两国科学家携起手来，共同为人类的幸福和世界的发展而尽力的日子早日到来。希望早一刻回到这条战线。"10月16日，坂田昌一在名古屋病逝。有山兼孝致信郭沫若，信中称："坂田教授遗憾万分地永眠了，但我相信：日中两国科学工作者诚心诚意的协作必将永远继续下去。"④ 郭沫若10月25日回信言："坂田先生是有发明创见的学者，身虽永逝，精神长在。他的中国友人将长远怀念。是下对坂田先生的友情，十分真挚，令人感动。我也相信，中日两国的进步科学家必将继续诚意协作。"⑤ 应有山兼孝和坂田夫人的请求，郭沫若为坂田昌一墓碑题词："科学与和平，创造日日新。微观小宇宙，

① 郭沫若院长在坂田昌一患病期间的往来文书：郭沫若回复有山兼孝先生[A]. 中国科学院档案，1970-04-0004-006.

② 郭沫若院长在坂田昌一患病期间的往来文书：坂田和有山兼孝分别致电郭老[A]. 中国科学院档案，1970-04-0004-0014.

③ 郭沫若院长在坂田昌一患病期间的往来文书：日本友人坂田昌一按我提供的处方服药后病情已有明显好转[A]. 中国科学院档案，1970-04-0004-0013.

④ 郭沫若院长在坂田昌一患病期间的往来文书：有山兼孝给郭老信[A]. 中国科学院档案，1970-04-0004-0022.

⑤ 郭沫若院长在坂田昌一患病期间的往来文书：郭老致有山兼孝复函抄件[A]. 中国科学院档案，1970-04-0004-0023.

力转大车轮。坂田昌一先生千古!”(图 3-20)

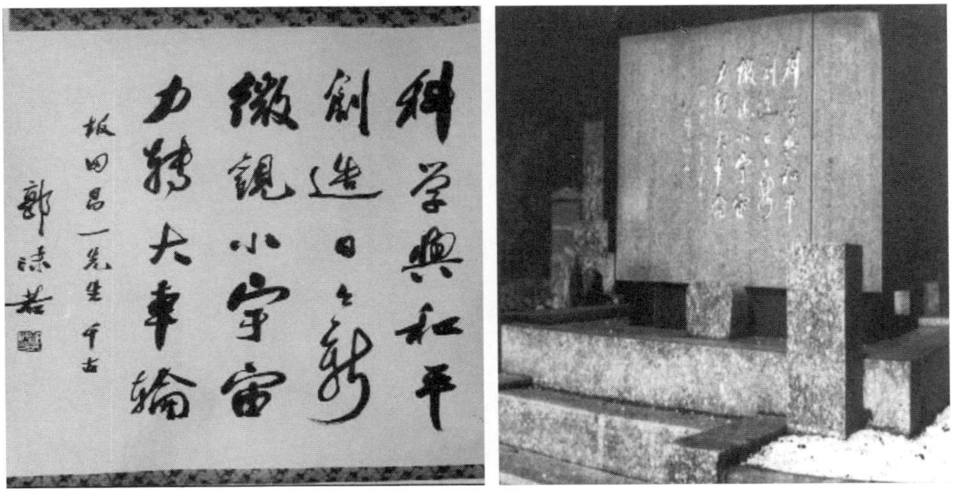

图 3-20 郭沫若为坂田昌一墓碑题词(左图)及坂田昌一墓碑(右图)

1972 年 9 月，日本首相田中角荣访华，与毛泽东、周恩来等领导人会谈。中日实现邦交正常化，为中日科学文化交流扫清了障碍，这正是坂田昌一生前所期待的局面。1972 年 12 月，坂田夫人坂田信子致函郭沫若，希望第二年春天访问中国。[①] 郭沫若指示中国科学院外事局欢迎坂田信子来访三周左右，并建议同时邀请有山兼孝夫妇。有山夫妇欣然接受了郭沫若的邀请。1973 年 4 月 18 日，坂田信子和有山夫妇等经深圳到达广州。当晚在广东省科技局举行的欢迎宴上，坂田信子称她此次访华的三个目的：

> (1) 1964 年，她丈夫写的文章毛主席看后给予很高的评价，坂田从中国回去后对她讲：“我的文章在日本没有引起重视，但受到了中国领导人毛主席的赞扬，这说明我的路子走对了。坂田在世时，曾多次表示要把我带到中国来看看，今天我们的愿望实现了。可惜他已不在人间了。”

① 外宾情况简报——接待日本坂田夫人情况简报[A]. 中国科学院档案，1973-04-0030-0001.

(2)坂田患病期间，郭沫若先生给予了很大的帮助和关怀，他一直非常感激，我这次来就是向郭沫若先生亲自转达我丈夫生前的感谢和致意。

(3)坂田遗留的文章我已经全部编集好了，所以现在改行搞幼儿园工作，因此这次来中国要学习教育，特别是幼儿教育。①②

4月9日，坂田信子等人到达北京，郭沫若夫人于立群、周培源夫妇、严济慈以及王廷芳等到机场迎接。4月10日晚，郭沫若夫妇、吴有训夫妇以及周培源夫妇在人民大会堂接见了坂田信子一行（图3-21）。4月15日上午，廖承志、楚图南率中日建交后的第一个友好代表团访问日本，坂田信子和有山夫妇应邀到机场参加送行。当天下午，郭沫若夫妇宴请坂田信子和有山夫妇。17日，根据坂田信子的意见，钱三强、朱洪元、彭桓武、卓益忠到北京饭店看望坂田信子和有山夫妇等人。在京期间，坂田信子等人除了游览故宫、香山、卧佛寺、颐和园、长城等名胜古迹外，还参观访问了中国科学院物理研究所和原子能研究所、北京大学、儿童医院、妇产医院、幼儿园和工艺美术工厂等。

4月21日，严济慈、陈冰、崔泰山（北京科学讨论会期间坂田昌一的翻译）陪同坂田夫人等去南京、无锡、苏州、杭州、上海等地访问。于立群、郭汉英（郭沫若之子）、王廷芳、钱三强等人到机场送行。第二天的《人民日报》发表短讯，提到送行者包括钱三强。③ 这是他自“文化大革命”后首次见报。④

① 档案中记录的坂田信子来华访问的目的所用人称不统一，此处为档案原引。

② 外宾情况简报——接待日本坂田夫人情况简报［A］. 中国科学院档案，1973-04-0030-0019.

③ 坂田信子等日本朋友离开北京去南京访问［N］. 人民日报，1973-4-22：3.

④ 有山兼孝和坂田信子到北京后都提及想要见钱三强。中国科学院同二机部外事组沟通是否允许钱三强接见外宾。二机部核心小组的意见是：“为了工作的需要，我们原则同意他（钱三强）出来。提议科学院报告国务院和总理。因钱是科学院原子能研究所所长。”1973年4月10，中国科学院就该问题请示国务院。中国科学院的意见是：“如外宾提出要见钱三强，可以安排会见，并见报。”4月12日，李先念、华国锋和周恩来分别做了批示。其中，周总理的批示为：“要刘西尧同志找钱谈一谈，如谈的好，可以公开活动。重新参加原子能研究所的工作。”——关于日本坂田信子、有山兼孝教授欲见钱三强的请示报告［A］. 中国科学院档案，1973-04-0030-0016。

图 3-21　郭沫若等人在人民大会堂接见坂田信子和有山兼孝夫妇等人

对于此次中国之行，坂田信子回忆说："这些都给予我——这个自丈夫去世之后一直感到茫然不知所措的我，以活下去的勇气。而且，我也亲身感受到了丈夫生前在中国所感受到的、还未能来得及跟我谈起的一切。"[①] 1997 年，坂田信子因脑出血去世。坂田昌一的儿子坂田文彦是有一定国际影响的核物理学家，他也热心于中日科学交流，多次访问中国。1985 年，他首次来到北京，受到了严济慈的接见。他和原子能研究院、中国科学院理论物理所等单位的物理学家开展交流合作，还被中国科学院理论物理所聘为"外籍专家特聘研究员"[②]。

① 坂田昌一. 坂田昌一科学哲学论文集［C］. 安度，译. 北京：知识出版社，1987：7.

② 刘金岩，张柏春，吴岳良. 坂田昌一与中国科学家及毛泽东的交往［J］. 自然科学史研究，2015，34(1)：39-60.

第四章

探索基本粒子结构
——提出层子模型

20世纪60年代初，国际粒子物理学研究陷入窘境。中国粒子物理学经历前期的储备阶段，在60年代中期逐渐培养了一批新生力量。受毛泽东哲学思想与坂田昌一科学思想产生共鸣的影响，中国物理学家集体探索基本粒子内部结构，提出层子模型。

第一节　物理学家关心哲学问题

20世纪50年代，中国科学界效仿苏联在自然科学领域的批判活动，讨论、甚至批判量子力学基本理论。50年代前期的讨论以翻译发表的苏联学者撰写的批判文章为主，而50年代后期的讨论或批判活动则是在“反右”运动和“大跃进”运动的政治背景下进行。[①]《自然辩证法研究通讯》在一段时间内成为发表科学讨论文章的主阵地。《通讯》创刊号中刊登了多篇讨论各学科中哲学问题的文章。其中，朱洪元对量子场论理论基础和基本方法做了哲

① 胡化凯.20世纪50—70年代中国对哥本哈根学派量子力学诠释的批判[J].科学文化评论，2013,(10)1:20-41.

学分析。他认为“场”概念发展了哲学关于物质存在基本形式的理论内容，指出为克服场论困难，须从哲学上探讨和澄清作为场论基础的若干观点和方法。①1958年，他在论述基本粒子发展时指出要寻求新粒子之间的统一基础和相互转化规律，强调研究基本粒子现象将会带来“物理理论的又一次飞跃，同时伴随着基本物理概念的深刻变革”。因此，他提议说：“物理工作者应及时向哲学工作者介绍基本粒子物理学的新发展，哲学工作者在原则性问题上应对物理工作者予以帮助和指导。”②

1960年，朱洪元、周光召、汪容和何祚庥撰文总结基本粒子理论新发展并讨论其中的哲学问题。他们认为，从哲学上讲，大量新粒子之间相互关联、相互转化丰富了辩证唯物主义关于物质统一性的学说；高能电子散射实验表明基本粒子有一定结构从而丰富了物质不可穷尽性的学说；其他粒子物理实验进一步证实和丰富辩证唯物主义的诸如物质和运动不灭定律、因果律等基本命题。随后，他们总结色散关系和谱表示理论取得的成就，但尚不能统一解释基本粒子全部现象。因此，朱洪元等人认为寻求描述全部基本粒子现象的统一理论是基本粒子研究当时的主要任务。他们综合考虑已有实验数据和理论后，建议从三方面研究：(1)基于与实验密切相关的以色散关系为代表的研究方向，发展更深刻的基本粒子理论；(2)研究基本粒子对称性，解释宇称在强、电磁作用下守恒，而在弱作用下不守恒等问题；(3)深入研究弱相互作用。③1964年初，朱洪元还撰文介绍中国粒子物理学界自1960年后在基本粒子理论的数学形式，强、弱相互作用问题，基本粒子的基本性质及其分类问题等方面的研究成果。④

北京科学讨论会期间，朱洪元、何祚庥等曾同坂田昌一讨论物理学和辩证唯物论的关系。此后，朱洪元多次参加关于学习坂田昌一文章的座谈

---

① 朱洪元. 场论的理论基础和基本方法的哲学分析［J］. 自然辩证法研究通讯，1956(00)：33-34.

② 朱洪元. 物理学的新发展需要哲学的帮助［J］. 自然辩证法研究通讯，1958(6)：36-37.

③ 朱洪元，周光召，汪容，何祚庥. 现代基本粒子理论的新发展以及其中存在的一些哲学问题［J］. 自然辩证法研究通讯，1960(4)：65-68.

④ 朱洪元. 近年来基本粒子物理理论研究的发展［J］. 科学通报，1964(01)：27-34.

会。[①]1964年底，朱洪元参加第三届全国人民代表大会。会议结束后，他回到原子能所后传达周恩来在政府工作报告中提出的“科学技术工作一定要赶超世界先进水平”号召和毛泽东修改周恩来政府工作报告草稿时增加的内容：

> 人类的历史，就是一个不断地从必然王国向自由王国发展的历史。这个历史永远不会完结。在有阶级存在的社会内，阶级斗争不会完结。在无阶级存在的社会内，新与旧、正确与错误之间的斗争永远不会完结。在生产斗争和科学实验范围内，人类总是不断发展的，自然界也总是不断发展的，永远不会停止在一个水平上。因此，人类总得不断地总结经验，有所发现，有所发明，有所创造，有所前进。停止的论点，悲观的论点，无所作为和骄傲自满的论点，都是错误的。其所以是错误，因为这些论点，不符合大约一百万年以来人类社会发展的历史事实，也不符合迄今为止我们所知道的自然界(例如天体史、地球史、生物史、其他各种自然科学史所反映的自然界)的历史事实。

原子能研究所理论物理研究室的成员们听到传达后讨论热烈，决定“坚决地用主席的思想做指导，来进行赶超，一定要进行科学研究上的革命”[②]。于是，他们在朱洪元带领下系统调研量子力学创建历史。[③]调研过程中，研究室成员分工到北京各大图书馆搜集量子力学创建之初的原始文献。其中，德语和法语文献由朱洪元阅读后再向组内成员讲授。这种调研

---

① 朱洪元，汪容. 一定要用毛泽东思想来指导科学研究工作：坂田昌一的一文读后感[J]. 自然辩证法研究通讯，1965(5)：9-24.

② 朱洪元，汪容. 一定要用毛泽东思想来指导科学研究工作：坂田昌一的一文读后感[J]. 自然辩证法研究通讯，1965(5)：9-24.

③ 这项工作不是全时进行，前后经历了大半年时间。

方式使得青年学者意识到著名物理学家也可能犯错误。[①]例如，他们发现普朗克（M.Planck）1900年提出量子论后又试图将其推翻。尽管爱因斯坦对光电效应的解释、德拜（W.Debye）研究的固体比热现象以及玻尔提出的原子模型等都支持量子论，但普朗克直至1915年才承认个人错误。他们同时还举例论证哲学指导科学研究的重要性。因此，他们认为自己"打破了迷信西方'权威'和'天才'的框框以及对哲学指导自然科学的作用估计不足的框框"[②]。同一时期，朱洪元还带领理论室成员调研粒子加速器，并制定中国建造加速器的初步方案。[③④]不过，这件事因"文化大革命"爆发而搁浅。

1965年5月，原子能研究所副所长张文裕、理论物理室主任朱洪元和副主任汪容基于上述调研合作发表《"基本粒子"物理学的发展与展望》。[⑤]在文中，他们总结物理学发展史上的三次突破，预言正在酝酿的第四次突破（表4-1），且这次突破"将要进一步发现基本粒子内部的结构，并揭露属于基本粒子领域的更深入一层的矛盾"。这篇文章稍加扩充后发表在1966年《原子能》第1期，文章开头加入前文提到的毛泽东语录，增加作者杜远才、何祚庥和吴宗藩。同年6月，朱洪元撰文批判哥本哈根实证主义，称赞日本粒子物理学家在"三阶段理论"指导下后来居上，号召中国物理学工作者"努力学习毛主席的著作，掌握唯物辩证法，用来指导我们的科学研究工作，那末我们就可以少走弯路或不走弯路，从而使我国的科学技术后来居

① 何祚庥认为，他和朱洪元等多位理论物理学家在1961—1965年间从事氢弹理论预研时便提出坚持科学研究创新性思想。氢弹研究是一项没有先例可援、需由中国科学工作者独立开拓的工作。何祚庥和朱洪元等一致认为待将来回到粒子物理的研究，必须注意发扬这一宝贵经验，坚持工作独创性。参见：何祚庥. 关于新中国理论物理研究的一段回忆［J］. 北京党史，2005（1）：56.

② 朱洪元，汪容. 一定要用毛泽东思想来指导科学研究工作：坂田昌一的一文读后感［J］. 自然辩证法研究通讯，1965（5）：9-24.

③ 之所以调研加速器，与中国1964年退出联合核子研究所后有意建造本国的加速器有关。

④ 黄涛. 五十载回首：我和高能物理［J］. 现代物理学知识，2013（1）：32-39.

⑤ 张文裕，朱洪元，汪容．"基本粒子"物理学的发展与展望［J］. 科学通报，1965（5）：664-666.

上”①。朱洪元对普朗克、爱因斯坦、瑞利－金斯和爱丁顿等工作的评价，曾引起叶企孙的讨论。②③

表 4–1　　张文裕等人总结的物理学发展史的四次突破

	内容	影响
第一次突破	牛顿力学和热力学	欧洲产业革命
第二次突破	电磁场及其运动规律的发现	工业电气化
第三次突破	原子和原子核领域内运动规律的发现	核武器、原子能应用；电子学、半导体、受激光发射等技术
第四次突破	基本粒子结构	？？？？

第二节　“北京基本粒子组”的形成

1964 年北京科学讨论会期间，坂田昌一等物理学家提议召开单科性学术会议，以便开展更充分的学术交流。根据北京科学讨论会公报部署，决定 1966 年在北京召开“北京科学讨论会暑期物理讨论会”（简称“暑期物理讨论会”）。④1965 年 6 月 22 日和 29 日，周培源主持中国物理学会召集相关人员讨论暑期物理讨论会的学术准备工作。具体讨论结果⑤如下：

1. 拟从基本粒子理论、核结构理论和固体理论三方面在原有基

① 朱洪元. 哥本哈根学派的实证主义和日本基本粒子论学派的三阶段论［J］. 自然辩证法研究通讯，1965（6）：1–6.

② 叶企孙 . 几点意见［J］. 自然辩证法研究通讯，1965（4）：47–48.

③ 朱洪元. 怎样总结科学史上的经验教训：答叶企孙先生的几点意见［J］. 自然辩证法研究通讯，1965（8）：48–52.

④ 中、日双方曾分别建议会议名称为“1966 年理论物理暑期讲习会”和“北京科学讨论会暑期物理学校”。中国方面考虑到需按北京科学讨论会公报精神举办此次会议，定名为“北京科学讨论会暑期物理讲习会”。

⑤ 关于 1966 年国际物理讲习会有关问题的请示报告［A］. 中国科学院档案，1966–01–059–02.

础之上，组织力量，积极准备。三个方面分别由朱洪元、胡宁、汪容；胡济民和于敏；黄昆和李荫远负责（于敏如不能常来，请原子能所另考虑一人代理[①]）。

2. 由于三个方面情况不同，准备方式拟有所不同。基本粒子方面队伍较大，牵涉到四个单位，拟采取集中方式进行工作，并希望通过讨论，对方法论方面有所收获。核结构方面虽涉及两个单位，但研究内容各有所不同，拟采取集中讨论分头准备的方式。固体理论的队伍较小，而且都在一个单位中，所以不拟做特殊的组织安排。以上三个方面都预定明年五月间准备完成，并进行检查和讨论，采取什么方式届时再定。

3. 三个方面的准备工作中都存在着一些问题，希望科协领导协助解决。

（1）三个方面都有部分工作人员，有的已在农村参加社教运动，有的将要参加或者较长期的安排劳动等。这个问题如不解决，将要影响准备工作的进行。我们建议：由科协与各有关单位党委联系解决。如果各单位已经作了安排，也希望进一步落实一下。

（2）三个方面都要使用计算机的问题。据反映，过去这类计算工作都不易排上日程。这问题也希望科协与有关单位协商解决。

其中，基本粒子理论方面需做如下准备：

1. 报告内容

（1）基本粒子的分类，对称性和结构。其中包括：共振态实验数据的理论分析；从实验结果中总结出的经验规律；对称性理论结果和实验结果的比较。

① 1965年1月，于敏与原子能所“轻核理论组”的三十余位科研人员调入二机部九所理论部参与氢弹理论研究。

(2) 基本粒子的相互作用。其中包括：低能强相互作用的理论；受强相互作用影响的弱相互作用；用散射关系检验基本粒子的点模型或点相互作用。

(3) 基本粒子理论中的数学方法。其中包括：群论方法的发展；解析性方法的基础的探讨。

2. 措施

(1) 领导：由于光远同志或其他政治思想修养高的同志挂帅。

(2) 工作人员：

原子能所：朱洪元、汪容、何祚庥、冼鼎昌、陈中谟、阮图南、阮同泽、陈时、徐德志、黄厚昌、张肇西、李炳安

数学所：张宗燧、戴元本、侯伯宇、朱重远、陈庭经、朱葆如、刘易成、赵万云、周龙骧、张历宁

北京大学：胡宁、韩其智、高崇寿、马中骐、吴丹迪、胡希伟、杨国桢、宋行长、陈激、秦旦华、赵志詠、赵光达、关洪

科技大学：刘耀阳、周邦融

(3) 集中工作开始时间，今年八月底，亦即大专学校暑假结束时。

在上列人员中，目前有一部分人员在农村参加劳动，估计在九、十月间才能回北京。希望能提前在8月底前将他们调回。此外，还有少数人，如北京大学的马中骐、吴丹迪、胡希伟、杨国桢等原定今年参加"四清"，希望能推迟到明年秋天参加"四清"。

(4) 讨论会：拟在八月底开始组织举行一系列讨论会，估计参加者约四十人。希望能够有一个举行讨论会的固定场所。

(5) 计算机：目前尚难估计准确的工作量。在十月底以前提出具体要求，希望领导拨予必需的上机时间和编程序工作人员。

此计划中明确了人员组成、合作方式、研究内容、时间和拟解决问题等。例如，鉴于基本粒子研究队伍较大，拟采取集体讨论合作方式并试图总结一定的方法论；研究内容涉及基本粒子分类、对称性和结构、相互作用和基本粒子理论中的数学方法；为保证人员力量，中国物理学会提议提前调回或推

迟部分参加“四清”人员时间；[①] 还计划自1965年8月底起集中讨论并组织系列讨论会，在1966年5月完成相关工作。

计划中有关基本粒子理论方面的研究内容较为丰富，尚未将基本粒子的结构问题作为重点研究。由第一章介绍的基本粒子发展概况可知，坂田模型因选取的基础粒子（p、n、Λ）与其他强子在同层次，使得模型有局限性。盖尔曼（兹威格）提出基本粒子由更深层次的夸克（艾斯）构成，但其携带分数电荷的特点使得两位物理学家都很谨慎。盖尔曼甚至认为夸克仅是一种数学符号。他在短期内也转向研究其他问题。随后一系列寻找分数电荷粒子实验的失败使得粒子物理学界主流未专注探索基本粒子结构。仅莫谱戈等少数物理学家将夸克看作物理实体处理。他在1965年4月提出非相对论夸克模型（假设夸克质量约为5GeV），并与合作者做了系列计算。

尽管学界主流不支持基本粒子有结构，但当时的理论和实验有迹象表明基本粒子存在内部结构。首先，实验发现的100余种质量不等的“基本粒子”可以排成“质量谱系”。这与物理学家根据原子光谱研究原子结构的情形类似。其次，尽管$SU(3)$、$SU(6)$和$SU(12)$对称性理论较好地预言$J=0^-$，1^-介子和$\frac{1}{2}^+$，$\frac{3}{2}^+$重子分类、质子与中子磁矩比等静止性质，但在散射和高共振态衰变等问题上却与实验矛盾。这暗含基本粒子可能具有统一结构基础，基本粒子之间对称性是更深层粒子结合成基本粒子时的体现。第三，高能电子散射和高能中微子反应实验也有迹象表明基本粒子具有结构。[②] 这些实验测量的核子电磁形状因子和弱形状因子表明核子电荷和“弱核”并非集中于一点，是有分布的。[③] 第四，实验发现的高自旋粒子意味着基本粒子内部具有轨

① 1963至1966年，中共中央在全国城乡开展社会主义教育运动，即“四清”运动。原子能研究所理论室和数学研究所理论室的大部分成员被抽调参加“四清”。原子能所的何祚庥、杜东生、徐德之、郁宏等人于1964年10月至1965年9月在河南省参加“四清”；数学研究所戴元本、张历宁、朱重远等于1964年10月至1965年7月在吉林省参加“四清”。

② HOFSTADTER, PROC. High Energy Physies Dubna, 1964.

③ 通常利用高能电子轰击核子来探明是否为点粒子。实验原理类似于卢瑟福α粒子散射实验。形状因子分电形状因子G_E（反映电荷分布）和磁形状因子G_m（反映磁矩分布），均由粒子体内不同部位散射出来的波相互干涉减弱的程度决定。若质子为点电荷，散射值不会有干涉减弱，其电形状因子为1；若质子有一定大小，则有干涉减弱，电形状因子G_E越小。同样，当质子为点磁矩时，磁形状因子G_m应为2.79，反之，如果质子的磁矩分布在一定大小空间，则有干涉减弱。

道角动量。

暑期物理讨论会筹备会议确定基本粒子理论方面的学术准备由朱洪元、胡宁和汪容负责。朱洪元对哲学感兴趣，能自觉运用唯物辩证法将毛泽东物质无限可分思想与粒子物理理论联系。筹备会后，戴元本恰好结束“四清”回到数学所。不久，朱洪元便邀请他研究基本粒子结构问题，提出存在比基本粒子更基本的真实粒子（物理实体而非数学符号），并建议立即以此为出发点开展研究。① 朱洪元、何祚庥、汪容和戴元本参加了最初几次讨论。讨论过程中，朱洪元提到元素周期表隐含原子由电子和原子核组成，相应地，粒子物理对称性也有同样意义。② 随后，冼鼎昌加入讨论。接下来，讨论范围扩大。逐步形成由原子能研究所、数学研究所、北京大学、中国科学技术大学的科研人员组成的北京基本粒子组③。

原子能研究所成员之前的科研工作兼具一些实际应用任务，且研究生基础不一，有的能独立开展研究，有的入学后便参加“四清”，甚至不清楚如何得出强子 $SU(3)$ 波函数。④ 不过，朱洪元提倡“速成法”培养研究生，果断带领研究组转向研究强子结构。⑤ 考虑到要为暑期物理讨论会做学术准备，朱洪元要求杜东生暂停英语学习，不需系统补学基础知识，直接利用前人正确结果做研究，边研究边学习。⑥ 他要求学生优先追求物理结果，而非漂亮的数学形式，只要能得到正确物理结果，“笨办法”或“巧办法”都可以。⑦

① 2012年8月25日，中国科学院理论物理研究所戴元本院士访谈。

② 化学元素周期表的建立是现代科学的一次革命性突破。它显示出不同化学元素之间的规律性，暗示不同原子之间存在某种确定关系。20世纪初，物理学家研究发现这种关系背后隐含着所有原子均由不同数目的电子和原子核按照量子力学规律结合而成。

③ 事实上，当时并没有“北京基本粒子组”这一名称。北京基本粒子组是后来为准备“暑期物理讲习会”而专门提出的。

④ 杜东生. 朱先生教我如何做研究[M]//朱洪元论文选集编辑委员会. 朱洪元论文选集. 北京：中国科学院高能物理研究所，2002：336−337.

⑤ 张肇西. 回忆朱洪元导师指导我做研究[M]//朱洪元论文选集编辑委员会. 朱洪元论文选集. 北京：中国科学院高能物理研究所，2002：332−335.

⑥ 杜东生. 朱先生教我如何做研究[M]//朱洪元论文选集编辑委员会. 朱洪元论文选集. 北京：中国科学院高能物理研究所，2002：336−337.

⑦ 2015年3月9日，中国科学院理论物理研究所张肇西院士访谈。

自 1965 年 9 月份起，北京基本粒子组开始有针对性地定期举办报告会。最初两周连续召开六次集中报告会，随后四个单位基于各自研究基础分别召开讨论会，但保证每周至少开一次全体报告会，交流协调研究进展。① 讨论会地点选在原子能所大报告厅，有时也在数学所和北京大学（图 4–1）。讨论内容还涉及盖尔曼的工作、坂田模型同夸克模型异同、*SU*（12）对称性和 *CP* 破缺等问题 ②。报告者大多参考《物理学评论快报》《物理学评论》《物理快报》和苏联物理学期刊的最新文献。

图 4–1　基本粒子理论研究座谈会（摄于 20 世纪 70 年代，图片来源《人民画报》）（第一排沙发顺时针为？？、何祚庥、戴元本、朱洪元、胡宁、阮同泽、鞠长生、黄涛、钱治碇、徐德之、杜东生、宋行长、赵志詠、？？；沙发后面顺时针为勾亮、张肇西、李炳安、郁宏、何炬和沈齐兴）

① 高崇寿. 深切怀念朱洪元老师［M］// 朱洪元论文选集编辑委员会 . 朱洪元论文选集. 北京：中国科学院高能物理研究所，2002：327.

② 1965 年 2 月，萨拉姆等人提出 *SU*（12）对称性。据何祚庥回忆，周培源在某次国外访问时遇到萨拉姆，萨拉姆向周培源提到自己的 *SU*（12）工作。周培源回国后将这一消息介绍给北京基本粒子组。于是何祚庥等人仔细研究这篇文章，并得出结论，即强子 *SU*（12）对称性是强子具有内部结构的深刻表现。后经笔者核对，1965 年 3 月，萨拉姆曾陪同巴基斯坦总统访华，周恩来总理指示由周培源全程陪同萨拉姆，故有可能在此次接触中萨拉姆同周培源谈到 *SU*（12）工作。同年 7 月和 9 月，周培源分别参加在芬兰首都赫尔辛基（Helsinki）举行的世界和平理事会和在匈牙利首都布达佩斯（Budapest）举行的世界科协第八届代表大会。没有史料证明周培源是否在这两次会议中同萨拉姆再次相遇。

朱洪元首先在讨论班上做报告系统分析近代物理学的重要发展，胡宁介绍 $SU(3)$ 群及其群表示以及利用该群的八重态表示和十重态表示对粒子分类（图 4–2）。北京大学的青年教师和研究生基础较好，较早将研究方向转到对称性理论，并发表多篇学术论文。他们各有侧重地作综述报告介绍粒子物理理论研究的新进展。例如，刘连寿和关洪介绍强相互作用；杨国桢介绍电磁相互作用（包括 $SU(3)$ 对称性、U 旋、反常磁矩和电磁质量）；马中骐介绍群结构；宋行长介绍弱相互作用（轻子作用、$SU(3)$、$SU(6)$ 和 $SU(12)$ 对称性）；[①] 高崇寿介绍 $SU(3)\times SU(6)\rightarrow SU(18)$ 对称性扩充。其他单位年轻人发言、报告不多。原子能所汪容介绍 *Para* 统计，数学研究所侯伯宇介绍了群表示论。[②]

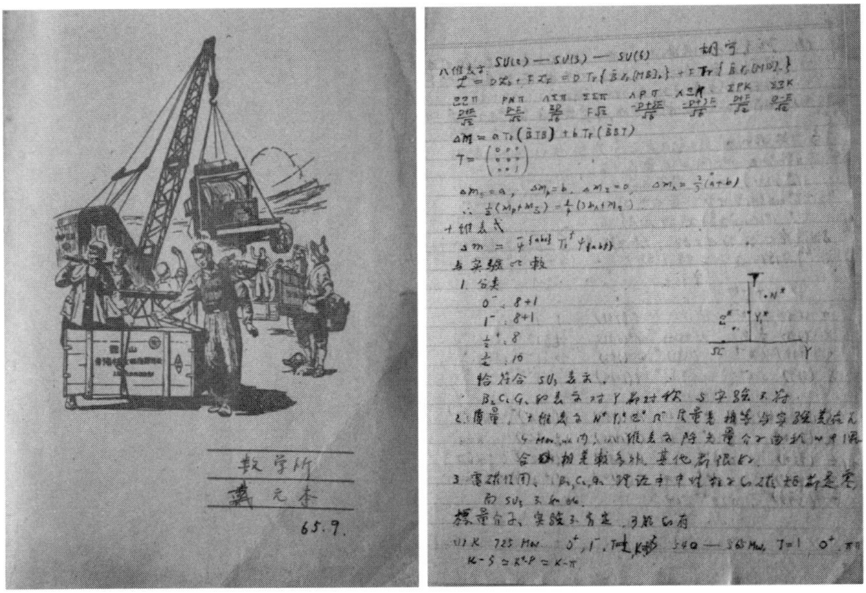

图 4–2　北京基本粒子组集体报告会上的部分报告内容
（戴元本提供）

① 杨国桢、关洪、刘连寿、马中骐是胡宁的研究生。宋行长 1962 年本科毕业于北京大学物理系（1956 级，学制六年），随后留校做助教。参加层子模型研究前杨国桢和关洪发表 10 篇文章，宋行长也发表 10 篇文章。

② 基本粒子组召开的讨论班还曾引起非物理学界的注意，华罗庚曾派其学生龚升旁听部分讨论活动。2015 年 9 月 23 日，中国科学技术大学刘耀阳教授访谈。

第三节　提出层子模型

朱洪元、戴元本等在前几次小规模讨论中初步确定强子结构模型基本思想：假设与 $SU(3)$、$SU(6)$ 对称性基础表示的基相对应的粒子（当时称为“亚基本粒子”或“夸克”）构成基本粒子，其性质基本满足盖尔曼的假设。对于实验尚未发现这类粒子的原因则解释为其质量很重（约 10GeV），当时加速器能量不足以产生如此重粒子。此外，考虑到自旋作用反比于粒子质量，粒子很重时可忽略自旋相互作用，$SU(3)$ 对称性变为 $SU(6)$ 对称性。由于 $SU(6)$ 对称性成功地给出基本粒子谱，这使得朱洪元等人更加确信“亚基本粒子”很重。①

此外，冼鼎昌同朱洪元讨论了 π^0 介子衰变问题。他认为，按照夸克模型，π^0 介子是由一对正反夸克组成的电中性系统，这与电子偶素②类似。令冼鼎昌疑惑的是，将零自旋电子偶素波函数中的正负电子参量换成夸克参量时，却不能得出正确的 π^0 介子衰变概率。朱洪元解释这是由于 π^0 介子中的夸克处于强束缚状态，而正电子素中的电子则几乎处于自由状态，即它们是由强相互作用和电磁相互作用分别支配的两种不同形式束缚态。同时，朱洪元提到自己正利用束缚态波函数概念计算中性的和荷电的 π 介子衰变。一天后，他向冼鼎昌展示了整理好的 $\pi^0 \to \gamma + \gamma$ 和 $\pi^+ \to \mu^+ + \nu$ 衰变过程手稿。冼鼎昌认为这份手稿已经包含了层子模型的基本思想，并将其视作“层子模型的雏形”③。

① 2012 年 8 月 25 日，中国科学院理论物理研究所戴元本院士访谈。

② 电子偶素是由正反电子组成的电中性系统，其衰变为电磁衰变。

③ 冼鼎昌. 层子模型创立之回顾 [J] // 自然杂志增刊. 现代物理，第 2 辑. 上海：上海科学技术出版社，1982：1–8.

一、强相互作用粒子结构的相对论性模型

研究强子内部结构首先需要处理“外轻内重”的束缚态问题，即由“亚基本粒子”组成的束缚态质量轻于“亚基本粒子”质量。这与典型的“内轻外重”情况相反，即组份粒子比束缚态轻，例如质子、中子质量小于原子核质量。此外，$SU(3)$、$SU(6)$对称性是非相对论性的①，它们成功对强子分类说明强子内部运动可以做非相对论近似。不过，考虑到基本粒子在加速器中通常以高速运动产生，是高能现象。因此，研究强子结构问题归根结底需要处理的是一个质心运动为相对论性的束缚态问题。

关于束缚态问题，量子场论框架下已有的描述束缚态方程是贝特－沙尔披特方程（Bethe-Salpeter Equation，简称 $B-S$ 方程）②。③ 考虑到 $B-S$ 方程变量很多，计算困难，且物理学家对于 $B-S$ 方程的解及其物理意义存在许多疑义。因此，朱洪元等人决定不去探讨束缚态的相对论性方程及其解的问题，而试图直接引入基本粒子结构的波函数来反映基本粒子结构，通过波函数解释和联系实验现象从而检验已提出的基本粒子模型，为进一步提出正确的模型提供基础。

---

① $SU(3)$ 对称性完全忽略夸克自旋对称性，因此是一个非相对论性对称性（自旋在本质上是考虑相对论性的结果）；而 $SU(6)$ 对称性，虽然考虑夸克自旋影响，但是以一种非相对论性方式考虑的。

② B－S 方程是处理相对论两体问题的经典方法，以 H.Bethe 和 E.Salpeter 的姓氏命名。该方法尝试将两个或更多个基本粒子间束缚态推广到相对论协变形式。非相对论量子力学中两粒子束缚态由满足两体薛定谔方程的归一化波函数描述。为处理相对论量子力学中束缚态问题，需要协变推广薛定谔方程。南部阳一郎首先凭物理直觉写出梯形近似下坐标空间的微分方程。1951 年，Bethe 和 Salpeter 基于费曼图以 Gell－Mann 和 Low 技术导出 $B-S$ 方程，当时考虑的是两个费米子系统组成的束缚态所满足的相对论方程。该方程是闵可夫空间四维形式的积分形式，$B-S$ 波函数是 4*4 形式的矩阵。由于是积分方程，加之其积分核异常复杂，方程求解非常困难。即使对简单的梯形近似领头阶一单胶子或光子交换核，也没有解析解，通常只能数值求解。数值求解 $B-S$ 方程先要对方程积分核进行近似，方程由四维形式化为三维形式。1955 年，Mandelstam 也导出 $B-S$ 方程。几乎同时，日本物理学家 Hayashi 和 Munakta 提出类似想法，他们曾于 1950 年 9 月（东京）、11 月（大阪）、51 年 5 月（京都）举行的日本物理学会会议报告主要工作。见：HAYASHI C, MUNAKATA Y. On a relativistic integral equation for bound states[J]. Progress of Theoretical Physics, 1952, 7(5): 481－516.

③ BETHE H, SALPETER E. A relativistic equation for bound-state problems[J]. Physical Review, 1951, 84(6): 1232.

$SU(3)$、$SU(6)$ 对称性理论给出的基本粒子质量公式是一级微扰论计算结果，与实验结果符合较好。由 $SU(6)$ 对称的相互作用决定的基本粒子质量谱谱线之间距离远大于由破坏 $SU(3)$、$SU(6)$ 对称的相互作用导致的谱线移动距离。于是，朱洪元等人将强相互作用分为 $SU(6)$ 对称和破坏 $SU(3)$、$SU(6)$ 对称两类，分别称为超强相互作用和次强相互作用（前者强度远大于后者）。因此，不仅可以忽略次强相互作用对能级的二次微扰，在计算相互作用矩阵元时也可以忽略次强相互作用对基本粒子内部波函数产生的一级修正。于是，可以假定35维表示中介子波函数的空间部分在质心系下完全相同，赝标介子八重态和矢量介子八重态分别具有完全相同的自旋波函数。类似地，假定56维表示中重子波函数空间部分在质心系下完全相同，重子八重态和重子十重态也分别具有相同的自旋波函数。

受核子电磁形状因子启发，朱洪元等给出基本粒子内部结构波函数形式。形状因子半径表示基本粒子内部结构波函数不等于零区域的半径，即表征“亚基本粒子”在基本粒子内部运动的动量。核子电磁形状因子半径约为 0.8×10^{-13}cm，由不确定性关系得出其动量约为 0.2 ~ 0.3GeV，比其静止质量小两个量级。因此，“亚基本粒子”在基本粒子内部运动速度比光速小两个量级。假设“亚基本粒子”自旋为 $\frac{\hbar}{2}$，在基本粒子质心系中可忽略“亚基本粒子”自旋波函数的小分量，从而确定基本粒子自旋波函数。① 随后，通过洛伦兹变换可得运动中的基本粒子自旋波函数。考虑到“亚基本粒子”在基本粒子中运动速度很小，可将“亚基本粒子”之间结合为束缚态的相互作用看作瞬时相互作用。于是，基本粒子内部结构的四维波函数可用三维波函数表示，将表示矩阵元的四维积分还原为三维积分，用三维波函数近似描写基本粒子的内部结构（图4-3）。

① 这种波函数中描述基本粒子外部运动的部分与描述点粒子运动相对论性波函数完全一样。

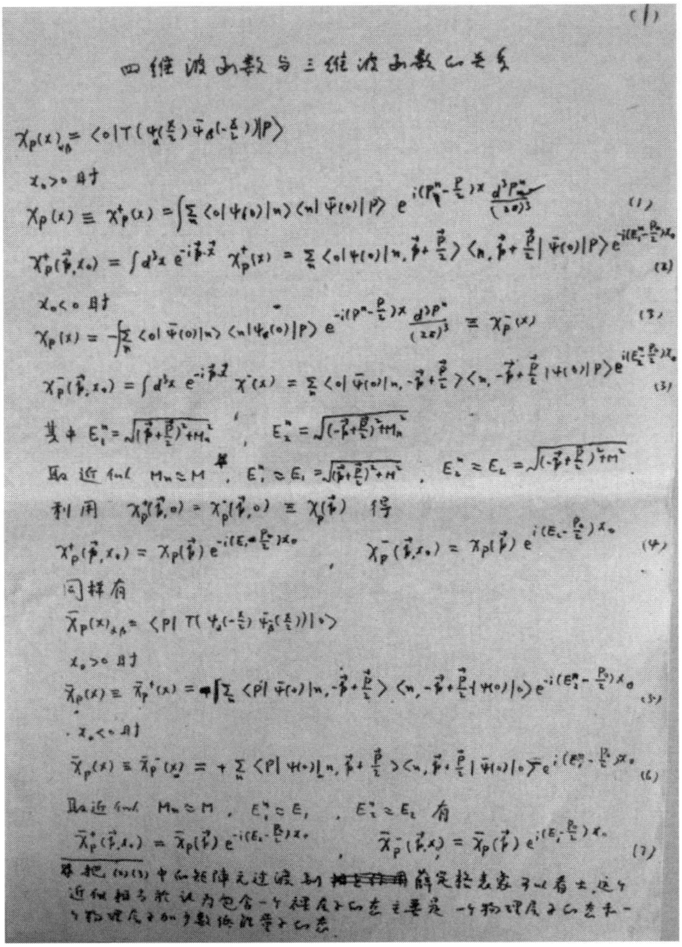
(1)

四维波函数与三维波函数的关系

图 4-3　四维波函数与三维波函数的关系
（戴元本提供手稿）

对强子内部作非相对论近似后，可简化强子动态过程计算。非相对论量子力学中已有波函数概念和相关计算方法。以 $\pi^0 \to \gamma + \gamma$ 为例，π^0 由一个亚基本粒子及其反粒子组成，亚基本粒子及其反粒子相碰时湮灭为两个光子。可见，$\pi^0 \to \gamma + \gamma$ 快慢正比于亚基本粒子及其反粒子相碰概率，该概率大小由 $|\psi(0)|^2$ 决定，其中 $\psi(0)$ 为 π^0 零点波函数。所谓零点，即亚基本粒子及其反粒子距离为零（图 4-4，左 a、b）。对于 π^+ 衰变，由于亚基本粒子及其反粒子总电荷不为零，因此发生的是弱作用湮灭（图 4-4，左 c）。

介子跃迁过程中起决定作用的则是始末介子重叠积分。处于静止状态的

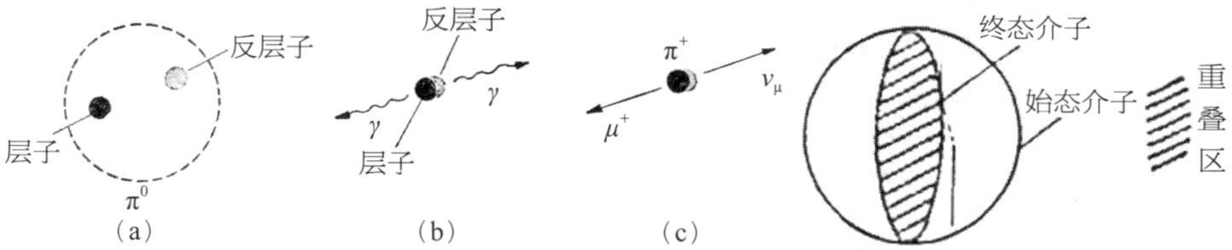

图 4-4　π^0 和 π^- 衰变（左）及介子跃迁过程的重叠积分（右）示意图（采自冼鼎昌《层子模型创立之回顾》）

初始介子波函数是球对称的，当终态介子以一定动量飞出后，它的波函数因相对性效应沿飞行方向扁缩，该过程发生概率正比于始末态波函数重叠部分积分（图 4-4，右）。计算重叠积分依赖波函数形式，原子能研究所成员在计算时把波函数简单地取作高斯型或指数型波函数（图 4-5）。

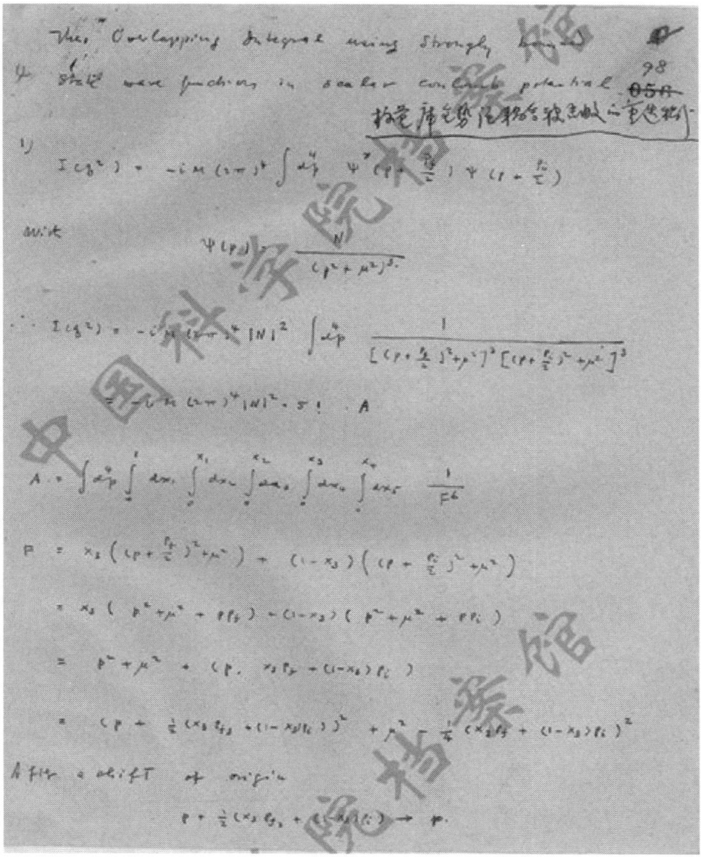

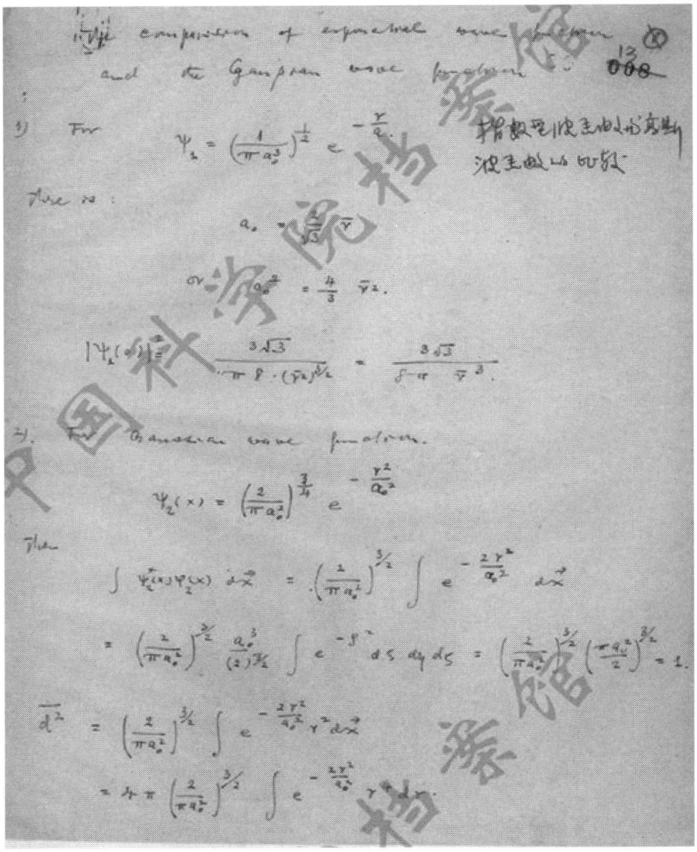
Comparison of exponential wave function and the Gaussian wave function

指数型波函数与高斯型波函数比较

图 4–5　“标量库仑势耦合波函数的重叠积分”与“指数型波函数与高斯型波函数比较”部分计算手稿
（图片来源于中国科学院高能物理研究所档案）

基于上述考虑，原子能研究所完成了强相互作用粒子的相对论性结构模型。[①] 给出一种计算跃迁矩阵元的方法，当略去相对论效应时（相互作用为瞬时相互作用），跃迁矩阵元还原为原子核理论中的 γ 和 β 跃迁时矩阵元。

明确结构模型基本思想之后，朱洪元、何祚庥组织原子能所成员（以研究生和青年学者为主）计算具体物理过程。鉴于电磁和弱相互作用研究相对成熟，他们决定利用强相互作用粒子的相对论性结构模型首先研究基本粒子的

① 中国科学院原子能研究所. 强相互作用粒子的结构的相对论性模型［J］. 原子能，1966（3）：137–150.

电磁和弱相互作用过程。何祚庥列出“菜单子”，在一个总目标下有所分工，不同搭配做不同题目。[①] 例如，杜东生和徐德之合作计算一些过程跃迁概率；周邦融、张肇西、黄厚昌和杨祥聪计算重子的电磁和弱作用性质；周荣裕、郁鸿源和鞠长生计算介子的电磁衰变等。各小组研究热情高涨（图 4-6）。杜东生回忆称自己“有时深夜躺在床上有了想法，会立即爬起来记下来，生怕如果不记下来第二天早上忘记。在这段时间内我学会了一点一滴积累自己的思想火花”[②]。何祚庥也说：“那是一段激动人心的日子，北京基本粒子组的全体同志是以何等高涨的热情工作着，每天都沉浸在反复的计算和激烈的讨论之中。几乎每天都有新的计算结果出现。几乎每天都忙有小型的交流会。”[③]

图 4-6　正在讨论中的朱洪元与戴元本（摄于 20 世纪 70 年代）

① 杜东生. 朱先生教我如何做研究［M］// 朱洪元论文选集编辑委员会. 朱洪元论文选集. 北京：中国科学院高能物理研究所，2002：336-337.

② 2014 年 8 月 5 日，中国科学院高能物理研究所杜东生研究员访谈。

③ 何祚庥. 层子模型建立的前前后后［M］// 何祚庥. 量子复合场论的哲学思考. 北京：北京师范大学出版社，1997：224-233.

利用已有实验数据，原子能研究所成员根据计算结果检验结构模型的有效性。他们发现在夸克模型下能统一解释弱作用过程 $\pi^+ \to \mu^+ + \nu$ 和电磁作用过程 $\omega \to \pi^0 + \gamma$、$\pi^0 \to \gamma + \gamma$。在介子方面，他们计算了荷电介子 π^+_{e3} 三体轻子衰变概率和 K^+_{l3} 三体轻子衰变分支比；①π^0、η^0 介子形状因子以及两种粒子产生正负电子对的电磁衰变概率；②$1^- \to \gamma$、$1^- \to 0^- + \gamma$ 介子电磁顶点及衰变概率，③ 理论计算结果符合实验结果。此外，他们讨论了赝标介子和矢量介子电磁顶角、电磁形状因子④ 并计算矢量介子电磁衰变跃迁概率和分支比。⑤考虑到上述过程与“亚基本粒子”电荷有关，因此比较了夸克模型和坂田模型异同。在重子方面，张肇西、黄厚昌、杨祥聪和周邦融合作计算得出的核子电磁形状因子符合电子－质子弹性散射、电子－氘核准弹性散射实验结果，自动导出 $\widetilde{U}(12)$ 对称性理论给出的电磁形状因子之间联系；⑥ 求出 $\frac{1}{2}^+$ 重子、$\frac{3}{2}^+$ 重子、$\frac{1}{2}^+$ 重子 $-\frac{3}{2}^+$ 重子电磁顶角和弱作用顶角，⑦ 讨论了重子正常磁矩、反常磁矩、电磁形状因子⑧ 以及 $\frac{3}{2}^+$ 重子电四极矩和磁八极矩⑨，得出的重子弱作用顶角自动给出包含重整化效应的卡比波弱电流，这与 $\widetilde{U}(12)$ 对称性结

---

① 中国科学院原子能研究所基本粒子理论组. 荷电介子的三体轻子衰变[J]. 原子能，1966(3)：151–156.

② 中国科学院原子能研究所基本粒子理论组. 相对论结构模型下的 π^0 介子和 η^0 介子的电磁衰变[J]. 原子能，1966(3)：162–166.

③ 中国科学院原子能研究所基本粒子理论组. 相对论性结构模型下的 $1^- \to \gamma$, $1^- \to 0^- + \gamma$ 介子电磁顶点及衰变概率[J]. 原子能，1966(3)：167–170.

④ 中国科学院原子能研究所基本粒子理论组. 结构模型下的介子电磁顶角[J]. 原子能，1966(3)：156–161.

⑤ 中国科学院原子能研究所基本粒子理论组. 相对论性的结构模型和矢量介子 V 的电磁衰变[J]. 原子能，1966(3)：171–172.

⑥ 张肇西，黄厚昌，杨祥聪，周邦融. 相对论性结构模型计算核子的电磁形状因及与实验比较[J]. 原子能，1966(3)：173–180.

⑦ 周邦融，张肇西，黄厚昌，杨祥聪. $\frac{1}{2}^+$ 重子 $-\frac{3}{2}^+$ 重子的电磁顶角、弱顶角与相对论性的结构模型[J]. 原子能，1966(3)：192–199.

⑧ 黄厚昌，杨祥聪，周邦融，张肇西. 重子的磁矩和电磁形状因子[J]. 原子能，1966(3)：181–186.

⑨ 周邦融，张肇西，黄厚昌，杨祥聪. 重子共振态的电磁顶角与相对论性的结构模型[J]. 原子能，1966(3)：200–204.

果不同。①

1966 年 3 月，原子能研究所基本完成了强作用粒子的相对论性结构模型的具体计算。在所长钱三强支持下，《原子能》杂志②设立“基本粒子结构专刊”（1966 年第 3 期）发表系列结果（图 4–8 左，表 4–2）。③专刊刊首有毛泽东语录及《红旗》杂志关于坂田文章的编者按。④

表 4–2　1966 年《原子能》第 3 期“基本粒子结构专刊”发表文章目录

	论文题目	作者
1	强相互作用粒子的结构的相对论性模型	中国科学院原子能研究所基本粒子理论组（朱洪元　汪容　何祚庥　冼鼎昌执笔，戴元本参与部分工作）
2	核电介子的三体轻子衰变	中国科学院原子能研究所基本粒子理论组（阮同泽　陈时执笔）
3	结构模型下的介子电磁顶角	中国科学院原子能研究所基本粒子理论组
4	相对论结构模型下的 π^0 介子和 η^0 介子的电磁衰变	中国科学院原子能研究所基本粒子理论组（杜东生　徐德之执笔）
5	相对论性结构模型下的 $1^- \to \gamma$，$1^- \to 0^- + \gamma$ 介子电磁顶点及衰变概率	中国科学院原子能研究所基本粒子理论组（杜东生　徐德之执笔）
6	相对论性的结构模型和矢量介子 V 的电磁衰变	中国科学院原子能研究所基本粒子理论组（周荣裕　郁鸿源　鞠长生执笔）

① 杨祥聪，周邦融，张肇西，黄厚昌 . 重子$\left(J=\frac{1}{2}\right)$的弱相互作用顶角[J]. 原子能，1966(3)：187–191.

② 《原子能》杂志由中国物理学会创办于 1956 年，主要介绍与和平利用原子能相关的论文、报告和科学技术方面的信息。1960 年起改由中国科学院原子核科学委员会编辑委员会编辑出版。

③ 据何祚庥回忆，北京基本粒子组在暑期物理讨论会召开前并无计划发表计算结果。1966 年 2 月 25 日，《人民日报》刊登北京市部分高校教师座谈学习毛泽东著作的心得发言。北京大学物理系理论物理教研室副主任高崇寿在发言中谈道：一年来，他们在基本粒子理论研究中，以《实践论》《矛盾论》为指导，“闯出了一条有我们自己的观点和特色的、有无限广阔天地的研究道路”。考虑到高崇寿在发言中并未提及科学院的工作，所以原子能所临时决定尽快发表研究结果。

④ 精选的编者按包括：宇宙，从小的方面说，也是无穷无尽的。原子里头分为原子核和电子，它们是对立面的统一。原子核里头又分为质子和中子，它们也是对立面的统一。质子又有和反质子的对立的统一。中子又有和反中子的对立的统一。质子、反质子、中子、反中子，等等，这些基本粒子还是可分的。物质是无限可分的。——摘自《红旗》杂志发表坂田昌一《关于新基本粒子观的对话》编者按的部分语句。

（续表）

	论文题目	作者
7	相对论性结构模型计算核子的电磁形状因子及与实验比较	张肇西　黄厚昌　杨祥聪　周邦融
8	重子的磁矩和电磁形状因子	黄厚昌　杨祥聪　周邦融　张肇西
9	重子$\left(J=\frac{1}{2}\right)$的弱相互作用顶角	杨祥聪　周邦融　张肇西　黄厚昌
10	$\frac{1}{2}^{+}$重子－$\frac{3}{2}^{+}$重子的电磁顶角、弱顶角与相对论性的结构模型	周邦融　张肇西　黄厚昌　杨祥聪
11	重子共振态的电磁顶角与相对论性的结构模型	周邦融　张肇西　黄厚昌　杨祥聪
12	$SU(3)$对称和$SU(6)$对称的重子波函数和介子波函数	冼鼎昌　李炳安
13	“夸克”与介子的耦合常数、磁矩及弱磁矩	朱重远　何祚庥　戴元本
14	重子的转动模型	高崇寿
15	强子的静止电磁性质与结构模型	杨国桢　陈激　刘连寿
16	一个可能的基本粒子模型	刘耀阳

处理束缚态方法的另一种是 Tamm–Dancoff 方法①。该方法在 Fock 空间表示粒子，即将粒子态表示为真空态加相应产生算符。例如，介子由一个粒子或反粒子产生算符作用在真空态上构成，重子由 3 个产生算符作用在真空态上构成。Tamm–Dancoff 方法的优点是当作一截断后，可写出束缚态方

① 塔姆（Igor Y.Tamm）是苏联著名理论物理学家，同切伦科夫（Pavel A.Cherenkow）和弗兰克（Ilja M.Frank）因发现并解释切伦科夫效应共同获得 1958 年诺贝尔物理学奖。B–S 方程因为四维积分比较难算，但是完全相对论性的。Tamm–Dancoff 方法是将原子理论中处理原子物理共振现象的 Weisskopf–Wigner 近似推广到 π–N 散射问题得来的。Tamm–Dancoff 方法是非相对论性的，少一重积分，计算相对简单。所以，理论家一度热衷 Tamm–Dancoff 方法，戴森和 Bethe 等人都曾使用 Tamm–Dancoff 方法做计算。不过，实际上 Tamm–Dancoff 方法理论基础也不是很完善，最后这一方法并不是很成功，但比微扰论是一个进步。Tamm–Dancoff 方法重整化计算比较困难，因为它不是相对论协变的，其减除发散不能完全归结为电荷重整化、波函数重整化。B–S 方程原则上可以加入重整化效应，不过 B–S 方程难解。

程且方程可解，利用所得波函数可计算各种过程。戴元本熟悉 *B–S* 方程和 Tamm–Dancoff 方法。经计算后，他认为 Tamm–Dancoff 方法可行并在讨论会报告该方法。朱洪元听后很高兴，不过在他提出 *B–S* 方法后，戴元本便没有继续在 Tamm–Dancoff 基础上计算。①

随后，戴元本查阅到当时中国物理学界并不熟悉的曼德斯坦文章。曼德斯坦方法可以完全相对论地处理束缚态。该方法从几个夸克的格林函数，如四夸克格林函数、六夸克格林函数中抽出极点项。由于格林函数可以写成完全协变的形式，因此这个极点也是协变的，即四维动量满足在壳条件。利用曼德斯坦方法，原则上可以由场论方法求出束缚态矩阵元，即用 3 个流或者多个流关联函数取其奇点则可确定束缚态矩阵元。② 戴元本在讨论会也报告这个方法。随后，有成员特意找出曼德斯坦文章，仔细学习和推导。③ 北京大学刘连寿还基于该方法总结出计算束缚态的费曼规则，并在讨论会上做了报告。

在此期间，莫谱戈发表利用 Fock Base 计算夸克组成介子过程的文章。④这与戴元本之前的想法类似。看到有同行发展此方法，戴元本担心被外国人抢先，于是利用相同方法计算 $\pi^0 \to 2\gamma$、$\pi\pi$ 湮灭等过程，并征求朱洪元意见是否发表。不过，朱洪元认为此时国际物理学界尚未注意这一题目，建议不要单独发表文章，以免“透漏风声”，北京基本粒子组要做出一批结果在国际会议（即 1966 年暑期物理讨论会）上报告，以取得这一领域的学术优先权。

二、强相互作用粒子的结构模型及协变场论方法

瞬时作用近似本身并非相对论性的。因此，朱洪元提出的对 *B–S* 方程取瞬时作用近似的方法并不具有完全相对论性。原子能研究所完成一批计算后，

---

① 2013 年 12 月 17 日，中国科学院理论物理研究所戴元本院士访谈。

② 曼德斯坦方法基本思想：例如，考虑 3 个基本粒子发生相互作用，引入 3 个算符，写出关联函数，即一个真空态加一个 T 算符，T 算符里面为 3 个算符乘积，每个算符与一个束缚态的量子数一样（现在称之为 current）；然后利用普通场论方法，利用费曼图（无穷多个）写出关联函数，求出奇点。

③ 2014 年 8 月 5 日，中国科学院高能物理研究所杜东生研究员访谈。

④ MORPURGO G. The saturation problem in the non-relativistic quark model of “elementary”particles [J]. Physics Letters, 1966, 20(6): 684–686.

有北京大学成员向戴元本提议用完全协变方法重新计算相应过程。两种方法都忽略了中间更高的态（亚基本粒子很重，不容易多产生），物理差别不大。①

数学研究所成员研究基础不一，多数是刚毕业的数学和物理专业学生，有的甚至是工作后才开始学习量子场论。他们通常在戴元本指导下做计算。张宗燧参与北京基本粒子组全部讨论，但对数学严谨性要求高，对某些数学上不严谨近似批评较多。不过，这也促使北京基本粒子组寻求更严谨方法。张宗燧还怀疑按照坂田模型研究基本粒子结构的可行性，认为，“对基本粒子结构研究按坂田模型的搞法，把握不大，怕搞了一阵落空”②。

北京大学成员基础相对较好，在应用协变方法研究过程中参与计算较多（图 4-7）。③ 据杨国桢回忆道：“当时北大的年轻人计算速度很快，大概一两个月时间内便完成相对论性模型的提出和随后几十个过程计算。大家工作热情很高，经常“开夜车”，过了午夜 12 点后就去买夜宵。年轻人在一起讨论、分配计算，算完一个过程马上算第二个、第三个过程。”④ 宋行长也对这段工作也记忆犹新，说：“我们当时在宿舍里讨论，宿舍只有十平方米，几个人吵吵嚷嚷，大家都在算，有时候算到晚上一两点钟。”⑤

很快的，北京大学和数学研究所合作提出了强相互作用粒子结构模型⑥及协变场论方法。⑦ 模型的核心思想是强作用粒子是有内部结构的复合粒子，

① 据戴元本回忆，他没有主动提议用协变场论方法计算，原因是数学所当时研究人员较少，相对活跃的有朱重远、赵万云等，其他同志需要具体指导才能参加计算。——2014 年 6 月 26 日，戴元本访谈。张历宁“四清”回来后不久被诊断患肝炎，1967 年 1 月前在疗养院养病。因此，他错过参与层子模型研究。——2015 年 12 月 23 日，中国科学院理论物理研究所张历宁研究员访谈。

② 中国科学院数学研究所档案［A］，Z370-00-204。

③ 2014 年 6 月 26 日，中国科学院理论物理研究所戴元本院士访谈。

④ 2014 年 6 月 6 日，中国科学院物理研究所杨国桢院士访谈。

⑤ 2014 年 1 月 8 日，北京大学物理学院宋行长教授访谈。

⑥ 北京大学理论物理研究室基本粒子理论组，中国科学院数学研究所理论物理研究室. 强相互作用粒子的结构模型［J］. 北京大学学报（自然科学），1966（2）：103-112.

⑦ 北京大学理论物理研究室基本粒子理论组，中国科学院数学研究所理论物理研究室. 强子结构模型的协变场论方法［J］. 北京大学学报（自然科学），1966（2）：113-123.

由更基本的、自旋为 $\frac{1}{2}$ 的"基础粒子"组成。[①] 在质心系下，"基础粒子"处于 S 波状态，由"超强作用"束缚作非相对论运动。这种"超强作用"满足 $SU(3)$ 对称性且与自旋无关。模型假定"基础粒子"结合成基本粒子，同时参与电磁和弱相互作用，强相互作用粒子和光子、轻子的相互作可以归结为构成它的"基础粒子"同这些场的相互作用。此外，他们根据基本粒子具有相对稳定结构特征假定存在"单道近似"，即假定一个束缚态介子主要转化为一对正反"基础粒子"同其他场发生作用，一个束缚态重子主要转化为三个"基础粒子"同其他场发生作用。

图 4–7　正在讨论中的北京基本粒子组成员
（由左依次为高崇寿、朱重远、宋行长与胡宁）

基于上述假设，他们给出计算具体物理过程的费曼规则，以 $\omega \to \pi+\gamma$、$\pi \to 2\gamma$ 为例：

1. 介子分解为基础粒子对的顶点贡献

$(2\pi)^4\delta^4(P-p_1+p_2)\Gamma(p_1, p_2)$　　(0^-)；

$(2\pi)^4\delta^4(P-p_1+p_2)\Gamma_\mu(p_1, p_2)$　　(1^-)；

① 介子由一对正反"基础粒子"组成，重子由三个"基础粒子"组成。

2. 基础粒子对合并成介子的顶点贡献

$(2\pi)^4\delta^4(P-p_1+p_2)\overline{\Gamma}(p_2, p_1)$ (0^-);

$(2\pi)^4\delta^4(P-p_1+p_2)\overline{\Gamma}_\mu(p_2, p_1)$ (1^-)

3. 每条介子外线贡献 $\frac{1}{\sqrt{2E}}$ (0^-); $\frac{e_\mu^\sigma}{\sqrt{2E}}$ (1^-)

4. 每条介子内线贡献

$$\int d^4P\Delta_f(P)=\frac{-i}{(2\pi)^4}\int\frac{d^4P}{P^2+m^2};\quad(0^-)$$

$$\int d^4P\Delta_{f\mu\nu}(P)=\frac{-i}{(2\pi)^4}\int\frac{\delta_{\mu\nu}+\frac{P_\mu P_\nu}{m^2}}{P^2+m^2}d^4P\quad(1^-)$$

5. 每条基础粒子内线贡献 $\int d^4pS_F(p)=\int d^4p\,\frac{i}{(2\pi)^4}\,\frac{i\hat{p}-M}{p^2+M^2}$

6. 每一个基础粒子线封闭圈贡献 $-Sp$

7. 每一个电磁顶点贡献一个因子 $-(2\pi)^4\delta^4(p-p'-q)QF_\mu(q)$

其中，P 为介子的四维动量，q 为光子的四维动量，p_1 为基础粒子动量，$-p_2$ 为反基础粒子动量，Q 为基本粒子电荷。此外，束缚态强子可作为中间传播态出现于相互作用矩阵元，其传播函数具体形式：在相互作用矩阵元中，不参与相互作用的“基础粒子”贡献一个因子 $S_F^{-1}(p)\sim M+i\hat{p}$。按上述规则写出矩阵元后，将用介子波函数表示后，便可得具体过程振幅。同样规则可推广到重子情况。

北京大学和数学研究所在该模型框架下讨论了重子和介子情况。在重子方面，他们给出 $\frac{1}{2}^+$ 重子流[①]；讨论了 $\frac{1}{2}^+$ 重子电磁形状因子[②③]、$\frac{1}{2}^+$ 重子的轻

① 北京大学理论物理研究室基本粒子理论组，中国科学院数学研究所理论物理研究室. 结构模型中的 $\frac{1}{2}^+$ 重子流[J]. 北京大学学报(自然科学)，1966(2)：124-136.

② 由于考虑电磁作用过程中“基础粒子”(横向)运动贡献使得计算结果不仅包含原子能所结果，还得到中子电形式因子不为零及其他新结果。

③ 北京大学理论物理研究室基本粒子理论组，中国科学院数学研究所理论物理研究室. 结构模型中 $\frac{1}{2}^+$ 重子的电磁形状因子[J]. 北京大学学报(自然科学)，1966(2)：137-149.

子型弱相互作用并给出弱作用形状因子具体形式①；计算了$\frac{3}{2}^{+}\rightarrow\frac{1}{2}^{+}$重子流矩阵元并与$S\widetilde{U}(12)$理论比较；②计算了$N^{*}\rightarrow p\gamma$跃迁概率③及$\Omega^{-}\rightarrow\Xi^{0}l^{-}\widetilde{\nu}_{l}$衰变概率。④⑤在介子方面，给出结构模型中的介子流；⑥研究了$J^{P}=0^{-}$，1^{-}介子电磁和弱相互作用，给出介子形状因子、湮灭顶角与介子内部波函数联系，通过介子内部波函数建立电磁过程、弱过程、电磁过程和弱过程之间的联系。⑦⑧此外，他们还探讨束缚态中基础粒子有效质量⑨、基本粒子旋转激发态⑩⑪以及高激发态的单粒子近似⑫等问题。

利用上述方法做计算时需了解介子和重子结构波函数形式。原则上，应从“基础粒子”之间相互作用的基本运动方程求解强子结构内部波函数。由于当时不清楚运动方程的具体形式，北京大学和数学研究所成员一方面从标

① 北京大学理论物理研究室基本粒子理论组，中国科学院数学研究所理论物理研究室. 结构模型中$\frac{1}{2}^{+}$重子的轻子型弱相互作用[J]. 北京大学学报(自然科学)，1966(2)：150-161.

② 中国科学院数学研究所理论物理研究室，北京大学理论物理研究室基本粒子理论组. 结构模型中的$\frac{3}{2}^{+}\rightarrow\frac{1}{2}^{+}$重子流[J]. 北京大学学报(自然科学)，1966(2)：162-166.

③ 中国科学院数学研究所理论物理研究室，北京大学理论物理研究室基本粒子理论组. 在结构模型中的$N^{*+}\rightarrow\gamma+p$衰变[J]. 北京大学学报(自然科学)，1966(2)：167-175.

④ 中国科学院数学研究所理论物理研究室，北京大学理论物理研究室基本粒子理论组. 结构模型中的$\Omega^{-}\rightarrow\Xi^{0}l^{-}\widetilde{\nu}_{l}$衰变[J]. 北京大学学报(自然科学)，1966(2)：176-182.

⑤ 该过程主要通过基础粒子赝矢量流进行，得到比$SU(3)$唯象理论更多信息。在致谢部分，作者感谢朱洪元和何祚庥提醒对$\Omega\rightarrow\Xi\mu\nu$考虑赝标项的必要性。

⑥ 北京大学理论物理研究室基本粒子理论组，中国科学院数学研究所理论物理研究室. 结构模型中的介子流[J]. 北京大学学报(自然科学)，1966(2)：189-193.

⑦ 北京大学理论物理研究室基本粒子理论组，中国科学院数学研究所理论物理研究室. 结构模型中介子的电磁衰变和轻子型弱衰变[J]. 北京大学学报(自然科学)，1966(2)：194-204.

⑧ 不同于原子能所计算结果，此处考虑了束缚在介子中的一个基础粒子同外场相互作用瞬间另一个基础粒子运动的效果。这种效果表现在$S_{F}^{-1}(p)$的相对动量p上。当“基础粒子”等效质量M远大于它们之间相对动量p时两种结果相同。

⑨ 北京大学理论物理研究室基本粒子理论组. 在束缚态中基础粒子的有效质量[J]. 北京大学学报(自然科学)，1966(2)：225-229.

⑩ 北京大学理论物理研究室基本粒子理论组. 基本粒子的旋转激发态[J]. 北京大学学报(自然科学)，1966(2)：230-236.

⑪ 此处2^{-}，$\frac{5}{2}^{+}$，$\frac{7}{2}^{+}$被认为是1^{-}，$\frac{1}{2}^{+}$，$\frac{3}{2}^{+}$粒子的空间旋转激发态。

⑫ 刘耀阳. 高激发态的单粒子近似[J]. 北京大学学报(自然科学)，1966(2)：237-241.

准的协变性及其他时空对称性考虑，猜测介子和重子波函数普遍形式；[①] 另一方面利用现有场论束缚态运动方程（例如 *B–S* 方程）结合一定物理考虑，讨论波函数性质。尽管有成员认为 *B–S* 方程在多大程度上反映基础粒子运动规律还值得商榷，但将其与唯象引入波函数结合，有助于澄清基础粒子间相互作用和运动规律。[②]

1966 年 4 月初，北京大学和数学研究所成员基本完成上述工作。在北京大学副校长周培源支持下，《北京大学学报（自然科学）》（季刊）也设立“‘基本粒子’结构理论专刊”（1966 年第 2 期）发表这一系列工作（图 4–8，右；表 4–3）。

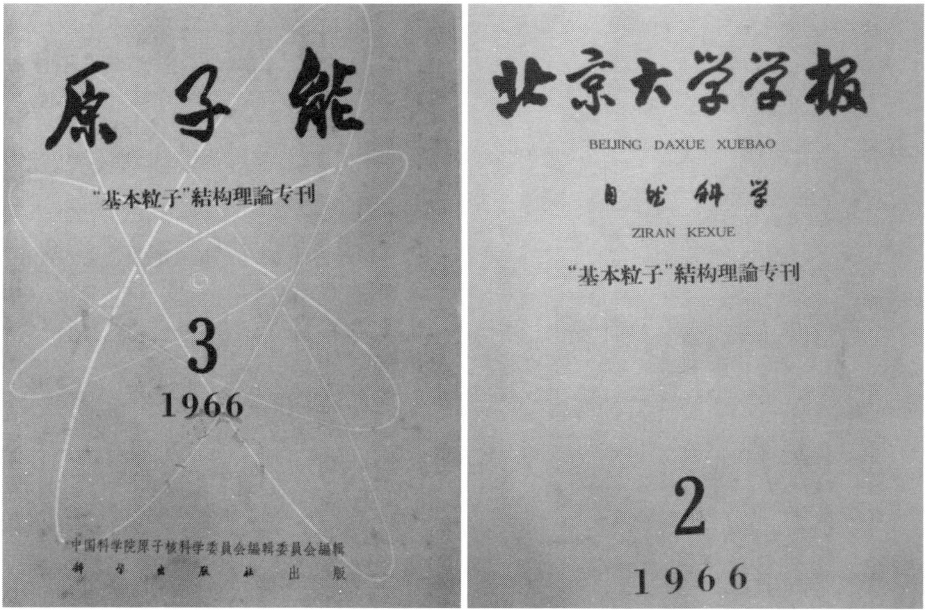

图 4–8　《原子能》与《北京大学学报（自然科学）》“基本粒子”结构理论专刊

① 北京大学理论物理研究室基本粒子理论组，中国科学院数学研究所理论物理研究室．介子结构波函数的时空对称性质［J］．北京大学学报（自然科学），1966（2）：209–212.

② 北京大学理论物理研究室基本粒子理论组．结构介子波函数与贝特 – 沙尔披特方程［J］．北京大学学报（自然科学），1966（2）：213–224.

表 4–3 1966 年《北京大学学报（自然科学）》第 2 期“基本粒子”结构理论专刊发表文章目录

	论文题目	作者
1	强相互作用粒子的结构模型	北京大学理论物理研究室基本粒子理论组 中国科学院数学研究所理论物理研究室
2	强子结构模型的协变场论方法	同上
3	结构模型中$\frac{1^+}{2}$的重子流	同上
4	结构模型中$\frac{1^+}{2}$重子的电磁形状因子	同上
5	结构模型中$\frac{1^+}{2}$ 重子的轻子型弱相互作用	同上
6	结构模型中$\frac{3^+}{2}\rightarrow\frac{1^+}{2}$的重子流	同上
7	在结构模型中 $N^{*+}\rightarrow\gamma+p$ 的衰变	同上
8	结构模型中的 $\Omega^-\rightarrow\Xi^0 l^-\tilde{\nu}_l$ 衰变	同上
9	从结构模型中重子流的独立结 构因子看内部运动及对称性	同上
10	结构模型中的介子流	同上
11	结构模型中介子的电磁衰 变和轻子型弱衰变	同上
12	“亚基本粒子”的电荷和 矢量介子的电磁衰变	何祚庥
13	介子结构波函数的时空对称性质	北京大学理论物理研究室基本粒子理论组 中国科学院数学研究所理论物理研究室
14	介子结构波函数与贝 特－沙尔披特方程	北京大学理论物理研究室基本粒子理论组
15	在束缚态中基础粒子的有效质量	北京大学理论物理研究室基本粒子理论组
16	基本粒子的旋转激发态	北京大学理论物理研究室基本粒子理论组
17	高激发态下的单粒子近似	刘耀阳

三、其他工作

鉴于在理论发展不完善时建立强子运动方程的主观猜测成分大，北京基本粒子组将根据实验结果探索内部波函数性质和形式，进而探索“亚基本粒子”[①]之间相互作用性质、形式及内部运动波函数所遵从的方程作为主攻方向。他们既认识到量子场论将强子视为点粒子的局限性又承认其在处理电磁相互作用等问题的成功。因此，原子能研究所成员试图从实验结果和场论的微扰论出发，探讨介子内部运动波函数、轨道运动波函数的性质和形式，并用流代数方法讨论零点波函数和重叠积分之间关系。[②③]

由于模型假设“亚基本粒子”自旋为$\frac{1}{2}$且组成重子的“亚基本粒子”轨道角动量为零（s 波状态）。因此，需讨论这些粒子遵从的统计规律。若服从费米统计，则需引入新量子数，否则 56 维表示重子中“亚基本粒子”波函数不可能为反对称的。而引入新量子数的代价是增加重子数目，这并未得到实验支持。朱洪元等人认为统计问题不影响计算具体过程，不提倡此时深入研究统计问题。不过，有成员仔细研究后认为“亚基本粒子”可能服从三“阶”综合统计规律，即一个态最多可容纳三个相同粒子，由此允许重子中三个“亚基本粒子”具有对称波函数。经计算，结构模型下强子电磁相互作用与强子轻子型弱相互作用给出的结果与假设“亚基本粒子”服从三“阶”综合统计规律并不矛盾。[④]

中国科学技术大学刘耀阳也关注统计问题。他受弱作用宇称不守恒工作启发，认为强子满足的盖尔曼 – 西岛关系并未得到实验直接证实。于是，他假定“亚基本粒子”满足修改后的盖尔曼 – 西岛关系：$Q=I_3+\frac{X}{2}$，$X=Y+Z$，

① 此时，关于强子组分的名称尚未统一，有时也称“元强子”“夸克”或“基础粒子”。

② 中国科学院原子能研究所基本粒子理论组. 35 维介子内部运动波函数的初步探讨［J］. 原子能，1966（7–8）：439–447.

③ 作者在文尾处指出中国科学技术大学石钟慈、孙淑玲完成形状因子数值计算。

④ 中国科学院原子能研究所基本粒子理论组. 关于综合统计与结构模型［J］. 原子能，1966（7–8）：448–451.

其中 Z 为“亚基本粒子”的新量子数。为解决统计问题，刘耀阳假定存在三类“亚基本粒子”（每类有3种）携带 Z 量子数 Z_1, Z_2, Z_3，每类“亚基本粒子”为 $SU(6)$ 或 $SU(3)$ 的基础表示。当组成重子的三种“亚基本粒子”满足 $Z_1+Z_2+Z_3=0$ 时，$SU(6)$ 的56维表示满足费米统计。对于“亚基本粒子”结合态问题，刘耀阳的解释是自由“亚基本粒子”质量很大，携带整数电荷，原则上允许存在破坏 Z 守恒的作用，因此自由“亚基本粒子”不稳定。他还建议利用 $\omega^0 \rightarrow \gamma$ 和 $\varphi^0 \rightarrow \gamma$ 等介子电磁衰变过程鉴别“亚基本粒子”电荷是否为整数。[①] 刘耀阳研究方向是对的，遗憾的是由于引入的相加自由度（即 Abel 群）而不能给出全反对称性。[②]

此外，原子能研究所成员还研究了强子之间的次强相互作用，计算了强相互作用粒子质量和宽度，将重子和介子的质量谱、强衰变宽度等联系起来。[③] 对于实验上发现的高自旋重子激发态，高崇寿认为激发态中重子进行整体转动，提出引入轨道角动量方法解释部分正宇称重子激发态。[④] 原子能研究所成员则采用“单粒子激发模型”并假定“亚基本粒子”自旋轨道相互作用很弱（L–S 耦合），提出一种可得出相对论性重子激发态波函数的方法。[⑤] 他们还在结构模型下分析普适弱相互作用理论和实验，指出矢量流和赝矢量流可能存在不同卡比波角；[⑥] 将介子 S 波波函数推广至相对论 P 波波函数，讨论高激发态介子电磁顶角和磁矩；[⑦] 研究大动量传递矢量介子 ω^0 三体衰变 $\omega^0 \rightarrow \pi^0+e^++e^-$ 过程，讨论形状因子对能谱的影响并计算衰变概率。[⑧] 数学研

① 刘耀阳. 一个可能的基本粒子模型［J］. 原子能，1966(3)：232–235.

② 这与他们当时的群论基础有关，对于秩大于1的群不熟悉。

③ 中国科学院原子能研究所基本粒子理论组. 次强相互作用［J］. 原子能，1966(7–8)：460–483.

④ 高崇寿 . 重子的转动模型［J］. 原子能，1966(3)：221–224.

⑤ 中国科学院原子能研究所基本粒子理论组 . 一种相对论性重子激发态的波函数及其应用［J］. 原子能，1966(7–8)：484–490.

⑥ 中国科学院原子能研究所基本粒子理论组. 结构模型中普适弱相互作用问题的讨论[J]. 原子能，1966(7–8)：452–455.

⑦ 中国科学院原子能研究所基本粒子理论组 . 介子高激发态波函数与电磁顶角［J］. 原子能，1966(7–8)：491–497.

⑧ 中国科学院原子能研究所基本粒子理论组 . 矢量介子 ω^0 的电磁作用的三体衰变［J］. 原子能，1966(7–8)：505–506.

究所成员则计算了 $\frac{\pi\to e+v}{\pi\to\mu+v}$ 和 $\frac{K\to e+v}{K\to\mu+v}$ 分支比的辐射修正效应[①]并同原子能所合作研究强子结构模型 B–S 波函数与超强相互作用性质。[②]赵宝恒和刘耀阳在 $K_{\mu2}$, $\pi_{\mu2}$ 衰变作用中引入原始赝标项解释结构模型中由 $K_{\mu2}$, $\pi_{\mu2}$ 分支比求出的较大的卡比波角问题。[③]

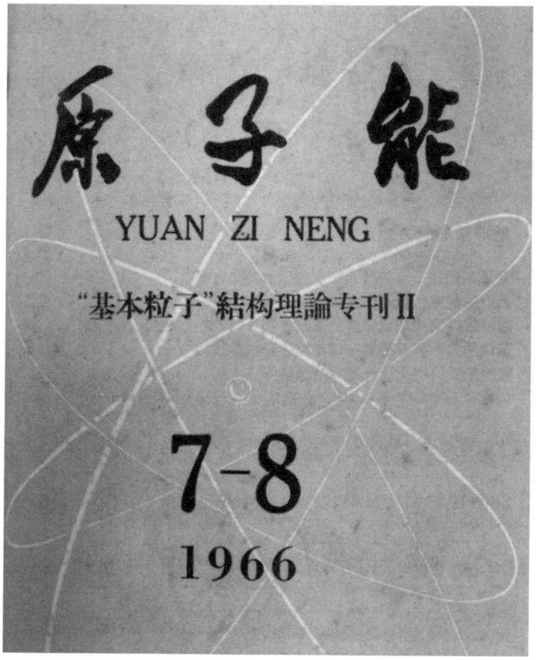

图 4–9　1966 年《原子能》第 7–8 期"基本粒子"结构理论专刊Ⅱ

1966 年 6 月末，北京基本粒子组完成上述工作。受"文化大革命"影响，《原子能》杂志[④]在 7 月末将第 7–8 期合刊并再次设立"'基本粒子'结构理论专刊"（图 4–9，表 4–4）。专刊Ⅱ刊首也选了毛泽东语录，但革命性语言较多。[⑤]此外，部分文章正文还引用毛泽东著《在延安文艺座谈会上的讲话》《中国革命战争的战

① 中国科学院数学研究所理论物理研究室. 结构模型和 $\frac{\pi\to e+v}{\pi\to\mu+v}$, $\frac{K\to e+v}{K\to\mu+v}$ 辐射修正[J]. 原子能, 1966(7–8): 498–504.

② 中国科学院数学研究所理论物理研究室，北京大学理论物理研究室基本粒子理论组. 强子结构模型的贝特 – 沙尔披特波函数与超强作用的性质[J]. 原子能, 1966(7–8): 507–513.

③ 赵宝恒, 刘耀阳. 基本粒子相对论性结构模型中的卡比波角问题[J]. 原子能, 1966(7–8): 456–459.

④ 此后，《原子能》杂志停刊，"文革"结束后没有复刊。

⑤ 专刊Ⅱ精选的毛泽东语录有：

人民群众有无限的创造力。他们可以组织起来，向一切可以发挥自己力量的地方和部门进军，向生产的深度和广度进军，替自己创造日益增多的福利事业。　——《多余劳动力找到了出路》一文的按语

……

我们的战略是"以一当十"，我们的战术是"以十当一"，这是我们制胜敌人的根本法则之一。

——《中国革命战争的战略问题》

每战集中绝对优势兵力（两倍、三倍、四倍、有时甚至是五倍或六倍于敌之兵力），四面包围敌人，力求全歼，不使漏网。

——《目前形势和我们的任务》

略问题》和《矛盾论》的语句。

表 4–4　1966 年《原子能》第 7–8 期“基本粒子”结构理论专刊 II 文章目录

	论文题目	作者
1	35 维介子内部运动波函数的初步探讨	中国科学院原子能研究所基本粒子理论组
2	关于综合统计与结构模型	中国科学院原子能研究所基本粒子理论组
3	结构模型中普适弱相互作用问题的讨论	中国科学院原子能研究所基本粒子理论组
4	基本粒子相对论性结构模型中的卡比波角问题	赵宝恒 刘耀阳
5	次强相互作用	中国科学院原子能研究所基本粒子理论组
6	一种相对论性重子激发态的波函数及其应用	中国科学院原子能研究所基本粒子理论组
7	介子高激发态波函数与电磁顶角	中国科学院数学研究所理论物理研究室
8	结构模型和 $\frac{\pi \to e+v}{\pi \to \mu+v}$，$\frac{K \to e+v}{K \to \mu+v}$ 辐射修正	中国科学院原子能研究所基本粒子理论组
9	矢量介子 ω^0 的电磁作用的三体衰变	中国科学院原子能研究所基本粒子理论组
10	强子结构的 *B–S* 波函数与超强作用的性质	中国科学院数学研究所理论物理研究室 北京大学理论物理研究室基本粒子理论组

综上所述，北京基本粒子组讨论问题广泛，成员“八仙过海，各显神通”。[①] 模型提出之初，有成员曾尝试采用原子核和量子力学方法。北京大学胡宁曾关注轨道激发态（不限于 *S* 波基态，而是包含各种自旋）。另外，由于假设的“亚基本粒子”质量重，故其磁矩应很小，但这与实验结果矛盾。因此，胡宁认为强子内部存在某种相互作用使“亚基本粒子”获得一个轻的有效质量。他最初假设为标量相互作用力，继而又假设为赝标量相互作用。[②]

① 2014 年 1 月 8 日，北京大学物理学院宋行长教授访谈。

② 2012 年 8 月 5 日，中国科学院理论物理研究所戴元本院士访谈。

戴元本随后给出一般性讨论，假设包含标量（S）、赝标量（P）、矢量（V）、轴矢量（A）和张量（T）相互作用的普遍相互作用形式，得出的结论是标量相互作用产生的束缚态质量远小于“亚基本粒子”质量。此外，内部波函数相比于对称性理论能较易给出 $\Omega \to \pi\gamma$、$\pi \to 2\gamma$ 和 $\pi \to \mu\mu$ 三个过程之间联系。

需要指出的是，朱洪元提出强子结构模型后，已经有成员感觉到对强子内部波函数做非相对论近似会有问题，[①] 原因是：“亚基本粒子”很重，其内部运动动量远小于其质量，这是非相对论性的；但“亚基本粒子”交换能量很大，几乎以全部质量束缚形成强子。典型的非相对论近似交换动量和能量都很小，而他们处理的一种非典型的非相对论性。为了赶在暑期物理讨论会之前做出结果，北京基本粒子组没有深入研究这一问题。

四、具体计算结果

考虑到 $\pi^+ \to \mu^+ + \nu_\mu$ 实验数据精确且理论上容易处理，其转换振幅只含一个未知参数 a：$\langle 0|J_\mu^W(0)|0\rangle = a\sqrt{\frac{m}{E}} \cdot P_\mu$（其中 J_μ^W 为荷电弱流；m，E，P 分别为 π 介子质量、能量和 4 维动量）。因此，可利用此过程讨论强子内部波函数。在结构模型框架下，$|a|^2 = \frac{2}{m^2}|\psi(0)|^2(1-\bar{v}^2)$ 正比于零点波函数 $|\psi(0)|^2$ 且与“亚基本粒子”平均速度平方 $\bar{v}^2$ 有关，从而依赖“亚基本粒子”有效质量。由介子半径可得 $v^2 \ll c^2$，因此可将其忽略。进一步假设在强子静止系内自旋和幺旋波函数具有 $SU(6)$ 对称性，通过洛伦兹变换可得自由运动强子波函数：

0^- 介子波函数：$$\Phi_{P,\zeta}^{Ps}(x_1, x_2) = \frac{i}{2\sqrt{2}}\sqrt{\frac{M}{E}}A(\zeta)\left(1-\frac{i\hat{p}}{M}\right)\gamma_5 \Psi_\zeta^{Ps}(x)e^{iPX}$$

1^- 介子波函数：$$\Phi_{P,\zeta,\lambda}^{V}(x_1, x_2) = \frac{i}{2\sqrt{2}}\sqrt{\frac{M}{E}}A(\zeta)\left(1-\frac{i\hat{p}}{M}\right)\hat{f}^\lambda \Psi_\zeta^{V}(x)e^{iPX}$$

其中，Ps 和 V 分别代表赝标介子和矢量介子；x_1、x_2 代表“亚基本粒子”和

---

① 这个方向比起后来的夸克模型差在没有交换一个矢量介子，没有交换一个胶子，其他都很像。其实那也是一个正确方向，但是我们没有把这作为一个主要考虑对象，但胡宁是做了这个东西。——2012 年 8 月 5 日，中国科学院理论物理研究所戴元本院士访谈。

“反亚基本粒子”坐标；X 为质心坐标；x 为“亚基本粒子”和“反亚基本粒子”相对坐标；P、M、E 分别为 4 维动量、介子质量和能量；ζ 代表幺旋态，λ 代表极化态；$A(\zeta)$ 为幺旋波函数，$\Psi(x)$ 为介子内部时空波函数。

$\frac{1}{2}^{+}$ 重子波函数：$\Phi_{lm}(x_1, x_2, x_3, i, j, k, \alpha, \beta, \gamma) = \frac{1}{\sqrt{12}}\sqrt{\frac{M}{E}}\{\varepsilon_{ijl}\Big[\Big(1-\frac{i\hat{p}}{M}\Big)$

$\gamma_5 C\Big]_{\alpha\beta} \times U_{\gamma}^{(\lambda)}(P)\delta_{mk} + \begin{pmatrix} i & j & k \\ \alpha & \beta & \gamma \end{pmatrix}\}\Psi_{\zeta}^{(\frac{1}{2})}(x, x')e^{iPX}$

$\frac{3}{2}^{+}$ 重子波函数：$\Phi_{lmn}(x_1, x_2, x_3, i, j, k, \alpha, \beta, \gamma) = \sqrt{\frac{3}{4}}\sqrt{\frac{M}{E}}\, d_{lmn}^{ijk} \times \Big[\Big(1-\frac{i\hat{p}}{M}\Big)$

$\gamma_\mu C\Big]_{\alpha\beta}\psi_{\gamma\mu}^{(\lambda)}(P)\Psi_{\zeta}^{(\frac{3}{2})}(x, x')e^{iPX}$

其中 x_1, x_2, x_3 为 3 个“亚基本粒子”坐标，X 为质心坐标，x, x' 为内部相对坐标；i, j, k 为幺旋坐标；α, β, γ 为自旋坐标；l, m, n 标记幺旋态 ζ；λ 为重子极化态；$\begin{pmatrix} i & j & k \\ \alpha & \beta & \gamma \end{pmatrix}$ 表示 (i, α) (j, β) (k, γ) 轮换；d_{lmn}^{ijk} 为全对称参数；C 为电荷共轭矩阵；$U^{(\lambda)}(P)$ 为具有动量 P，极化 λ 的自旋 $\frac{1}{2}$ 自由粒子 Dirac 波函数；$\psi_{\mu}^{(\lambda)}(P)$ 为具有动量 P，极化 λ 的自旋 $\frac{3}{2}$ 自由粒子 Rarita–Schwinger 方程解。因此，每个强子仅有的未知量为内部时空波函数 $\Psi(x, x')$。

上述波函数的获得均假设强子外部运动是相对论性的，而其内部运动则是非相对论性的。① 进一步假设强子同属一个 $SU(6)$ 多重态且具有相同内部时空波函数和质量，所得结果与 $SU(6)$ 对称性理论结果一致。尽管 $SU(6)$ 并非一个好对称性 ②，但采用该近似后将理论计算与实验结果比较后可引入修正。确定波函数和相互作用形式后，可计算强子性质和多种过程跃迁概率。北京基本粒子组首先计算了 $K^+ \to \mu^+ + \nu_\mu$ 过程转化率。当取 K^+ 内部波函数

① 达利兹（R.H.Dalitz）和莫谱戈在夸克模型下研究强子结构问题时选取的波函数为非相对论的。但某些过程涉及强子的高速运动，例如，$\omega \to \pi^0 + \gamma$ 过程在 ω 质心系下 π^0 速度为光速 94%。另外，强子的电磁多偶磁矩、形状因子等特征均与相对论效应联系。

② 例如，$m_\varphi = 7.2 m_\pi$，$m_{\Omega^-} = 1.8 m_p$。该近似下，与介子、重子相关过程结果与实验值分别大一个和两个量级。

与 π^+ 内部波函数相同时，计算结果为 $1.3\times10^7\text{sec}^{-1}$，仅为实验值 $\frac{1}{4}$ 。考虑到实验测量的 K^+ 半径 r_K 与 π^+ 半径 r_π 不同，二者 $|\psi(0)|^2$ 也不相同，当假设 $\frac{r_K}{r_\pi}$ =0.63 时，得到的衰变率理论值与实验值一致①。

他们还利用 ω, ρ^0 和 ϕ 衰变到 e^+e^- 过程检验夸克模型和坂田模型。两种框架下计算结果分别为 $\Gamma_{\omega\to e^+e^-}:\Gamma_{\rho0\to e^+e^-}:\Gamma_{\phi\to e^+e^-}=1:9.1:1.5$ 和 $1:7.5:0.1$（考虑了 ω–φ 混合）。与实验值 $1:8.7\pm2.2:1.6\pm0.2$ 比较后可知夸克模型结果更接近。此外，利用强子通过 γ 衰变到另一种强子过程，可进一步检验夸克模型和坂田模型。计算始、末态均为强子的跃迁振幅需考虑始、末态强子波函数之间的重叠积分。若两强子内部波函数不同，则重叠积分小于 1；若两强子内部波函数在其静止系下相同，且二者之间存在相对运动，由于波函数受洛伦兹效应支配，重叠积分也小于 1。考虑到上述因素，北京基本粒子组在夸克模型框架下计算多个过程衰变宽度并与实验值比较（表 4–5）。其中 $\omega\to\pi^0+\gamma$ 等 8 个过程与实验数据接近，2 个过程与实验值严重偏离。坂田模型框架下的计算结果与实验值偏离较大，例如 $\Gamma_{\omega\to\pi0+\gamma}$ 的理论值（2500GeV）远大于实验值。

表 4–5　夸克模型框架下计算的强子通过 γ 衰变为另一种强子的宽度

衰变过程	衰变宽度（理论值 KeV）	衰变宽度（实验值 KeV）
$\omega\to\pi^0+\gamma$	930	890 ± 50
$\omega\to\eta+\gamma$	9	9 ± 40
$\rho^0\to\pi^0+\gamma$	100	37 ± 11
$\rho^0\to\eta+\gamma$	110	

① 实验测量的 r_K 和 r_π 为 $r_K=0.51\pm0.07\times10^{-13}$cm 和 $r_\pi=0.711\pm0.07\times10^{-13}$cm，即 $\frac{r_K}{r_\pi}=0.72\pm0.10$。实验测量的 $D\to K^++K^-$ 与 $D\to\pi^++\pi^-$ 衰变率比率为 $\frac{D\to K^++K^-}{D\to\pi^++\pi^-}=3.4^{+2.8}_{-1.2}$。明显地，衰变率包含因子 $|\psi(0)|^2$ 和相空间因子。当假设 $\frac{r_K}{r_\pi}=0.63$ 时，可得 $\frac{|\psi_K(0)|^2}{|\psi_\pi(0)|^2}=4$；取 $\frac{P_K}{P_\pi}=0.86$ 时，可得 $\frac{|\psi_K(0)|^2\cdot P_K}{|\psi_\pi(0)|^2\cdot P_\pi}=3.43$。

（续表）

衰变过程	衰变宽度（理论值 KeV）	衰变宽度（实验值 KeV）
$\phi \to \pi^0+\gamma$	10	6 ± 2
$\phi \to \eta+\gamma$	250	66 ± 8
$\phi \to \eta'+\gamma$	1	
$K^{+*} \to K^{+}+\gamma$	80	74 ± 35
$K^{0*} \to K^{0}+\gamma$	330	
$\eta' \to \rho+\gamma$	150	<380
$\eta' \to \omega+\gamma$	20	<25
$\Delta^{+} \to P+\gamma$	470	600 ± 40
$\Sigma^0 \to \Lambda+\gamma$	8	11 ± 3

北京基本粒子组利用相同方法计算了强子磁矩、电偶极矩①、磁八极矩②等电磁性质。在夸克模型框架下 $\frac{1}{2}^{+}$ 重子磁矩的理论值见表 4-6，可见 Σ^- 和 Ξ^- 的理论值与实验值偏差较大。③ $\frac{3}{2}^{+}$ 重子磁矩和 1^- 介子磁矩由 $\frac{Q}{2M}+\frac{\mu_p Q}{2m_p}$ 给出（Q、M 分别为强子电荷和质量）；μ_p=1.793 为质子反常磁矩系数。值得注意的是，由于忽略"亚基本粒子"在强子内部的运动速度，强子磁矩不再依赖"亚基本粒子"有效质量，而主要源自相对论相应④和亚基本粒子反常磁矩两方面贡献。北京基本粒子组还计算了 $0^- \to \gamma+\gamma$ 过程衰变宽度，见表 4-7。

---

① 1^- 介子电四极矩为 $-\frac{2Q}{3M^2}\left(1-\frac{\pi^2}{15}\right)$；而 $\frac{3}{2}^{+}$ 重子电四极矩为 $-\frac{Q}{M^2}$。

② $\frac{3}{2}^{+}$ 重子磁八极矩为 $-\frac{3\sqrt{3}}{20}\cdot\frac{Q}{M^3}\left(1+\frac{\mu_p M}{m_p}\right)$，当取磁场 $\vec{H}=r^2\vec{Y}_{J,L,M}(\theta,\varphi)A$（其中 J=3，L=2，M=0）时，可得磁八极能量 $E=\sqrt{\frac{3}{\pi}}\cdot\frac{Q}{8M^3}\left(1+\frac{\mu_p M}{m_p}\right)$。

③ 北京基本粒子组认为常见前后相差两个标准偏差的高能物理实验。

④ 相对论效应决定于强子的整体反冲，其值依赖于强子质量。

表 4-6 $\frac{1}{2}^{+}$ 重子磁矩的理论值和实验值

	理论值	实验值
p	2.793（输入）	2.793
n	-1.86	-1.91
Λ	-0.88	-0.606 ± 0.034
Σ^{+}	2.58	2.83 ± 0.25
Σ^{0}	0.86	
Σ^{-}	-0.86	-1.48 ± 0.37
Ξ^{0}	-1.67	
Ξ^{-}	-0.84	-1.85 ± 0.75

表 4-7 夸克模型框架下 $0^{-}\rightarrow\gamma+\gamma$ 过程的衰变宽度

	理论值	实验值
$\pi^{0}\rightarrow\gamma+\gamma$	6.6eV	7.9 ± 0.5eV
$\eta^{0}\rightarrow\gamma+\gamma$	400eV（无 $\eta-\eta'$ 混合）；760eV（混合角 10°）	323 ± 9eV
$\eta'\rightarrow\gamma+\gamma$	9KeV（无 $\eta-\eta'$ 混合）；6KeV（混合角 10°）	5.8 ± 1.1KeV

上述结果均忽略“亚基本粒子”在强子内部的运动速度。然而，当在高阶近似下考虑“亚基本粒子”内部运动效应时，理论计算变得异常复杂。北京基本粒子组初步研究了该情况，发现这将导致中子非零电形状因子和 $\Delta^{+}\rightarrow p+\gamma$ 非零 $E2$ 转换振幅。此外，他们还计算了强子半轻子弱衰变过程，如 $\pi^{+}\rightarrow\pi^{0}+e^{+}$ 转换率为 0.412sec^{-1}。① 其他强子半轻子弱衰变分支比的理论值，见表 4-8。此外，北京基本粒子组在强子结构模型下还能给出介子和重子之间的质量关系②：

① 该过程的实验值为 0.392 ± 0.027 sec^{-1}。

② 对称性理论仅能给出各介子之间和重子之间的质量关系。

$$\frac{m_K^2-m_\pi^2}{m_\rho^2-m_\pi^2}=\frac{M_\Omega-M_\Delta}{4(M_\Delta-M_N)}$$

上式左侧和右侧实验值近似相等（分别为 0.39 和 0.38）。①

表 4–8 强子半轻子衰变的理论值和实验室

	理论值	实验值
$n\rightarrow p+e^-+\tilde{\nu}_e$	(input)	
$\Lambda\rightarrow p+e^-+\tilde{\nu}_e$	9.35×10^{-4}	$(8.07\pm0.28)\times10^{-4}$
$\Sigma^-\rightarrow n+e^-+\tilde{\nu}_e$	1.07×10^{-3}	$(1.08\pm0.04)\times10^{-4}$
$\Sigma^0\rightarrow p+e^-+\tilde{\nu}_e$	3.02×10^{-8}	
$\Sigma^+\rightarrow \Lambda+e^++\tilde{\nu}_e$	1.65×10^{-5}	$(2.02\pm0.47)\times10^{-5}$
$\Xi^-\rightarrow \Lambda+e^-+\tilde{\nu}_e$	0.62×10^{-3}	$(0.69\pm0.18)\times10^{-3}$
$\Xi^-\rightarrow \Sigma^0+e^-+\tilde{\nu}_e$	9.2×10^{-5}	$<5\times10^{-4}$
$\Xi^0\rightarrow \Sigma^++e^++\tilde{\nu}_e$	2.9×10^{-4}	$<1.1\times10^{-3}$
$\Sigma^-\rightarrow \Lambda+e^-+\tilde{\nu}_e$	5.4×10^{-5}	$(6\pm0.6)\times10^{-5}$
$\Sigma^0\rightarrow \Sigma^++e^-+\tilde{\nu}_e$	4.0×10^{-21}	
$\Sigma^-\rightarrow \Sigma^0+e^-+\tilde{\nu}_e$	1.5×10^{-10}	
$\Xi^-\rightarrow \Xi^0+e^-+\tilde{\nu}_e$	2.4×10^{-10}	
$\Omega^-\rightarrow \Xi^0+e^-+\tilde{\nu}_e$	7×10^{-3}	
$\Omega^-\rightarrow \Xi^0+\mu^-+\tilde{\nu}_e$	7×10^{-3}	

① 北京基本粒子组在计算过程中利用了中国科学院计算技术研究所的计算机。

第四节　1966年北京暑期物理讨论会

北京暑期物理讨论会召开时正值“文革”初期，层子模型被选为中国代表团的重要报告，以彰显毛泽东思想对自然科学研究的指导作用。

一、北京暑期物理讨论会的学术筹备

1965年11月，北京科学讨论会领导小组向国务院外事办公室和中央提交关于1966年暑期物理讨论会的请示报告。报告中提出除中、日两国关于理论物理的专业报告外，由高教部负责增加普通物理教学内容，以便于部分亚非国家学习中国的教学方法。[①] 请示报告中拟计划的会期为四周[②]。[③] 同年12月，中央批准举行1966年暑期物理讨论会。

中国科协、中国科学院、高教部、北京大学等单位负责北京暑期物理讨论会筹备工作，于1966年2月下旬组织召开了第一次学术筹备会议。来自中国科学院原子能研究所、物理研究所、哲学研究所、北京大学、清华大学、北京师范大学、复旦大学、山东大学、吉林大学和上海高教局等15个单位32位物理学家参加会议。钱三强、周培源等出席筹备会。筹备会初步确定42篇论文题目，要求在基本粒子理论（7篇）、原子核结构理论（6篇）、固体物理理论（7篇）和物理教学（22篇）准备论文时均以毛泽东思想挂帅、贯彻辩证唯物主义为方针，同时要求通过基本粒子研究等具体科学研究准备论文，专门讲述方法论。

1966年5月20至30日，在北京科学会堂举行暑期物理讨论会第二次学

① 北京暑期物理讨论会的准备情况［A］. 中国科学院档案，1966-01-059-04.

② 请示报告中拟计划1966年暑期物理讨论会会期为四周，两周开讨论会，另外两周组织会议代表参观访问。受“文革”影响，暑期物理讨论会会期缩短为9天。

③ 关于1966年国际物理讲习会有关问题的请示报告［A］. 中国科学院档案，1966-01-059-02.

术筹备会。来自中国科学院8个研究所和32所高等院校的70余位代表参加会议。会议主要目的是评审收到的43篇论文。① 此外，经中国物理学会党领导小组提名，成立由周培源、施汝为、唐敖庆、黄昆、谢希德、徐躬耦、查汝强、汪容、王迪、孙棣、白文彬组成的筹备会领导小组。② 周培源在筹备会上强调了筹备会的政治意图：

> 这次会是在国际上东风压倒西风，国内“文化大革命”进入高潮的大好形势下召开的。我们这次会是世界无产阶级革命的一部分，是直接为反帝反修服务的。把我们这次会开好，就能在7月份的会议上更好地宣传毛泽东思想和社会主义制度的优越性，就能为团结亚非拉大的科学工作者“反美、反帝、援越”这一总目的做出一定贡献。他着重指出要开好这次会必须突出政治，活学活用主席思想，充分发扬学术民主，大走群众路线。在对待论文评选的态度上，必须丢掉“我”字，抛弃一切私心杂念。……我们的每篇论文都要体现以主席思想为指导，体现自力更生和破除迷信的精神。③

随后，会议代表收听了中国驻英临时代办宦乡1966年4月16日在仪器仪表所做的形势报告录音。

5月21日，各小组结合周培源和宦乡报告，讨论筹备会意义和如何开好暑期物理讨论会等问题。部分代表认为，“暑期物理讲习会是国际阶级斗争的一部分，一定要突出政治、活学活用主席著作，把这次会开好，为暑期物理讲习会做好充分准备”④。有代表说：“我们参加这次会议任务光荣，责任重

① 按第一次学术筹备会计划提交42篇论文，笔者目前尚未确定在第二次筹备会上提交的多余1篇论文。

② 关于1966年暑期物理讲习会的筹备情况——物理讲习会第二次学术筹备工作会议在京举行[A]. 中国科学院档案，1966-01-059-09.

③ 北京科学讨论会1966年物理讲习会第二次筹备会简报(一号)[A]. 中国科学院档案，1966-01-059-10.

④ 北京科学讨论会1966年物理讲习会第二次筹备会简报(一号)[A]. 中国科学院档案，1966-01-059-10.

大。”也有代表说：“我们是为革命而开会。”[①] 当晚，各小组向领导小组汇报讨论情况。中国科协张进提出要使每位代表充分认识暑期物理讨论会的重大国际意义，暑期物理讨论会是“为国际共运、世界革命和国际阶级斗争服务的”，要把讨论会“变成宣传毛泽东思想的讲坛，变成宣传我国社会主义制度优越性讲坛”。他还强调利用政治标准和学术标准评选论文，[②] 且政治标准优先学术标准，要求报告“自始至终都要贯串毛泽东思想这条红线”。张进所指的政治标准是要体现：

(1)主席关于自力更生的精神，有中国独特的风格，走自己的路；

(2)对立统一、一分为二的观点，对待客观事物和对待自己的工作都要一分为二；

(3)理论和实践相结合的观点，亦即实践－理论－实践的观点；

(4)阶级观点，就是科学要为广大人民群众和无产阶级政治服务的观点。此外，还要体现三敢三严精神和严密的逻辑性。学术标准则要求论文水平要高，要言之有物，不要亦步亦趋，啃前人吃过的馍，要符合“有所发现，有所发明，有所创造，有所前进”的精神。[③]

随后，第二次筹备会进入论文讨论和评审阶段。在评审论文时，代表们以毛泽东思想为指针，判断某些成果是否立足国内、以“两论”为指导且体现自力更生、走自己道路的精神。例如，针对吉林大学吴式枢报告原子核结构计算方法论文时引用毛泽东关于“任务是过河”就要“解决船或桥”的语录，有代表提出，“主席所说‘过河’和‘桥或船’的问题，是说必须有了明确的任务，然后再解决‘桥或船’的问题，而这一项工作则是只有方法的研究，没有明确的任务(要解决什么物理问题)。因此，这是不符合主席所说的‘过河’

① 北京科学讨论会1966年物理讲习会第二次筹备会简报(一号)[A]. 中国科学院档案，1966-01-059-10.

② 1942年，毛泽东在《在延安文艺座谈会上的讲话》提出文艺批评两个标准精神。

③ 关于1966年国际物理讲习会有关问题的请示报告[A]. 中国科学院档案，1966-01-059-02.

和‘桥或船’的思想的”[①]。

论文评审阶段讨论的重点是基本粒子组“相对论性强子结构模型”和方法论报告。有代表认为，“基本粒子研究方法论报告战斗性不强，旗帜不鲜明，是‘坐而论道’，没有大破大立。它只是论述性的批判了西方的形而上学，内容只局限于方法论，没有把这项工作中的党的领导、群众路线、集中力量打歼灭战和破除迷信、走自己道路的面貌反映出来”[②]。也有代表认为报告人“在报告中自觉不自觉地宣扬了资产阶级的一些庸俗的东西。特别是在报告中说‘坂田顶住了西方的资产阶级的思想歪风’，宣扬了资产阶级学者的个人奋斗，夸大了坂田的作用；还说‘理论研究的目的只是抓本质、揭矛盾，认识的目的在于了解本质’，但根本不提科学研究为了‘革命’二字，实质上是宣扬了为科学而科学的错误论点”[③]。张宗燧则建议：“文章中主席的话不要写得太多，写多了外国人不但接受不了，反而产生消极效果。”[④] 他还认为，“‘相对论性强子结构模型’论文与萨拉姆所得结果一致，且论文内容与题目不符，该模型不是相对论性的”[⑤]。

1966年5月25日晚，暑期物理讨论会领导小组成员[⑥]决定将《物理教学总报告》和《基本粒子研究的方法论》作为“战斗性的文件”。这两篇文章“要高举毛泽东思想伟大红旗，反映我国科学工作者热爱党，热爱毛主席，敢于革命，敢于胜利的精神面貌；体现我国‘文化大革命’的时代精神”[⑦]。他

---

① 北京科学讨论会1966年物理讲习会第二次筹备会简报(二号)[A].中国科学院档案，1966-01-059-11.

② 北京科学讨论会1966年物理讲习会第二次筹备会简报(一号)[A].中国科学院档案，1966-01-059-10.

③ 北京科学讨论会1966年物理讲习会第二次筹备会简报(一号)[A].中国科学院档案，1966-01-059-10.

④ 北京科学讨论会1966年物理讲习会第二次筹备会简报(一号)[A].中国科学院档案，1966-01-059-10.

⑤ 北京科学讨论会1966年物理讲习会第二次筹备会简报(一号)[A].中国科学院档案，1966-01-059-10.

⑥ 暑期物理讨论会领导小组由韩光、郝德青、钱李仁、刘子戴、赵继昌组成。

⑦ 北京科学讨论会1966年物理讲习会第二次筹备会简报(二号)[A].中国科学院档案，1966-01-059-11.

们建议《基本粒子研究的方法论》“应本着该原则，改变只局限于‘方法论’的论述性写法，把在基本粒子研究中党的领导、群众路线、大协作、世界观的改造和以‘两论’为指导、破除迷信、走自己道路等情况和经验系统地写出来。”《物理教学总报告》也要适当扩充内容，尽可能地、实事求是地“体现主席思想的指导”。此外，筹备会最终评选出暑期讨论会正式报告17篇①和备用报告10篇。

1966年6月26日，国家科委上报国务院外事办公室《关于举办物理讲习会的方针和有关问题的请示》。该请示将《在毛泽东思想光辉照耀下探索基本粒子研究的道路》《为革命造灯》和《在普通物理方面的教学改革》列为三篇重点论文“深入宣传毛泽东思想和中国社会主义制度的优越性”。②7月4日最终确定了出席暑期物理讨论会的39位中国代表名单（表4–9）。他们均经过各单位工作组或党委的严格审查。③④有参加层子模型研究成员因政审不合格不允许参会。例如，原子能所冼鼎昌在准备并完成关于层子模型报告的中、英文校样后，被通知离开准备会议的民族饭店；何祚庥因在原子能所“五反”运动中被定为“反革命修正主义分子”也不允许参会。

表4–9　　出席1966年暑期物理讨论会的中国代表团名单

团内职务	姓名	政治面貌	专业	工作单位及职务
团长	周培源	党员	普通物理	中国物理学会理事长
副团长	赵继昌	党员		中国国家科学技术委员会副主任

① 其中，基本粒子组4篇，原子核结构组3篇，固体物理组4篇，物理教学组5篇及方法论组1篇。

② 致国务院外事办公室关于举行物理讲习会的方针和有关问题的请示（附论文题目）[A]. 中国科学院档案，1966–01–060–02.

③《关于出席北京暑期物理讲习会中国代表团名单问题的请示》指出参加暑期物理讲习会的中国代表团成员力求由“文化大革命”中的左派组成，对于有一般性缺点错误，但工作确有需要的人也拟吸收参加。例如，《请示》还指出“有的人思想上有不少问题，如北京大学教授胡宁，平时政治态度较右，在‘文化大革命’中亦表现较差。由于在这次物理讲习会上我将要提出的几篇基本粒子论文，胡宁也是作者之一，从学术活动上看，需要胡参加。北大工作组同意他作代表，出席会议。”

④ 致国务院外事办公室关于出席物理讲习会中国代表团名单问题的请示（附参加物理讲习会中国代表团名单）[A]. 中国科学院档案，1966–01–060–02.

（续表）

团内职务	姓名	政治面貌	专业	工作单位及职务
副团长	力一	党员		中国科学院原子能所副所长
副团长	蔡祖泉	党员	固体物理	复旦大学实验室主任
团员	钱三强	党员	原子核结构	中国科学院原子能所所长
	王东年	党员		全国科协书记处书记
	施汝为	党员	固体物理	中国科学院物理所所长
	张文裕	非党人士	基本粒子	中国科学院原子能所副所长
	朱洪元	非党人士	基本粒子	中国科学院原子能所研究员
	汪容	党员	基本粒子	中国科学院原子能所副研究员
	李炳安	团员	基本粒子	中国科学院原子能所研究生
	杜东生	团员	基本粒子	中国科学院原子能所研究生
	宫学惠	非党人士	基本粒子	兰州大学副教授
	戴元本	非党人士	基本粒子	中国科学院数学所副研究员
	张礼	党员	基本粒子	清华大学副教授
	胡宁	非党人士	基本粒子	北京大学教授
	宋行长	团员	基本粒子	北京大学讲师
	王政之	党员	基本粒子	山东大学见习教授
	吴式枢	非党人士	原子核结构	吉林大学教授
	王迪（女）	党员	原子核结构	中国科学院原子能所实习研究员
	李润清	非党人士	原子核结构	中国科学院原子能所助理研究员
	刘建业	党员	原子核结构	中国科学院原子能所助理研究员
	朱熙泉	团员	原子核结构	中国科学院原子能所助理研究员
	崔化传	党员	原子核结构	中国科学院原子能所助理研究员

（续表）

团内职务	姓名	政治面貌	专业	工作单位及职务
	吴成礼	党员	原子核结构	吉林大学讲师
	唐敖庆	党员	固体物理	吉林大学教授
	谢希德	党员	固体物理	复旦大学教授
	冯端	非党人士	固体物理	南京大学副教授
	洪朝生	非党人士	普通物理	中国科学院物理所研究员
	孟宪振	党员	普通物理	中国科学院物理所副研究员
	王承瑞	党员	普通物理	山东大学副教授
	王荫庭	党员	普通物理	南开大学助教
	孙煜	党员	普通物理	北京师大讲师
	丁俊华	党员	普通物理	清华大学讲师
	蔡铭之	党员	普通物理	江苏师院教授
	王慧棣	党员	普通物理	天津大学助教

北京暑期物理讨论会筹备会期间，钱三强向朱洪元、戴元本和冼鼎昌等非正式提议统一基本粒子组分名称，以方便中国科学家报告研究成果。此前，北京基本粒子组曾使用“夸克”“亚基本粒子”“元强子”和“基础粒子”等名称。有成员认为盖尔曼提出“夸克”一词时不够严肃，带有玩笑的意思。原子能所汪容就认为“‘夸克’是西方一本颓废派小说里所描写的一个垂死的人在梦幻中听到的海鸟的嘎嘎的叫声。起这样一个讽刺性的名称，也代表了一种思潮，因为当时国际上流行着‘基本’粒子不可再分的看法”[①]。而北京基本粒子组坚信强子有结构，但不确定这一层次粒子是否为夸克，从而将其视为候选者。此外，他们也认为不宜选用日本物理学家曾使用的“元强子”。

① 汪容. 基本粒子模型［M］// 中央人民广播电台科技组科学普及出版社编辑部. 科学家谈现代科学技术. 北京：科学普及出版社，1979：120-124.

冼鼎昌建议取作“Straton”。“Strata”有层次之意，“Straton”代表与之相应的粒子，即“层子”。这就强调了层子并非物质的最基本单元，而是物质结构无限层次中的一个层次。冼鼎昌的这一建议随后被钱三强和朱洪元采纳。① 坂田昌一得知这一命名后，也“觉得很高明，到底是文字国家，会使用适宜的名称”②。

需要指出的是，钱三强没有直接参与层子模型研究。在原子能所完成结构模型的系列计算后，何祚庥等人向钱三强做了汇报。钱三强对这项工作给予充分关心和支持，③ 为此建议《原子能》两次设立“基本粒子结构研究”专刊。④ 这罕见于中国当时的学术期刊界。此外，1966 年暑期物理讨论会的顺利召开也与钱三强的积极推动密不可分。

不可否认，中国物理学家提出层子模型的过程曾受到坂田模型和夸克理论的启发。费米 - 杨模型最先关注介子的结构，选取核子作为其组分。坂田模型（图 4-10）将 p、n、Λ 作为基础粒子构建复合粒子，假设原子核、超碎片及复合粒子处于同一层次（p、n、Λ 是重子中的特殊粒子）。夸克理论中的夸克则属于强子的下一层次，强子全部为复合粒子且地位平等。事实上，夸克性质与坂田模型中的 p、n 和 Λ 类似（电荷除外）。夸克电荷相对于 p，n 和 Λ 移动了 $\frac{1}{3}e$（表 4-10）。

——分子——原子——{原子核、超碎片、复合粒子}——基础粒子——

图 4-10　坂田模型中假设的物质结构图

① 2014 年 4 月 24 日，中国科学院理论物理研究所戴元本院士访谈。

② 外宾情况简报——接待日本坂田夫人情况简报：中国的基本粒子观和基本粒子论—科学的新风貌（坂田昌一）[A]. 中国科学院档案，1973-04-0030-0018.

③ 有学者认为中国科学院党组书记、副院长张劲夫在 1965 年 8 月指示钱三强组织粒子物理理论工作者根据毛泽东的物质无限可分思想研究基本粒子结构问题。这一任务是由中国科学院、教育部、中宣部和对外文化联络委员会共同委托的。笔者的研究表明，这与事实不符。钱三强并没有参与层子模型的早期工作。

④ 2014 年 6 月 16 日，中国科学院理论物理研究所何祚庥院士访谈。

表 4-10　　坂田模型中的基础粒子与夸克性质比较

	p, n, Λ	u, d, s
I_Z	$\frac{1}{2}, -\frac{1}{2}, 0$	$\frac{1}{2}, -\frac{1}{2}, 0$
奇异数	0, 0, −1	0, 0, −1
电荷	1, 0, 0	$\frac{2}{3}, -\frac{1}{3}, -\frac{1}{3}$
自旋	$\frac{1}{2}, \frac{1}{2}, \frac{1}{2}$	$\frac{1}{2}, \frac{1}{2}, \frac{1}{2}$

尽管层子模型与坂田模型都强调将所选组分粒子是构成物质的无限阶层之一，但层子模型中所选的组分粒子深入到强子的下一层次，而非在重子中选取三个特殊粒子。夸克模型并未明确夸克是物理实体，盖尔曼甚至将其迂回视为一种数学符号。北京基本粒子组则坚信层子一定存在，且层子也有内部结构。之所以有这一信念，除基于理论和实验结果外，也与毛泽东的物质无限可分思想相关。

二、1966 年暑期物理讨论会召开

1966 年 7 月 23 日至 31 日，北京科学讨论会暑期物理讨论会正式召开（图 4-11）。会议共收到 72 篇学术论文和报告，共有来自亚、非、拉、大洋洲 30 个国家和 1 个地区的 136 位物理工作者参加了会议。会议分基本粒子理论、原子核结构理论、固体物理理论、方法论和物理教学 5 个专题，其中基本粒子物理 32 篇，原子核物理 14 篇，固体物理和其他方面 20 篇，物理教学 4 篇。[①]讨论会工作语言采用汉语、阿拉伯语、英语、法语和西班牙语。

日本物理学界重视参加暑期物理讨论会，他们的筹备工作甚至早于中国。1965 年 5 月，北京科学讨论会日本物理实行委员会便提出参加物理讨论会的

① 笔者注意到现有史料给出的论文数量不一致：北京暑期物理讨论会公报给出的数目是 99 篇，而中国科学院档案关于暑期物理讲习会总结报告给出的数量为 72 篇。

详细方案。[①]1966 年 7 月上旬，周培源向汤川秀树、朝永振一郎和坂田昌一发出特别邀请信。他们因参加在东京召开的科学家京都会议，且会期迫近，因而未能参加暑期物理讲习会。日本代表团由 31 位代表组成。[②] 团长是东京大学普通教育学院物理研究所野上茂吉郎教授，秘书是广岛大学物理系小川修三教授。代表团学术水平较高，团员中有基本粒子物理和核物理领域的 8 位教授。此外，日本代表团还带来一份约 1200 位日本物理学家签名的“支持越南人民反美斗争”文件。

图 4-11　1966 年暑期物理讨论会会场外景（左）及代表住址外景（右）

7 月 23 日上午，一百多位物理学家参加暑期物理讨论会开幕式（图 4-12）。中国代表团团长周培源致欢迎词，聂荣臻元帅致贺词，郭沫若、林枫和李四光等出席开幕式。在各国代表团负责人向大会宣读本国领导人贺信后，28 位科学家先后讲话，向大会表示祝贺。开幕式上还宣读了周恩来总理发来的贺电。

① 日本代表团根据日本举办“夏季学校”经验，建议暑期物理讨论会邀请人数为 100 ~ 200 人，会期为两周（一周相互了解，一周讨论相关内容），内容包括学术上的问题和当时科学发展的若干问题，形式以大会报告、分科讨论会和个别交流相结合。大会报告可包括：(1) 基本粒子论的发展和展望（方法论：介子论诞生的过程和坂田模型的形成）；(2) 对自然认识的手段；(3) 磁性研究的历史。分科报告包括：(1) 专业题目；(2) 对某一题目的集中讨论，并将代表发表的研究工作集中起来讨论。当时科学发展问题：(1) 各国科学建设存在的问题（组织机构和体制等）；(2) 国际交流问题；(3) 各学科问题。他们准备了基本粒子、原子核物理、宇宙线和物性论的理论和实验方面报告。

② 原计划参会的部分日本代表团成员因担心“文化大革命”会影响暑期物理讨论会召开而取消行程。

图 4–12　1966 年北京暑期物理讨论会
（美国纽约市立大学胡大年教授提供图片）

自 7 月 24 日起，暑期物理讨论会分基本粒子物理、原子核物理、固体物理和物理教学四组宣读论文和讨论。会议代表可根据个人研究领域或学术兴趣自由选择参加各组讨论。智利圣地亚哥宇宙线中心领导人阿尔维亚尔（G.Arvial），日本东京大学核子研究院丹生洁（K.Niu）博士、甲南大学岬晓夫（A.Misaki）硕士、京都大学安见真次郎（S.Yasumi）博士和巴基斯坦信德大学物理系主任侯赛因（N.A.Hussein）在 7 月 24 日的基本粒子物理组会议宣读论文。这些论文从实验角度介绍他们在基本粒子和宇宙线方面研究的新成果。锡兰的达哈纳亚克（C.Dahanayake）和日本的政池明（A.Masaike）、太田周（I.Ohta）在讨论时做专题发言。

日本代表团成员发言踊跃，甚至利用休息时间主动与中国代表讨论学术问题。7 月 25 日基本粒子组会议上，日本名古屋大学物理系酒井健次（S.Kenji）做关于核相互作用的排斥核力及核子组成的专题发言；兰州大学宫学惠，原子能所杜东生、李炳安[①]，数学所戴元本分别代表各自单位做专题发言，介绍

① 按：《人民日报》将李炳安的名字错写成张肇西。经核实，原子能所研究生张肇西当时因其他原因未获准参会。

他们在基本粒子层子模型方面的研究。[①] 朱洪元、胡宁和清华大学张礼副教授没有做会议报告，担任大会翻译。朱洪元还负责回答会议代表提出的与层子模型相关问题。同日下午，中国代表团副团长、复旦大学校办厂玻璃工出身的电光源专家蔡祖泉在全体会议上做《为革命造灯》报告（图 4–13）。蔡祖泉在报告中介绍他所领导的电光源实验室，在毛泽东思想指导下坚持自力更生并与其他单位合作，打破西方国家对中国电光源技术封锁，在 3 ~ 4 年内成功试制十多种新型电光源、长弧氙灯和几十种原子光谱灯。[②]

图 4–13　复旦大学蔡祖泉在北京暑期物理讨论会全体会议上做《为革命造灯》报告（采自《人民日报》1966 年 8 月 2 日，第 8 版）

7 月 26 日上午，中国科学院原子能所汪容代表北京基本粒子组在全体会议上做《在毛泽东思想光辉照耀下研究基本粒子理论》报告（图 4–14）。该报告分“走自己的路”“旧的不去、新的不来”“不入虎穴、焉得虎子？”和“首场战役”“依靠群众、依靠年轻力量”等部分，介绍毛泽东思想如何指导中国的基本粒子理论研究。汪容在报告中强调中国科学界过去受西方形而上学和唯心主义、盲目信仰苏联等影响走过弯路，在中国共产党和毛泽东主席领导下，北京基本粒子组敢于突破西方“权威”，提出反映基本粒子内部结构的

① 致国务院外事办公室关于出席物理讲习会中国代表团名单问题的请示（附参加物理讲习会中国代表团名单）[A]. 中国科学院档案，1966–01–060–02.

② “为革命造灯”——蔡祖泉在北京物理讨论会所作的学术报告[N]. 人民日报，1966–08–8：3.

图 4-14 中国科学院原子能所汪容代表北京基本粒子理论组在全体会议上做《在毛泽东思想光辉照耀下研究基本粒子理论》（采自《人民日报》1966 年 8 月 2 日，第 8 版）

“层子模型”理论。[①]

汪容的大会报告引起各国科学家“普遍重视”[②]。智利代表团团长阿尔维亚尔教授说：“之前不知道政治怎样同业务结合，听了中国的报告现在体会到了。” 他还要求其团员找中国团员谈话，希望得到所有相关资料，方便其回国后可以照这条路线做。[③] 智利代表马丁洛亚（R.Martinoya）在听完中国报告后改变以前认为理论物理靠个人突破在年轻时做出贡献的看法，理论物理研究是可以靠集体完成的。伊拉克代表团团长吉塔（M.K.Al-Ghita）说：“非常好。把这样复杂的问题引上了正确的道路。我自己是教这门课的，也带研究生作学位论文，但是基本粒子发展这样快，今天强调对称性，明天又强调别的；让学生看这本书这样讲，那本杂志又那样讲。二十年来，连基本粒子怎样定义都没有一个说法。现在汪容的报告把波函数的几个要求弄清楚，基本粒子是什么就明确了。我相信，你们找到了正确的道路。”[④]

不过，也有代表对汪容的大会报告和中国强调毛泽东思想指导自然科学

① 北京基本粒子组：在毛泽东思想光辉照耀下研究基本粒子理论，未发表 .

② 我国科学工作者关于基本粒子理论的学术报告引起普遍重视［N］. 人民日报，1966-07-27：2.

③ 各国代表对我基本粒子报告的反映［A］. 中国科学院档案，1966-01-061-35.

④ 各国代表对我基本粒子报告的反映［A］. 中国科学院档案，1966-01-061-35.

研究有不同意见。① 乌干达代表穆拉尼（A.P.Murani）说：“工作非常好，但希望知道细节。”阿根廷代表团团长农达（F.Donon）说：“物质这样分下去，永远没完了！”另一个代表苏斯曼（S.Sussmann）则说：“听了报告以后，对毛泽东思想怎样结合到业务中，还不清楚。”

小川修三也在同一天上午做大会报告（图 4–15），题目为《基本粒子理论的新发展——坂田模型》。该报告内容丰富（约 49 页），系统、全面地总结坂田模型提出后日本基本粒子理论的研究进展，包括日本物理学家发展的四重态模型、盖尔曼夸克理论、*SU*（6）对称性、名古屋模型，以及原子核力研究的最新进展。小川修三在报告中强调他们的工作是在坂田昌一和武谷三男方法论影响下以集体合作方式进行的，并希望这种讲述符合暑期物理讨论会精神。

图 4–15 日本物理学家小川修三作题为
《基本粒子理论的新发展——坂田模型》的学术报告

7 月 26 日下午，暑期物理讨论会继续举行分组学术会议。在基本粒子组分会上，各国物理学家针对汪容的大会报告和北京基本粒子组宣读的 3 篇有

① 各国代表对我基本粒子报告的反映［A］. 中国科学院档案，1966–01–061–35.

关层子模型论文展开讨论（表 4–11）。日本代表对科学研究如何应用毛泽东思想感兴趣。宇宙线专业硕士岬晓夫认为物理学者可以应用辩证法、哲学观点，他本人过去尝试将辩证法应用于科学研究，但比较困难。① 当晚，他还向中国陪同人员提出关于如何应用毛泽东思想的四个问题。② 中国陪同人员回答了岬晓夫前两个问题，后两个问题因时间关系未答。

表 4–11　北京基本粒子组在 1966 年北京暑期物理讨论会上提交或宣读的论文题目

1	层子模型——介子和重子的相对论性结构理论
2	层子模型中 35 维介子的电磁相互作用及轻子型弱相互作用
3	层子模型中 $\frac{1^+}{2}$ 和 $\frac{3^+}{2}$ 重子的电磁相互作用和轻子型弱相互作用
4	层子模型的 *B–S* 波函数与超强作用的性质
5	在毛泽东思想光辉照耀下研究基本粒子理论（汪容）
6	介子高激发态波函数与电磁顶角（杜东生，张礼翻译）
7	一种相对论性重子激发态的波函数及其应用
8	层子模型的贝特 – 沙尔彼脱波函数与超强作用的性质（戴元本）

7 月 27 日晚，世界著名物理学家萨拉姆 ③ 抵达北京。周培源和巴基斯坦驻中国大使馆公使杜拉尼以及先期抵达北京的巴基斯坦科学家代表团成员到机场迎接（图 4–16）。萨拉姆原计划随巴基斯坦代表团于 7 月 20 日抵京，后因其他原因推迟。萨拉姆自 1961 年开始担任巴基斯坦总统穆罕默德 · 阿尤布 · 汗（A.K.Mohammad）的科学顾问，并于 1965 年 3 月随同总统科学顾问团访华。④ 萨拉姆当时还是英国伦敦帝国学院教授。北京暑期物理讨论会原则上不邀请欧美学者参会，但鉴于萨拉姆总统科学顾问身份和杰出的粒子物

① 外国代表对用毛泽东思想指导科学研究的一些看法［A］. 中国科学院档案，1966–01–061–32.

② 外国代表渴望得到毛主席著作；日青年的四个问题［A］. 中国科学院档案，1966–01–061–36.

③ 萨拉姆（1926—1996）出生于现属巴基斯坦东部旁遮普邦的小城占格。1952 年获英国剑桥大学博士学位。随后，萨拉姆返回巴基斯坦旁遮普大学任教。1957 年起任伦敦帝国学院理论物理学教授。萨拉姆曾任巴基斯坦原子能委员会委员（1956—1974）和巴基斯坦总统首席科学顾问（1961—1974）。

④ 孙婧涵，尹晓冬. 物理学家萨拉姆与中国：从萨拉姆六次访华看他对中国科学发展的影响［J］. 自然辩证法通讯，2019，41（3）：116–126.

理研究成果，暑期物理讨论会筹备组还是决定邀请他来参会。萨拉姆抵京后说："在印巴冲突中，中国援助了巴基斯坦，每一个巴基斯坦人都衷心感谢中国。当他们遭受侵略时，世界上只有一个国家，挺身而出，不讲任何条件，这就是中国。"北京暑期物理讨论会简报①及《人民日报》分别报道萨拉姆抵京消息②。

图 4–16　周培源在首都机场欢迎参加暑期物理讨论会的萨拉姆

讨论会学术交流最后一天，萨拉姆在全体会议上作题为《关于强相互作用的新想法》的报告。他在报告中介绍十年来国际基本粒子理论发展概况以及他本人近期研究工作。萨拉姆在报告中指出："过去流行的对称性理论不能解释粒子物理的许多现象，表明基本粒子具有内部结构。"③他自 1966 年初起以基本粒子有结构的观点，初步探讨强作用粒子弱衰变的一些问题。萨

① 北京科学讨论会 1966 年暑期物理讨论会简报 40 号［A］. 中国科学院档案，1966-01-061-40.

② 出席北京物理讨论会 两位外国科学家到京［N］. 人民日报，1966-07-28：3.

③ 北京物理讨论会各国科学家决心贯彻自力更生精神　打破帝国主义垄断发展民族　科学文化十七国的七十八位科学家分别宣读八十三篇论文或报告［N］. 人民日报，1966-07-31：5.

拉姆对中国物理学家的基本粒子结构研究工作印象深刻，[①] 希望1968年北京科学讨论会举行时中国基本粒子理论研究能取得更多进展。

萨拉姆学术影响力强，他的报告引起各国物理学家热烈讨论(图4–17)。不过，在会上有中国代表批判国外物理学家只想把对称性大了再大。萨拉姆对此“有些不高兴”，因为他在处理强作用时将$SU(6)$扩展到$S\widetilde{U}(12)$非紧致对称性。$S\widetilde{U}(12)$对称性和层子模型都用B–S方程表示，萨拉姆处理方法是包含全部分量，而层子模型仅保留大分量且在初始便做了瞬时作用相互近似。[②]

图4–17　萨拉姆同出席暑期物理讨论会的澳大利亚代表阿兰·罗伯茨(A. Roberts)交谈

为彰显中国物理学界在基本粒子结构问题的研究成果，山东大学和兰州大学的工作也被“打包”在层子模型框架下。7月29日下午，山东大学物理系基本粒子物理组见习助教王政之在基本粒子物理组分会上宣读《在$SU(6)$对称性理论范围内强子高共振态的分类》报告。介绍山东大学物理系以毛泽

① 萨拉姆抵京时中国物理学家已经做过有关层子模型主要工作的报告。本书作者认为他可能通过阅读会议派发的文章以及同中国物理学家讨论交流了解北京基本粒子组的层子模型工作。

② 2014年6月26日，中国科学院理论物理研究所戴元本院士访谈。

东“一分为二”哲学思想为指导，在短时间内完成大量计算并与实验作比较，证明用唯象对称性理论研究强子分类的局限性。例如，$SU(6)$理论处理介子高共振态时出现很多问题，同时也不适用于重子高激发态的分类和质量关系。由此说明对基本粒子的研究要深入内部，必须探索强子的内部结构和各种内部运动形态。兰州大学物理系则试图用非相对论近似，从介子是由层子与反层子对组成的“势阱束缚态”模型出发，研究高内部轨道角动量介子分类和质量经验规律，利用层子模型中0^-和1^-介子波函数层子和光子间的有效电磁作用哈密顿量计算了0^-和1^-介子的电磁质量差。此外，兰州大学与中山大学合作从介子的层子模型出发，分别假设π和K的内部波函数相等和不等情况下，研究K_{13}衰变问题。

三、刘少奇和毛泽东先后接见暑期物理讨论会代表

北京暑期物理讨论会期间，各国代表纷纷请求能受到毛泽东主席的接见。7月31日，刘少奇和毛泽东分别在下午和晚上接见参会代表。参会代表北京大学宋行长有如下回忆：

> 当时会务组通知有国家领导人接见，会议代表整理好着装后被统一接送到人民大会堂。合影地点的第一排已经摆好椅子，每把椅子上对应国家领导人和各代表团团长名字。我印象中国家领导人包括周恩来、陈毅、聂荣臻、郭沫若等名字。我们先进去排好队后领导就座。中间有两个椅子是空着的。大家很高兴，猜想空着的两个座位肯定是为毛主席和刘少奇准备的。大概十几分钟后，有工作人员撤掉了中间一个椅子。所以，当时大家猜想‘哎，是毛主席有事情，还是刘主席有事情呢?’后来来接见的是刘少奇，当时大家都很惋惜了，因为毛主席威信高，尤其是国外代表都希望见到毛主席。①

① 2014年1月8日，北京大学物理学院宋行长教授访谈。

陪同刘少奇接见的有董必武、周恩来、朱德、邓小平、陈毅、李富春、贺龙、陈伯达、康生、薄一波、陶铸、李雪峰、聂荣臻、叶剑英、谢富治、林枫、刘宁一、郭沫若、杨明轩和程潜。

刘少奇接见后，代表们返回京西宾馆。当晚，工作人员紧急通知还有领导人接见。于是，整个代表团再次被送到人民大会堂。令他们兴奋的是，这次接见的领导是毛泽东。周恩来、陈毅、李富春、贺龙、陈伯达、康生、薄一波、陶铸、聂荣臻、叶剑英、谢富治、林枫、刘宁一、郭沫若、杨明轩和程潜等陪同。[①]

① 相比刘少奇陪同人员，毛泽东接见时的陪同人员缺少董必武、朱德和邓小平。刘少奇接见全体代表合影由大北照相馆转机拍摄。毛泽东接见是临时安排，大北照相馆相机已经撤掉，接见照片是由三张照片拼接的。——2014 年 1 月 8 日，北京大学宋行长教授访谈。《人民日报》分别在 1966 年 8 月 1 日第 1 版和第 2 版报道毛泽东和刘少奇接见会议代表的消息。

图 4-18　北京科学讨论会暑期物理讨论会闭幕式

代表们见到毛泽东后反映强烈。周培源曾回忆："毛主席迈着稳健的步伐走向各国代表并致以问候……在各国代表的欢呼声和掌声中，整个接见大厅洋溢幸福的气氛。"①

柬埔寨团长吉春（K.Chhon）说："我看到毛主席，并和他紧紧握了手，我感到无限幸福。看见毛主席身体很健康，我很高兴。我坐在周总理旁边，靠毛主席很近，这是最大的光荣。这是由于西哈努克亲王主张与中国关系友好，所以我才享受了这份光荣。中柬友谊是万古长青的。我们有中国这样的朋友感到很骄傲。"② 阿尔及利亚代表阿布德拉赫曼（H.Abderrahman）和拉姆丹（O.Ramdane）也表示："见到毛主席，而且还能和毛主席握手，是我们最大的光荣。我们太激动了！以后我只有用左手去跟别人握手，再也不用右手去跟

① CHOU PEIYUAN. A milestone in the history of science[J]. China Reconstructs, 1966, 10: 41-47.

② 各国代表在毛泽东接见后的反映[A]. 中国科学院档案，1666-01-061-43.

别人握手了，因为右手是和毛主席握过的。”[①] 伊拉克团长吉塔则表示：“这是一件非常重大的事情，我到底看到了毛主席。我早就说过，不见到毛主席不回去。因为我从八千公里以外来到中国，从到中国的第一天就想见到毛主席。今天见到毛主席，我激动极了，浑身的汗把衣服都湿透了。”[②] 几内亚代表赛杜（D.Saidou）则认为亲眼见到毛主席后“粉碎了西方报纸的谎言”[③]。[④]

7 月 31 日，北京暑期物理讨论会在人民大会堂隆重闭幕。约一万人参加闭幕式（图 4-18）。聂荣臻、郭沫若、林枫和李四光等政要出席闭幕式。日本代表团团长野上茂吉郎宣读暑期物理讨论会公报。随后，30 个国家的科学家相继致辞祝贺讨论会圆满成功，郭沫若代表中国人民和中国科学界发表讲话。当晚，周恩来总理和郭沫若院长在人民大会堂举行宴会，庆祝北京物理讨论会胜利闭幕。暑期物理讨论会期间，各国代表还观看电影《革命赞歌》《椰林怒火》《东方红》，话剧《赤道战鼓》和芭蕾舞剧《红色娘子军》。会后，他们分别赴中国东北、西北、中南和华东地区参观访问。

① 各国代表在毛泽东接见后的反映［A］. 中国科学院档案，1666-01-061-43.

② 各国代表在毛泽东接见后的反映［A］. 中国科学院档案，1666-01-061-43.

③ 各国代表在毛泽东接见后的反映［A］. 中国科学院档案，1666-01-061-43.

④ 当时有西方媒体报道毛泽东出现身体健康问题。1966 年 7 月 16 日，72 岁的毛泽东在武汉横渡长江。

第五章

层子模型影响及后续发展

暑期物理讨论会结束后，受“文化大革命”影响，中国大多数科研活动停止、期刊停刊。因此，仅有少数国外物理学家了解层子模型。20 世纪 70 年代初，层子模型是中国物理学界向访华物理学家介绍的重点。得益于部分领导人关心基本粒子发展，中国粒子物理学家在层子模型框架下开展零星研究。相比之下，国际粒子物理学界恰好在此时迎来大发展，确立了描述强相互作用的正确理论。

第一节　外国物理学家评价层子模型

暑期物理讨论会召开前，层子模型研究成果发表在《原子能》和《北京大学学报（自然科学）》的“基本粒子”结构理论专刊。按北京基本粒子组计划，讨论会结束后以英文发表主要成果。不过，受“文革”冲击，《原子能》《北京大学学报（自然科学）》《中国科学》《物理学报》等期刊停刊。因此，英文发表计划搁浅。国际物理学界仅通过来北京参加暑期物理讨论会的日本代表团成员报道、萨拉姆的口头宣传、杨振宁和戈德伯格的访谈，以及格拉肖和温伯格的著作等有限渠道了解层子模型的部分内容。

一、日本物理学家称赞层子模型

暑期物理讨论会期间，日本代表团高度关注层子模型。其实，在讨论会召开前，在周培源给坂田昌一的邀请电报（图 5-1）中提到中国物理学家研究基本粒子内部结构的新进展，认为其中不仅包含对称性理论的积极方面，还消除其困难，获得诸多有趣结果。[①] 因此，坂田昌一预料“中国科学家关于基本粒子论要发表有雄心的成果”。[②] 讨论会期间，日本代表团每天召开内部会议，安排每位成员记录当天见闻印象、讨论会情况、论文题目和提问问题，还要为每个报告人拍照（图 5-2）。[③] 日本代表团在讨论会召开前还准备了很多讲义，计划在会上为参会代表讲授专题课程。

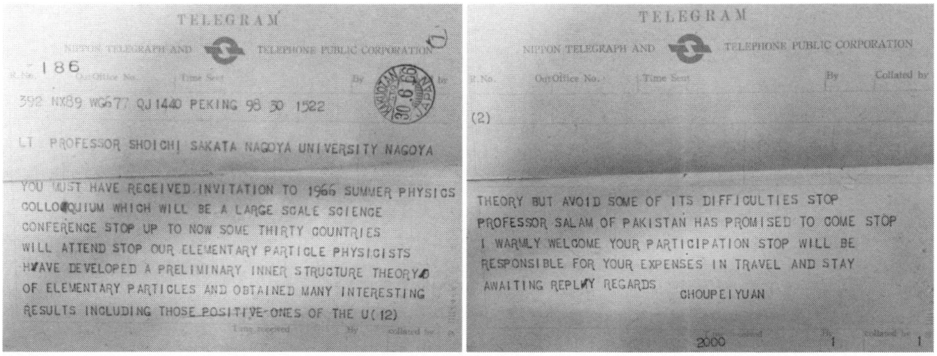
TELEGRAM
NIPPON TELEGRAPH AND TELEPHONE PUBLIC CORPORATION
186
392 NX89 WG677 QJ1440 PEKING 98 30 1522
LT PROFESSOR SHOICHI SAKATA NAGOYA UNIVERSITY NAGOYA
YOU MUST HAVE RECEIVED INVITATION TO 1966 SUMMER PHYSICS COLLOQUIUM WHICH WILL BE A LARGE SCALE SCIENCE CONFERENCE STOP UP TO NOW SOME THIRTY COUNTRIES WILL ATTEND STOP OUR ELEMENTARY PARTICLE PHYSICISTS HAVE DEVELOPED A PRELIMINARY INNER STRUCTURE THEORY OF ELEMENTARY PARTICLES AND OBTAINED MANY INTERESTING RESULTS INCLUDING THOSE POSITIVE-ONES OF THE U(12)

TELEGRAM
NIPPON TELEGRAPH AND TELEPHONE PUBLIC CORPORATION
(2)
THEORY BUT AVOID SOME OF ITS DIFFICULTIES STOP PROFESSOR SALAM OF PAKISTAN HAS PROMISED TO COME STOP I WARMLY WELCOME YOUR PARTICIPATION STOP WILL BE RESPONSIBLE FOR YOUR EXPENSES IN TRAVEL AND STAY AWAITING REPLY REGARDS
CHOUPEIYUAN

图 5-1　周培源给坂田昌一的邀请电报
（名古屋大学坂田昌一纪念馆档案）

① 周培源发给坂田昌一的邀请电报内容如下：

You must have received invitation to 1966 Summer Physics Colloquium which will be a large scale science conference. Up to now some thirty countries will attend. Our elementary particle physcicists have developed a preliminary inner structure theory of elementary particles and obtained many interesting results including those positive ones of the U（12）theory but avoid some of its difficulties. Professor Salam of Pakistan has promised to come. I warmly welcome your participation. Will be responsible for your expenses in travel and stay.

② 外宾情况简报——接待日本坂田夫人情况简报：中国的基本粒子观和基本粒子论—科学的新风貌（坂田昌一）［A］. 中国科学院档案，1973-04-0030-0018.

③ 北京科学讨论会 1966 年暑期物理讨论会接待简报第 23 号［A］. 中国科学院档案，1966-01-060-27.

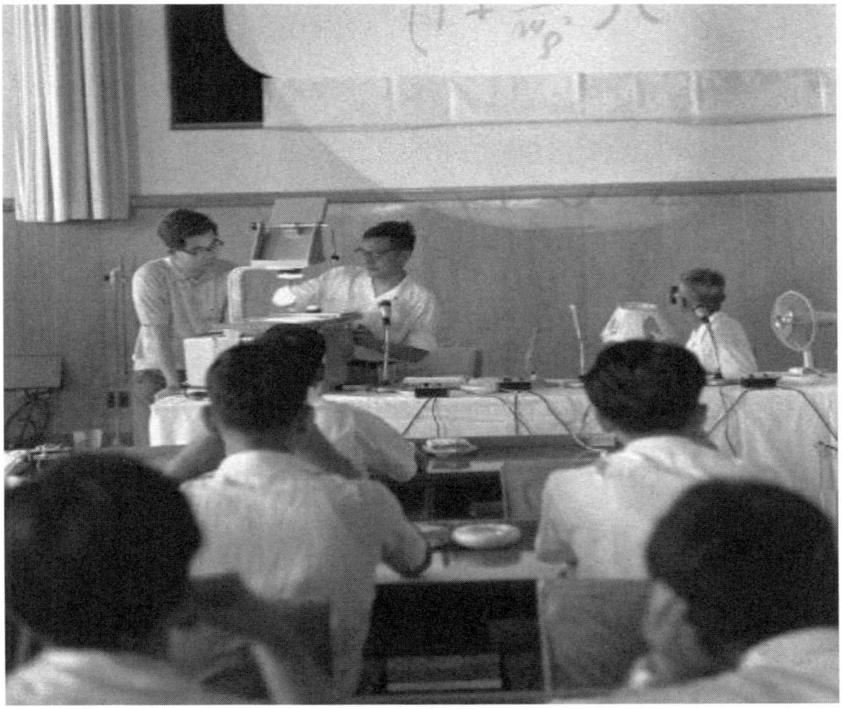

图5-2　朱洪元（右）与并木美喜雄（左）讨论基本粒子物理问题

中国物理学家报告层子模型工作后，名古屋大学早川幸男（S.Hayakawa）教授便给留在日本参加京都会议的坂田昌一写信，告知：“中国的研究工作绝不是日本的一部分报纸、周刊杂志所中伤的那样没有内容的工作，而是内容很充实的高水平研究。”[①] 早川幸男在信中还指出层子模型工作比日本粒子物理学家工作更细致和系统，称赞中国青年研究力量：

关于物理学的内容，我认为，中国的力量好像更给它增加了分量。北京小组报告了关于复合模型的工作，依我所见，他们的工作比日本细致。并木（早稻田大学教授）认为研究成果和日本相比不相上下，但是青年人的力量有很大的差别。中心指导者是朱洪元先生，做报告的都是二十五岁前后的青年。朱先生只作翻译，比较长

① 外宾情况简报——接待日本坂田夫人情况简报：中国的基本粒子观和基本粒子论—科学的新风貌（坂田昌一）［A］. 中国科学院档案，1973-04-0030-0018.

的回答都归于朱先生。对于一些尖锐的质问也由朱先生自己回答。至于说运用毛泽东思想的论文，实际就是关于复合模型的研究工作的综合报告，实际内容和从标题所预想的内容有很大的差别。但是他们到处都引用毛主席著作，并且说遵循着毛主席思想进行研究。但是我们认为，这和先生在六四年所做的报告相近似，内容和坂田思想，武谷方法论没有什么差异。…… 我只看到了中国的一小部分，知道毛泽东思想获得了巨大的成果。北京小组的成绩是优秀的。

……他们报告的物理内容，我还没有完全理解，大体是如下的内容。基本粒子是由层子构成的（这和 Sakaton 一样），并构成了 $SU(6)$。由两个或三个层子构成结合系，用层子的跃迁来描述基本粒子的各种性质。因此可以从 $SU(6)$ 导出所期待的运动学的关系以及质量公式，另外还可用内部波函数把衰变率、形相因子等表示出来。关于内部自由度，大体是用 $B-S$ 方程来表示。只是用它把各种量作共变表示，并没有解这个方程。……这种处理方法在理论上是讲得通的，和在《理论物理学进展》中发表的一些没头没尾的论文相比，风格是不同的。用这种模型，以电磁相互作用为中心，把基本粒子的静的性质彻底地考察了一番，如果朱先生的指挥也是适宜的，我对于在一年之内完成了这些工作的青年们的精力和能力是佩服的。

对于日本青年哪怕是一滴一点的资料我也想带回去给他们作为礼物。并木先生很想把日本的一些研究拿来，和这些工作较量一下；但是我认为这等于用有名的长矛手向织田阵营的洋枪队进攻（译注：织田是日本十六世纪中期的武将织田信长，部下众多实力雄厚）。中国青年科学家的年岁和共同研究步调，和我们在 1945—1950 年的情况相似。那时我们用长矛和大刀作战，到现在我们还想只用长矛继续下去，没有洋枪队，战争结果会怎样呢。①

① 外宾情况简报——接待日本坂田夫人情况简报：中国的基本粒子观和基本粒子论—科学的新风貌（坂田昌一）［A］. 中国科学院档案，1973-04-0030-0018.

野上茂吉郎和小川修三也肯定层子模型工作。在7月28日同钱三强等见面时，野上茂吉郎说：

> “日本过去做了不少工作，但是没有钻下去，这次看来你们走在前面了……日本理论物理学青年工作者有两个毛病：一是迷信美国，凡是美国物理杂志有的，就认为行、就做，自己独创很少。二是只信实验，实验没有证明的就不敢去想。中国的工作方向、方法正是日本青年学者所没有的。”①

小川修三则说：

> “中国层子模型方向对头，是向更深一层迈进了一步，日本在1960年时就想迈一步，但一直没有迈下去。这回中国迈进了，我们要很好地讨论，使得这方面工作有更大的进展。”②

暑期物理讨论会闭幕后，日本代表团同中国粒子物理学家又在8月5日至7日单独举行交流会，详细讨论层子模型。其间，有日本代表不完全赞同中国强调毛泽东思想指导基本粒子研究，认为层子模型也应归功于坂田昌一。早稻田大学理工学院並木美喜雄（M.Namiki）博士也提出了比较尖锐的问题。③ 此外，井上町教授给坂田昌一写信抱怨讨论会形式与他们的预期非常不同（图5-3）。

① 北京科学讨论会1966年暑期物理讨论会简报42号[A]. 中国科学院档案，1966-01-061-41.

② 北京科学讨论会1966年暑期物理讨论会简报42号[A]. 中国科学院档案，1966-01-061-41.

③ 2014年6月26日，中国科学院理论物理研究所戴元本院士访谈。

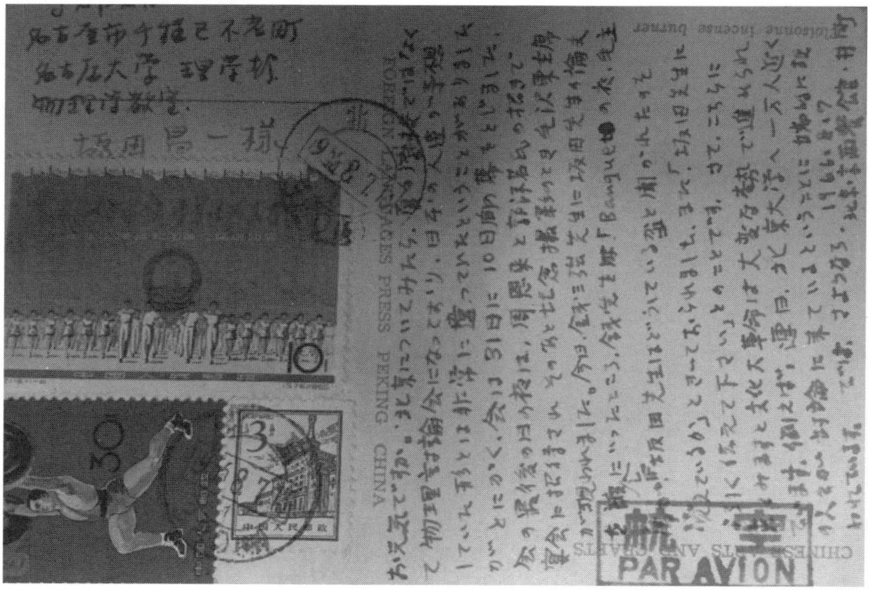

图 5-3　井上町参加暑期物理讨论会期间寄给坂田的明信片（1966 年 8 月 7 日）

1966 年 8 月 8 日，周培源与野上茂吉郎商讨如何加强中日物理学界交流。野上邀请中国代表团参加 1967 年 3 ~ 4 月举行的日本物理学会年会。周培源则询问日方 1967 年秋是否可派物理代表团访华。此外，二位还谈到 1968 年北京科学讨论会设想及代表团成员选择标准等问题。[①] 返日后，日方成员详细汇报北京暑期物理讨论会情况和层子模型。早川幸男谈到参加北京暑期物理讨论会印象时说：“中国粒子物理研究人才辈出，达到了日本朝永振一郎年代的景象。”[②]

二、萨拉姆宣传层子模型

萨拉姆对华友好，曾多次访问中国。1965 年，他作为巴基斯坦总统科学顾问随穆罕默德·阿尤布·汗总统访华。访华期间，周培源全程陪同萨拉姆。1966 年 7 月底，萨拉姆出席北京暑期物理讨论会并做学术报告。紧接着，他

① 1966 年 8 月 8 日周培源和野上的谈话［A］. 中国科学院档案，1966-01-060-04.

② 李炳安. 怀念朱洪元老师：纪念朱先生诞辰八十五周年［M］// 朱洪元论文选集编辑委员会. 朱洪元论文选集. 北京：中国科学院高能物理研究所，2002：338.

参加了8月31日至9月7日在美国伯克利召开的第十三届国际高能物理大会（International Conference on High Energy Physics, ICHEP）。[①] 这次会议共收到粒子物理领域的500多篇论文，来自美国、英国、苏联、法国、意大利、澳大利亚、加拿大、波兰、日本和印度[②] 等国家的560余位代表参加会议。中国未派代表参会。

相比于北京暑期物理讨论会，第十三届国际高能物理大会参会代表人数多且专业性强。世界著名粒子物理学家悉数出席。盖尔曼在开幕词中综述了粒子物理自20世纪50年代以来发展概况。[③] 随后两天半时间，会议代表围绕高能物理领域问题分11个分会展开非正式小组讨论。讨论议题包括基础理论问题，弱相互作用，流对易子，*T*、*C*对称性破坏实验，弱相互作用中的高能中微子物理以及*C*、*P*、*T*对称性破坏问题，电磁相互作用，玻色子共振，中间能量的peripheral collision，$s=0$重子共振态、$s\neq0$重子共振态，对称性和强相互作用，强相互作用动力学以及高能强子对撞等（表5-1）。会议后三天由分组会记录员（或报告人）整理各分会讨论内容并作口头报告。[④]

表5-1　　第十三届国际高能物理会议议题设置（根据附录三整理）

	主题	记录员	投稿数
分会1	基础理论问题	M.Froissart	15
分会2	弱相互作用	N.Cabibbo	54
分会3	流对易子	R.F.Dashen	39
分会4	*T*、*C*对称性破坏实验	V.L.Fitch	25

① 国际高能物理大会是由国际纯粹和应用物理联合会发起的高能物理领域影响力最大的学术会议。该会议于1950年首次召开，自1960年起每两年召开一次。由于第一届会议选址在纽约的罗彻斯特，因此也称为罗彻斯特会议。此外，伯克利被粒子物理学界称为“靴袢理论和S矩阵理论大本营”。

② 日本和印度各派9位和4位代表参加第十三届国际高能物理大会。

③ 会议组织者原计划邀请五、六位物理学家分担这项任务。当盖尔曼作为每个专题的最有力人选多次出现时，会议组最终决定由他作整个报告。

④ Proceedings of the XIIIth Conference on High Energy Physics[C]. Berkeley: 1966. University of California Press, California, 1967.

（续表）

	主题	记录员	投稿数
分会 5	高能中微子物理以及 *C*、*P*、*T* 对称性破坏问题	T.D.Lee	21
分会 6	电磁相互作用	S.Drell	27
分会 7	玻色子共振	G.Goldhaber	75
分会 8	中间能量的 peripheral collision	J.D.Jackson	73
分会 9	(a) $S=0$ 重子共振态 (b) $S\neq0$ 重子共振态	P.G.Murphy; M.Ferro-Luzzi	31 26
分会 10	对称性和强相互作用	R.H.Dalitz	85
分会 11	强相互作用动力学	F.Low	35
分会 12	高能强子对撞	L.Van Hove	87

萨拉姆和奥本海默分别担任与强作用理论相关的第 10 和 11 分会主席。第 10 分会设有 5 个讨论小组，讨论内容包括 *SU*(3) 对称性、强子的电磁质量劈裂和磁矩（实验和理论）、八重态增强的根源、多种对称性理论检验和夸克实验。第 11 分会设有 4 个小组讨论，讨论内容包括分波函数的解析结构、离壳动力学方程、*S* 矩阵动力学和靴袢模型等。由上述分组讨论内容可见，强子的结构问题并不是当时国际粒子物理学界研究的核心问题。何祚庥曾撰文提到萨拉姆在这次会议宣传层子模型，① 不过，本文作者在会议文集中未见相关文字记录。

1972 年 9 月 1 ~ 6 日，萨拉姆第三次访华。在京期间，他参观了北京大学、北京市第二十六中学和出土文物展览等。9 月 4 日上午，萨拉姆在北京做了一场高水平学术报告，听众约 100 人。他的报告内容涉及粒子物理领域前沿理论问题，甚至包括尚未发表将 *SU*(3) 对称性与爱因斯坦方程结合后自

① 何祚庥. 关于新中国理论物理研究的一段回忆［J］. 北京党史，2005(1)：55-58.

动得到 $SU(6)$ 对称性的工作。[①] 由于报告内容丰富，萨拉姆从上午讲到下午。报告结束后，他又同张文裕、汪容、何祚庥、戴元本、赵光达、陆启铿、吴咏时、李炳安等 20 多位物理学家座谈。萨拉姆认真回答中国学者提出的学术问题并介绍国外研究动态，使中国物理学家及时了解国际同行工作。他在交流中屡次称赞层子模型并关心研究进展。[②] 他甚至在报告一开始便说：

> 对我来说，到北京访问，很高兴同中国的基本粒子物理学家相会，我代表巴基斯坦物理学家向各位致敬。对我来说，每次到了北京就像回到自己家里一样。1965 年我到北京来，没有机会谈谈我的工作，1966 年我又来到了中国，在物理讨论会上我知道你们做了很多工作，而且你们的工作和我的工作有一定的关系。你们做了很多工作，我很想了解你们的工作……66 年北京物理学者所进行的工作，据我所知，是研究层子之间束缚态 B–S 方程，试图得出动力学和对称性之间的关系。我认为在当时这是一个很深入的工作，我很想知道，在此以后有没有进一步的发展。[③]

1972 年 9 月 5 日晚，周恩来总理、郭沫若院长接见萨拉姆。萨拉姆向周总理请求与中国物理学家在核物理的基础技术方面合作，还多次邀请中国理论物理学家到由他创建的国际理论物理中心（International Centre for Theoretical Physics, ICTP）[④] 访问。目前，已有百余位中国理论物理学家访问 ICTP，促进了中国理论物理发展。

---

① 萨拉姆报告具体内容包括非多项式拉氏函数、引力论及无穷大的消除、f–g 理论，$SL(6, C)$ 与爱因斯坦拉氏函数和规范理论等 5 个方面。

② 为适应中国当时国情，萨拉姆在报告和座谈过程中只提“层子”而不使用“夸克”。

③ 萨拉姆报告及座谈会纪要[A]. 中国科学院档案，1972-04-0085-0020.

④ 国际理论物理中心创立于 1964 年，选址于意大利的里雅斯特。ICTP 旨在帮助各国科学家，尤其是发展中国家的科学家了解物理和数学研究方面的最新成就和发展；为各国科学家提供一个交流合作平台；为访问学者，尤其是发展中国家学者开展科学研究提供便利，促进发展中国家的科学研究水平。

三、杨振宁评价层子模型

1971年3月，中美冻结多年的外交关系开始解冻。杨振宁敏锐地意识到两国关系的解冻迹象，申请访问中国大陆。美国政府同意杨振宁回中国探亲，尼克松（R.M.Nixon）总统科学顾问戴维（E.David）希望杨振宁以私人身份赴华探寻中美两国科学院进行有效接触的可能性和接触的方式。①

在中国驻法国大使馆的帮助下，杨振宁顺利领取到访华签证，并于1971年7月20日晚乘法国航空公司航班抵达上海，回到阔别26年的祖国。杨振宁此次访问历时4周（1971年7月20日—8月17日），访问地点主要是上海、北京和合肥三地。在上海，他参观了工业展览馆、江底隧道、中国科学院生物化学研究所、中国科学院生理研究所、复旦大学、上海柴油机厂等。在北京，参观了清华大学、北京大学、北京石油化工总厂、中国科学院原子能研究所、北京第三十一中学，游览了故宫、长城、明十三陵、颐和园等。他到合肥省亲，并在合肥参观了毛泽东思想馆和安徽纺织厂。此外，杨振宁还参观了山西省昔阳县大寨村。上述参观地点都是经过接待组精心安排的，以使杨振宁看到“新中国的精神面貌，和祖国社会主义建设的巨大成就”②。

访问上海期间，杨振宁于7月24日在上海锦江饭店作《关于对称性原理问题》和《基本粒子的内部结构问题》报告。复旦大学原子物理系卢鹤绂教授主持报告会。复旦大学、上海交通大学、华东师范大学和上海原子能研究所等高校和研究所80余位研究人员参加报告会。7月27日，杨振宁抵达北京。8月3日上午，他在北京饭店作《基本粒子的空间结构》学术报告。在杨振宁报告前，北京接待组曾组织中国科学院物理所基础理论研究组、原子能所基本粒子组和北京大学物理系基本粒子组总结层子模型，了解国际基本粒子研究进展和杨振宁近期关于基本粒子相干液滴模型和碎片化模型等工作。周培源主持杨振宁报告会，吴有训、华罗庚、张文裕、钱伟长、王竹溪、黄昆、

---

① 杨振宁来华专卷（一）[A]. 中国科学院档案，1972-04-0060-0003.

② 关于接待杨振宁的计划[A]. 中国科学院档案，1972-04-0060-0001.

邓稼先以及中国科学院大批判组[①]、原子能研究所、北京大学、清华大学等单位的105位听众[②]参加报告会。杨振宁报告结束后，由原子能所李炳安介绍层子模型。

不过，杨振宁对基本粒子结构问题有不同看法。由周培源、张文裕写给中国科学院领导成员、周恩来总理在科学院的联络员刘西尧[③]报告中可见：

> 杨振宁对结构的看法和我们的“层子模型”有本质的区别。按照主席“一分为二”的教导，我们认为基本粒子不是不再能分割的基本的粒子，而是由下一层的粒子所组成。这下一层的粒子，我们叫作“层子”。杨振宁认为基本粒子虽有空间结构，但不是由更深一层的粒子所组成。
>
> 在“文化大革命”中，我们基本粒子的研究工作中止了。在1966年物理讨论会上宣读过的论文也没有发表。到会的日本代表在返日后曾在他们的刊物中为我们的“层子模型”做了一些介绍，所以在国际上也有提到我们的工作的。在过去五年中基本粒子有结构的思想已逐渐传播开来。“层子模型”也有一定的发展，但在原则方面并未超出我们在1966年的看法。[④]

在同部分听众座谈中，杨振宁建议中国物理学家围绕“层子模型”写一本书。他认为层子模型与夸克模型很像，中国物理学家研究开始早，且当时研究这一问题的物理学家还很少，写出一本书既便于讨论，也益于整理和明

① 1968年3月，一二十名年轻的理工科研究人员和在校大学生，在中科院正式成立了“‘批判自然科学理论中资产阶级反动观点’毛泽东思想学习班”，通常简称为“相对论批判组”。该批判组最终被划归物理所，成为该所的第十三研究室。

② 在当时的历史条件下，参会人员都是经过严格遴选的。

③ 1966年9月，周恩来派刘西尧（1916—2013）到中国科学院任总理联络员。此后，他还相继担任中国科学院革命委员会副主任，中国科学院党核心小组副组长，国务院科教组副组长、组长，第二机械工业部部长，教育部部长，四川省委书记、副省长、顾问委员会副主任等职。

④ 周培源，张文裕给郭沫若，刘西尧的信[A]，中国科学院档案，1972-04-0060-0004.

确中国物理学家的思想。[①] 事实上，杨振宁回国前并不了解层子模型具体工作，而只是从《纽约时报》看到有关层子模型报道。为使杨振宁深入了解层子模型且便于他返美后介绍层子模型时有所依据，周培源和张文裕建议将1966年暑期物理讨论会上宣读的三篇论文赠送杨振宁。他们认为“这实际上也是为我们在基本粒子的研究工作中宣传毛泽东思想”[②]。

1971年8月4日晚，周恩来总理在人民大会堂宴请杨振宁。返美后，《今日物理》(*Physics Today*)高级编辑路布金(G.B.Lubkin)访谈杨振宁关于中国物理学的发展情况。[③] 杨振宁认为中国的高能物理研究在“文化大革命”以前“非常活跃”，还特别提到了层子模型：

> 他听说在一九六五年或一九六六年，中国的理论家发展了“层子”理论，这种理论非常近似默里·盖尔曼和乔治·兹威格在1964年提出的夸克(理)论。
>
> ……和夸克理论统一方法的由三种基本粒子构成的层子理论，主要是由北京物理研究所基本粒子组提出的(这个研究所像所有研究所一样是科学院的一部分)。[④] 杨会见了这个组的成员李炳安和何祚庥。这个小组的年龄多半在三十五岁到四十岁。他发现其中有一个，很聪明，对国外的有关著作比较了解。在去年“文革”结束时，他们恢复了自己的工作。
>
> 杨说：原子能研究所的理论组，物理研究所和北京大学物理系彼此密切配合，因此他们也随时相互商量。

此后，杨振宁多次访华。1973年7月17日下午，毛泽东在中南海游泳池住处会见杨振宁。陪同会见的有周恩来总理和周培源。毛泽东同杨振宁讨论

① 中国物理学家杨振宁学术报告(之二)[A].中国科学院档案，1972-04-0060-0037.

② 周培源，张文裕给郭沫若，刘西尧的信[A].中国科学院档案，1972-04-0060-0004.

③ LUBKIN G B. C.N.Yang discusses physics in People’s Republic of China[J]. Physics Today, 1971, 24(11): 61-63.

④ 此处报道与事实不符，北京基本粒子组由四个单位组成，而非一个研究所。

了物质无限可分和宇称守恒等物理学及哲学问题。他询问哥本哈根学派近况及光量子是否可分，杨振宁回答这个问题当时尚未解决。毛泽东提到，“物质是无限可分的。如果物质分到一个阶段，变成不可分了，那么一万年以后，科学家干什么呢？有人说公孙龙是诡辩论，还有惠施，但是有‘一尺之捶，日取其半，万世不竭’之说，这就是物质无限可分的意思”①。谈话期间，毛泽东还询问坂田昌一近况。周培源告诉他坂田昌一已于1970年去世。此外，毛泽东还提到“飞鸟之影未尝动也”“天下之中央，燕之北，越之南”“白马非马”，等等。针对粒子是否可分问题，杨振宁回答国际流行两种观点：一种认为基本粒子有构造，但观察不到；一种认为能观察到，只是现在还看不到。随后，周培源将话题引向宇称不守恒定律。杨振宁解释：宇称守恒，简单地说，就是左右对称；在原子核内，强作用和电磁作用下宇称守恒，而弱作用下宇称不守恒。毛泽东又提到宇称是否既守恒又不守恒，并说自己是搞政治的，不懂科学，称赞杨振宁对世界是有贡献的。②

四、美国科学家代表评价层子模型

1972年2月21日至28日，美国总统尼克松成功访华。2月28日，中美在上海联合发表《中华人民共和国和美利坚合众国联合公报》（《上海公报》），宣布中美两国关系走向正常化。此后，中美两国在科技等方面的交流频繁，且渠道越来越广。

1972年5月22日至6月3日，美国科学家协会主席、高能物理理论家戈德伯格（M.Goldberger）教授应中国科学技术联合会邀请率领美国科学家代表团访华（图5-4）。③此前，美国物理学家通常以个人或科学小组成员身份访华。美国科学家协会代表团在华期间行程遍及北京、洛阳、西安、上海、长沙和广州等地，参观访问了中国科学院物理研究所、半导体所、电子所，北京

① 中共中央文献研究室. 周恩来年谱（1949—1976）：下册［M］. 北京：中央文献出版社，2007：533.

② 周培源. 毛主席的伟大旗帜是科学的旗帜——忆伟大领袖毛主席的两次谈话［N］. 光明日报，1978-09-10：2.

③ 代表团成员包括戈德伯格夫妇、斯通（J.Stone）夫妇和科恩（J.A.Cohen）夫妇。

大学，清华大学，复旦大学，上海工业博览会等。戈德伯格在北京所作学术报告中介绍了弱电统一理论。报告后，有青年学者建议研究电弱统一理论，研读温伯格文献。不过有"老先生"立即拍桌子责问："你不要毛泽东思想了？"[①]

图 5-4　中国科学院院长郭沫若（右 1）接见戈德伯格（左 2）
（图片采自 1972 年 *Physics today* 第 25 卷，第 12 期）

俄勒冈大学高能物理学家鲁道夫（R.C.Hwa）访华时在上海做报告介绍高能单举反应（inclusive action）。报告结束后，他与中国物理学家讨论有关哲学问题。[②] 在鲁道夫看来，中国物理学家坚决反对靴袢观点并坚信基本粒子内部有组分。他认为中国物理学家的这种信念源于唯物辩证法，即认为世界由物质而非抽象的东西组成。中国物理学家的论据是历史证明粒子能进一步分裂，尽管靴袢理论成功预测基本粒子某些性质，但仍需探究粒子由什么组成。随后，鲁道夫在北京作另一场学术报告。在他看来，北京的物理学家也坚持物质组成观，但能给出比较令人信服的论证，即考虑了核子形状因子等因素。访华期间，鲁道夫还见到参加层子模型研究的部分中国学者，被告知层子与盖尔曼的夸克类似。不过，根据当时的粒子物理发展情况，夸克比层

① 以杜东生看来，当时朱洪元和胡宁反对研究电弱理论，而是集中精力研究层子的方向没错，但是有局限性。——2014 年 8 月 5 日，中国科学院高能物理研究所杜东生研究员访谈。

② Hwa 认为其中部分人并非高能物理学家。

子看起来更成功。①

路布金以《中国物理近况》(*Physics in China*)为题介绍了美国科学家代表访华考察的中国物理学发展情况。副标题总结了他们的看法，即当时的中国偏重发展应用物理，忽视基础物理研究，尝试使高等教育体系更加民主化(图 5-5)。

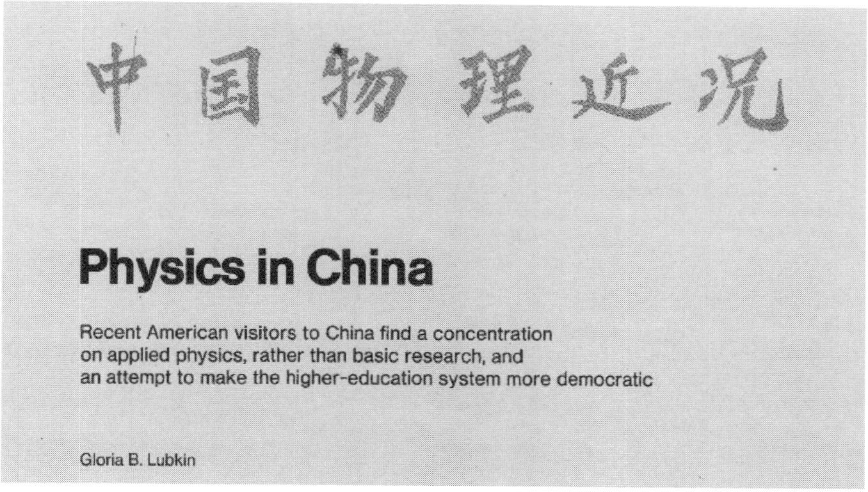
中国物理近况

Physics in China

Recent American visitors to China find a concentration on applied physics, rather than basic research, and an attempt to make the higher-education system more democratic

Gloria B. Lubkin

图 5-5 路布金撰写的美国科学家考察中国物理发展情况的文章

五、格拉肖、温伯格宣传层子模型

1977 年 8 月 10 日至 23 日，在美国夏威夷大学马诺亚分校举行了第七届粒子物理专题会议(Topical Conference in Particle Physics)。会议主讲人为施温格、格拉肖、戈德哈伯(G.Goldhaber)和巴泰(C.Baltay)，来自美国、欧洲以及日本的 60 余位物理学家参加会议。格拉肖的报告题目为《粲的理论观念及味混合理论》(*Theoretical ideas about charm and the theory of flavor mixing*)。他在报告引言中强调说："很多时候科学家认为自己已经找到自然界的基本组元，但随后又发现有更基本结构。形式总是这样：某一组元被看作基本的——发现多种类似组元——提出一个具有提示性的分类系统——这

① LUBKIN G B. Physics in China / 中国物理近况[J]. Physics Today, 1972, 25(12): 23.

种组元被认为是由更基本的组元组成的复合体。”他以原子、原子核和强子的发现过程为例证明人类探索物质基本组元的上述形式，随后说：

> 目前，夸克和轻子被认为是基本粒子。不过实验上已经发现5种夸克和5种轻子，也许更多夸克和轻子还在途中。在人们发现新秩序和更深层次的物质结构之前，还会发现几种夸克和轻子？洋葱还有更深的一层吗？夸克和轻子是否具有共同的更基本的组成部分呢？许多中国物理学家一直是维护这种观念的。我提议把构成物质的所有这些假设的组成部分命名为“毛粒子”（Maons），以纪念已故的毛主席，因为他一贯主张自然界有更深的统一。①

标准模型的另一位提出者——温伯格，在1977年出版的畅销书《最初的三分钟：宇宙起源的一种新看法》（*The first three minutes: a modern view of the origin of the universe*）中写道：“北京一小组物理学家长期以来坚持一种理论，但称之为层子，而不称之为夸克，因为这些粒子代表比普通强子更深一个层次的实现。”② 1978年8月底，温伯格和家人结束在东京举办的第十九届国际高能物理会议后访问中国。其间，温伯格围绕“温伯格－萨拉姆模型”作3次学术报告。报告内容包括带电流、中性流、τ轻子、γ粒子及Higgs粒子等方面理论和实验进展。他也与中国物理学家讨论了物质层次问题。1979年，萨拉姆、温伯格、格拉肖因提出“弱电统一理论和预言弱中性流”分享诺贝尔物理学奖。

---

① GLASHOW S L. Theoretical ideas about charm and the theory of flavor mixing[C]// CENCE R J, BALTAY C. Proceedings of the seventh Hawaii topical conference in particle physics. America: University of Hawaii at Manoa, 1977: 157-226.

② WEINBERG S. The first three minutes: a modern view of the origin of the universe[M]. New Yorks: Basic Books, 1993: 140.

第二节　层子模型理论的后续发展与获奖

一、关于层子模型的后续研究

“文革”期间，中国的科技事业发展受到严重冲击。1966年7月30日，中国科学院副院长陈伯达同江青以“中央文革小组”名义召集科技界万人大会，鼓动科学界揪斗“走资派”。9月7日，周恩来参加中科院北京地区万人辩论会，针对当时形势指出，“在这样一个大的科学院范围，既要进行无产阶级文化大革命，解决社会主义革命抓阶级斗争，又要抓革命促生产，抓生产斗争和科学实验。我们不能看着科学院的尖端科学研究和许多重点实验像现在这样放在一边，不能继续下去！我已经有很多材料证明，我们某一方面的工作推迟时间，我昨天看了这么一个紧急报告，我很不安……”[①] 这次大会后，部分科研人员回到实验室。但在不断揪斗“走资派”和大字报干扰下，科研环境很不稳定。一些知识分子重新被扣上“资产阶级”帽子，成为“臭老九”。多位知名科学家被定为“资产阶级反动学术权威”。[②]1969年4月，有科技人员被下放到湖北省潜江县的中国科学院“五七干校”劳动改造，仅少部分人留在研究所边搞运动边做科学研究。直到1972年周恩来主持工作后，这种状况才略有扭转。

中国科学院原子能研究所在“文革”期间施行“抓革命、促生产”，研究人员可开展一些科学研究。数学研究所被认为是无用的，施行“停产闹革命”，甚至一度计划由一个全国联络站取而代之。数学研究所大部分人员都停止做

① 《中国科学院》编辑委员会编. 当代中国丛书·中国科学院：上［M］. 北京：当代中国出版社，1994：141.

② 《中国科学院》编辑委员会编. 当代中国丛书·中国科学院：上［M］. 北京：当代中国出版社，1994：141.

研究。据朱重远回忆，他当时四处买元件和电子管组装收音机。[①] 北京大学的科研工作也基本停顿，部分教工在1966年8—9月参加了“串联”。[②]

幸运的是，有国家领导人关心和支持基础研究，这使得中国物理学家得以在层子模型框架下继续开展了零星工作。1967年5月，国家科委在北京召开基础理论研究座谈会。聂荣臻在会上说：

> 基本粒子，去年在北京物理讨论会上有一篇论文，明年如果搞[③]，只一年的时间，很仓促呀！应该有一个题目。去年放了一炮，第二炮就不响了，怎么行？我们要在此基础上好好准备明年的科学讨论会。[④]

中国科学院原副院长吴有训也关心基本粒子理论发展。他在1972年1月23日给刘西尧写信[⑤]，期望振兴中国理论物理研究，将理论研究继续向前推进：

> 西尧同志：
>
> 最近学习“科技发展计划工作座谈会简报”，万分鼓舞，对我很有启发。根据简报第四期的精神，有些在毛主席思想指导下进行的理论课题，有一定基础、努一把力就可以上得去的探索性工作也应该着重抓一抓。我认为“基本粒子”的“层子模型”理论工作，就是一例。
>
> “层子模型”理论是1965—1966年北京基本粒子理论组（包括中关村原子能所的20多人，北京大学约10人，科学院数学所约10人）在毛主席的“基本粒子也是可分的”思想指导下提出来的。当时在基

① “文革”中后期，戴元本等几位数学所成员参与物理所十三室相对论批判组的工作，可以借机开展研究。

② 2014年6月6日，中国科学院物理研究所杨国桢院士访谈。

③ 聂荣臻此处指的是1968年北京科学讨论会。不过，受“文革”影响，1968年北京科学讨论会未能如期举行。

④ 聂荣臻. 聂荣臻科技文选［M］. 北京：国防工业出版社，1999：606.

⑤ 吴有训致刘西尧的信［A］. 中国科学院档案，1972-27-0033.

本粒子内部结构的研究方面，我国这项工作在世界上居于领先地位。可惜的是，这项工作只在1966年北京物理讨论会上宣读了一遍，得到了与会外国朋友的一致好评，然而没有正式发表。按照科学界的传统，一项研究工作如果没有在科学期刊上正式发表第一手的材料和数据，是不易得到人家承认的。我们的工作由于参加会议的日本人宣传出去，外国科学界的个别人知道有这回事，偶尔在文章中提到“层子”这个词。

但是，1966年以后，这项工作没有继续搞。据我所知，国外已在基本粒子内部结构的理论研究方面赶了上来，有些方面超过了我们。与此同时，美帝最近搞的2000亿～5000亿电子伏的加速器、西欧准备搞的3000亿～8000亿电子伏的加速器，它们的目的首先是要寻找“夸克”（即组成基本粒子的更基本的东西，我们预言是层子，他们预言是夸克），因为一旦找到了的话，这将是20世纪后半期的物理学上的最大突破。这样就有一个危险，就是一旦找到了，他们就会说这是他们预言的“夸克”，而把我们未正式发表的“层子模型”的“层子”，一笔抹杀。因此，我们一定要加紧宣传“层子模型”，这关系到在全世界科学界宣传毛泽东思想，不抓不行。我的意见最好今年去国外参加一次高能物理会议，并在会上正式报告一次“层子模型”理论。

为了取得好的宣传效果，一方面要报告1965—1966年的旧成果，一方面也必须争取最短期内努一把力，取得新成果，把理论推进一步，以反映“文化大革命”以后我国科学研究的新面貌。

近来听到，由于长期以来不抓，原来搞基本粒子的研究人员思想颇不安定，有的人想要改行，有的人正在陆续放走。原子能所搞基本粒子的人员虽然较多，但是工作似不起劲。我觉得在这方面不能再踌躇观望，必须立即加强领导，把有关人员组织起来，先把理论工作促上去。希望半年左右搞出一批较好成果，我估计这是可能的。否则，这样下去，等到国外实验上找到了组成基本粒子的更基本的东西以后，我们再去争理论预言的优先权，就已经晚了。

以上看法，不知是否妥当，请指正。

第二天，刘西尧做出批示，“我赞成把这工作抓一抓，请郝尊毕同志与二机部同志和周培源等同志一商，要有些具体措施”。不过，目前看来，科学院当时并未采取相关措施。同年 7 月 28 日，吴有训在家中约见科学院科研组副组长郁文，再次提起要继续发展层子模型工作。①

在实验方面，中国实验物理学家在层子模型提出后试图寻找自由层子。1972 年 6 月，原子能研究所云南落雪山宇宙线观测站②利用大型磁云室在一组磁云室照片上发现 3 个高能量径迹 *a*、*b*、*c* 的超高能核作用事例（图 5–6）。其中，*c* 径迹动量很高③，其水珠密度明显小于 *a*、*b* 水珠密度，即其速度小于 *a*、*b*。动量高且速度小，表明 *c* 粒子质量大。经分析，*a*、*b* 为 π^- 和质子，*c* 寿命大于 10^{-9}s，质量是质子质量的 10 倍以上，被认为是层子候选事例。这一事例引起周总理和高能物理学界重视。胡宁对该事例做分析。④实验物理学家则利用相对灵敏的同位素分离器寻找携带 1 个电荷、几十倍核子质量的稳定粒子，但结果是否定的。⑤

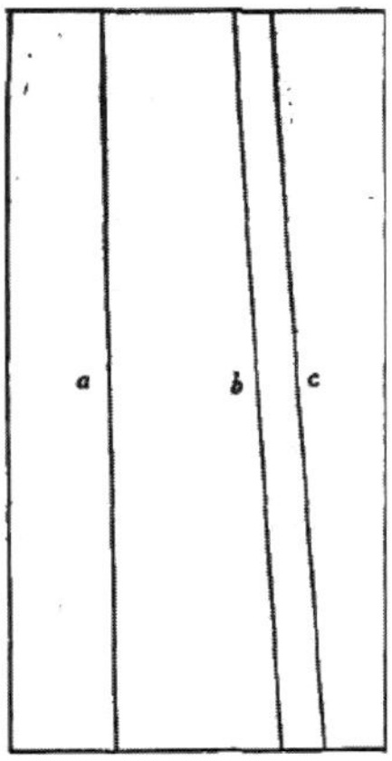

图 5–6　云南落雪山宇宙线观测站发现的 3 种粒子径迹

① 竺可桢. 竺可桢全集［M］. 第 21 卷. 上海：上海科技教育出版社，2011：457.

② 在王淦昌、肖健等直接领导下，于 1954 年在云南落雪山海拔 3180 米处建立了中国第一个宇宙线高山实验站。大云室建成于 1965 年，由自上而下放在一条铅垂线上的上云室、磁云室和多板室组成。

③ 在 6000 多高斯的强场中有一米多长的接近直线径迹。

④ 胡宁. 对我国云南宇宙线观测站发现的一个高能粒子事例的分析［J］. 科学通报，1979，11：496–499.

⑤ 任石. 层子模型［J］. 高能物理，1977，1：8.

中国粒子物理实验条件薄弱（仅有云南观测站勉强开展实验）[①]，且联合核子研究所的工作人员回国后或改行或分散于各地，难以再集中。1972年7月1日晚，第二次访问中国大陆的杨振宁向周总理建议应重视科学理论研究。两周后，周总理在会见正在中国参观、探亲的美籍华人学者参观团和美籍华人学者访问团全体成员时指示周培源要办好北京大学理科教育，提高基础理论水平。得知周恩来关切中国基础研究发展，1972年8月18日，张文裕、朱洪元、汪容、何祚庥等18位物理学家联名给周恩来总理写信，呼吁在研究"基本粒子"内部结构理论和宇宙线，并且预研高能加速器和探测器技术（附录七）。9月11日，周总理在回信中明确指示道："这件事不能再延迟了，科学院必须把基础科学和理论研究抓起来，同时又要把理论研究和科学实验结合起来。高能物理研究应该成为要抓的主要项目之一。"[②] 在这一背景下，中国科学院基于原子能研究所一部，成立高能物理研究所。1988年，终于建成北京正负电子对撞机。[③]

1972年以后，《中国科学》《物理学报》等科技期刊逐步恢复出版，并刊发了层子模型理论研究新成果。中国科学院物理研究所理论小组研究了高能强子准二体反应的共振衰变角分布和角关联，得到同一反应各统计张量间的关系并与实验比较。[④] 随后，他们又基于相同物理假设研究极化靶情况下的 $0^-+\frac{1^-}{2}\rightarrow 1^-+\frac{3^+}{2}$ 过程。[⑤] 为与非相对论性夸克模型比较，理论小组还研究与

---

① 中国的加速器研制起步于赵忠尧由美国带回的实验器材，此后于1955年和1958年相继建成700KeV质子静电加速器和2.5MeV质子静电加速器及与之配套的重粒子谱仪。杨澄中、戴传曾、何泽慧、王普等人在20世纪50年代曾研究探测器中的核乳胶。中国物理学家在这些实验设备上开展了一些实验，部分实验为核武器研制提供了数据，但这些工作很难融入国际前沿研究。

② 朱光亚. 铭记周总理的教导努力搞好科学技术研究工作[M]// 人民出版社资料组. 人民的好总理：下册. 北京：人民出版社，1977：96-99.

③ 丁兆君，胡化凯. "七下八上"的中国高能加速器建设[J]. 科学文化评论，2006，3(2)：85-104.

④ 中国科学院物理研究所理论小组. 层子模型中准二体反应的共振衰变角分布[J]. 科学通报，1972(3)：134-145.

⑤ 中国科学院物理研究所理论小组. 层子模型中极化靶过程 $0^-+\frac{1^+}{2}\rightarrow 1^-+\frac{3^+}{2}$ 的共振衰变角分布[J]. 科学通报，1973(5)：219-222.

强子结构相关的高能散射截面间关系。[①]1974 年，何祚庥、黄涛发展复合量子场论。[②③④]1975 年，朱重远利用层子模型研究 $\pi^0 \to 2\gamma$ 衰变的常见物理机制，并估计大层子质量情况下对这些机制的贡献；[⑤] 李炳安讨论了介子和重子波函数以及 $\frac{1}{2}^+$ 重子的电磁性质和△（1236）的光生电生现象；[⑥⑦] 北京大学李小源提出一种新的层子方案。[⑧] 此外，中国科学技术大学赵宝恒，兰州大学张敬业，[⑨] 中山大学“基本粒子理论组”，内蒙古大学物理系罗辽复、陆埮、杨国琛，山东大学王政之等也在层子模型框架下做研究。在层子模型框架外，吴咏时和戴元本计算了关于非阿贝尔场规范场中费米子电磁形状因子高能行为的三圈图领头对数项，提出非阿贝尔场的 Sudakov 因子的指数化；[⑩] 侯伯宇、段一士和葛墨林给出霍夫特磁单极的拓扑不变量。[⑪] 此外，李华钟、郭硕鸿、冼鼎昌、吴咏时等还研究了磁单极和经典规范场。[⑫]

中国科学院高能物理研究所成立后，先后于 1976 年和 1977 年创立科普期刊《高能物理》[⑬] 和专业学术期刊《高能物理与核物理》。《高能物理》创刊初期的任务以普及性介绍层子模型为主（表 5-2），其中《图说层子模型》以漫画形式生动地介绍了层子模型（图 5-7）。《高能物理与核物理》创刊第 1 期

---

① 中国科学院物理研究所理论小组. 层子模型中高能散射截面之间的关系［J］. 物理，1973（2）：75-79.

② 何祚庥，黄涛. 一种新的可能的复合场的量子场论［J］. 物理学报，1974（2）：113-152.

③ 何祚庥，黄涛. 复合场场论和层子模型（I）［J］. 物理学报，1974，23（4）：264-291.

④ 何祚庥，黄涛. 复合场场论和矢量为主（VMD）、赝矢流近似守恒（PCAC）、场流关系以及流代数的一些问题［J］. 物理学报，1974，23（6）：408-418.

⑤ 朱重远. 对 $\pi^0 \to 2\gamma$ 衰变机制的讨论［J］. 物理学报，1975，24（3）：141-144.

⑥ 李炳安. 相对论层子模型中的介子和重子波函数［J］. 物理学报，1975，24（1）：21-45.

⑦ 李炳安. 层子模型中的 $\left(\frac{1}{2}\right)^+$ 重子的电磁性质和△（1236）的光生电生现象［J］. 物理学报，1975，24（3）：124-140.

⑧ 李小源. $U(6)$ 对称和新的层子方案［J］. 物理学报，1976，25（1）：69-73.

⑨ 张敬业. 关于一个可能的强子结构模型. 兰州大学学报［J］，1974（1）：48-54.

⑩ 吴咏时，戴元本. 非 Abel 规范场论中形状因子高能行为的指数化与反常增长［J］. 科学通报，1975（11）：510-512.

⑪ 侯伯宇，段一士，葛墨林. 不可易规范场的对偶荷［J］. 物理学报，1976，25（6）：514-520.

⑫ 戴元本，顾以潘. 我国粒子物理研究进展：50 年回顾［J］. 物理，1999（9）：548-557.

⑬《高能物理》当时为季刊，朱洪元任第一任主编，现更名为《现代物理知识》。

也收录了层子模型综述文章。[①]

表 5-2 《高能物理》刊登的层子模型相关文章(1977—1980)

篇名	作者	期
层子模型	任石	1977 年第 1 期
从核子到部分子—微观世界的层次与粒子结构	陆埮、罗辽复	1977 年第 3 期
“层子模型”十一年	高能所基本粒子理论组	1978 年第 1 期
大云室和重粒子事例	通讯员	1978 年第 1 期
图说层子模型	谢融 文诒献 画	1978 年第 2 期
高能物理实验发展史话(十一)强子的层子模型	韩树荣	1980 年第 2 期
层子学说和强子结构(上)	勾亮 郝春	1980 年第 3 期
层子学说和强子结构(下)	勾亮 郝春	1980 年第 4 期

①

②

③

④

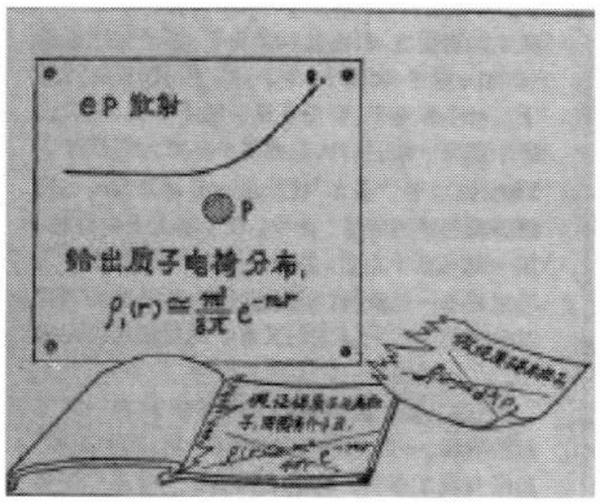

⑤

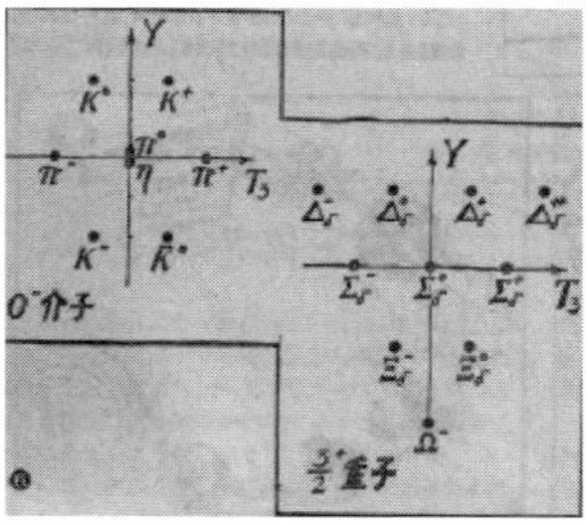

⑥

① 北京基本粒子组. 坚持正确的方向努力勇攀高峰:回顾层子模型十一年[J]. 高能物理与核物理, 1977, 1: 1.

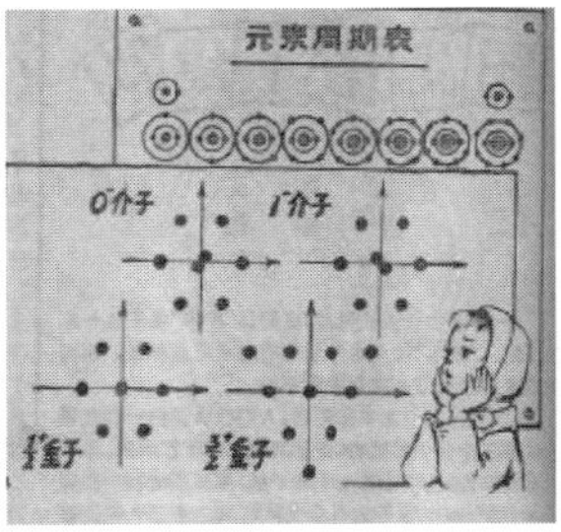

⑦

⑧

⑨

⑩

⑪

⑫

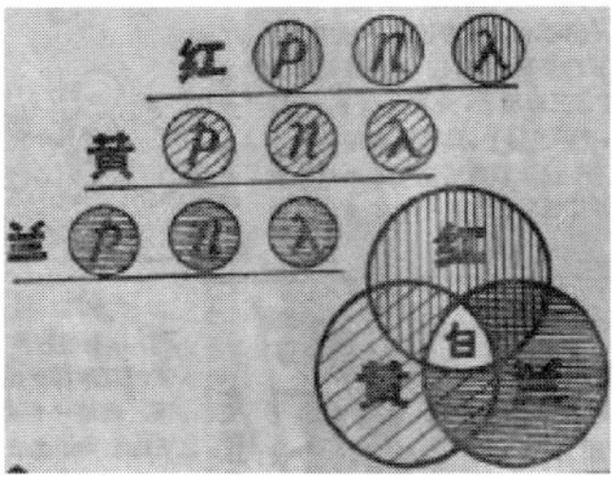

⑬

⑭

图 5-7 《高能物理》(1978 年第 3 期)杂志刊登的《图解层子模型》(①—⑭)

二、召开粒子物理系列会议

1976 年,“四人帮”被粉碎。中共中央着力拨乱反正,恢复各项事业发展,积极推进现代化建设。粒子物理等自然科学研究重新受到国家重视和支持。钱三强、周培源等多次组织粒子物理专题会议,为进一步研究粒子物理创造机会。

1977 年春,在北京召开高能物理计划会议期间举行了粒子物理理论讨论会。同年夏,在安徽黄山召开基本粒子座谈会。座谈会报告和讨论内容围绕新粒子、相互作用和层子模型发展 3 个专题,还涉及规范场与磁单极、量子场论新发展和高能强作用过程等。杨振宁参加会议并做3次报告，介绍了高能物理实验进展，包括关于弱作用、新粒子和携带分数电荷粒子新实验结果，讨论了将纤维丛引入基本粒子理论及其如何应用于含有磁单极的规范场研究。杨振宁报告还涉及瞬子研究新成果及磁单极与荷电粒子系统的波函数能谱。①

1978年3月18—31日，经中国科学院和国防科委等诸多部门的具体筹备下，中共中央在北京隆重召开全国科学大会，有5000余位代表参会。华国锋主持大会开幕式，② 邓小平代表中央在大会上作重要讲话，做出"科学技术是生产力"等重要论断，为科学技术发展扫除思想障碍。会前，聂荣臻为大会赋诗曰："华旸出谷天下明，阴霾一扫九州通。"中国科学院院长郭沫若在题为《科学的春天》的书面讲话中说："让我们张开双臂，热烈地拥抱这个春天吧！"实践证明，全国科学大会不仅是中国现代科技史上的一个重要里程碑，还是一次具有特殊政治意义的会议，对国家的科技、教育、政治、经济、社会和文化等领域的改革发展都产生了深远的影响。③

1978年5月，经时任国务院副总理邓小平批示，中国科学院在物理所十三室的基础上创办理论物理研究所，由彭桓武担任所长。④ 同年8月1—14日，在江西庐山召开"文革"结束后的首次中国物理学会大会，共有602位代表参会（图5-8）。会议期间，举行了基本粒子讨论会，总结强子结构实验和理论研究最新发展，讨论强子结构问题理论未来发展问题。周培源、钱三强、张文裕出席会议并讲话，杨振宁、林家翘等做学术报告。周培源在开幕式致辞中说：

---

① 勇攀高峰，把基本粒子理论研究搞上去：中国科学院召开基本粒子理论座谈会［J］. 科学通报，1977(11)：510-511.

② 华国锋在1977年5月30日听取中国科学院领导方毅、武衡和李昌汇报工作时提议召开全国科学大会，"把思想澄清，把大家的积极性调动起来"。同年8月12日，华国锋在中共第十一次全国代表大会上作政治报告，提出"向科学技术的现代化进军"，正式宣布在适当时候召开全国科学大会。

③ 张柏春. "科学的春天"意义深远［J］. 中国科学院院刊，2018, 33(4)：432-435.

④ 成立中国科学院理论物理研究所主要是鉴于中国理论物理学家在理论物理的基础研究（如层子模型理论）和应用研究（如原子弹、氢弹的理论设计）方面的成绩并培养一批年轻人才。

> 基本粒子的研究是我很关心的事，因为基本粒子的研究是站在整个物理学的最前线。……在“文化大革命”前短短十七年中，我国理论物理有两大贡献：一是完全独立地掌握了制造原子弹和氢弹的理论；二是提出了强子结构的层子模型。……1966年我们搞了层子模型，在北京物理讨论会上做了报告，国际上认为有水平，我们大家都高兴。但有些同志就骄傲自满了，好像基本粒子问题已经解决了。把自己看成唯物主义，而给别人扣上唯心主义，既影响了内外的团结，又妨碍了自己的进步。我们做了一点成绩，千万不要骄傲自满，要真正做个又红又专的理论物理工作者。①

此外，周培源号召物理学家注意层子所满足的运动方程。这是强子结构理论研究的核心问题，涉及相对论方程形式和层子、反层子间作用力。

图5-8　1978年中国物理学会年会（庐山）大会工作人员合影

① 周培源同志在基本粒子会议开幕式上的讲话（录音稿）[C].强子结构理论报告集，1978年中国物理学会年会基本粒子会议，1980：3-4.

1979年2月中旬，中国科学院高能物理研究所、理论物理研究所，北京大学，中山大学等成立全国性的“基本粒子理论组”，以推动中国的粒子物理理论研究。[①] 朱洪元担任组长，胡宁、何祚庥、张厚英、李华钟担任副组长，秘书为王迪、冼鼎昌、赵文彦、王遂德，成员见表5-3。“基本粒子理论组”第一次小组会议提议召开一次华人国际基本粒子理论物理讨论会，以加强大陆理论物理学家同港、澳、台及外籍华裔学者联系，为以后组织更大型的国际会议积累经验。[②] 钱三强担任会议筹备委员会主任。他于当年4月向杨振宁和李政道发出邀请。他们均欣然接受邀请，并积极推荐和联系在台湾和国外的华侨和华裔物理学家参加会议。李政道还建议设立顾问委员会，成员有王淦昌、朱洪元、李政道、杨振宁、张文裕、周培源、赵忠尧、胡宁、钱三强和彭桓武。

表5-3　　1979年成立的“基本粒子理论组”成员

单位	成员
中国科学院高能物理研究所	朱洪元　冼鼎昌　杜东生　岳宗五　张宗烨
中国科学院理论物理研究所	彭桓武　何祚庥　戴元本　郭汉英
北京大学	胡　宁　高崇寿
中山大学	李华钟
复旦大学	倪光炯　夏道行
中国科技大学	阮图南
西北大学	侯伯宇
兰州大学	段一士

1980年1月5—10日，广州粒子物理理论讨论会在广东省从化县召开。共有148位代表参加会议，宣读论文78篇（大陆44篇，其他34篇）。李政

① 关于成立“基本粒子理论组”的通知［A］. 中国科学院档案，1980-36-0004-0009.
② 1980年广州粒子物理理论讨论会通知［A］. 中国科学院档案，1980-36-0004-0002.

道、杨振宁、吴大俊、郑洪、颜东茂、姚若鹏、陈匡武、徐一鸿、华家照、李灵峰、郑大培、潘国驹等51位在国外工作的华人粒子物理学家和97位中国物理学家参加会议（表5-4）。会议涉及规范场理论（17篇）、量子色动力学、强作用的现象性理论、引力理论、大统一理论和点粒子等理论研究新进展。中国代表提交的论文偏重粒子结构（11篇），国外代表则侧重强作用唯象理论（8篇）和量子色动力学（7篇）。此次会议是“文革”结束后在中国召开的首次国际粒子物理会议，被视为“粒子物理理论研究在中国恢复工作的一个大检阅”[①]。

表5-4　1980年广州粒子物理讨论会日程表[②]

日期		时间	主席	报告人	报告题目
1月5日	上午	9:00–10:30 11:00–12:00	钱三强 李政道	朱洪元	开幕式 关于层子模型的回忆
	下午	2:00–3:50 4:10–5:20	张文裕 胡宁	李政道 彭桓武 吴大俊	量子色动力学与强子的口袋模型 阻尼谐振子的量子力学处理 量子场论和统计力学
	晚上	7:00	招待会		
1月6日	上午	8:30–10:40 11:00–12:00	杨振宁 潘国驹	李华钟 颜东茂 姚若鹏	近年来国内关于经典规范场的一些工作 新粒子理论的总结报告 短距离物理中的因子化与重整化群
	下午	2:00–5:00	分组报告		
1月7日	上午	8:30–10:40 11:00–12:00	黄克孙 彭桓武	周光召 华家照 陈匡武	闭路格林函数 强子现象学——硬过程 强子唯象理论——软过程
	下午	2:00–5:00	分组报告		

① 朱洪元. 闭幕词［C］. 1980年武汉强子结构讨论会文集.
② 本表根据中国科学院档案：1980年广州粒子物理讨论会日程安排1980–04–0203–019整理。

（续表）

日期		时间	主席	报告人	报告题目
1月7日	晚上	7:00–9:30	何泽慧 待定 赵忠尧	霍安祥 待定 王祝翔	近年来国内宇宙线报告 DESY MARK–J 小组工作报告 费米实验室中微子小组报告
1月8日	上午	自由活动			
	下午	2:00–3:50 4:10–5:20	段三孚 何祚庥	阮图南 徐一鸿 章义朋	束缚态场论 巨统一理论及其现象学结论 巨统一理论评述
1月9日全天		分组报告			
1月10日	上午	8:30–12:00	分组报告		
	下午	2:00–4:30	钱三强	邹祖德 胡宁	待定 总结报告

1980年1月5日上午，广州粒子物理理论讨论会正式开幕。钱三强主持会议开幕式。随后，朱洪元在全体会议上做《关于层子模型的回忆》报告（图5–9），总结了层子模型工作，首次公开参与这项工作的39人名单（附录一）。这个报告引起海外学者普遍重视。① 李政道称该报告“很重要、很有价值，具有历史意义的回忆”。美国休斯敦大学助理教授胡斑比说：“‘层子模型’在当时确实是一个很有意义的工作。……六十年代西方在粒子物理方面的思想比较乱，有忽视物理内容，只注重数学形式的倾向。在这个时候中国强调基本粒子还有结构，宣传坂田模型，后来又提出层子模型，重新强调要有物理思想，这确实是有指导意义的。”他还认为，用物质无限可分哲学思想指导粒子物理研究，这个方向是对的，不应否定。哈佛大学赖曼物理实验室胡比乐说：“不能将层子模型完全等同于夸克模型，夸克刚提出来时并不是作为物质的一个层次，仅仅是数学上的处理方法。把夸克作为比基本粒子更深一层的粒子是后来的事情，具体说是在层子模型提出来之后，所以层子模型比夸

① 广州从化粒子物理会议简报第7期：海外学者对层子模型的反映［A］. 中国科学院档案，1980–36–0012–0008.

克模型进了一步。”加利福尼亚大学的翟树元也说：“层子模型在当时的意义确实很大，不能用现在的成果要求层子模型。”

图 5-9　朱洪元在广州粒子物理理论讨论会大会做《关于层子模型的回忆》学术报告

讨论过程中，有代表反映在国外很难找到层子模型相关资料，建议提供原始文献。特拉华大学郑文魁说：“我在美国只听盖尔曼演讲时提过一句，中国还有个‘层子模型’，具体内容完全不知道。”[①] 麻省理工学院黄克孙也反映自己只是从萨拉姆处听说中国提出了层子模型。[②] 李政道提议重新整理层子模型论文并以英文发表。该提议得到与会人员普遍赞同。遗憾的是，层子模型论文至今未以英文发表。目前，只有朱洪元的报告（英文）收录在会议论文集中。[③]

① 广州从化粒子物理会议简报第 7 期：海外学者对层子模型的反映［A］. 中国科学院档案，1980-36-0012-0008.

② 广州从化粒子物理会议简报第 7 期：海外学者对层子模型的反映［A］. 中国科学院档案，1980-36-0012-0008.

③ HUNG-YUAN TZU. Reminiscences of the straton model［C］. Procedings of the 1980 Guangzhou Conference on Theoretical Particle Physics. Beijing: Science Press, 1980: 4.

1月5日下午，李政道报告《量子色动力学与强子的口袋模型》[①]（图5-10）。1月8日晚，顾问委员会对讨论会学术水平做出初步评价。杨振宁和李政道认为，“通过这次讨论会，发现国内粒子物理理论方面有工作能力的人，比原来估计的要多，其中有些人能力很强，有一批年龄在40岁左右的粒子物理理论家很不差。工作的面也比原来估计的要广。3年来，中国粒子理论研究工作发展是可观的。但是和实验联系比较密切的粒子物理理论工作较少，希望加强这方面工作”[②]。第二天晚上，周培源、钱三强、张文裕、彭桓武分别主持座谈会，征询中国发展科教事业及粒子物理研究的意见。有代表提出中国研究规范场经典解和纤维丛等纯数学人员太多，这类工作与实验偏离太远，不是国家所需。有代表则建议《高能物理和核物理》改成月刊并以英文出版，建立预印本制度，以便及时宣传国内工作。[③] 会议期间，李政道等42位国外代表联名发表对中国建造高能加速器的意见。[④]

图5-10　1980年广州从化粒子物理理论讨论会
（由左到右为：彭桓武、李政道、周培源、杨振宁、朱洪元）

① 彭桓武、吴大峻、周光召、徐一泓等也在全体会议上做了报告。

② 广州粒子物理理论讨论会简报第9期：顾问委员会对会议的学术水平做出初步评价［A］. 中国科学院档案，1980-36-0012-0010.

③ 广州粒子物理理论讨论会简报第10期［A］. 中国科学院档案，1980-36-0012-0011.

④ 海外粒子物理学者对国内建造加速器的意见［A］. 中国科学院档案，1980-04-0203-0017.

1月10日下午，广州粒子物理理论讨论会闭幕。胡宁作总结报告说："中国很早就在科学上有许多发明创造，科学的根在中国。"随后，多位国外代表相继发言。闭幕式还倡议定期举行粒子物理夏令或冬令讲习班。[①②] 钱三强致闭幕词。参会国外代表在1月12日访问北京，1月14日和16日分别受到邓小平、方毅和华国锋接见。17日以后，部分国外代表访问了杭州和上海。

广州讨论会后，有国内代表建议对层子模型做一个相对客观的总结。1980年6月，朱洪元、宋行长和朱重远分别代表当年参加层子模型研究的3个单位（原子能所、北京大学和数学所）撰写《层子模型的回顾与展望》。[③] 他们在文中将层子模型视为探索强子结构方面的"草创性"工作，而译介坂田昌一《关于新基本粒子观的对话》文章及其在中国学术界引起的巨大反响则是层子模型研究的"直接推动力"[④]。同年10月，为及时掌握强子结构和强作用唯象理论新进展，在武汉召开了强子结构讨论会。朱洪元、胡宁、何祚庥、李华钟等45位代表参会。武汉强子结构讨论会的报告密切结合实验，内容涉及QCD现状评述、深度非弹及强子碰撞过程轻子对产生、喷注的理论分析、强子口袋模型、口袋与多夸克体系、相对论方程与强子结构以及大统一理论等。胡宁在讨论会上强调物理学家应该有观点、有信念，但在事实面前也要勇于修正个人观点。他表达了自己对层子模型的看法：

> 对于层子模型，做了多少年以来，最使我觉得欣赏的，觉得它里面有道理的，是几件事情。一个当然是它的$SU(3)$对称性。居然能把许多基本粒子用对称性来表达。这个情况就跟原子物理里面Mandeleev那会儿差不多，所以这是一个结构的观点。后来引入了"夸克"，虽然我们不赞成这个名字。这是一个群论的成就，$SU(3)$分类的成就。我觉得这是一个最使我印象深刻的。

① 广州粒子物理理论讨论会简报第11期［A］. 中国科学院档案，1980-36-0012-0012.

② 胡宁. 在强子结构讨论会上的讲话［C］. 1980年武汉强子结构讨论会文集：107.

③ 朱洪元首先为文章"定了调子"，宋行长和朱重远撰写初稿后经三人讨论后定稿。此文"本着对得起历史，对得起实际工作，但文中不免有些口号"。——2014年1月16日，北京大学宋行长教授访谈。

④ 朱洪元，宋行长，朱重远. 层子模型的回顾与展望［J］. 自然辩证法研究通讯，1980(3)：9-23.

> 第二，就是深度非弹，居然能够得出结构函数；而且其中最要紧的一点就是，光子和层子的作用可以看成弹性的散射。我觉得这也是一个很使人印象深刻的。
>
> 第三个印象就是质量谱。对于介子还比较不怎么明确，不怎么明显；对于重子，Regge 轨迹就是完全平行的直线。你不能不觉得这是一个非常使人惊奇的一件事情。①

此外，胡宁强调注意 QCD 理论，尤其关注 γ 衰变和丁肇中实验等深度非弹问题。

在致闭幕词时，朱洪元将广州粒子物理理论讨论会称作中国粒子物理发展一个阶段的完成，武汉强子结构讨论会则开启新阶段。回顾 1966 年以后的粒子物理发展，朱洪元说：

> 十年浩劫对我国的粒子物理理论研究造成极大的破坏。在沉重的压力下和恶劣的环境中，许多从事粒子物理理论研究工作的同志想尽一切办法将工作尽可能坚持下去。因此在浩劫之后，队伍总算没有散掉，工作也还没有完全中断。但是一九六六年前我国粒子物理理论研究和国际先进水平之间正在缩小的差距一下子又拉大了。②

朱洪元预见粒子物理下阶段发展将集中在强相互作用、强子结构理论和大统一理论，而层子谱、轻子谱、层子结构和轻子结构等研究“是在地平面线上刚刚出现的新课题，值得重视。在国际上，讨论这一课题的人也开始多起来，并且为物质结构更深一个层次的成分提出了各种各样的名称，如 Maon、Substraton、Sub-quark、Prequark、Preon、Chromon、Havon、Familon，等等。这个研究领域本来是我们最早提出来的，不应该拱手让人，应该给与

① 胡宁. 在强子结构讨论会上的讲话［C］. 1980 年武汉强子结构讨论会文集：107.

② 朱洪元. 闭幕词［C］. 1980 年武汉强子结构讨论会文集.

足够的重视”①。

三、层子模型获奖

1978 年全国科学大会对中华人民共和国成立以来的优秀科技成果做出了表彰和奖励。中国科学院高能物理研究所朱洪元、何祚庥、冼鼎昌、汪容和阮同泽因“强子结构的层子模型”获全国科学大会奖（图 5-11）。此外，高能所还因“强子结构的层子模型”和“层子模型及新粒子的研究”获 1978 年中国科学院重大成果奖（图 5-12，图 5-13）。

图 5-11　“强子结构的层子模型”获 1978 年全国科学大会奖
（图片来源于中国科学院高能物理研究所档案）

① 在 1977 年黄山基本粒子座谈会上，有物理学家提议研究这些题目。高能物理研究所、理论物理研究所、北京大学部分研究人员对此作了初步探讨。

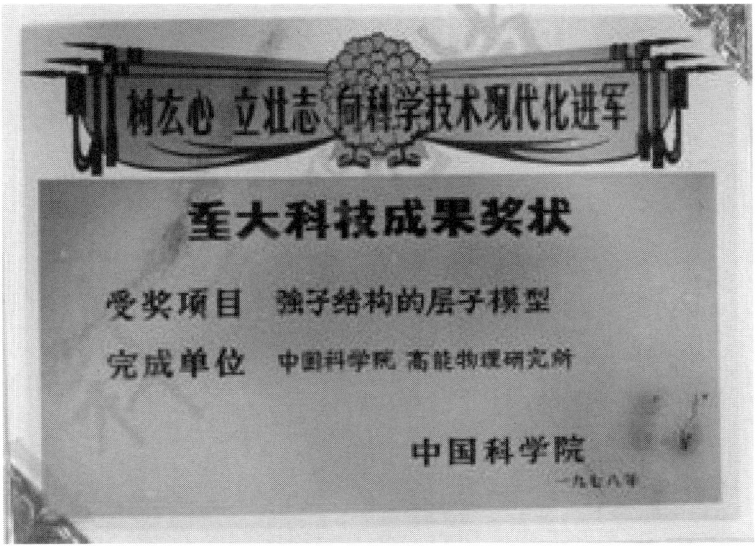

图 5–12　“强子结构的层子模型”获 1978 年中国科学院重大科技成果奖
（图片来源于中国科学院高能物理研究所档案）

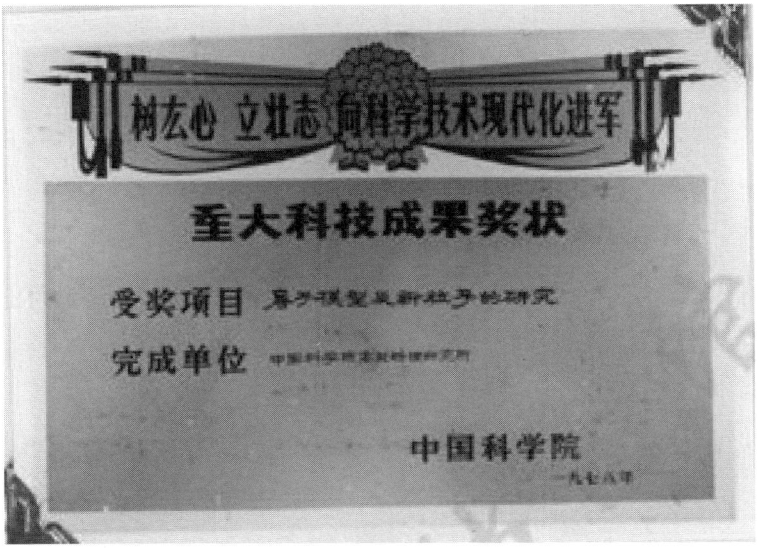

图 5–13　“层子模型及新粒子的研究”获 1978 年中国科学院重大科技成果奖
（图片来源于中国科学院高能物理研究所档案）

1979 年 11 月，国务院颁布《中华人民共和国自然科学奖励条例》。1980 年 9 月，中国科学院高能物理研究所推荐层子模型申报国家自然科学一等奖。推荐意见为“‘层子模型’理论是将强子具有内部结构的科学设想发展成为研究强子内部结构的具体科学理论，将这方面的工作从现象性理论推进到本质性的理论。在今天，强子结构理论已经成为粒子物理理论中的一个非常重要的领域，而‘层子模型’理论是这一个粒子物理理论中非常重要领域的开创性工作”[①]。具体理由如下：

强子结构的层子模型是在1965年9月到1966年6月之间完成的，共发表论文42篇。

在发现原子由电子和原子核组成，原子核由质子和中子组成之后，在三十年代和四十年代科学界普遍认为电子、质子和中子是物质的最终单元，因此，统称为“基本粒子”，认为微观世界到此终结。此后二十余年中发现了一系列新的介子和超子。直到1955年日本物理学家坂田昌一才提出了强作用粒子并非物质的最终单元而具有内部结构的思想，提出了强子结构的坂田模型，认为一切强子是由质子、中子和Λ超子三种“基础粒子”组成的。坂田的具体模型存在一系列问题，但是，他的强子具有内部结构的思想是正确的。1964年美国物理学家、诺贝尔奖金获得者盖尔曼将坂田模型加以改造，提出了强子的夸克模型，克服了坂田模型所遇到的一些困难，但是坂田认为强子内部可能存在新的未知的力学规律；盖尔曼认为夸克可能就是整理实验结果的有效的数学符号，并不是真的构成强子的数学实体。所以他们都停留在科学设想的阶段，没有开始建立强子结构的具体科学理论。

1965年，当时的中国科学院原子能研究所、北京大学、中国科学院数学研究所和中国科学技术大学四个单位的粒子物理理论研究工作者分析了当时已有的大量实验数据，发现科学实验提供了大量的证据，证明了对立统一规律的普遍性和物质结构的无穷尽性，于是他们从事强子内部结构的具体科学理论的创建工作，提出了强子结构的“强子模型”理论。

① 自然科学奖申报书［A］. 中国科学院高能物理研究所档案，A006-00404-003.

层子模型理论引进了强子内部结构波函数的概念和层子波函数的重叠积分的概念，以及一套计算 S 矩阵元的近似方法。系统地研究了强子的力学性质，电磁性质以及几何性质，研究了强子的电磁衰变过程、弱衰变过程和强衰变过程。得到的一系列理论结果中有许多和实验结果符合。有一些理论结果当时没有实验来检验，但为尔后的实验所证实。但也有一些理论结果和目前的实验结果不符合，这还有待在将来的实验和理论工作的发展中去解决。

层子模型的一个重要的成就是通过波函数的引入，将电磁作用和弱作用的过程联系起来，通过原始相互作用将介子的转化过程和性质和重子的转化过程和性质联系起来，在千差万别和千变万化的粒子物理现象中，开始发现它们的内部联系。因此，层子模型不仅是一个研究粒子物理外部现象的理论而是一个开始具体研究粒子内部本质的理论。

"层子"这一名词的提出还表达了这样一个思想：即使"层子"也不是物质结构的最终单元，而就是物质结构无限层次中的一个层次，层子也还具有内部结构。这在当时是物理学界全新的想法。十五年来一系列新的层子和新的轻子的发现，开始在物理界引起反思，从而提出了 prequark，subquark，preon 等等概念，这些概念都是"层子"概念的变种，有相似之处，但又有差别。这些概念由于其深远性引起的注意已经超出物理学界以外的范围，物理学界以外的人也开始参加讨论这些概念的相似处和差别。

最终，层子模型获 1982 年国家自然科学二等奖（图 5–14），主要获奖人为朱洪元、胡宁、何祚庥和戴元本。①

① 笔者发现，此次申报国家自然科学一等奖名单比在广州粒子物理会议给的名单增加了沈其（齐）兴。

証書

200008

为表彰在自然科学方面取得突出成果、作出重要贡献者，特颁发此证书，以资鼓励。

项目名称：层子模型
主要作者：朱洪元（中国科学院原子能研究所，第二机械工业部与中国科学院双重领导），胡宁（北京大学），何祚庥（中国科学院原子能研究所，第二机械工业部与中国科学院双重领导），戴元本（中国科学院数学研究所）
奖励等级：二等
奖章号码：00258

中华人民共和国
国家科学技术委员会主任 方毅

一九八二年七月

图 5–14　层子模型获 1982 年国家自然科学二等奖证书
（图片来源于中国科学院高能物理研究所档案）

1980 年，朱洪元、何祚庥与戴元本当选为中国科学院学部委员。他们被推荐的理由均与参与层子模型工作相关。时任高能物理研究所所长张文裕在对朱洪元的推荐理由中写道：

> 朱洪元同志工作认真，治学态度严谨，特别是自觉学习并运用唯物辩证法思想指导基础理论研究，在我国建立层子模型理论过程中起到了引导和骨干作用。①

① 1980 年增选学部委员推荐书［A］. 中国科学院档案，1980–36–0036–0003.

理论物理研究所所长彭桓武对何祚庥的推荐理由为：

> 何祚庥同志在理论物理学方面的一些工作有较高的造诣，学术思想活跃，工作领域宽，在层子模型工作中起到了重要的作用，在束缚态场论及其他一些方面也做出了卓有成效的工作，是粒子物理学发展前沿上的优秀理论工作者……何祚庥同志能经常发表学术看法，善于组织讨论，不少青年同志得到他的启发和帮助，做出较好的工作。对北京基本粒子组的学术讨论起了很好的作用。①

而戴元本的推荐理由为：

> 戴元本同志另一项重要工作是层子模型的研究。此工作是集体工作，戴元本同志在其中起了较重要的作用，特别是在强子结构的协变的计算方法以及许多具体过程的计算方面做了大量的工作，后来戴元本同志等又推广用来处理强相互作用，解决了非相对论夸克模型中一系列困难问题。②

① 1980 年增选学部委员推荐书［A］. 中国科学院档案，1980-36-0036-0005.

② 1980 年增选学部委员推荐书［A］. 中国科学院档案，1980-36-0036-0005.

结　语

中国物理学家提出层子模型顺应了国际粒子物理学的发展趋势。1965 年至 1966 年，他们在国际主流视强子为点粒子之际，思考粒子物理发展方向，从强子内部有物理实体出发，借鉴核物理和量子场论方法，绕过求解束缚态场论方程问题，引入强子内部结构波函数和层子波函数的重叠积分等概念，给出一套计算 S 矩阵元的近似方法。他们较系统地研究了强子的电磁和弱衰变过程，所取得的部分理论计算结果与当时的实验较为符合，是强子结构的一个理论探索，在当时该方向上处于理论前沿。“北京基本粒子组”原计划在北京暑期物理讨论会后研究更重要的基本问题，如层子质量、强作用的形式等问题，但受“文化大革命”影响，此项研究未能继续深入。同一时期，国际物理学界在此方向上取得系列突破，最终建立了描述基本粒子强相互作用的量子色动力学。

回顾和分析层子模型的提出过程，除粒子物理学科内部理论发展的自然需要（即深入强子内部）外，坂田昌一在科学研究中提倡自然辩证法与毛泽东物质无限可分思想的共鸣、为 1966 年北京暑期物理讨论会做学术准备以及 20 世纪 60—70 年代中国的政治和外交环境等因素也深刻影响了层子模型的提出和发展。层子模型未能发展成一套成熟的正确理论并在国际上产生预期影响，主要有以下几方面原因：

一、基本出发点错误，即假设层子很重、加速器能量不足以产生如此重粒子以解释实验上未发现这类粒子。在这一假设下，北京基本粒子组将大部分精力用于解释质量重的层子通过何种机制结合为较轻质量的强子。他们通过引入层子间的超强相互作用解决此问题。不过，有参与者当时意识到他们未解决层子“胖瘦”矛盾。所谓“胖”指实验观测的核子半径很大，而假设层子很重则意味着其波长小，即“瘦”。目前，高能物理实验发现的上、下和奇异夸克确实是“胖”的，质量分别为 $M_u \approx 2.2^{+0.5}_{-0.4}$MeV、$M_d \approx 4.7^{+0.5}_{-0.3}$MeV 和 $M_s \approx 95^{+9}_{-3}$MeV，但远低于层子模型中假设的10GeV。迄今为止的高能物理实验结果表明，在 10^{-15}cm 尺度范围内尚未发现夸克具有内部结构。

二、缺乏处理强作用的理论基础，未注意到非阿贝尔规范场理论，没有从动力学深入探究层子相互作用机制。层子模型采用直接引入结构波函数描述基本粒子结构，与实验比较后再修改结构波函数的方法。这不同于通常研究某一物理问题时先给出运动方程再解波函数的步骤。然而，需要指出的是，Yang–Mills 规范理论在 1954 年提出之初因预言的规范粒子零质量问题并未引起物理学家关注。直到 1964 年 Higgs–Brout–Englert 机制提出后，物理学家才关注 Yang–Mills 规范理论。1967 年电弱统一模型建立后，盖尔曼等人考虑将 Yang–Mills 规范理论应用于强相互作用。规范场研究在中国起步较晚。① 在 20 世纪 70 年代初，中国物理学界仍然强调做中国特色研究，即继续研究强子结构问题。

三、为 1966 年北京暑期物理讨论会准备会议报告而“赶时间”，导致层子模型工作的深入性不足。中央政府支持召开暑期物理讨论会在很大程度上保证了北京基本粒子组人员规模。例如，抽调部分参加“四清”人员提前返回北京或取消部分人员参加“四清”计划，甚至能申请利用当时正为研制尖

① 1972 年 7 月 1 日，第二次访问中国大陆的杨振宁在北京大学做题为《规范场——一个新的定义》报告。报告启发中国科学院数学研究所陆启铿研究物理上的规范场与数学上的主纤维丛上的联络论之间的对应关系。1974 年 6 月，杨振宁第五次回国访问。他在复旦大学作题为《规范场的积分形式》和《无源规范场的特殊解》报告。其间，杨振宁表示自己近期在波兰弗罗茨瓦夫大学（University of Wrocław）理论物理研究所访问时完成的一篇关于规范场方面的论文需补充数学计算，涉及广义相对论、微分几何等问题，并有意和复旦大学科研人员共同讨论，联名发表这篇论文。随后，他与谷超豪等数学家合作开展规范场的微分几何研究，推动了中国数学和理论物理学界对规范场理论的研究。杨振宁在合作讨论过程中不断向他们介绍理论物理和数学上的新方向(如规范场的数学问题和孤立子理论等)，产生了重要影响。

端武器做计算的计算机。不过，为在暑期物理讨论会上取得必要的宣传效果，体现哲学思想对自然科学研究的指导，成员需在讨论会召开前完成研究工作并预留时间修改会议报告和论文。这使得他们没有充裕时间将研究强子结构理论的最核心问题——强作用的动力学问题，并作为主攻方向。

四、学术交流环境封闭，缺少与国际最前沿物理学家的互动。20 世纪 50—60 年代，中国物理学家与国际同行的交流闭塞。1956—1965 年联合核子研究所是中国粒子物理学界对外交流的有限窗口之一。以联合所成员国的身份，中国物理学家既可以利用那里的先进仪器和设备，也能参加国际高能物理会议等国际学术活动，有机会同欧美物理学家当面交流。除此之外，他们只能依靠坂田昌一等个别国外物理学家来访的渠道交流物理学研究新进展。在层子模型工作进行过程中，中国物理学家不能及时了解国际同行研究最新结果，同时也不想提前发表自己的个别结果，担心“走漏风声”而丧失该方向的“优先权”①。再者，“文化大革命”使得以英文发表层子模型工作的计划搁浅。因此，层子模型工作产生的国际影响非常有限。

坂田昌一是一位对中国友好的日本物理学家。他在世界观与方法论上认同马克思主义，尤其是恩格斯的《自然辩证法》，称得上是资本主义世界里的左派科学家。他热心于世界和平运动，同情曾被殖民的发展中国家。对自己了解不算多的苏联与中国充满善意。他于 1956 年和 1964 年两次到访中国，努力构建中日科学共同体交流的桥梁。他的文章《关于新基本粒子观的对话》被译成中文并对中国最高领导人和学界产生的重要影响，将中国粒子物理学家关注的问题引向强子内部结构并做深入研究。

毛泽东不仅把握世界政治格局的演变大势，还思考一些深刻的哲学问题。他读到坂田昌一关于新基本粒子观的文章，在自然观和方法论等方面与这位日本物理学家产生共鸣，他们算得上是哲学思想的知己。毛泽东赞赏坂田昌一的文章，并在 1964 年北京科学讨论会时接见这位日本友人。他注意到中国先哲“一尺之棰，日取其半，万世不竭”的观点，认同列宁关于“凡事都可分”

① 层子模型计算结果之所以先以中文发表，部分原因是避免国际同行知道中国人正系统研究强子结构，计划做出一批结果后在国际会议上集中发表，以期取得这一研究领域的优先权。

的论断。他从坂田昌一那里得到了关于物质无限可分的自然科学论据，并将这些论据与爱因斯坦的相对论以及杨振宁和李政道的工作联系起来。在当时的中国，毛泽东的态度产生了非同一般的反响，直接引起了哲学界和科学界等领域对世界观和科学方法论问题的大讨论，党报党刊和其他报刊成为讨论的园地。通过这场讨论，坂田昌一的哲学观点在中国产生的影响甚至比在日本还大，他在中国成了一位唯物主义科学家的样板。

20世纪60年代初，中苏关系破裂后，中国非常重视发展同日本及亚、非、拉、大洋洲等国家和地区的关系。1964年北京科学讨论会成功召开，并取得满意效果。通过这次讨论会，中方搭建了亚、非、拉、大洋洲科学同行的交流舞台。实际上，政府借助这个学术舞台，也取得了政治成果。客观上，多国学者参与的科学活动有助于国家开拓国际空间，增进各国精英之间的相互了解，扩大新中国的国际影响。出于同样目的，北京科学讨论会后又召开暑期物理讨论会。中国物理学家积极地顺应这一政治形势，借着物质无限可分思想这股“东风”，并将其与基本粒子结构问题联系起来，在为1966年暑期物理讨论会做学术准备的直接推动下提出了层子模型。青年学者以领导人的思想为指导，敢于接受强子内部有实体的想法。为赶在暑期物理讨论会汇报，北京基本粒子组在9个月内“攻关”完成模型构建和主要计算工作。从一定意义上说，层子模型是在科学与政治互动中的形成的。

在北京暑期物理讨论会上，层子模型被视为毛泽东思想成功指导科学研究的典范得到广泛宣传。“文化大革命”初期，理论研究几乎停滞。1972年以后，得益于周恩来、吴有训等国家和中科院领导支持，物理学家能够在层子模型框架内外做一些研究。毛泽东关心基本粒子是否可分问题成为中国粒子物理学家在这一期间做研究的“保护伞”。有物理学家称“拿了毛主席语录，说毛主席说过粒子是无限可分的。造反派、军管人员奈何我们不得。”①

事实上，“文化大革命”对中国基础科学研究造成了巨大冲击。恰好在此时期，国际粒子物理学界基于夸克模型和规范场论发展出弱电统一模型和

① 中国科学院工作座谈会简报（十三）——何祚庥同志的发言（摘要）[A].中国科学院档案，1980-02-0053.

强作用量子色动力学理论，推动粒子物理学进入新发展阶段。中国的粒子物理研究再次与国际前沿产生差距。值得深思的是，中国与发达国家的不睦关系和国内学术环境使得中国科学家们不易及时了解国际科学的最新进展，而且通常不以外文发表所取得的新成果，甚至在对外发布新成果时有所保留。

不可否认的是，一批年轻的中国粒子物理学家在层子模型的建立过程中成长起来。他们朝气蓬勃、敢于接受或提出新想法，在朱洪元、胡宁、戴元本和何祚庥等人的带领和组织下，协作研究强子的结构问题，改变了之前“成果少，框框多。找研究题目一般都只是到外国人的理论的夹缝中去找”[①]的处境。[②]他们在具体研究中得到锻炼，后来大都成长为中国粒子物理学界的学术带头人。北京基本粒子组成员朱洪元、戴元本、何祚庥、冼鼎昌、杨国桢、赵光达和张肇西先后当选中国科学院院士。其中，杨国桢后来转向光学研究，但他认为个人后来的研究工作与研究生期间养成的独立选题做研究能力和理论物理思考方式密切相关。高崇寿、宋行长、赵光达、杜东生、李炳安、朱重远和黄涛等培养的学生正是目前中国粒子物理学研究的中坚力量。[③]此外，刘连寿、侯伯宇和汪容则分别推动了华中师范大学、西北大学和浙江大学的理论物理发展。

在改革开放时期，参与层子模型工作的物理学家和更加年轻的学者融入国际粒子物理学界，在理论和实验研究中均有所收获。理论上，在量子场论大范围性质和规范场论等问题的研究中有所建树；实验上，北京正负电子对撞机精确测量了陶轻子质量，大亚湾反应堆中微子实验发现中微子新的震荡模式。从某种意义上说，层子模型研究是20世纪60年代前后中国基础科学发展的一个缩影。

---

① 编辑部. 在毛泽东思想的指导下探寻“基本粒子理论研究的新途径”[J]. 原子能，1966(3)：131-136.

② 杜东生后来回忆自己研究生刚入学时常因没有合适选题而担心不能毕业，但参与层子模型研究后发现可以做的题目很多。

③ 丁兆君，汪志荣. 中国粒子物理学家学术谱系的形成与发展[J]. 中国科技史杂志，2014，35(4)：411-432.

附　录

附录一　参与层子模型研究工作的成员简介

	姓名	当时身份	简历
中国科学院数学研究所（9人）	张宗燧 T.S.Chang （1915—1969）	教授	（参见第二章第一节）
	戴元本 Y.B.Dai （1928—2020）	副教授	（参见第二章第一节）
	朱重远 C.Y.Chu （1942—　）	研究生	1963年毕业于兰州大学物理系，同年考取中国科学院数学研究所张宗燧的研究生。1966年毕业后留所工作，1978年调入中国科学院理论物理研究所
	安瑛（女） I.An （1936—　）	实习研究员	1959年毕业于四川大学物理系，随后分配至中国科学院数学研究所工作。1978年调入中国科学院理论物理研究所
	赵万云 W.Y.Zhao （1940—　）	实习研究员	1963年毕业于复旦大学物理系，随后分配至中国科学院数学研究所。1978年调入中国科学院理论物理研究所
	侯伯宇 B.Y.Hou （1930—2010）	研究生	1948年至1950年在清华大学和台湾大学学习物理。1956年考取西北大学物理系二年级插班生，1958年毕业后分配至西安矿业学院工作。1963年考取中国科学院数学研究所张宗燧的研究生。毕业后留所工作，1973年调往西北大学。曾担任西北大学现代物理研究所所长

（续表）

	姓名	当时身份	简历
中国科学院数学研究所（9人）	陈庭金 T.K.Chen （1935—2007）	实习研究员	1958年毕业于四川大学物理系。1958—1972年在中国科学院数学研究所工作。1972年调入云南师范大学，转向研究航天和地面用半导体太阳电池
	周龙骧 L.S.Zhou （1938— ）	实习研究员	1961年毕业于复旦大学数学系，随后分配至中国科学院数学研究所工作。1972年起从事计算机软件研究，设计研制中国第一个数据库系统
	胡诗婉 S.W.Hu	实习研究员	1964年毕业于四川大学物理系，随后分配至中国科学院数学研究所工作
北京大学（11人）	胡宁 N.Hu （1916—1997）	教授	（参见第二章第一节）
	高崇寿 C.S.Gao （1934—2018）	讲师	1958年毕业于北京大学物理系，随后留校任教。1960年起担任北京大学理论物理教研室副主任。曾访问斯坦福直线加速器中心（1979—1980）及德国的高校和实验室（1985—1987）
	宋行长 X.C.Song （1938— ）	助教	1962年毕业于北京大学物理系，随后留校工作。1983—1986年，与周光召、郭汉英、侯伯宇等人合作研究“量子场论大范围性质”
	秦旦华（女） T.H.Qin （1933— ）	讲师	1956年毕业于北京大学大学物理系，随后留校任教
	黄朝商 C.S.Huang （1939— ）	助教	1964年毕业于北京大学物理系，随后留校工作。1978年考取中国科学院理论物理研究所戴元本的博士研究生，是中国首批十八位博士之一
	杨国桢 K.C.Yang （1938— ）	研究生	1962毕业于北京大学物理系，同年考取该系理论物理研究生。1967年毕业后分配至中国科学院物理研究所工作。随后，转向研究光学。在光学信息处理、光与物质相互作用等方面取得重要成果。1985—1999年任中国科学院物理研究所所长。1999年当选中国科学院院士

（续表）

	姓名	当时身份	简历
北京大学（11人）	刘连寿 L.S.Liu （1932—2009）	研究生	1952年毕业于华中大学（后改称华中师范大学）物理系，随后留校工作。1956年底赴苏联哈尔科夫大学访问，受教于尹·米·栗弗席兹。1963年考取北京大学在职研究生。1968年毕业后返回华中师范大学工作，组建华中师范学院基本粒子理论研究室。1986年起担任华中师范大学粒子物理研究所创始所长
	赵光达 K.T.Chao （1939— ）	助教	1963年毕业于北京大学物理系，随后留校任教。研究领域涉及强子物理和量子色动力学（包括胶子球）、重夸克偶素的衰变和产生、B衰变、微扰和非微扰量子色动力学。2001年当选中国科学院院士
	赵志詠 C.Y.Chao （1939— ）	助教	1964年毕业于北京大学物理系，后留校任教
	钱治碇 C.T.Qian （1941— ）	助教	1964年毕业于北京大学物理系，后留校任教
	陈激 J.Chen （1936— ）	吉林大学进修教师	1960年毕业于吉林大学物理系。1964—1966年在北京大学物理系进修，后调入中国科学技术大学近代物理系
中国科学院原子能研究所（16人）	朱洪元 H.Y.Tzu （1917—1992）	教授	（参见第二章第一节）
	何祚庥 T.H.Ho （1927— ）	助理研究员	（参见第二章第一节）
	汪容 R.Wang （1923—2007）	副教授	1945年毕业于浙江大学物理系。先后担任中央研究院物理研究所任助理员（1945—1947）和中国科学院《科学通报》编辑（1952—1959）。1959—1961年在苏联联合核子研究所工作，1961—1979年在中国科学院原子能研究所工作，任理论物理研究室副主任。1979—1981年和1981—1993年分别在中国科学院研究生院和浙江大学物理系任教

（续表）

	姓名	当时身份	简历
中国科学院原子能研究所（16人）	冼鼎昌 T.C.Hsien （1935—2014）	实习研究员	1956年毕业于北京大学物理系，随后在中国科学院近代物理研究所师从朱洪元研究基本粒子理论。1959—1964年在苏联联合核子研究所工作。其间，曾于1962年访问丹麦哥本哈根大学理论物理研究所。1990年领导建成中国第一个同步辐射装置——北京同步辐射实验室。1991年当选中国科学院院士
	阮同泽 T.Z.Ruan （1938—　）	实习研究员	1956年毕业于北京大学物理系，随后分配至中国科学院原子能研究所
	陈时（女） S.Chen （1937—　）	实习研究员	毕业于匈牙利巴达佩斯大学，1961夏回国。先后在中国科学院原子能研究所所二部（房山）和一部（1961年冬）从事理论物理研究。1978年调入中国科学院理论物理研究所
	杜东生 T.S.Ju （1939—　）	研究生	1964年毕业于北京大学技术物理系，同年考取中国科学院原子能研究所朱洪元的研究生，1968年毕业后留所工作。曾先后访问CERN（1978—1979）、美国普林斯顿高级研究所（1985—1986）和美国犹他州立大学（1987—1989）等学术机构
	李炳安 B.A Li	研究生	1964年毕业于中国科学技术大学物理系，同年考取中国科学院原子能研究所朱洪元的研究生。现为美国肯塔基州立大学退休教授
	黄厚昌（黄涛） H.C.Huang （1940—　）	研究生	1963年毕业于北京大学物理系，同年考取中国科学院原子能研究所朱洪元的研究生。随后留所工作，曾担任中国科学院高能物理研究所理论室主任，并先后访问美国斯坦福大学和斯坦福直线加速器中心理论部

（续表）

	姓名	当时身份	简历
中国科学院原子能研究所（16人）	张肇西 C.H.Chang （1940—　）	研究生	1963年毕业于中国科学技术大学近代物理系，同年考取中国科学院原子能研究所朱洪元的研究生。曾访问CERN（1978—1979）、美国普林斯顿高等研究所（1981—1982）和费米国家实验室（1986—1987）。1981年调入中国科学院理论物理研究所。专长于Bc介子研究。2011年当选中国科学院院士
	徐德之 D.Z. Xu （1937—　）	实习研究员	1962年毕业于北京大学物理系原子核理论专业，随后分配至中国科学院原子能研究所理论物理室场论组工作。曾先后访问意大利国际理论物理中心（1986）、英国KENT大学和CERN（1989）
	杨祥聪 X.C.Yang （1939—　）	实习研究员	1958年考入浙江大学物理系，1963年毕业后分配至二机部401所从事原子弹的理论计算。1965年初调至原子能所工作。1975年后相继在浙江师范、浙江温岭工作。退休后创立浙江智晟科技有限公司
	周荣裕 R.Y.Zhou （1941—　）	实习研究员	1964年毕业于天津大学，随后分配至中国科学院原子能研究所工作。曾在天津大学物理系从事光学研究
	鞠长生 C.S.Ju （1942—　）	实习研究员	1964年毕业于中国科学技术大学物理系，随后分配至中国科学院原子能研究所工作
	郁鸿源（郁宏） H.Y.Yu （1941—　）	实习研究员	1964年毕业于北京大学物理系，随后分配至中国科学院原子能研究所工作。北京正负电子对撞机建成后与沈齐兴合作从事对撞物理研究，研究领域为物理
	阮图南 T.N.Ruan （1935—2007）	实习研究员	1958年毕业于北京大学物理系，随后分配至中国科学院数学原子能研究所工作。1974年调入中国科学技术大学，曾担任近代物理系系主任

（续表）

	姓名	当时身份	简历
中国科学技术大学（3人）	赵保恒 B.H.Chao （1934— ）	助教	1956年毕业于北京大学物理系，随后在中国科学院原子能研究所读研究生，毕业后分配到中国科学技术大学任教。1978年调至中国科学院研究生院
	刘耀阳 Y.Y.Liu （1934— ）	助教	1956年毕业于北京大学物理系，随后分配到中国科学院原子能研究所工作。1958年，调入中国科学技术大学物理教研室
	周邦融 B.R.Zhou （1941— ）	研究生	1963年毕业于中国科学技术大学物理系，同年考取中国科学技术大学理论物理专业研究生。1966年毕业后留校工作。1981—1983年访问美国费米国家加速器实验室理论部。1987年调入中国科学院研究生院

附录二　强相互作用粒子的结构的相对论性模型

第 3 期　　原　子　能　　1966 年

强相互作用粒子的結构的相对論性模型

中国科学院原子能研究所　基本粒子理論組†

一、引　言

近年来基本粒子物理实验的许多迹象表明，基本粒子不是当作物质的始原来理解的点粒子，而很可能是由更基本的物质单位組成的。也就是说，基本粒子是具有内部结构的复合粒子。最明显的迹象是大量共振态和新粒子的发现[1]。关于基本粒子对称性的研究，主要是关于基本粒子的 SU(3) 和 SU(6) 对称性的研究给出了这些粒子的分类，并揭示了基本粒子质量谱的规律性[2]。对称性理论所揭示的基本粒子性质之间的联系在某些方面和元素周期表所揭示的化学元素性质之间的联系相类似。它指出，在各种基本粒子之间存在着统一的基础，从而提出了研究具有统一基础的基本粒子内部结构的问题。关于核子的电磁形状因子的实验从另一个方面显示出基本粒子具有内部结构[3]。用极点近似的色散关系来解释核子的电磁形状因子的尝试不断地遇到困难[4]。实际上，这正是用以点模型为基础的色散关系来描述基本粒子的困难。那么，必然导致基本粒子不是点粒子，而是具有内部结构的复合系统这样一个结论。

对称性理论的研究为研究基本粒子结构提供了一部分线索，但是不可能揭示基本粒子内部的具体结构。在理论上研究基本粒子的具体结构遇到了很大的困难。首先，目前实验上还沒有找到組成基本粒子的“亚基本粒子”。而如果宇宙间存在有“亚基本粒子”的话，那末它们的质量将至少是 100 亿电子伏的数量级。这表明基本粒子处于结合能极大的束缚态。其次，基本粒子所参予的过程极大多数是高速度的，即相对论性的过程。迄今为止，甚至描述两个粒子形成的束缚态的相对论性方程——贝特-沙尔披特 (Bethe-Salpeter) 方程的解及其物理意义也仍是悬而未决的问题。我们试图不去探讨束缚态的相对论性方程及其解的问题，而直接利用实验结果去探讨描述基本粒子结构的波函数，并通过波函数来解释和联系更多的实验现象从而来检验目前已提出的基本粒子的模型，并为进一步提出新的更加符合客观实际的基本粒子的模型创造依据。

近似反映基本粒子结构的可能的内部波函数是什么呢？这从 SU(3) 和 SU(6) 的对称性的研究中可以得到启示。SU(3) 和 SU(6) 对称性的理论所给出的基本粒子的质量公式是一次微扰论的计算结果，但是和实验符合得很好[2]。可以认为，由 SU(6) 对称的相互作用所决定的基本粒子质量谱中，谱线之间的距离远较由破坏 SU(6)和 SU(3) 对称的相互作用而导致的谱线移动的距离为大。换句话说，可以将強相互作用分为二类：一类是 SU(6)对称的，另一类是破坏 SU(6) 和 SU(3)对称的。前者远大于后者。可以将前者称为超強相互作用，后者称为次強相互作用。因此不仅次強相互作用对能级的二次微扰可以略去不计，表达基本粒子内部波函数的由于次強相互作用而产生的一级微扰修正在计算矩阵元时也可以略去不计。可以假定，35 维表示中介子的波函数中的空间部分在质心系统中是完全一样的，赝标介子八重态的自旋波函数是完全一样的，矢量介子八重态的自旋波函数也是完全一样的。与此相似，可以假定，56 维表示中重子波函数的空间部分波函数在质心系统中是完全一样的，重子八重态的自旋波函

† 本文由朱洪元、何祚庥、汪容、冼鼎昌四位同志执笔；中国科学院数学研究所戴元本同志参加了部分工作。

数是完全一样的，重子十重态的自旋波函数也是完全一样的。

在探讨基本粒子内部结构波函数的形式时，核子的电磁形状因子给了我们一些启示。形状因子的半径代表基本粒子内部结构波函数显著地不等于零的区域的半径，亦即表征"亚基本粒子"在基本粒子内部运动的动量。核子电磁形状因子的半径为 0.8×10^{-13} 厘米，其相应的动量为 200—300 兆电子伏/c，比"亚基本粒子"的静止质量小二个数量级。因此可以认为，在基本粒子内部，"亚基本粒子"运动的速度将比光速小二个数量级。假使"亚基本粒子"的自旋为 $\hbar/2$，那末在基本粒子的质心系统中，可以将"亚基本粒子"的自旋波函数的小分量完全略去，从而将基本粒子的自旋波函数完全确定下来。通过洛仑兹变换，可以求得在运动中的基本粒子的自旋波函数。

由于"亚基本粒子"在基本粒子中运动的速度很小，可以将作用于"亚基本粒子"之间、将它们结合为束缚态的相互作用当作瞬时相互作用。在这种情况下，基本粒子内部结构的四维波函数可以通过三维波函数表示出来[5]。这样就可以将表示矩阵元的四维积分还原为三维积分，用三维波函数来近似地描写基本粒子的内部结构。

以上述关于基本粒子结构的考虑为基础，本文提出了一种描述基本粒子的波函数及其跃迁矩阵元的方法。由于我们对电磁相互作用和弱相互作用的知识比较可靠，我们将首先利用这种方法研究基本粒子的电磁相互作用过程和弱相互作用过程，用以检验这里的关于基本粒子结构的设想和已有的基本粒子模型的正确性。

在第二节中，我们详细地讨论了基本粒子的相对论性结构模型，定义了介子及重子的内部波函数，先在质心系统中写下波函数的表达式，然后通过洛仑兹变换得到运动中的基本粒子的波函数。这种波函数中描述基本粒子外部运动的部分，和描述点粒子运动的相对论性波函数完全一样，这是由于"亚基本粒子"在基本粒子内部的运动速度远小于光速，因此在质心系统中自旋波函数中的小分量被略去的结果。在第三节中，我们提出了一种计算跃迁矩阵元的方法。在这个方法中，由于基本粒子被看成是由"亚基本粒子"所组成的复合粒子，各种基本粒子之间的相互作用由"亚基本粒子"之间的原始相互作用所统一描述。当动量传递远小于"亚基本粒子"在基本粒子内部运动的动量时，这种方法趋近于量子场论的方法。在相反的情况下，由基本粒子内部波函数所决定的形状因子的作用就明显地表现出来。在第四节中，作为例子，我们把这个方法应用于研究弱相互作用过程 $\pi^+\to\mu^++\nu$ 及电磁相互作用过程 $\omega\to\pi^0+\gamma$ 和 $\pi^0\to\gamma+\gamma$，用来检验基本粒子的"夸克"模型。结果指出，这三个过程在基本粒子的"夸克"模型中能够得到统一的解释。在最后一节中，我们对所得到的结果进行简单的讨论，并且指出本文所提出的方法和群论方法的区别和联系，指出本文所提出的方法的局限性。

二、基本粒子的相对論性結构模型

我们假设基本粒子由"夸克"构成，而其构造的特点则由一个相对论性内部运动波函数所表征。

所谓"夸克"，就是与 SU(3) 及 SU(6) 对称性的基础表示的基相应的粒子，它们的自旋是 1/2，服从费米统计，其同位旋、奇异数与电荷见文献[6]。下面，我们把"夸克"场记作

$$\psi(x)=\begin{pmatrix}\psi^1(x)\\ \psi^2(x)\\ \psi^3(x)\end{pmatrix},\qquad(1)$$

其中 1,2,3 是 SU(3)对称性的指标。

在过去两年中，曾经在高能加速器上及在宇宙线中寻找过"夸克"，但至今尚未找到[7,8]，因

此对它们的性质所知极少．根据现有实验的结果，“夸克”的质量M应当很大，约为几百亿电子伏数量级。

介子是由“夸克”与“反夸克”组成的束缚态．介子ζ的波函数由矩阵元

$$\langle 0|T(\phi(x_1)\bar{\phi}(x_2))|\zeta\rangle \tag{2}$$

定义，其中ϕ与$\bar{\phi}$是海森堡表象中的场量．引进质心座标X及相对坐标x

$$\left.\begin{aligned} X &= \frac{x_1+x_2}{2} \\ x &= x_1 - x_2 \end{aligned}\right\}, \tag{3}$$

再应用平移不变性，由(2)式可得

$$\begin{aligned} &\langle 0|T(\phi(x_1)\bar{\phi}(x_2))|\zeta\rangle \\ &= e^{iPX}\left\langle 0\left|T\left(\phi\left(\frac{x}{2}\right)\bar{\phi}\left(-\frac{x}{2}\right)\right)\right|\zeta\right\rangle = \\ &= \frac{1}{(2\pi)^{3/2}}e^{iPX}\mathscr{A}(\zeta)\,\phi^{\zeta}_{P,\lambda}(x) = \phi^{\zeta}_{P,\lambda}(x_1,x_2) \end{aligned} \tag{4}$$

其中：P是介子ζ的四维动量；λ是介子的极化；$\mathscr{A}(\zeta)$是一个3×3矩阵，对于赝标介子PS及对于矢量介子V分别为

$$\mathscr{A}(\mathrm{PS}) = \begin{pmatrix} \frac{\pi^0}{\sqrt{2}}+\frac{\eta}{\sqrt{6}} & \pi^+ & K^+ \\ \pi^- & -\frac{\pi^0}{\sqrt{2}}+\frac{\eta}{\sqrt{6}} & K^0 \\ K^- & \bar{K}^0 & -\frac{2}{\sqrt{6}}\eta \end{pmatrix},$$

$$A(\mathrm{V}) = \begin{pmatrix} \frac{\rho^0}{\sqrt{2}}+\frac{\phi}{\sqrt{6}} & \rho^+ & K^{+*} \\ \rho^- & -\frac{\rho^0}{\sqrt{2}}+\frac{\phi}{\sqrt{6}} & K^{0*} \\ K^{-*} & \bar{K}^{0*} & -\frac{2}{\sqrt{6}}\phi \end{pmatrix}, \tag{5}$$

$\phi^{\zeta}_{P,\lambda}(x)$为介子的内部波函数．引入富氏变换

$$\phi^{\zeta}_{P,\lambda}(x) = \frac{1}{(2\pi)^{3/2}}\int d^4q\,\chi^{\zeta}_{P,\lambda}(q)e^{iqx}, \tag{6}$$

从罗仑兹变换的最一般性质看来，

$$\chi^{\zeta}_{P,\lambda}(q) = C_{\lambda}^{\frac{1}{2},r;\frac{1}{2},s}\,[u_r\bar{v}_s]_{P,q}\sqrt{\frac{E}{m_\zeta}}\,\phi_P(q). \tag{7}$$

其中u与v是旋量函数[1)]，$r,s=\pm\frac{1}{2}$，脚标P,q表示它们的宗量应与外部运动动量$P(\mathbf{P},iE)$及内部运动动量q有关；$C_{\lambda}^{\frac{1}{2},r;\frac{1}{2},s}$是克累布施-哥登系数；$m_\zeta$是介子$\zeta$的质量；$\phi_P(q)$是一个标

1）这里我们用的旋量函数的定义为

$$\begin{aligned} \phi^{a}(x) &= \frac{1}{(2\pi)^{3/2}}\sum_r\int d\mathbf{k}\,[a^a_r(\mathbf{k})\,u_r(\mathbf{k})\,e^{ikx}+b^{a+}_r(\mathbf{k})\,v_r(-\mathbf{k})\,e^{-ikx}], \\ &u^+_r(\mathbf{k})\,u_s(\mathbf{k}) = v^+_r(\mathbf{k})\,v_s(\mathbf{k}) = \delta_{rs}, \\ &v_r(-\mathbf{k}) = c\,\bar{u}^T_r(\mathbf{k}),\ c = \begin{pmatrix} & -\sigma_y \\ -\sigma_y & \end{pmatrix}. \end{aligned}$$

140　　　　原　子　能　　　　1966 年

量函数，代表“夸克”在基本粒子内部运动的波函数的空间部分。由于实验上显示出基本粒子有较大的半径(数量级为 10^{-13} 厘米)，而“夸克”的质量又很大，可以预期，束缚态中的“夸克”在介子内的速度很小，$\frac{q}{M}\ll 1$。这样，可以假设在介子的质心系中，u 及 v 的小分量都可以略去，因而有

$$C_{\lambda}^{\frac{1}{2}r\frac{1}{2}s}[u_r\bar{v}_s]_{P,q}\simeq C_{\lambda}^{\frac{1}{2}r\frac{1}{2}s}\frac{m_\zeta}{E}\Lambda(P)2is\begin{pmatrix}0 & \chi_r(\mathbf{e})\ \chi_s^{\dagger}(\mathbf{e})\\ 0 & 0\end{pmatrix}\Lambda^{-1}(P)=\chi_\lambda^{\zeta}(P), \quad (8)$$

其中

$$\Lambda(P)=\frac{m_\zeta-i\hat{P}\gamma_4}{\sqrt{2m_\zeta(m_\zeta+E)}},\quad \Lambda^{-1}(P)=\frac{m_\zeta-i\gamma_4\hat{P}}{\sqrt{2m_\zeta(m_\zeta+E)}},\quad \mathbf{e}=\frac{\mathbf{P}}{|\mathbf{P}|},$$

$$\chi_{\frac{1}{2}}(\mathbf{e})=\begin{pmatrix}\cos\frac{\theta}{2}\ e^{-i\varphi/2}\\ \sin\frac{\theta}{2}\ e^{i\varphi/2}\end{pmatrix},\quad \chi_{-\frac{1}{2}}(\mathbf{e})=\begin{pmatrix}-\sin\frac{\theta}{2}e^{-i\varphi/2}\\ \sin\frac{\theta}{2}e^{i\varphi/2}\end{pmatrix}. \quad (9)$$

由(7)，(8)与(9)式，通过直接计算，不难得到

$$\left.\begin{aligned}&\text{矢量介子}\quad \chi_1^{\zeta}(P)=\frac{1}{2\sqrt{2}}\frac{m_\zeta}{E}\left(1-\frac{i}{m_\zeta}\hat{P}\right)\hat{f}^{\lambda},\\ &\text{赝标介子}\quad \chi_0^{\zeta}(P)=\frac{i}{2\sqrt{2}}\frac{m_\zeta}{E}\left(1-\frac{i}{m_\zeta}\hat{P}\right)\gamma_5.\end{aligned}\right\} \quad (10)$$

$$\left.\begin{aligned}\chi^{\zeta}_{P,\lambda}(q)&\simeq\chi_\lambda(P)\sqrt{\frac{E}{m_\zeta}}\phi_P(q)\\ \chi^{\zeta}_{P,0}(q)&\simeq\chi_0(P)\sqrt{\frac{E}{m_\zeta}}\phi_P(q)\end{aligned}\right\}, \quad (11)$$

其中 f^λ_μ 是矢量介子的极化向量，满足关系式

$$\left.\begin{aligned}P_\mu f^\lambda_\mu&=0\\ f^\lambda_\mu f^\nu_\mu&=\delta_{\lambda\nu}\end{aligned}\right\}. \quad (12)$$

定义介子的内部运动时-空波函数 $\varPhi_P(x)$ 为

$$\varPhi_P(x)=\int d^4q\,\phi_P(q)\,e^{iqx}, \quad (13)$$

并将(11)、(12)式代入(6)式，

$$\left.\begin{aligned}&\text{对于矢量介子}\quad \phi^{\zeta}_{P,\lambda}(x)=\frac{1}{(2\pi)^{3/2}}\frac{1}{2\sqrt{2}}\sqrt{\frac{m_\zeta}{E}}\left(1-\frac{i}{m_\zeta}\hat{P}\right)\hat{f}^{\lambda}\varPhi_P(x)\\ &\text{对于标量介子}\quad \phi^{\zeta}_{P,0}(x)=\frac{1}{(2\pi)^{3/2}}\frac{i}{2\sqrt{2}}\sqrt{\frac{m_\zeta}{E}}\left(1-\frac{i}{m_\zeta}\hat{P}\right)\gamma_5\varPhi_P(x)\end{aligned}\right\} \quad (14)$$

如果我们要求(2)式对于 x_1、x_2 的交换是对称的，我们有

$$\left.\begin{aligned}\varPhi_P(x)&=\varPhi_P(-x),\\ \phi_P(q)&=\phi_P(-q).\end{aligned}\right\} \quad (15)$$

类似地，我们认为重子是由三个“夸克”组成的束缚态。重子 ζ 的内部波函数由矩阵元

$$\langle 0|T(\phi(x_1)\phi(x_2)\phi(x_3))|\zeta\rangle \quad (16)$$

所定义。引进雅可俾坐标

$$\left.\begin{aligned} x_1 &= X + \frac{x}{2} + \frac{x'}{3} \\ x_2 &= X - \frac{x}{2} + \frac{x'}{3} \\ x_3 &= X \qquad\quad - \frac{2}{3}x' \end{aligned}\right\}, \tag{17}$$

应用平移不变性，我们得到

$$\begin{aligned} &\langle 0|T(\phi(x_1)\phi(x_2)\phi(x_3))|\zeta\rangle = \\ &= e^{iPX}\left\langle 0\left|T\left(\phi\left(\frac{x}{2}+\frac{x'}{3}\right)\phi\left(-\frac{x}{2}+\frac{x'}{3}\right)\phi\left(-\frac{2}{3}x'\right)\right)\right|\zeta\right\rangle = \\ &= \frac{1}{(2\pi)^{3/2}}e^{iPX}\phi^{\zeta}_{p,\lambda}(x, x') = \Psi(X, x, x'). \end{aligned} \tag{18}$$

其中：P 是重子的四维动量；λ 是重子的自旋取向。引入富氏变换，定义

$$\Phi^{\zeta}_{p,\lambda}(x, x') = \frac{1}{(2\pi)^3}\int d^4x d^4x' e^{i(qx+q'x')}\Psi^{\zeta}_{p,\lambda}(q, q'). \tag{19}$$

从洛仑兹变换的最普遍的性质看来

$$\chi^{\zeta}_{p,\lambda}(q, q') = C^{\alpha\beta\gamma\,rst}_{\zeta,\lambda}[u_r u_s u_t]_{Pqq'}\cdot\frac{E}{m}\phi_P(q, q'), \tag{20}$$

其中系数 $C^{\alpha\beta\gamma\,rst}_{\zeta,\lambda}$ 由 SU(6) 对称性确定。采取在讨论介子内部波函数时有关束缚态“夸克”的运动速度的近似考虑，

$$\begin{aligned} &C^{\alpha\beta\gamma\,rst}_{\zeta,\lambda}[u_r u_s u_t]_{Pqq'} \simeq \\ &\simeq C^{\alpha\beta\gamma\,rst}_{\zeta,\lambda}\left(\frac{m}{E}\right)^{3/2}[\Lambda(P)\times\Lambda(P)\times\Lambda(P)]\cdot[U_r\times U_s\times U_t] = B^{\zeta}_{\lambda}(P), \end{aligned} \tag{21}$$

其中符号“×”表示直乘，其性质是

$$[\Lambda(P)\times\Lambda(P)\times\Lambda(P)]\cdot[U_r\times U_s\times U_t] = \Lambda(P)U_r\times\Lambda(P)U_s\times\Lambda(P)U_t, \tag{22}$$

而 U_r 是一个单列矩阵

$$U_r = \begin{pmatrix}\chi_r \\ 0\end{pmatrix}. \tag{23}$$

三、在处理束缚态场論时的一些假設及計算方法

下面作的推导是在海森堡表象中进行的。由于在场论中束缚态问题尚未得到解决，因而在计算中我们不得不作一些近似。这些近似和文献[5]中用的一样，实质上是原子核理论中处理 γ 及 β 跃迁时所用方法的推广。

首先我们讨论介子 ζ 的湮灭过程。S 矩阵元的最低次（对于湮灭的相互作用）项是

$$\int d^4x\langle f|\bar{\phi}(x)O_\mu(x)\Gamma_\mu(x)\phi(x)|\zeta\rangle, \tag{24}$$

其中：f 表示终态粒子（γ 光子、轻子等）；$O_\mu(x)$ 是和 f 有关的场算符，而 Γ_μ 与 f 无关。利用平移不变性和 $O_\mu(0)$ 与 $\bar{\phi}(0)$ 的可对易性，(24)可变作

$$(2\pi)^4\delta^4(P_\zeta - P_f)\langle f|O_\mu(0)\bar{\phi}(0)\Gamma_\mu(0)\phi(0)|\zeta\rangle. \tag{25}$$

在(25)式中插入一组完整的中间态 $|n\rangle\langle n|$，容易看出，只有中间态为真空态的那一项才不为零。于是我们有

$$\int d^4x\langle f|\bar{\phi}(x)O_\mu(x)\Gamma_\mu(x)\phi(x)|\zeta\rangle =$$

$$= (2\pi)^4\delta^4(P_f - P_\zeta)\langle f|O_\mu(0)|0\rangle\langle 0|\bar{\Phi}(0)\Gamma_\mu(0)\phi(0)|\zeta\rangle =$$

$$= (2\pi)^4\,\delta(P_f - P_\zeta)\langle f|O_\mu(0)|0\rangle\cdot\frac{1}{(2\pi)^3}\mathrm{Sp}[\mathscr{A}(\zeta)\Delta]\cdot$$

$$\cdot\,\mathrm{Sp}[\chi_1^\zeta(P_\zeta)\Pi_\mu]\sqrt{\frac{E_\zeta}{m_\Delta}}\Psi_p(0). \tag{26}$$

其中最后等式的得出应用了(4)，(10)及(14)式；Δ是算符$\Gamma_\mu(0)$中作用于SU(3)空间中的部分；Π_μ是算符$\Gamma_\mu(0)$中作用于旋量函数上的部分。

对于电磁湮灭过程$\zeta\to\gamma$

$$O_\mu(x)\Gamma_\mu(x) = iQ\,A_\mu(x)\gamma_\mu. \tag{27}$$

其中：$\mu_P = 1.8$[9]，是质子的反常磁矩；M_P是质子的质量，因而(26)式化作

$$(2\pi)^{-1/2}\delta^4(P_\zeta - k)\frac{\sigma_\mu}{\sqrt{2E_\gamma}}\mathrm{Sp}\,[\mathscr{A}(\zeta)Q]\,\mathrm{Sp}\,\{\chi_1(P_\zeta)\gamma_\mu\}\sqrt{\frac{E_\zeta}{m_\Delta}}\Psi_p(0)$$

$$= \frac{\delta^4(P_\zeta - k)}{(2\pi)^{1/2}}\frac{(f_\mu^\lambda\cdot\sigma_\mu)}{\sqrt{2E_\gamma}}\frac{e}{3}\sqrt{\frac{m_\Delta}{E_\zeta}}\Psi_p(0). \tag{28}$$

其中：f^λ是介子ζ的极化向量；k是光子的四维动量。

对于弱作用湮灭过程$\zeta\to l+\nu$，

$$\left.\begin{aligned}\Gamma_\mu(x) &= \frac{G}{\sqrt{2}}(\cos\theta T_- + \sin\theta V_-)\Gamma_\mu,\\ O_\mu(x) &= \gamma_\mu(1+\gamma_5).\end{aligned}\right\} \tag{29}$$

其中G是弱相互作用耦合常数，$GM_N^2 = 1.01\times 10^{-5}$；$M_N$是核子的质量；$\theta$是所谓卡比彼(Cabbibo)角[10]，$\cos\theta = 0.978$[11]；$\Gamma_\mu$是“夸克”的弱作用算符，在最一般的情况下$S,P,T,A,V$等项都存在，$T_-$与$V_-$是SU(3)对称性空间中的$3\times 3$矩阵

$$T_- = \begin{pmatrix}0&0&0\\1&0&0\\0&0&0\end{pmatrix},\quad V_- = \begin{pmatrix}0&0&0\\0&0&0\\1&0&0\end{pmatrix}. \tag{30}$$

(26)式变作

$$-\frac{i}{(2\pi)^2}\sqrt{\frac{E_\zeta}{m_\Delta}}\delta^4(P_\zeta - k_l - k_\nu)\Psi_p(0)\cdot$$

$$\cdot\,\mathrm{Sp}[\mathscr{A}(\zeta)(\cos\theta T_- + \sin\theta V_-)]\,\mathrm{Sp}[\chi_1(P)\Gamma_\mu]\cdot\bar{u}_\nu\gamma_\mu(1+\gamma_5)v_l. \tag{31}$$

其中：P_ζ，k_l，k_ν分别是介子ζ，l及k_ν的四维动量。

值得注意的是，在这里的湮灭过程中，对于“夸克”的弱相互作用和电磁相互作用，只取了原始的相互作用形式。这是因为这里的计算是在海森堡表象中进行的，它们已自动地将强相互作用所引起的重正化效应包含在内了。

其次，我们来讨论电磁作用过程及弱作用过程$\zeta\to\zeta'+f$，f是光子或一对轻子。采用文献[5]的讨论中所给出近似的最低次项，这过程的跃迁矩阵元可写作

$$\int\langle f\zeta'|\bar{\Phi}(x)O_\mu(x)\Gamma_\mu(x)\phi(x)|\zeta\rangle\,d^4x =$$

$$= (2\pi)^4\delta^4(P - P' - k)\langle f\zeta'|\bar{\Phi}(0)O_\mu(0)\Gamma_\mu(0)\phi(0)|\zeta\rangle =$$

$$= (2\pi)^4\delta^4(P - P' - k)\cdot\langle f|O_\mu(0)|0\rangle\cdot$$

$$\cdot\,\mathrm{Sp}\int d^4y\left\{\bar{\Phi}_{P'\lambda'}(0,y)\Gamma_\mu\phi_{P\lambda}(0,y)\left(\gamma_\mu\frac{\partial}{\partial y_\mu} + \mathscr{M}\right) +\right.$$

$$\left.+\,\bar{\Phi}_{P'\lambda'}(y,0)\left(\gamma_\mu\frac{\partial}{\partial y_\mu} + \mathscr{M}\right)\phi_{P\lambda}(y,0)\Gamma_\mu\right\}, \tag{32}$$

其中 $\phi_{P\lambda}(x_1, x_2)$ 的定义见(4)式，P，P' 及 k 分别是介子 ζ，ζ' 和 f 的四维动量，$\frac{\partial}{\partial x_\mu}$ 只作用在邻近的波函数上，

$$\bar{\Phi}_{P'\lambda'}\phi_{P\lambda}\frac{\overleftarrow{\partial}}{\partial x_\mu} \equiv -\bar{\Phi}_{P'\lambda'}\frac{\partial}{\partial x_\mu}\phi_{P\lambda} \tag{33}$$

由(4)，(6)，(32)及(33)式我们有

$$\begin{aligned}\langle f\zeta'|\bar{\Phi}(0)O_\mu(x)\Gamma_\mu(x)\phi(x)|\zeta\rangle &= (2\pi)^2\delta^4(P-P'-k)\langle f|O_\mu(0)|0\rangle\cdot\\ &\cdot\mathrm{Sp}\int d^4q\left\{\bar{\chi}^{\zeta'}_{P'\lambda'}(q)\Gamma_\mu\left[i\left(\hat{q}-\frac{\hat{P}'}{2}\right)+\mathscr{M}\right]\chi^{\zeta}_{P\lambda}\left(q+\frac{k}{2}\right)+\right.\\ &\left.+\chi^{\zeta}_{P\lambda}\left(q-\frac{k}{2}\right)\Gamma_\mu\bar{\chi}^{\zeta'}_{P'\lambda'}(q)\left[i\left(\hat{q}+\frac{\hat{P}'}{2}\right)+\mathscr{M}\right]\right\}.\end{aligned} \tag{34}$$

考虑到在 d^4q 积分后，出现的矢量只有 P，P' 及 k，所以(34)式中积分号下的 $\hat{q}$ 在积分后必然是 $\hat{P}$，$\hat{P}'$ 和 $\hat{k}$ 的线性组合，相对于 $\mathscr{M}$ 来说，P，P' 及 k 都是很小的[1)]，因此它们与 $\mathscr{M}$ 相比，可以略去．这样，跃迁矩阵元可以写成

$$\begin{aligned}&\frac{1}{(2\pi)^2}\delta^4(P-P'-k)\langle f|O_\mu(0)|0\rangle\cdot\\ &\cdot\mathscr{M}\int d^4xd^4qd^4q'\mathrm{Sp}\left\{\mathscr{A}(\zeta')\Delta_\mu\mathscr{A}(\zeta)\bar{\chi}_{P'\lambda'}(q)\Gamma_\mu\chi_{P\lambda}(q')\,e^{i\left(q-q'+\frac{k}{2}\right)x}+\right.\\ &\left.+\mathscr{A}(\zeta)\Delta_\mu\mathscr{A}(\zeta')\chi_{P\lambda}(q')\Gamma_\mu\bar{\chi}_{P'\lambda'}(q)\,e^{i\left(-q+q'+\frac{k}{2}\right)x}\right\}\end{aligned} \tag{35}$$

显然当略去相对论效应时，亦即当相互作用可作瞬时相互作用时，这个跃迁矩阵元就还原为原子核理论中常见的 β，γ 跃迁矩阵元；当略去结构时（即令 $x=0$，并除去 d^4x 积分），就还原为点模型的场论的形式．

对于过程 $\zeta\to\zeta'+\gamma$，由(35)可得如下的矩阵元

$$\begin{aligned}&\frac{i}{(2\pi)^{7/2}}\frac{1}{\sqrt{2E_\gamma}}\delta^4(P-P'-k)\int d^4xd^4qd^4q'\cdot\\ &\cdot\left\{\mathrm{Sp}[\mathscr{A}(\zeta')Q_\nu\mathscr{A}(\zeta)]\,\mathrm{Sp}[\bar{\chi}_{\lambda'}(P')\Pi_\mu\chi_\lambda(P)]\,e^{i\left(q-q'+\frac{k}{2}\right)x}+\right.\\ &\left.+\mathrm{Sp}[\mathscr{A}(\zeta)Q_\nu\mathscr{A}(\zeta')]\mathrm{Sp}[\chi_\lambda(P)\Pi_\mu\bar{\chi}_{\lambda'}(P')]e^{i\left(-q+q'+\frac{k}{2}\right)x}\right\}\cdot\sqrt{\frac{E_\zeta E_{\zeta'}}{m_\zeta m_{\zeta'}}}\mathscr{M}\phi_P(q)\phi^*_{P'}(q').\end{aligned} \tag{36}$$

最后，我们来讨论重子的形状因子．在始态与终态都有一个重子的电磁顶角与弱作用顶角的情况，我们也采取文献[5]的讨论中所给出的最低次项，相应的跃迁矩阵元是[2)]

$$\begin{aligned}&\int\langle f\zeta'|\bar{\Phi}(x)O_\mu(x)\Gamma_\mu\phi(x)|\zeta\rangle\,d^4x=\\ &=(2\pi)^4\delta^4(P-P'-k)\langle f\zeta'|\bar{\Phi}(0)O_\mu(0)\Gamma_\mu\phi(0)|\zeta\rangle=(2\pi)^4\delta^4(P-P'-k)\langle f|O_\mu(0)|0\rangle\cdot\\ &\cdot\left\{\iint d^4xd^4x'\bar{\Psi}^{\zeta'}_{\alpha'\beta'\gamma'}\left(-\frac{x}{2}-\frac{x'}{3},x,x'\right)(\Gamma_\mu)_{\alpha'\alpha}\left(\gamma_\mu\frac{\partial}{\partial x_{2\mu}}+\mathscr{M}\right)_{\beta'\beta}\cdot\right.\\ &\left.\cdot\left(\gamma_\nu\frac{\partial}{\partial x_{3\nu}}+\mathscr{M}\right)_{\gamma'\gamma}\Psi^{\zeta}_{\alpha\beta\gamma}\left(-\frac{x}{2}-\frac{x'}{3},x,x'\right)+\cdots\cdots\right\}=\end{aligned}$$

---

1) 在文献[5]中，$\mathscr{M}$ 原来是“亚基本粒子”的质量，很大于 P、P' 及 k．考虑到“亚基本粒子”处于束缚状态，也可能是它们的等效质量．$\mathscr{M}$ 可以看成一个参量，但仍很大于 P、P' 及 k．

2) 利用(17)式的定义，当 $x_1=0$ 时，$X=-\frac{x}{2}-\frac{x'}{3}$．

$$= \frac{1}{(2\pi)^2}\delta^4(P - P' - k)\langle f|O_\mu(0)|0\rangle \cdot$$

$$\cdot \int d^4Xd^4X'd^4qd^4q'd^4\bar{q}d^4\bar{q}' \Big\{[\bar{\phi}\zeta'_{\lambda'}(q, q')]_{\alpha'\beta'\gamma'}(\Gamma_\mu)_{\alpha'\alpha} \cdot$$

$$\cdot \left[i\left(\frac{\hat{p}}{3} - \hat{q} + \hat{q}'\right) + \mathscr{M} \right]_{\beta'\beta} [\phi\zeta_\lambda(q, q')]_{\alpha\beta\gamma} \cdot$$

$$\cdot \left[i\left(\frac{\hat{p}}{3} - \hat{q}'\right) + \mathscr{M} \right]_{\gamma'\gamma} e^{-i\left(\frac{q}{2}+\frac{q'}{3}\right)k + i(\bar{q}-q)x + i(\bar{q}'-q')x'} + \cdots\Big\}. \tag{37}$$

其中 α, β, γ 是旋量指标，为节省篇幅起见，还有两项(一项相应于 $x_2=0$，另一项相应于 $x_3=0$)没有写出来。根据类似于介子的考虑，我们略去含有 $\bar{q}$ 和 $\bar{q}'$ 的项，最后，矩阵元可写成：

$$(2\pi)^4\delta^4(P - P' - k)\langle f|O_\mu(0)|0\rangle \cdot (2\pi)^2\mathscr{M}^2 \cdot$$

$$\cdot \left\{\int d^4qd^4q'[\bar{\phi}\zeta'_{\lambda'}(q, q')]_{\alpha'\beta'\gamma'} \cdot [\Gamma_\mu]_{\alpha'\alpha} \cdot \left[\phi\zeta_\lambda\left(q + \frac{k}{2}, q' + \frac{k}{3}\right)\right]_{\alpha\beta'\gamma'} + \cdots\right\} \tag{38}$$

前节有关介子矩阵元在略去相对论效应和略去结构时的讨论，这里也同样适用。

四、基本粒子的相对論性模型中的弱相互作用及电磁相互作用

从上面两节讨论中我们看到，在基本粒子的相对论性模型及我们所采用的方法中，所有基本粒子的弱相互作用过程及电磁相互作用过程的矩阵元都由介子及重子的内部运动波函数和参量 $\mathscr{M}$ 决定。为了检验这个模型，我们现在从这个模型出发来讨论几个弱作用及电磁作用过程。

(一)首先考虑 $\pi \to \mu + \nu$ 衰变过程。这个过程的矩阵元已在(31)式中给出。不难看出，如果我们认为原始的哈密顿量是 $V-A$ 的形式的话，那末在算符 O_μ 中对这个过程有贡献的，只有赝矢量项。或者说 O_μ 中对这过程有贡献的是 $\frac{3}{5}\lambda\gamma_\mu\gamma_5$，其中因子 $\frac{3}{5}\lambda$ 保证实验中定出的中子的 β 衰变的 $V-A$ 型作用，$\lambda = 1.18$，$\frac{3}{5}\lambda = \frac{1}{\sqrt{2}}$。考虑到

$$\left.\begin{aligned} &\mathrm{Sp}[\mathscr{A}(\pi^-)(\cos\theta T_- + \sin\theta V_-)] = \cos\theta \\ &\mathrm{Sp}[\chi_0(P)O_\mu] = -\frac{P_\mu}{E}, \end{aligned}\right\} \tag{39}$$

由(31)式，我们有

$$\langle\mu^+\nu|S^{(2)}|\pi^+\rangle = \frac{1}{(2\pi)^2}\frac{G}{\sqrt{2}}\cos\theta\,\bar{u}_\nu\frac{P_\mu}{E}(1 + \gamma_5)v_{\mu^+} \cdot \sqrt{\frac{E_\pi}{m_\pi}}\Psi_p(0)\delta^4(P - p - k). \tag{40}$$

由此算得的单位时间中的跃迁几率 W 为

$$W = \frac{|\Psi(0)|^2}{(2\pi)^4} \cdot \frac{G^2\cos^2\theta}{2} \cdot \left(\frac{m_\mu}{m_\pi}\right)^2\left(\frac{m_\pi^2 - m_\mu^2}{m_\pi}\right)^2,\ \Psi(0) \equiv \Psi_p(0). \tag{41}$$

实验上，π^+ 介子衰变的平均寿命 τ 为

$$\tau = \frac{1}{W} = 2.55 \times 10^{-8}\,\text{秒},$$

由此可算得介子在原点的波函数的值为

$$\frac{1}{(2\pi)^3}|\Psi(0)| = 1.52 \times 10^{-3} \times m_N^3. \tag{42}$$

在(42)式中的 $\Psi(0)$ 是在四度空间中归一化的波函数，如果我们假设在基本粒子内部夸克的相互作用可以用瞬时相互作用来近似的话，那末四度波函数的 $\Psi(0)$ 就自动地等同于三度空间

中归一化了的波函数 $\Psi(0)$（证明参看文献[5]和本文的附录）．如果我们取在原点的波函数为指数波函数

$$\frac{1}{(2\pi)^{3/2}}\Psi(0)=\sqrt{\frac{1}{\pi r_0}}\,e^{-r/r_0}\Big|_{r=0},\tag{43}$$

则由(42)式算出的介子的平均半径 $\bar{r}=\frac{\sqrt{3}}{2}r_0=1.08\times10^{-13}$ 厘米；如果我们取在原点的波函数为高斯型波函数

$$\frac{1}{(2\pi)^{3/2}}\Psi(0)=\left(\frac{2}{\pi r_0^2}\right)^{3/4}e^{-r^2/r_0^2}\Big|_{r=0},\tag{44}$$

则由(42)算出的介子的平均半径为 $\bar{r}=\frac{\sqrt{3}}{4}r_0=0.63\times10^{-13}$ 厘米．

其次，让我们来讨论 ω 的电磁衰变过程 $\omega\to\pi^0+\gamma$．这个过程的矩阵元已在(36)式中给出．值得注意的是，这是个磁跃迁的过程，除了有反常磁矩的贡献 $\left(\frac{\mu_p}{2M_p}\text{项}\right)$ 外，还有正常跃迁磁矩的贡献 $\left(\frac{1}{m_\pi+m_\omega}\text{项}\right)$．正常磁矩项中的质量为 π 介子及 ω 介子的平均质量，这项贡献的出现完全是相对论效应的结果，正如电子的磁矩是电子的相对论方程所导致的必然结果一样．

由(36)式可算得单位时间内的跃迁几率 W 为

$$W=\left(\frac{e^2}{4\pi}\right)\frac{1}{24}\left[1+\frac{\mu_p(m_\pi+m_\omega)}{2M_p}\right]^2\frac{m_\omega^2}{m_\pi}\left[1-\left(\frac{m_\pi}{m_\omega}\right)^2\right]^3\cdot|I^\omega|^2=$$

$$=4.48\times|I^\omega|^2\ \text{兆电子伏},\tag{45}$$

其中 I^ω 是积分

$$I^\omega=\frac{1}{(2\pi)^3}\int e^{-ik\cdot x/2}\,\mathscr{M}\,\Psi_{P_\omega}(x)\Psi^*_{P_\pi}(x)\,d^4x,\tag{46}$$

这个积分可在 ω 介子的质心系中进行：

$$I^\omega=\frac{\mathscr{M}}{(2\pi)^3}\int e^{-ikx/2}\Psi_0(x)\Psi^*_{P_\pi}(x)\,d^4x=\frac{\mathscr{M}}{(2\pi)^3}\int e^{-ikx/2}\Psi_0(x)\Psi^*_0(x')\,d^4x,\tag{47}$$

其中 x 与 x' 相差一个洛仑兹变换，在 x 系统中 π 介子的动量是 $\mathbf{P}_\pi$（ω 质心系中的 π 介子动量），而在 x' 系统中 π 介子的动量是零．由于"夸克"在基本粒子内的速度很小，其作用基本上是瞬时相互作用．在文献[5,13]中证明，在瞬时相互作用下，两个粒子的四维波函数由三维波函数唯一地决定，四维波函数的归一化条件等同于三维波函数的归一化条件．我们在附录中指出，这一结论对于粒子和反粒子系统同样成立．因此(47)式中的四维波函数可以由三维波函数表达，并可近似地还原成三维的积分

$$I^\omega=\frac{1}{(2\pi)^3}\int d\mathbf{x}\,e^{-i\mathbf{k}\cdot\mathbf{x}/2}\,\Psi_0(\mathbf{x})\,\Psi^*_0(\mathbf{x}'),\tag{48}$$

并且在(48)中将不再出现参量 $\mathscr{M}$．这个积分称作重迭积分．从物理上看，$\Psi_0(\mathbf{x})$ 是一个球对称的波函数（介子在质心系，是一个球）而 $\Psi^*_0(\mathbf{x}')$ 反映了 π 介子在飞行的方向有洛仑兹扁缩，而跃迁过程和这两个波函数重迭部分成正比．

如果我们采用高斯型波函数(44)，令其中的半径等于由 $\pi\to\mu+\nu$ 衰变所定出的半径 0.64×10^{-13} 厘米，并且考虑到(48)式，我们算得

$$\left.\begin{aligned} |I^{\omega}|^2 &= 0.184, \\ W &= 0.83\ \text{兆电子伏}. \end{aligned}\right\} \tag{49}$$

如果我们采用指数型波函数(43)，我们算得

$$\left.\begin{aligned} |I^{\omega}|^2 &= 0.162 \\ W &= 0.73\ \text{兆电子伏}. \end{aligned}\right\} \tag{50}$$

实验上 $\omega \to \pi^0 + \gamma$ 衰变的半宽度是[12]

$$\Gamma = 1.2 \pm 0.2\ \text{兆电子伏}.$$

最后，我们来讨论电磁衰变过程 $\pi^0 \to 2\gamma$. 考虑到电磁相互作用的规范不变性和 π 介子的膺标性质，这个过程的矩阵元的最一般的形式是

$$\langle \gamma_1\gamma_2|S|\pi^0\rangle = i\varepsilon_{\mu\nu\rho\sigma} e^1_\mu e^2_\nu k^1_\rho k^2_\sigma \cdot \cdot \frac{1}{(2\pi)^3} \cdot \frac{1}{\sqrt{4k_{10}k_{20}}}(2\pi)^4\delta^4(P - k_1 - k_2)\Gamma(-k_1^2, -k_2^2, -(k_1 + k_2)^2) \tag{51}$$

其中 P_μ 为 π 介子的四维动量，$k_{1\mu}$，e^1_μ 及 $k_{2\mu}$，e^2_μ 分别为光子 γ_1 及 γ_2 的四维动量及极化向量，$\varepsilon_{\mu\nu\rho\sigma}$ 是全反对称张量. 从另一方面，虽然 π^0 是复合粒子系统，但光子仍可用一般场论描述，因而可写出这一过程的色散关系. 应用标准的色散关系方法可以求得

$$\langle \gamma_1\gamma_2|S|\pi^0\rangle = -\frac{1}{(2\pi)^3\sqrt{4k_{10}k_{20}}}(2\pi)^4\delta^4(P - k_1 - k_2)\cdot \cdot e^1_\mu e^2_\nu \int d^4z\, e^{i(k_1-k_2)z/2}\left\langle 0\left|T\left[J_\mu\left(\frac{z}{2}\right)J_\nu\left(-\frac{z}{2}\right)\right]\right|\pi^0\right\rangle. \tag{52}$$

由(51)，(52)式有

$$\varepsilon_{\mu\nu\rho\sigma} e^1_\mu e^2_\nu k^1_\rho k^2_\sigma \Gamma(-k_1^2, -k_2^2, -(k_1 + k_2)^2) = = i\int d^4z\, e^1_\mu e^2_\nu e^{i(k_1-k_2)z/2}\left\langle 0\left|T\left[J_\mu\left(\frac{z}{2}\right)J_\nu\left(-\frac{z}{2}\right)\right]\right|\pi^0\right\rangle. \tag{53}$$

为了求出 Γ，我们对 k_2 进行解析延拓. 定义 $-k_2^2 = x$，$\Gamma(0, x, m_\pi^2) \equiv \Gamma(x)$，由(53)式可得 $\Gamma(x)$ 的虚部

$$\varepsilon_{\mu\nu\rho\sigma} e^1_\mu e^2_\nu k^1_\rho k^2_\sigma \mathrm{Im}\Gamma(x) = = \frac{1}{2}\int d^4z\, e^1_\mu e^2_\nu e^{i(k_1-k_2)z/2}\left\{\left\langle 0\left|J_\mu\left(\frac{z}{2}\right)J_\nu\left(-\frac{z}{2}\right)\right|\pi\right\rangle - \left\langle 0\left|J_\nu\left(-\frac{z}{2}\right)J_\mu\left(\frac{z}{2}\right)\right|\pi\right\rangle\right\}. \tag{54}$$

在(54)式右端的矩阵元间，插入一组完全正交归一化的中间态 $|n\rangle$，再应用平移不变性，可得

$$\varepsilon_{\mu\nu\rho\sigma} e^1_\mu e^2_\nu k^1_\rho k^2_\sigma \mathrm{Im}\Gamma(x) = = \frac{(2\pi)^4}{2} e^1_\mu e^2_\nu \sum_n \delta^4(P_n - k_2)\langle 0|J_\mu(0)|n\rangle\langle n|J_\nu(0)|\pi\rangle, \tag{55}$$

其中：P_n 是中间态的四维动量；由于 π 是膺标介子，n 的最低状态是 2π 状态. 这样，由(55)可以看到，$\mathrm{Im}\Gamma(x)$ 在 x 实轴上有一条从 $(2m_\pi)^2$ 到 $+\infty$ 的割线，而其色散关系是

$$\Gamma(x) = \frac{1}{\pi}\int_{4m_\pi^2}^{\infty} \frac{\mathrm{Im}\Gamma(x')}{x' - x - i\varepsilon}\, dx'. \tag{56}$$

在 $x = 4m_\pi^2$ 以上的变区中，实验上发现的量子数 $J^P = 1^-$ 的介子共振态有 ρ ($m_\rho = 765$ 兆电子伏)及 ω ($m_\omega = 783$ 兆电子伏)，这里在 $\mathrm{Im}\Gamma(x)$ 的计算中，我们假设 $\mathrm{Im}\Gamma(x)$ 主要由这两个共振态贡献. 由于实验在目前加速器能量所及的范围中还没有发现 $J^P = 1^-$，$S = 0$ 的更高的共振态. 因此可以相信即使将来发现具有这种量子数的共振态，其能量一定很高，在色散积分

中这种共振态的贡献可以忽略．矩阵元 $\langle 0|J_\mu(0)|\omega\rangle$ 及 $\langle 0|J_\mu(0)|\rho\rangle$ 与过程 $\omega\to\gamma$ 及 $\rho\to\gamma$ 相联系，而矩阵元 $\langle\omega|J_\mu(0)|\pi\rangle$ 及 $\langle\rho|J_\mu(0)|\pi\rangle$ 与过程 $\omega\to\pi^0+\gamma$ 及 $\rho\to\pi^0+\gamma$ 相联系．

以 $|n\rangle=|\omega\rangle$ 为例，$\omega\to\gamma$ 的 S 矩阵元为

$$\langle\gamma|S|\omega\rangle=\frac{-i}{\sqrt{2E_\gamma}}(2\pi)^{3/2}\delta^4(P-k)\langle 0|J_\mu(0)|\omega\rangle, \tag{57}$$

将(57)与(28)式比较，我们有

$$e_\mu\langle 0|J_\mu(0)|\omega\rangle=\frac{i}{(2\pi)^3}(j^1\cdot e)\frac{e}{3}\sqrt{\frac{m_\omega}{E_\omega}}\Psi(0). \tag{58}$$

为了计算矩阵元 $\langle\omega|J_\nu(0)|\pi\rangle$，让我们来讨论虚过程 $\pi\to\omega+\gamma$．这个过程的矩阵元是

$$\langle\omega\gamma|S|\pi\rangle=\frac{-i}{\sqrt{2E_\gamma}}(2\pi)^{3/2}\delta^4(P^\pi-P^\omega-k)\,e_\nu\langle\omega|J_\nu(0)|\pi\rangle, \tag{59}$$

而由(31)式，这个过程的矩阵元是

$$-\frac{1}{(2\pi)^{3/2}}\frac{1}{\sqrt{2E_\gamma}}\delta^4(P^\pi-P^\omega-k)\frac{e}{2}\,\varepsilon_{\mu\nu\rho\sigma}k_\mu e_\nu P^\pi_\rho f_\sigma\cdot$$

$$\cdot\frac{1}{m_\pi}\left[1+\frac{\mu_P}{2M_P}(m_\pi+m_\omega)\right]\sqrt{\frac{m_\pi}{m_\omega}}\frac{1}{\sqrt{E_\omega E_\pi}}I^{\omega*}, \tag{60}$$

其中 I^ω 是一个标量，

$$I^{\omega*}=\frac{1}{(2\pi)^3}\int d^4x\,\mathscr{M}\,\Psi^*_{P_\omega}(x)\,\Psi_{P_\pi}(x). \tag{61}$$

$|I^\omega|^2$ 的数值取(58)或(59)中给出的值．将(60)与(61)式比较，我们得到

$$e_\nu\langle\omega|J_\nu(0)|\pi\rangle=\frac{-i}{(2\pi)^3}\frac{e}{2m_\pi}\left[1+\frac{\mu_P}{2M_P}(m_\omega+m_\pi)\right]\cdot$$

$$\cdot\sqrt{\frac{m_\pi}{m_\omega}}\frac{1}{\sqrt{E_\omega E_\pi}}I^\omega\,\varepsilon_{\mu\nu\rho\sigma}k_\mu e_\nu P^\pi_\rho f_\sigma. \tag{62}$$

将(58)及(62)式代入(55)，就可以算得 ω 共振态对 $\mathrm{Im}\Gamma(x)$ 的贡献

$$\mathrm{Im}\Gamma^\omega(x)=\frac{e^2}{6m_\pi}\frac{1}{(2\pi)^2}\left[1+\frac{\mu_P}{2M_P}(m_\omega+m_\pi)\right]\sqrt{\frac{m_\pi}{E_\pi}}\cdot\Psi(0)I^\omega\,\delta(x-m_\omega^2), \tag{63}$$

由(62)与(56)式就可算得

$$\Gamma^\omega(x)=\left(\frac{e^2}{4\pi}\right)\cdot\frac{2}{3m_\pi}\frac{1}{(2\pi)^2}\left[1+\frac{\mu_P}{2M_P}(m_\omega+m_\pi)\right]\cdot\sqrt{\frac{m_\pi}{E_\pi}}\Psi(0)I^\omega\frac{1}{m_\omega^2-x}. \tag{64}$$

类似地，ρ 共振态对 $\Gamma(x)$ 的贡献是

$$\Gamma^\rho(x)=\left(\frac{e^2}{4\pi}\right)\frac{2}{3m_\pi}\frac{1}{(2\pi)^2}\left[1+\frac{\mu_P}{2M_P}(m_\rho+m_\pi)\right]\cdot\sqrt{\frac{m_\pi}{E_\pi}}\Psi(0)I^\rho\frac{1}{m_\rho^2-x}, \tag{65}$$

其中 I^ρ 的计算和 I^ω 一样，当内部波函数取高斯型波函数时，$|I^\rho|^2=0.193$．这样，在 ω，ρ 中间态近似下，

$$\Gamma(x)\approx\Gamma^\omega(x)+\Gamma^\rho(x). \tag{66}$$

由(64)，(65)与(66)式算出的单位时间内 π^0 的电磁衰变几率是

$$W=(2\pi)^2\left(\frac{m_\pi}{2}\right)^4|2\Gamma(0)|^2=8.2\times10^{15}\ 秒^{-1}, \tag{67}$$

或 π^0 的电磁衰变平均寿命

$$\tau = \frac{1}{W} = 1.2 \times 10^{-16} 秒. \tag{68}$$

实验上 π^0 的平均寿命是[1],

$$\tau = 1.05 \times 10^{-16} 秒,$$

理论计算与实验符合得很好.

五、关于結构模型的一些討論

从以上的各项计算，可以看出用这样一个结构模型来计算基本粒子的衰变过程和实验结果是符合得较好的. 为什么用了这样一个简单的关于基本粒子的结构的设想便能得到较好的结果？看来有以下三个原因.

第一,这里所建议的关于结构的模型,既能充分地吸收群论研究中所取得的比较可靠的成果，又不受用群论方法研究所得到的不合理的结果的限制. 而且还避免了群论方法只描述现象不反映结构的缺点. 例如,在这里所建议的模型中,它只是吸收了由 SU(6)对称性质所给出的自旋和么旋结构，但另一方面又引进由超强相互作用决定的波函数的概念，将波函数推广，写成相对论不变的形式和使它们在静止不动的条件下还原为 SU(6)的波函数. 这样，从这种结构模型出发,一方面能给出由对称性所得到的合理的结果并赋予这些结果以结构的内容,而另一方面还能得到由单纯群论方法所得不到的结果,给出更多的实验现象之间的内在联系.

第二,在这里所建议的关于结构的模型中,并不企图立刻就解决关于基本粒子结构的根本问题,而且避免过早地猜测关于"亚基本粒子"所满足的动力学方程和它们的相互作用形式,而是"半现象、半结构"地引入波函数的概念来反映基本粒子的结构,同时又通过波函数来串联不同粒子的各个跃迁过程. 这就使得这个模型既能用来分析基本粒子的结构，又能使它和实验事实有较直接的联系.

第三,在这里所建议的关于结构的模型中,还较好地考虑了相对论效应. 特别是其中考虑了相对论的旋量结构和由于洛伦兹收缩而引起的重迭积分的修正. 这在一般的非相对论的模型中是无法考虑的. 看来，在研究基本粒子的结构时，相对论效应是不可忽略的. 例如，在 $\omega^0 \to \pi^0 + \gamma$ 的衰变过程中的正常跃迁磁矩就是由相对论形式的旋量波函数所给出的，而如果略去了这种相对论效应,就给不出产生这种跃迁磁矩的机制.

还要指出的是，在目前的结构模型中，我们暂且假设在基本粒子内部的"亚基本粒子"是"夸克"粒子. 但这里所建议的研究基本粒子结构的方法,实际上是和"亚基本粒子"的具体性质无关的,它同样可以适用于研究其它模型,并且可以用这种方法从实验来检验其它模型. 还应该指出,在我们的计算结果中，有一些是和"亚基本粒子"的性质有关系的，但是也有一些结果,例如关于介子的计算结果,大部分是与"亚基本粒子"的具体性质无关的.

当然，这里所采用的方法还是很不完善的. 关于束缚态场论的严格处理问题并没有得到解决. 这个方法只是把原子和原子核中处理束缚态的方法作相对论的推广，和使基本粒子的形状因子趋于一个点时趋向于一般的量子场论. 另外，这里所讲的向相对论的推广也不是很严格的,但这些并不妨碍我们用它来进行探索基本粒子结构的尝试,和在今后工作中不断地把方法加以改进.

为了发展基本粒子的结构模型的研究，进一步的工作将是系统地用这种方法来分析基本粒子的实验,首先是分析有关电磁相互作用和弱相互作用的实验. 其次,还将进一步发展更好的计算方法，以便能对这个模型给出更好的理论基础. 所有这些问题我们将在今后的工作中作进一步的探讨.

* * *

我们感谢由北京大学、中国科学院数学研究所、中国科学技术大学和中国科学院原子能研究所四个单位所组织的基本粒子讨论班上的许多同志们对于这个工作提出的有益的建议和批评.

附 录

我们现在来讨论 π 介子的内部运动波函数 $\phi_{P,0}(x)$ 的归一化问题. 对于瞬时相互作用,在动量表象中, π 介子内部运动波函数的贝特-沙尔彼特方程是[13]

$$\left(i\frac{\hat{P}}{2}+i\hat{p}+\mathscr{M}\right)\chi_{P,0}(p)\left(-i\frac{\hat{P}}{2}+i\hat{p}+\mathscr{M}\right)=$$

$$=-i\int d^4qG(\mathbf{q})\Gamma\chi_{P,0}(p)\Gamma, \tag{A.1}$$

其中 P 是 π 介子质心运动的四动量, p 是 π 介子内部运动的相对动量, $G(\mathbf{q})$ 是积分的核, 只与三维动量 $\mathbf{q}$ 有关, Γ 是一个旋量算符. π 介子内部运动波函数的四维归一化条件是:

$$\frac{1}{(2\pi)^3}\mathrm{Sp}\left\{-i\int d^4x\bar{\phi}_{P,0}(x)\gamma_4\phi_{P,0}(x)\left(-i\frac{\hat{P}}{2}+i\hat{p}+\mathscr{M}\right)\right\}=1, \tag{A.2}$$

事实上,由于 (A.1), $\chi_{P,0}(p)$ 对 p_0 的函数关系是确定的. 为了看清这点, 我们将(A.1)从左方乘上 γ_4, 并定义

$$\pi(p)=\chi_{P,0}(p)\gamma_4, \tag{A.3}$$

我们有

$$\left(\frac{P_0}{2}+p_0-H(\mathbf{p})\right)\pi(p)\left(\frac{P_0}{2}-p_0+H(\mathbf{p})\right)=i\int d^4qG(\mathbf{q})\gamma_4\Gamma\pi(p+q)\gamma_4\Gamma, \tag{A.4}$$

其中

$$H(\mathbf{p})=\boldsymbol{\alpha}\cdot\mathbf{p}+\gamma_4\mathscr{M}. \tag{A.5}$$

在对 dq_0 积分后,(A.4)的右方只与 $\mathbf{p}$ 有关,而与 p_0 无关, 我们把它记作 $\Theta(\mathbf{p})$, 于是在 π 介子的质心系中,(A.4)变作

$$\left(\frac{P_0}{2}+p_0-H(\mathbf{p})\right)\pi(p)\left(\frac{P_0}{2}-p_0+H(\mathbf{p})\right)=\Theta(\mathbf{p}). \tag{A.6}$$

由于 $H(\mathbf{p})$ 的正负能级的归一化本征波函数 $u_\mu(\mathbf{p})$:

$$H(\mathbf{p})u_\mu(\mathbf{p})=\pm Wu_\mu(\mathbf{p}),\quad (\text{当 } \mu=1,2 \text{ 时取}+\text{号};\ \mu=3,4 \text{ 时取}-\text{号})$$

$$W=\sqrt{\mathscr{M}^2+|\mathbf{p}|^2} \tag{A.7}$$

构成四维向量空间的一组正交归一化的基,因此 $\pi(p)$ 可用 $u_\mu(\mathbf{p})$ 与 $u_\nu^*(\mathbf{p})$ 的直乘展开:

$$\pi(p)=\pi_{\mu\nu}(p)u_\mu(\mathbf{p})u_\nu^*(\mathbf{p}). \tag{A.8}$$

引入投影算符 $\Lambda_\pm(\mathbf{p})$:

$$\Lambda_\pm(\mathbf{p})=\frac{W\pm H(\mathbf{p})}{2W}, \tag{A.9}$$

定义:

$$\pi_{ss'}(p)=\Lambda_s(\mathbf{p})\pi(p)\Lambda_{s'}(\mathbf{p})$$

$$s,s'=\pm, \tag{A.10}$$

于是由(A.8)有

$$\pi(p)=\sum_{s,s'}\pi_{ss'}(p), \tag{A.11}$$

由(A.6)及(A.10)有

$$\left(\frac{P_0}{2}+p_0-s(W-i\varepsilon)\right)\pi_{ss'}(p)\left(\frac{P_0}{2}-p_0+s'(W-i\varepsilon)\right)=$$

$$=\Lambda_s(\mathbf{p})\Theta(\mathbf{p})\Lambda_{s'}(\mathbf{p}), \tag{A.12}$$

其中负的小虚数 $-i\varepsilon$ 来源于 $\mathscr{M}$. 由(A.12)看出，$\pi_{ss'}(p)$ 对 p_0 的关系完全确定.

引入函数 $F(\mathbf{p})$:

$$\left(\frac{P_0}{2}-H(\mathbf{p})\right)F(\mathbf{p})+F(\mathbf{p})\left(\frac{P_0}{2}+H(\mathbf{p})\right)=2\pi i\Theta(\mathbf{p}), \tag{A.13}$$

由(A.2),(A.3),(A.11),(A.12)及(A.13)可以推得

$$1=\frac{1}{(2\pi)^3}\mathrm{Sp}\int d\mathbf{p}\{F^*_{+-}(\mathbf{p})F_{+-}(\mathbf{p})-F^*_{-+}(\mathbf{p})F_{-+}(\mathbf{p})\}$$

$$\approx\frac{1}{(2\pi)^3}\mathrm{Sp}\int d\mathbf{p}F^*_{+-}(\mathbf{p})F_{+-}(\mathbf{p}), \tag{A.14}$$

其中最后的近似等式是由于旋量波函数中的小分量可以略去的结果，

$$F_{ss'}(\mathbf{p})=\Lambda_s(\mathbf{p})F(\mathbf{p})\Lambda_{s'}(\mathbf{p}). \tag{A.15}$$

另一方面，由(A.11)与(A.12)不难得到

$$\int\pi(p)dp_0=F_{+-}(\mathbf{p})-F_{+-}(\mathbf{p}), \tag{A.16}$$

由(A.14)与(A.16)可以看到，四维波函数的归一化等价于三维波函数的归一化. 当 $\mathscr{M}$ 很大时，矩阵元中含有参量 $\mathscr{M}$ 的四维波函数的积分，都可还原到三维波函数的积分，而 $\mathscr{M}$ 不再出现.

参 考 文 献

[1] A. H. Rosenfeld et al., *Rev. Mod. Phys.*, **37**, 633 (1965).
[2] S. Okubo, *Progr. Theor. Phys.*, **27**, 949 (1962).
[3] Hofstadter, Proc. High Energy Physics Dubna, 1964.
[4] J. R. Dunning et al., *Phys. Rev. Lett.*, **13**, 631 (1965).
[5] S. Mandelstam, *Proc. Roy. Soc.*, **233**, 248 (1955).
[6] M. Gell-Mann, *Phys. Lett.*, **8**, 214 (1964).
[7] D. A. Delise et al., *Phys. Rev.*, **140**, B458 (1965).
[8] Franzini et al., *Phys. Rev. Lett.*, **14**, 196 (1965).
[9] 朱重远等，原子能，第3期，219 (1966).
[10] N. Cabbibo, *Phys. Rev. Lett.*, **10**, 531 (1963).
[11] C. S. Wu, *Rev. Mod. Phys.*, **36**, 618 (1964).
[12] Flatte et al., *Phys. Rev. Lett.*, **14**, 1095 (1965).
[13] E. E. Salpeter, *Phys. Rev.*, **87**, 328 (1952).

（编辑部收稿日期 1966 年 2 月 7 日）

附录三　强相互作用粒子的结构模型

> 世界是无限的．世界是充满着矛盾的．万事万物都是对立的統一．沒有一个事物不存在矛盾，沒有一个事物是不可分的．一分为二，这是个普遍的現象，这就是辩证法．自然界是如此，社会是如此，人类的认識也是如此．否认这一点，就是形而上学．
>
> 摘自"紅旗"杂志发表坂田昌一《关于新基本粒子观的对話》一文的編者按語

强相互作用粒子的结构模型*

北京大学理論物理研究室基本粒子理論組
中国科学院数学研究所理論物理研究室

一、引　　言

近年来，基本粒子物理实验和理论研究中许多迹象表明，基本粒子不是物质的最原始的点粒子，而是由更基本的物质单元所組成的复合体系，这种情况已经在文献[1, 2]中作了分析．

目前，实验上发现了大量共振态和新粒子．关于基本粒子对称性（特别是 SU_3 和 SU_6 对称性）的研究给出了这些粒子的分类，并且揭示了基本粒子质量谱的规律性．这种情况与元素周期律揭示了化学元素性质之间相互联系的规律性十分相似．我们知道元素周期律所揭露的规律性反映了各种元素的原子具有统一的结构以及原子中电子排列的周期性．同样，基本粒子之间广泛的对称性联系，也隐示了各种各样的基本粒子具有统一的结构基础，而且它们的相互作用具有统一的内部原因．高能电子散射和高能中微子反应的实验从另一方面揭示了基本粒子的结构性质，现在实验上已经测得了核子的电磁形式因子和弱形式因子，说明核子的电荷和"弱荷"不是集中在一点，而是有一定的分布．微扰论和色散关系理论不能满意地解释所观察到的形式因子，这说明这些以点粒子模型为基础的理论不能真实地反映具有一定内部结构的基本粒子的性质．

理论上，点模型场论所具有的发散困难是人们早就知道的，这个困难本身就说明必须把基本粒子当作有内部结构的东西去处理．但是，不少西方物理学家却只是把这个困难当作数学上的困难、处理方法上的困难，他们满足于点模型场论所得到的某些成功，而认为研究对象（基本粒子）本身就是数学的点．在他们看来，只要把理论形式作一些改动，原

* 1966年4月12日收到．

有的量子场论就能够成为沒有发散困难的最终理论．这种情况，正象《红旗》杂志所指出的那样："在人们追求物质结构的眞理的过程中，每深入一步，都有人中途停顿下来，认为已经达到'物质的始原'，认为这种'物质的始原'再不可分了，再不包含內在的矛盾了，企图完成所谓最终的理论．自然科学的历史无情地嘲弄着这样的形而上学者们，越来越清楚地揭示出自然界固有的辩证法．"[3]

现在，实验和理论的发展已经在我们面前提出了一个任务，要进入物质结构的更深的层次，研究基本粒子的內部结构．这是一个全新的领域，当研究工作进入到这样一个新领域的时候，正确的方法论指导尤其具有决定性的意义．

什么是我们的方法论呢？我们的方法论就是经过无数实践考验的唯物辩证法，就是实践论和矛盾论．

毛主席教导我们"人的正确思想，只能从社会实践中来，只能从社会的生产斗争、阶级斗争和科学实验这三项实践中来．"[4]在探索新理论的时候，必须而且只能以实验事实为出发点．这是我们的第一条原则．

但是，我们不是实证主义者．我们的目标绝不是满足于寻找经验事实之间的外部联系，而是要透过事物的表面现象和事物的各个方面，抓住事物的本质，事物的全体，事物的內部联系．因此，无论是对待各种实验资料，还是各种理论方法，我们都要加以去粗取精、去伪存眞、由此及彼、由表及里的改造制作，使之能更深刻地反映客观的物理本质．这是我们的第二条原则．

我们还必须把根据实验事实经过分析提升得到的初步理论再用到丰富的实验事实中去，经过反复实践来检验和发展理论．在基本粒子理论的研究中，常常会遇到这种情况：某个理论起初得到一些实验的支持，但是却经不起新的实验事实的考验，而暴露出严重的局限性和片面性，甚至根本就是错的．因此，当我们的研究进入更深一层的时候，必须注意我们的工作与各个实验领域特别是与新的实验事实的联系，不能把一些成功的经验绝对化，要在反复的、多方面的实践中，不断检验，改造和发展理论，这是我们的第三条原则．

毛主席还告诉我们："自然界存在着许多的运动形式，机械运动、发声、发光、发热、电流、化分、化合等等都是．所有这些物质的运动形式，都是互相依存的，又是本质上互相区别的．每一物质的运动形式所具有的特殊的本质，为它自己的特殊的矛盾所规定．"[5]"如果不研究矛盾的特殊性，就无从确定一事物不同于他事物的特殊的本质，就无从发现事物运动发展的特殊的原因，或特殊的根据，也就无从辨别事物，无从区分科学研究的领域．"[5]毛主席的这段话，对我们的工作有很重大的指导意义．从理论物理的发展来看，人们过去已经总结出对微观低速粒子（如原子，原子核）适用的量子力学，也发展了一套处理微观高速的基本粒子现象的量子场论，而今天则已深入到基本粒子内部结构这个超微观领域．很显然，一方面，量子力学、量子场论和强子结构理论体现着研究微观客体运动规律的一步步深入，它们有着继承与发展的关系．另一方面，组成基本粒子的更为"基本"的"基础粒子"的运动规律同基本粒子、微观低速粒子的运动规律相比，是本质上互相区别的．我们必须深入研究超微观领域所具有的特殊的矛盾，从而掌握超微观运动的本质．期望用旧有的量子力学或量子场论来全部解决基本粒子结构问题是不可能的．在应用这些理论处理结构问题时，势必遇到许多矛盾．我们绝不能害怕矛盾，绝不能在新领域面前畏缩不前．物理学发展中的许多事实表明，新的实验事实同旧有理论的尖锐矛盾正是理论发展的突破点．为了探寻超微观领域的新规律，我们仍然需要先用原有的量子场论方法来处理结构问题．一方面，找出新规律与原来量子力学、量子场论规律之间的联系和继承关系，另一方面在同实验比较中突出现有理论处理结构问题的主要矛盾所在，进而改造理论，发展理论，为寻找超微观运动规律准备条件．喜欢矛盾，通过反复实践暴露事物的内在矛盾，并在揭露矛盾解决矛盾的过程中不断前进，这是我们的又一条原则．

二、对称性理论的发展和结构模型的提出

五十年代初，实验上发现了一系列"奇异粒子"，盖尔曼和西岛[6]总结分析了这些奇异粒子的性质，发现它们的量子数（电荷、同位旋、重子数和奇异量子数）之间满足一个统一的简单关系式．这一事实向人们暗示了不同的基本粒子之间存在着内在的本质联系．

对于隐藏在实验事实和经验规律背后的本质，只有用正确的方法论作指导，从辩证唯物主义的观点出发才能看得清楚，才能真正理解．1955 年，日本物理学家坂田昌一遵循恩格斯物质结构无限层次的思想和列宁关于电子不可穷尽的思想，指出盖尔曼——西岛关系是基本粒子内部结构的反映，提出了著名的坂田模型[7]．按照这个模型，所有的强相互作用粒子都是由质子、中子和 Λ 粒子（统称为"基础粒子"）以及它们的反粒子组成的．在此基础上，坂田的合作者还指出[8]，如果忽略 Λ 粒子和核子的质量差，强相互作用可能满足三维幺正群的不变性，从而预言了当时尚未发现的 η 粒子的存在．

然而，一些受着实证主义思潮统治的西方科学家却拒绝透过经验来寻求事物的本质，透过表面现象来研究基本粒子的内部结构．在他们看来，只有经验才是可靠的，理论研究的目的只不过是寻找经验事物之间的外部联系．因此，坂田模型提出后长期没有受到他们的重视．直到1961年，由于实验上发现了大量的共振态粒子，才有人比较认真地研究了坂田等人的工作，并在坂田模型的基础上，提出了基本粒子 SU_3 对称性的八重态方案[9]．

以后两年所作的大量理论分析和实验检验工作表明，八重态方案的若干重要预言取得了较好的实验验证．这一事实进一步说明了基本粒子具有内部结构，并且应该可以据此对组成基本粒子的"基础粒子"的性质及基本粒子结构图象作进一步的探索．可是，许多西方科学家走了另一条道路．他们在建立理论时受到了坂田模型的启示，而建立起理论以后就丢开了坂田模型中最本质的东西，即结构的观点、层次的观点，只承认唯象的对称性．他们不理解对称性理论的成功是由于它在一定程度上反映了基本粒子内部结构的客观物理实际．相反，他们却片面地夸大唯象的对称性理论的威力，盲目地加以扩充，提出了大量的缺少物理基础、得不到实验检验的"对称群"，在理论工作上走了不小的弯路．

但是，实验事实无情地摒弃了各种走入歧途的"理论"，它迫使人们不得不回到结构模型的概念上来．为了解释一些突出的实验事实（例如，重子属于多重态 **1**、**8**、**10**，介子属于多重态 **1** 和 **8**），盖尔曼在 1964 年提出了"夸克"模型[10]，认为介子由一对正反"夸克"组成，重子由三个"夸克"组成．这一模型成功地说明了一些实验现象，同时为对称性理论的进一步发展提供了一种可能的物理图象．

即使在这个时候，那些受着实证主义哲学思想束缚的西方科学家仍然不敢面对基本粒子具有内部结构的事实．他们一再强调"夸克"只是一种数学符号．事实上，在建立

SU_6、$S\tilde{U}_{12}$ 这些新的对称性理论时都用到了“基本粒子由夸克組成”的概念，但在建立起理论之后他们又赶快把这一概念抛掉了。因此，他们只能在群的框框內兜圈子，給出一些唯象的关系，而不能对基本粒子相互作用中的一些复杂现象作出统一的合理的解释。

对称性理论在从 SU_3 到 SU_6、$S\tilde{U}_{12}$ 的发展过程中取得了若干进一步的成功。例如，对于 $J^P=0^-$，1^- 的介子和 $\frac{1}{2}^+$，$\frac{3}{2}^+$ 的重子的分类，以及质子、中子的磁矩比等静止性质作出了较好的预言。但是在另一些问题上，SU_6 和 $S\tilde{U}_{12}$ 理论又显出和实验的尖锐矛盾。例如散射问题，高共振态的衰变问题等等[1]。这种“既对称又不对称”的错综复杂的局面从纯粹唯象的对称性观点是很难理解的。只有摆脱掉错误的哲学思想的束缚，才能从迷雾中看清道路。

我们的认识是：一方面，对称性理论的予言得到了较广泛的实验验证，说明它比较正确地反映了基本粒子之间的某些联系；另一方面，对称性理论所给出的基本粒子之间的联系带有唯象的特征，沒有能够从它的本质，从它的內因加以说明。由于基本粒子內在本质的复杂性，对称性理论不能完整地反映基本粒子之间的相互联系。它所反映的联系是局部的、有条件的。因此，为了进一步研究对称性产生的內因和对称性起作用的外部条件，不能仅仅停留在唯象的对称性描写，而需要深入到基本粒子的內部去研究它的结构。

从这样的观点看问题，我们认为[1] 基本粒子之间所呈现的这样一种“既对称又不对称”的错综复杂的局面正说明基本粒子存在着內部结构，是基本粒子內部的矛盾性所决定的。基本粒子可能是由若干更基本的物质单元——“基础粒子”所组成的*，基本粒子之间所表现出来的某些对称性(特别是 SU_6、$S\tilde{U}_{12}$ 对称性)联系是“基础粒子”结合成基本粒子时性质的体现，而不是基本粒子之间相互作用所固有的。因此，我们当然只能期望在分类、磁矩这些主要体现基本粒子內部结合特征的情况表现出 SU_6 对称性，而不能贸然要求所有相互作用过程都有 SU_6 对称性。

深入到基本粒子內部研究它的结构，就是要摸清基本粒子內部的矛盾，要探明基本粒子是由什么样的“基础粒子”組成的？“基础粒子”遵从什么样的运动规律？它们是怎么样结合成基本粒子的？要解决这些问题遇到很大的困难。首先，目前实验上还沒有找到組成基本粒子的“基础粒子”。其次，在基本粒子內部这个超微观领域，现有的量子场论是否正确是一个很大的疑问，基本粒子的內部结构问题可能有着全新的规律性。

但是，这些困难不能阻挠我们对基本粒子结构问题的研究。如果由于实验上目前还沒有发现“基础粒子”就不敢相信它的存在，否认产生对称性的內在本质，就是实证主义，是一种错误的伪科学的观点。而如果我们只是停留在“基本粒子由基础粒子組成”这一观点上，只看到“基础粒子服从全新的规律”，而不把所设想的结构模型用到实践中去反复检验，也就不可能揭露基本粒子的內在矛盾，不可能使我们的认识真正深入一步。

正确的方法是，首先根据唯象规律的启示、根据对现有对称性理论的分析提出一个结构模型的初步物理图象，然后回到实验中去检验，修改，再检验，再修改，在不断的实践中

* 这里我们借用了坂田模型中“基础粒子”一词作为构成“基本粒子”的、更基本的物质单元的称呼。和“基本粒子”一词的意义一样，“基础粒子”并不是物质的始原，而只不过是物质结构无限层次中比“基本粒子”更深入一层的物质单元。从唯物辩证法的观点来看，“基础粒子”也还是可分的。在文献[2]中把它称为“亚基本粒子”，意义是相同的。在以后的文章中，为了简单起见，我们略去所加的引号。

发展物理图象，逐步达到对基本粒子内部结构的正确了解.

为了将结构模型的物理图象回到实践中去检验，必须通过一定的理论方法建立基本粒子内部结构和基本粒子之间外部反应外部过程的联系. 可以肯定，在内部结构领域中，会有新的规律，需要新的理论方法. 但是这种新的理论方法不可能凭空产生，只能在对现有理论一分为二分析的基础上发展起来. 在基本粒子内部，旧有的量子场论一定有其正确的和不正确的部分. 为着去伪存真，必须通过实践先把旧理论应用到新的领域中去，以便突出矛盾，找出旧理论的突破点，从而过渡到新的理论.

在运用现有理论处理基本粒子结构问题的时候，有两个矛盾可能是重要的. 其中之一是由于基本粒子经常以高速运动而产生的. 这就要求我们处理一个质心运动为相对论性的束缚态问题. 这是一个困难. 目前场论中已有的描述束缚态的相对论性方程只有一个贝特—沙尔彼特方程，但是它能不能用来描述基本粒子结构是一个很大的疑问. 而且这个方程的解及其物理含义也存在许多疑义. 在此情况下，我们并不试图马上就来寻找并解出基本的运动方程，而是唯象地假设存在一个描写基本粒子结构特性的波函数，通过计算结果与实验的比较来确定这一波函数的性质，从而对基本粒子内部"基础粒子"的运动状况有所了解. 同时，也尝试用现有的贝特—沙尔彼特方程对波函数作一些讨论，以便进一步澄清物理图象，并揭露新的矛盾.

另一个矛盾是由于基本粒子能够不断地相互转化. 现有的量子场论着重地反映了基本粒子的这一特性，如果把这种理论观点贯彻到底，就只有相互转化的关系，没有谁组成谁的关系. 而现在实验事实告诉我们，基本粒子具有相对稳定的内部结构. 因此在运用场论来处理结构问题时就必须加上一定的附加假定，例如"单道近似"的假定（参见下节）.

可以认为基本粒子内部结构的相对稳定性主要决定了描写基本粒子这一复合体系的"结构波函数"的对称性质. 例如，如果使"基础粒子"结合起来的超强相互作用有自旋无关性，并且基本粒子内的"基础粒子"相对运动足够慢，在质心系中可以忽略旋量波函数的小分量，则结构波函数就具有 $(U_6 \times U_6)_P$ 的对称性[11]. 但是基本粒子的转化过程则破坏这一对称性. 例如在共线过程中就只剩下 $(SU_6)_W$ 对称性[11]，而在更复杂的过程中对称性就更低. 正是这两个方面的矛盾斗争决定了基本粒子相互作用所呈现的既对称又不对称的复杂情况. 对于基本粒子的静止性质，稳定结构的特征占主要地位，因而表现出较好的对称性；对于散射、湮没这些过程，运动的效应，转化的效应十分显著，对称性就遭到较大的破坏. 对于低自旋粒子，内部运动可能主要是简单的 S 波，稳定结构的特征比较显著，因而体现的对称性较高；对于高自旋粒子，内部运动较为复杂，对称性残留得较少. 这样，从内部结构的观点出发，我们就有可能对基本粒子在相互作用中表现的性质作出统一的解释.

自然，要真正达到对于基本粒子性质的本质的整体的认识，就必须把握基本粒子内在的矛盾暴露它的本质. 这需要我们通过细致深入的工作，用目前已提出来的基本粒子结构模型去和基本粒子各方面的实验事实作系统的比较，在实践中不断地揭露矛盾，不断地修改和发展目前的模型和方法.

三、强子结构模型中的基本物理图象和协变场论方法

根据现有的实验和理论的知识，可以给强相互作用粒子的结构模型提出下述基本物理图象[1]：

1. 基本粒子具有内部结构，它们是由一些更为基本的"基础粒子"组成的.

2. "基础粒子"之间的相互作用主要部分是 SU_3 不变的.

3. 存在三种不同的"基础粒子"，它们构成 SU_3 群三维基础表示的基，作为一种可能性[10]，可以假定它们的超荷 Y、同位旋第三分量和电荷 Q 分别为：

	ϕ_1	ϕ_2	ϕ_3
Y	$\frac{1}{3}$	$\frac{1}{3}$	$-\frac{2}{3}$
I_3	$\frac{1}{2}$	$-\frac{1}{2}$	0
Q	$\frac{2}{3}$	$-\frac{1}{3}$	$-\frac{1}{3}$.

"基础粒子"的自旋假定是 $\frac{1}{2}$，它的质量可能很大，例如大于一百亿电子伏.

赝标介子八重态和矢量介子单态、八重态由一对正反"基础粒子"组成；重子八重态和重子十重态由三个基础粒子组成.

4. 基本粒子内部"基础粒子"之间的強相互作用可能分成两种类型. 一种是超強相互作用，它基本上具有自旋无关性，使得"基础粒子"形成很強的束缚态（基本粒子），它决定了基本粒子的结构波函数和质量的大小. 但由于某种动力学机制或对称性原因，超強作用并沒有在基本粒子之间的相互作用中显现出来. 另一种是次強相互作用. 这种自旋有关的相互作用破坏了 SU_6 和 SU_3 对称性，它决定了束缚态波函数的畸变和质量的分裂. 次強作用在基本粒子之间的相互作用中显现出来，表现为通常的強相互作用.

由于次強相互作用造成的质量分裂比束缚态的结合能小得多，可以认为次強相互作用远較超強相互作用为弱. 因此，在通常情况，在略去次強相互作用对质量的二次修正的同时，可以略去它对基本粒子结构波函数的一級修正.

这样，我们可以说，原来属于 SU_6 群 **35** 表示的 $J^P=0^-$ 和 1^- 的介子是由一对正反"基础粒子"所组成的 S 波状态. 在质心系中波函数的空间部分相同，赝标介子八重态之间及矢量介子九重态之间的自旋波函数也分别相同. 原来属于 SU_6 群 **56** 表示的 $J^P=\frac{1}{2}^+$ 和 $\frac{3}{2}^+$ 重子是由三个"基础粒子"所組成的对于自旋指标和 SU_3 指标全对称的 S 波状态. 在质心系中这些重子波函数的空间部分相同，八重态重子之间和十重态重子之间的自旋波函数分别相同. 在这种情况下，如果"基础粒子"是通常的费米子，则重子內部运动（轨道）波函数应是全反对称的；反之，如果內部运动波函数是对称的话，"基础粒子"应当满足反常费米统计[12]，或者具有新的全反对称內部自由度[13].

5. 由于核子的电磁分布半径（约为 0.8×10^{-13} 厘米）远大于"基础粒子"的康普顿波长（约为 0.01×10^{-13} 厘米），说明束缚在基本粒子內部的"基础粒子"之间的距离远大于

些结果。同时，结构模型方法给出了原来唯象理论中的形式因子与基本粒子结构波函数的确定联系，因而能够赋于原来那些对称性结果以结构的內容。形式因子中有的部分体现了自旋波函数的影响，有的部分体现了內部运动（轨道）波函数的影响。一旦基本粒子的结构波函数得到以后，这些形式因子就随之而确定下来了。

2. 结构模型方法得到了一些纯粹对称性方法所得不到的结果，给出了更多的实验现象之间的內在联系。这种联系可以分成两种。一种是通过波函数把某类基本粒子在不同的相互作用中的物理量串联起来。在电磁相互作用和弱相互作用过程中出现相同的內部波函数积分——我们以后称之为结构形式因子[16]，简称结构因子。通过这种结构因子直接建立了重子电磁形式因子与弱形式因子之间的联系。例如，核子的轴矢形式因子 $B_1(q^2)$ 直接同核子磁形式因子的同位旋矢量部分 $G_M^V(q^2) = G_M^p(q^2) - G_M^n(q^2)$ 相联系[17] 通过內部波函数在坐标空间原点的数值 $f(0)$，建立了 $\pi^+ \rightarrow \mu^+\nu$ 和 $\pi^0 \rightarrow 2\gamma$ 过程的联系[18]，等等。另外一种联系是，由于各种基本粒子之间的相互作用由"基础粒子"的相互作用所统一描述，因而可以建立起不同的基本粒子在某一类相互作用过程中的关系。例如，在轻子型弱相互作用中，可以建立起重子流矢量耦合常数与介子流矢量耦合常数的关系，在结构的基础上阐明了矢量流普适耦合的意义，同样可以建立重子流的轴矢耦合常数和介子流轴矢耦合常数的关系[17,18]（其中还包含有零点波函数 $f(0)$）。

所有这些联系，是单纯的群论方法所不能得到的，它们反映了基本粒子由于有內部结构所引起的相互之间的本质联系。把这些联系同实验结果相比较，如果暂不考虑一些结构因子的修正（把它们的值近似取为 1），所给出的数量级关系与实验符合；如果在一定的假定下估计结构因子的影响（例如利用瞬时作用近似，利用三度波函数的积分计算这些因子，考虑洛仑兹收缩效应[2]）可以得到与实验符合较好的结果。这些结果是对于我们的结构模型的直接支持。

3. 结构模型方法一定程度上消除了原有场论中的发散困难。例如按照普适费米作用理论，π 介子通过核子对衰变为一对轻子，其结果是发散的；在结构模型中，π 介子"通过"一对"基础粒子"衰变成轻子的矩阵元除了一些确定的质量因子以外，只依赖于介子的零点波函数 $f(0)$，[2,18]因此不存在发散的问题。

4. 结构模型方法还给出了若干类型的对称性破坏效应：(i) 由于次強作用所引起的初终态基本粒子质量分裂效应，表现为矩阵元中出现确定的质量因子，[16,19,20] (ii) 由于"基础粒子"与外界相互作用时相对运动所引起的破坏效应，表现为矩阵元 S_F^{-1} 中 $\hat{p}$ 因子的出现，在重子流中出现结构因子 T。这一项的存在给出了对 SU(6) 对称性的破坏；(iii) 由于束缚态基本粒子的传播所引起的破坏效应，表现为 $\pi \rightarrow \gamma\gamma$ 过程矩阵元中出现一个新的结构因子 $V^{\pi\pi}$[18]，最后我们还可以考虑(iv)束缚态內的"基础粒子"之间的相对运动所给出的波函数修正，这一点我们已在前一节中提到。

所有这些破坏的物理意义是清楚的，从对称性的角度看，它们所对应的群的变换性质也是清楚的。

在某些物理过程中，这些破坏效应的影响十分重要，例如重子流中出现结构因子 T，就有可能解释中子电荷分布半径非零的事实[21]，并且可以解释 $N^* \rightarrow p\gamma$ 过程中所存在的电四极跃迁[22]，这些现象是原先 $\widetilde{SU}_{12}$ 理论所不能解释的。

些结果. 同时，结构模型方法给出了原来唯象理论中的形式因子与基本粒子结构波函数的确定联系，因而能够赋于原来那些对称性结果以结构的内容. 形式因子中有的部分体现了自旋波函数的影响，有的部分体现了内部运动（轨道）波函数的影响. 一旦基本粒子的结构波函数得到以后，这些形式因子就随之而确定下来了.

2. 结构模型方法得到了一些纯粹对称性方法所得不到的结果，给出了更多的实验现象之间的内在联系. 这种联系可以分成两种. 一种是通过波函数把某类基本粒子在不同的相互作用中的物理量串联起来. 在电磁相互作用和弱相互作用过程中出现相同的内部波函数积分——我们以后称之为结构形式因子[16]，简称结构因子. 通过这种结构因子直接建立了重子电磁形式因子与弱形式因子之间的联系. 例如，核子的轴矢形式因子 $B_1(q^2)$ 直接同核子磁形式因子的同位旋矢量部分 $G_M^V(q^2)=G_M^p(q^2)-G_M^n(q^2)$ 相联系[17] 通过内部波函数在坐标空间原点的数值 $f(0)$，建立了 $\pi^+\rightarrow\mu^+\nu$ 和 $\pi^0\rightarrow 2\gamma$ 过程的联系[18]，等等. 另外一种联系是，由于各种基本粒子之间的相互作用由"基础粒子"的相互作用所统一描述，因而可以建立起不同的基本粒子在某一类相互作用过程中的关系. 例如，在轻子型弱相互作用中，可以建立起重子流矢量耦合常数与介子流矢量耦合常数的关系，在结构的基础上阐明了矢量流普适耦合的意义，同样可以建立重子流的轴矢耦合常数和介子流轴矢耦合常数的关系[17,18]（其中还包含有零点波函数 $f(0)$）.

所有这些联系，是单纯的群论方法所不能得到的，它们反映了基本粒子由于有内部结构所引起的相互之间的本质联系. 把这些联系同实验结果相比较，如果暂不考虑一些结构因子的修正（把它们的值近似取为 1），所给出的数量级关系与实验符合；如果在一定的假定下估计结构因子的影响（例如利用瞬时作用近似，利用三度波函数的积分计算这些因子，考虑洛仑兹收缩效应[2]）可以得到与实验符合较好的结果. 这些结果是对于我们的结构模型的直接支持.

3. 结构模型方法一定程度上消除了原有场论中的发散困难. 例如按照普适费米作用理论，π 介子通过核子对衰变为一对轻子，其结果是发散的；在结构模型中，π 介子"通过"一对"基础粒子"衰变成轻子的矩阵元除了一些确定的质量因子以外，只依赖于介子的零点波函数 $f(0)$，[2,18]因此不存在发散的问题.

4. 结构模型方法还给出了若干类型的对称性破坏效应：(i) 由于次强作用所引起的初终态基本粒子质量分裂效应，表现为矩阵元中出现确定的质量因子，[16,19,20] (ii) 由于"基础粒子"与外界相互作用时相对运动所引起的破坏效应，表现为矩阵元 S_{γ}^{-1} 中 p 因子的出现，在重子流中出现结构因子 T. 这一项的存在给出了对 SU(6) 对称性的破坏；(iii) 由于束缚态基本粒子的传播所引起的破坏效应，表现为 $\pi\rightarrow\gamma\gamma$ 过程矩阵元中出现一个新的结构因子 $V^{\pi\pi}$[18]. 最后我们还可以考虑(iv)束缚态内的"基础粒子"之间的相对运动所给出的波函数修正，这一点我们已在前一节中提到.

所有这些破坏的物理意义是清楚的，从对称性的角度看，它们所对应的群的变换性质也是清楚的.

在某些物理过程中，这些破坏效应的影响十分重要，例如重子流中出现结构因子 T，就有可能解释中子电荷分布半径非零的事实[21]，并且可以解释 $N^*\rightarrow p\gamma$ 过程中所存在的电四极跃迁[22]，这些现象是原先 $\widetilde{SU}_{12}$ 理论所不能解释的.

在目前的模型中，我们暂且假设了构成基本粒子的"基础粒子"具有同"夸克"粒子相似的性质，但是，这里所采用的结构模型方法是和"基础粒子"的具体性质无关的，它同样可以适用于其它模型的研究.

应该指出，我们现在的模型和计算方法都还需要进一步发展. 要找到一个能够反映基本粒子内部结构主要特征的模型和比较符合实际情况的束缚态场论方法，需要通过实践不断地揭露矛盾和不断地加以改进. 从我们已经研究过的问题来看有几个问题需要进一步注意：

1. 我们的模型和实验结果的比较表明，零级近似结构波函数——即在质心系中忽略自旋波函数中的小分量情况下得到的波函数——在一般情况下给出了较好的结果. 这说明用它来作为基本粒子波函数的近似描写的合理性. 但是，另一方面，自旋波函数中小分量一点都不出现是很难想象的，在进一步的近似中应当考虑自旋波函数对巴格曼——维格纳波函数的偏离，在文献[11]中将指出，自旋波函数中的小分量可能是与"基础粒子"传播函数 S_F^{-1} 中 p 项属于同一级或更高级的改正、如果同时考虑这两种因素就可能在保证中子电荷为零的前提下改进理论预言的 μ_n/μ_p 值.

2. 在各种基本粒子反应过程中，所得到的形式因子都依赖于内部波函数的积分，因此这些形式因子的贡献都强烈地依赖于内部波函数的性质，需要在进一步的工作中研究这些波函数如何依赖于内部动量和外部动量.

3. 在"基础粒子"的传播函数 S_F^{-1} 中 M 可以理解为束缚在基本粒子内的"基础粒子"在受到基本粒子外部相互作用时的"等效质量". 这个"等效质量"的大小对某些结果的影响比较敏感，因此需要作进一步的研究.

此外，还应当注意对于强相互作用、非轻子衰变以及高自旋粒子这样一些单纯对称性理论中难以解决的问题的研究. 这些问题的澄清将会对我们改进现有的模型和理论起重大的推动作用.

所有这些问题我们将在以后作进一步的研究.

我们感谢在中国科学院原子能研究所、中国科学院数学研究所、中国科学技术大学和北京大学四单位联合举办的讨论班上许多同志对这一工作提出的许多有益的意见和批评. 特别是中国科学院原子能研究所的同志们，在他们的工作正式发表之前，就把他们的许多研究成果供给我们作系统的参考，本文中有些部分就是参照他们的意见写成的.

附　　记

北京大学理论物理研究室基本粒子理论组和中国科学院数学研究所理论物理研究室参加本期专刊工作的有(按姓氏笔划排列)：

北　京　大　学

刘连寿　　宋行长　　杨国桢　　陈　澈*　　胡　宁　　赵光达

* 吉林大学进修教师，参加部分工作.

赵志泳　秦旦华　钱治碇　高崇寿　黄朝商

中国科学院数学研究所

朱重远　安瑛　张宗燧　陈庭金　周龙骧　赵万云
胡诗婉　侯伯宇　戴元本

参 考 文 献

[1] 北京大学理论物理研究室基本粒子理论组，高等学校自然科学学报，物理学版，**1**，57，1966.
[2] 中国科学院原子能研究所基本粒子理论组，原子能，第3期，137，1966.
[3] "红旗"编者按语，红旗，第6期，1965.
[4] 毛主席的四篇哲学论文，第129页，人民出版社，1965.
[5] 毛主席的四篇哲学论文，第35，36页，人民出版社，1965.
[6] Gell-Mann M., Nuovo Cimento, **4**, Suppl. 2, 848, 1956; Nishijima K., Prog. Theor. Phys., **13**, 285, 1955.
[7] Sakata S., Prog. Theor. Phys., **16**, 686, 1956.
[8] Ogawa S., Prog. Theor. Phys., **21**, 110, 1959; Ikeda M., Ohnuki Y. & Ogawa, S., Prog. Theor. Phys., **22**, 715, 1959; **23**, 1073, 1960.
[9] Neéman Y,. Nucl. Phys., **26**, 222, 1961; Gell-Mann M., Phys. Rev., **125**, 1067, 1961.
[10] Gell-Mann M., Phys. Lett., **8**, 214, 1964.
[11] 中国科学院数学研究所理论物理研究室，北京大学理论物理研究室基本粒子理论组，北京大学学报（自然科学），**12**，183，1966.
[12] Messiah A. M. L. & Greendeng O. M., Phys. Rev., **136**, B248, 1964; **138**, B1155, 1965.
[13] 刘耀阳，原子能，第3期，232，1966.
[14] 北京大学理论物理研究室基本粒子理论组，中国科学院数学研究所理论物理研究室，北京大学学报（自然科学），**12**，209，1966.
[15] 中国科学院数学研究所理论物理研究室，北京大学理论物理研究室基本粒子理论组，北京大学学报（自然科学），**12**，113，1966.
[16] 北京大学理论物理研究室基本粒子研究组，中国科学院数学研究所理论物理研究室，北京大学学报（自然科学），**12**，124，1966.
[17] 北京大学理论物理研究室基本粒子理论组，中国科学院数学研究所理论物理研究室，北京大学学报（自然科学），**12**，150，1966.
[18] 北京大学理论物理研究室基本粒子理论组，中国科学院数学研究所理论物理研究室，北京大学学报（自然科学），**12**，194，1966.
[19] 北京大学理论物理研究室基本粒子理论组，中国科学院数学研究所理论物理研究室，北京大学学报（自然科学），**12**，189，1966.
[20] 中国科学院数学研究所理论物理研究室，北京大学理论物理研究室基本粒子理论组，北京大学学报（自然科学），**12**，162，1966.
[21] 北京大学理论物理研究室基本粒子理论组，中国科学院数学研究所理论物理研究室，北京大学学报（自然科学），**12**，137，1966.
[22] 中国科学院数学研究所理论物理研究室，北京大学理论物理研究室基本粒子理论组，北京大学学报（自然科学），**12**，167，1966.

附录四　强子结构模型的协变场论方法

强子结构模型的协变场论方法*

中国科学院数学研究所理論物理研究室
北京大学理論物理研究室基本粒子理論組

一、引　言

近年来高能物理实验和理论研究提供了充分的根据说明強相互作用粒子具有內部结构[1-3]，它们是由一些更为基本的"基础粒子"組成的．这些"基础粒子"的自旋是 1/2． 自旋、宇称为 0^- 及 1^- 的介子由一对正反"基础粒子"組成；自旋、宇称为 $\frac{1}{2}^+$ 及 $\frac{3}{2}^+$ 的重子由三个"基础粒子"組成．

基础粒子相对于基本粒子说来，属于物质结构更深入的层次．按照辩证唯物主义观点，这种更深入的层次很可能具有完全新的运动规律．但是人们对于这种全新的运动规律的认识不可能凭空一下子建立起来，它只能在运用旧理论来处理新问题的过程中，不断地揭露矛盾、解决矛盾、又揭露新的矛盾，经过许多次反复，逐步地发展起来．正是根据这种观点，我们试图运用原有的量子场论方法来研究基本粒子的结构模型．在研究过程中进一步澄清结构模型的图象，同时不断地揭露旧理论的矛盾，为理论的进一步发展提供线索．

我们假定，基础粒子是自旋为 1/2 的基本量子场．它们能结合成基本粒子，同时也参与电磁相互作用和弱相互作用．強相互作用粒子是基础粒子形成的束缚态，它们和光子、轻子的相互作用都归结为基础粒子同这些场的相互作用．

在这篇文章里，我们从上述假定出发给出书写具体物理过程的 S 矩阵元的规则．我们将以介子所参与的过程为例来说明这一规则．它不难直接推广到重子的情况[4,5]．

二、介子波函数与介子——基础粒子顶角

按假定，基础粒子是基本的量子场，用 ϕ 和 $\bar{\phi}$ 表示海森堡表象的基础粒子场算符．介子是由一对正反基础粒子组成的束缚态，它的波函数由

$$\chi(x_1, x_2) = \langle 0 | T(\phi(x_1)\bar{\phi}(x_2)) | M \rangle, \tag{2.1}$$

$$\bar{\chi}(x_2, x_1) = \langle M | T(\phi(x_2)\bar{\phi}(x_1)) | 0 \rangle \tag{2.2}$$

描述**．其中 $|M\rangle$ 是介子的态矢量．χ 与 $\bar{\chi}$ 的关系见本文附录及文献[6]．

四度动量为 P 的 0^- 介子波函数是

$$\chi_P(x_1, x_2) = \langle 0 | T(\phi(x_1)\bar{\phi}(x_2)) | P \rangle, \tag{2.3}$$

* 1966 年 4 月 12 日收到．

** 介子波函数和基础粒子场算符都应该有内部自由度的指标，例如 SU_3 指标．本文中全部略去了这类指标．

四度动量为 P，极化矢量为 e^{σ} 的 1^- 介子波函数是*

$$\chi_P^{\sigma}(x_1, x_2) = \chi_{P\mu}(x_1, x_2)e_{\mu}^{\sigma} = \langle 0|T(\phi(x_1)\bar{\phi}(x_2))|P, \sigma\rangle. \tag{2.4}$$

在本节中我们将具体讨论 0^- 介子波函数，但是一切结果都适用于 1^- 介子波函数.

引进质心坐标 X 和相对坐标 x

$$X = \frac{x_1 + x_2}{2}, \quad x = x_1 - x_2 \tag{2.5}$$

应用平移不变性改写 (2.3) 式为

$$\chi_P(x_1, x_2) = e^{iPX}\langle 0|T\left(\phi\left(\frac{x}{2}\right)\bar{\phi}\left(-\frac{x}{2}\right)\right)|P\rangle = e^{iPX}\chi_P(x), \tag{2.6}$$

$$\bar{\chi}_P(x_2, x_1) = e^{-iPX}\langle P|T\left(\phi\left(-\frac{x}{2}\right)\bar{\phi}\left(\frac{x}{2}\right)\right)|0\rangle = e^{-iPX}\bar{\chi}_P(x), \tag{2.7}$$

转到动量表象，令**

$$P = p_1 - p_2, \quad p = \frac{p_1 + p_2}{2}, \tag{2.8}$$

定义

$$\chi_P(p) \equiv \chi\left(\frac{P}{2} + p, -\frac{P}{2} + p\right) = \int d^4x e^{-ipx}\chi_P(x), \tag{2.9}$$

则有

$$\int d^4x_1 d^4x_2 e^{-i(p_1x_1 - p_2x_2)}\chi_P(x_1, x_2) = (2\pi)^4\delta^4(p_1 - p_2 - P)\chi_P(p) = (2\pi)^4\delta^4(p_1 - p_2 - P)\chi(p_1, p_2), \tag{2.10}$$

同样有

$$\bar{\chi}_P(p) \equiv \bar{\chi}\left(-\frac{P}{2} + p, \frac{P}{2} + p\right) = \int d^4x e^{ipx}\bar{\chi}_P(x), \tag{2.11}$$

$$\int d^4x_1 d^4x_2 e^{i(p_1x_1 - p_2x_2)}\bar{\chi}_P(x_2, x_1) = (2\pi)^4\delta^4(p_1 - p_2 - P)\bar{\chi}_P(p) = (2\pi)^4\delta^4(p_1 - p_2 - P)\bar{\chi}(p_2, p_1). \tag{2.12}$$

---

* 极化矢量 e_{μ}^{σ} 满足

$$P_{\mu}e_{\mu}^{\sigma} = 0, \quad \sum_{\mu=1}^{4} e_{\mu}^{\sigma}e_{\mu}^{\sigma'} = \delta_{\sigma\sigma'}, \quad \sum_{\sigma=1}^{3} e_{\mu}^{\sigma}e_{\nu}^{\sigma} = \delta_{\mu\nu} + \frac{P_{\mu}P_{\nu}}{m^2}.$$

以下计算中都采用线极化. 如令 $\mathbf{P}$ 方向为 z 轴，则有

$$e_{\mu}^{(1)} = \begin{pmatrix} 1 \\ 0 \\ 0 \\ 0 \end{pmatrix}, \quad e_{\mu}^{(2)} = \begin{pmatrix} 0 \\ 1 \\ 0 \\ 0 \end{pmatrix}, \quad e_{\mu}^{(3)} = \begin{pmatrix} 0 \\ 0 \\ \frac{E}{m} \\ i\frac{|\mathbf{P}|}{m} \end{pmatrix}.$$

** 这里为了下面计算方便，取束缚在介子内基础粒子的动量为 p_1，反基础粒子的动量为 $-p_2$，在坐标表象中

$$p_1 = -i\frac{\partial}{\partial x_1}, \quad p_2 = i\frac{\partial}{\partial x_2}, \quad P = -i\frac{\partial}{\partial X}, \quad p = -i\frac{\partial}{\partial x}.$$

海森堡表象的基础粒子场算符满足狄拉克方程

$$\gamma_\mu \frac{\partial \phi(x)}{\partial x_\mu} + M\phi(x) = J(x),$$
$$-\frac{\partial \bar{\phi}(x)}{\partial x_\mu}\gamma_\mu + M\bar{\phi}(x) = \bar{J}(x). \tag{2.13}$$

其中 J 是包含一切相互作用在内的流算符．利用上式可以写出四度动量为 P 的介子分解成四度动量为 p_1 的基础粒子和四度动量为 $-p_2$ 的反基础粒子（离开质量壳的）S 矩阵元（图 1a）

$$^{出}\langle p_1, -p_2|P\rangle^{入} = \int d^4x_1\, d^4x_2\, e^{-i(p_1x_1-p_2x_2)}\bar{u}(p_1)\langle 0|T(J(x_1)\bar{J}(x_2))|P\rangle v(-p_2), \tag{2.14}$$

以及四度动量为 p_1 和 $-p_2$ 的基础粒子对合併成四度动量为 P 的介子的矩阵元（图 1b）

$$^{出}\langle P|p_1, -p_2\rangle^{入} = \int d^4x_1\, d^4x_2 e^{i(p_1x_1-p_2x_2)}\bar{v}(-p_2)\langle P|T(J(x_2)\bar{J}(x_1))|0\rangle u(p_1). \tag{2.15}$$

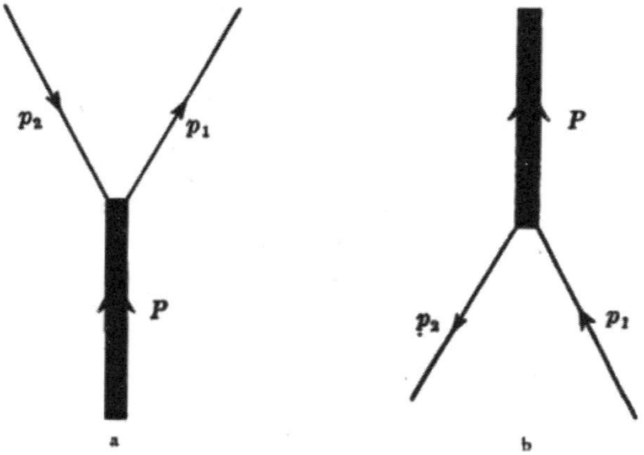

图 1

因此，定义介子分解成基础粒子对的顶点为

$$(2\pi)^4\delta^4(p_1 - p_2 - P)\frac{1}{\sqrt{2P_0}}\Gamma(p_1, p_2) = \int d^4x_1\, d^4x_2 e^{-i(p_1x_1-p_2x_2)} \times$$
$$\times \langle 0|T(J(x_1)\bar{J}(x_2))|P\rangle, \tag{2.16}$$

基础粒子对合併成介子的顶点为

$$(2\pi)^4\delta^4(p_1 - p_2 - P)\frac{1}{\sqrt{2P_0}}\bar{\Gamma}(p_2, p_1) = \int d^4x_1\, d^4x_2 e^{i(p_1x_1-p_2x_2)} \times$$
$$\times \langle P|T(J(x_2)\bar{J}(x_1))|0\rangle, \tag{2.17}$$

就有

$$^{出}\langle p_1, -p_2|P\rangle^{入} = (2\pi)^4\delta^4(p_1 - p_2 - P)\frac{1}{\sqrt{2P_0}}\bar{u}(p_1)\Gamma(p_1, p_2)v(-p_2),$$
$$^{出}\langle P|p_1, -p_2\rangle^{入} = (2\pi)^4\delta^4(p_1 - p_2 - P)\frac{1}{\sqrt{2P_0}}\bar{v}(-p_2)\bar{\Gamma}(p_2, p_1)u(p_1). \tag{2.18}$$

介子—基础粒子顶点 Γ 和介子波函数 χ 之间有直接的关系．实际上，将 (2.13) 式代

入(2.16)式得到

$$\delta^4(p_1-p_2-P)\Gamma(p_1,p_2)=\frac{\sqrt{2P_0}}{(2\pi)^4}\int d^4x_1\,d^4x_2e^{-i(p_1x_1-p_2x_2)}\times$$

$$\times\left(\gamma_\mu\frac{\vec{\partial}}{\partial x_{1\mu}}+M\right)\chi_P(x_1,x_2)\left(-\gamma_\mu\frac{\overleftarrow{\partial}}{\partial x_{2\mu}}+M\right)=$$

$$=\sqrt{2P_0}(i\hat{p}_1+M)\chi(p_1,p_2)(i\hat{p}_2+M)\delta^4(p_1-p_2-P),$$

$$\delta^4(p_1-p_2-P)\bar{\Gamma}(p_2,p_1)=\frac{\sqrt{2P_0}}{(2\pi)^4}\int d^4x_1\,d^4x_2e^{i(p_1x_1-p_2x_2)}\times$$

$$\times\left(\gamma_\mu\frac{\vec{\partial}}{\partial x_{2\mu}}+M\right)\bar{\chi}(x_2,x_1)\left(-\gamma_\mu\frac{\overleftarrow{\partial}}{\partial x_{1\mu}}+M\right)=$$

$$=\sqrt{2P_0}(i\hat{p}_2+M)\bar{\chi}(p_2,p_1)(i\hat{p}_1+M)\delta^4(p_1-p_2-P),$$

令

$$S_F(p)=\frac{i}{(2\pi)^4}\frac{i\hat{p}-M}{p^2+M^2}=-\frac{i}{(2\pi)^4}\frac{1}{i\hat{p}+M},\tag{2.19}$$

就得到

$$\frac{1}{\sqrt{2P_0}}\Gamma(p_1,p_2)=-\frac{1}{(2\pi)^8}S_F^{-1}(p_1)\chi(p_1,p_2)S_F^{-1}(p_2),\tag{2.20}$$

$$\frac{1}{\sqrt{2P_0}}\bar{\Gamma}(p_2,p_1)=-\frac{1}{(2\pi)^8}S_F^{-1}(p_2)\bar{\chi}(p_2,p_1)S_F^{-1}(p_1).\tag{2.21}$$

这一关系式非常重要,它使我们有可能首先利用顶点 Γ 写出具体物理过程的矩阵元,然后将矩阵元改用波函数 χ 表达出来. 于是,只要知道了波函数 χ 就能够对于各种物理过程算出具体的结果.

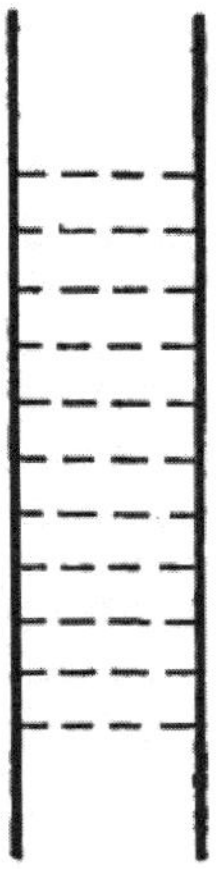

图 2

在计算某些物理过程时会出现介子中间态. 为了处理这种情况我们来考虑一对正反基础粒子的传播函数

$$K=\langle 0|T(\phi(x_1)\bar{\phi}(x_2)\phi(x_3)\bar{\phi}(x_4))|0\rangle.\tag{2.22}$$

正反基础粒子之间在传播过程中不断地相互作用, 如图 2. 这种相互作用可以使它们形成束缚态. 假定 $x_{10}, x_{20}>x_{30}, x_{40}$, 就可以写

$$K=\sum_n\langle 0|T(\phi(x_1)\bar{\phi}(x_2))|n\rangle\langle n|T(\phi(x_3)\bar{\phi}(x_4))|0\rangle,\tag{2.23}$$

只考虑单介子中间态(即束缚基础粒子对中间态),并且为具体起见假定是一种矢量介子,则有

$$K\approx\sum_{\mathbf{P},\sigma}\langle 0|T(\phi(x_1)\bar{\phi}(x_2))|P,\sigma\rangle\langle P,\sigma|T(\phi(x_3)\bar{\phi}(x_4))|0\rangle=$$

$$=\sum_{\mathbf{P},\sigma}\chi_{P\mu}(x_1,x_2)\bar{\chi}_{P\nu}(x_3,x_4)e_\mu^\sigma e_\nu^\sigma=$$

$$=\sum_{\mathbf{P}}\left(\delta_{\mu\nu}+\frac{P_\mu P_\nu}{m^2}\right)\chi_{P\mu}(x_1,x_2)\bar{\chi}_{P\nu}(x_3,x_4),\tag{2.24}$$

利用(2.6)式和(2.7)式并忽略 $\chi_P(x)$ 对 P_0 的奇异性就有

$$K\approx\frac{-i}{(2\pi)^4}\int\left(\delta_{\mu\nu}+\frac{P_\mu P_\nu}{m^2}\right)\frac{\chi_{P\mu}(x)\bar{\chi}_{P\nu}(y)}{P_0-\sqrt{\mathbf{P}^2+m^2}}e^{iP(X-Y)}d^4P,\tag{2.25}$$

其中

$$X = \frac{x_1 + x_2}{2},\ Y = \frac{x_3 + x_4}{2},\ x = x_1 - x_2,\ y = x_4 - x_3. \tag{2.26}$$

将(2.20)、(2.21)式代入(2.25)式，并注意到

$$\int \frac{dP_0}{2P_0(P_0 - \sqrt{\mathbf{P}^2 + m^2})} \to \int \frac{dP_0}{P^2 + m^2}, \tag{2.27}$$

就可以看出，作为基础粒子对的束缚态的矢量介子，当它处于中间态时，对矩阵元的贡献，和点模型中的介子传播函数一样，是

$$\Delta_{f\mu\nu}(P) = \frac{-i}{(2\pi)^4}\frac{\delta_{\mu\nu} + \frac{P_\mu P_\nu}{m^2}}{P^2 + m^2}. \tag{2.28}$$

利用上述结果还可以形象化地讨论波函数 χ 与顶点 Γ 的关系．从(2.25)式可以看到，除了极点分母以外，传播函数(图 2)是两个结构波函数 χ 与 $\bar{\chi}$ 之积．因此单个波函数 χ 可以形象地以图 2 的一半表示，其中有两条基础粒子传播线(对应两个 S_F)及一个顶角(Γ)．于是

$$\chi \backsim \frac{1}{\sqrt{2P_0}} S_F \Gamma S_F \tag{2.20'}$$

这就是式(2.20)的意义．

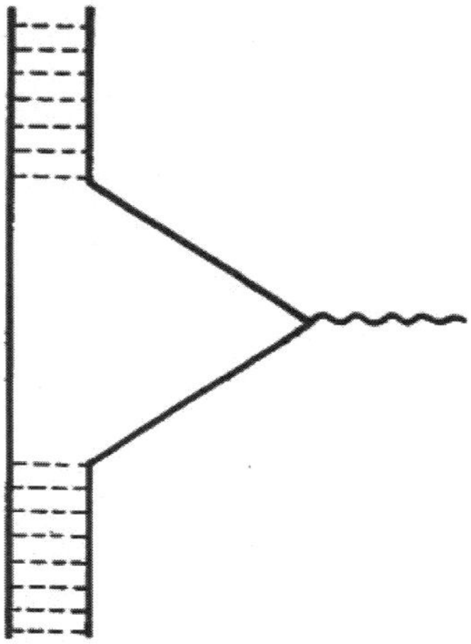

图　3

以介子的电磁顶点为例，如图 3，介子中的一个(反)基础粒子放出光子后又和另一个(反)基础粒子形成介子．此时始态介子波函数是 $S_F\Gamma S_F$，末态介子波函数是 $S_F\bar{\Gamma}S_F$．

三、介子与光子(轻子)间的 S 矩阵元

我们的结构模型假定，基础粒子场同电磁场之间存在着电磁相互作用，同轻子场存在着弱相互作用．介子、重子同光子(轻子)的相互作用都归结为其中的基础粒子同光子(轻子)的相互作用．

以电磁相互作用为例，基础粒子同光子相互作用的电流写成

$$\langle p_1'|j_\mu(0)|p_1\rangle = iQ\bar{u}(p_1')(\gamma_\mu + \mu_q\sigma_{\mu\nu}q_\nu)u(p_1) \equiv iQ\bar{u}(p_1')\mathscr{F}_\mu(q)u(p_1), \tag{3.1}$$

其中

$$q = p_1 - p_1' \tag{3.2}$$

是光子的四度动量．j_μ 满足

$$q_\mu\langle p_1'|j_\mu(0)|p_1\rangle = 0. \tag{3.3}$$

Q 是基础粒子的电荷．$Q\mu_q$ 是基础粒子的反常磁矩．

为了方便地写出束缚态所参与的过程的 S 矩阵元，我们利用介子—基础粒子顶角 Γ 与波函数 χ 的关系(2.20)、(2.21)式，基础粒子电磁顶点(3.1)式及相应的基础粒子弱顶点表示式．我们假设基本粒子与电磁场的作用主要由它内部的基础粒子分别与电磁场的作用所产生，后者由(3.1)式描述，对弱相互作用也作同样的假设．在计算具体过程的振

幅时我们首先画出相应的费曼图形，在这些图形中电磁顶点和弱顶点都联接在基础粒子线上，然后利用如下的费曼规则进行计算：

1. 介子分解成基础粒子对的顶点贡献

$$(2\pi)^4\delta^4(P-p_1+p_2)\Gamma(p_1,p_2) \qquad (0^-)$$

$$(2\pi)^4\delta^4(P-p_1+p_2)\Gamma_\mu(p_1,p_2) \qquad (1^-)$$

2. 基础粒子对合併成介子的顶点贡献

$$(2\pi)^4\delta^4(P-p_1+p_2)\bar{\Gamma}(p_2,p_1) \qquad (0^-)$$

$$(2\pi)^4\delta^4(P-p_1+p_2)\bar{\Gamma}_\mu(p_2,p_1) \qquad (1^-)$$

3. 每条介子外线贡献

$$\frac{1}{\sqrt{2E}} \qquad (0^-)$$

$$\frac{e_\mu^\sigma}{\sqrt{2E}} \qquad (1^-)$$

4. 每条介子内线贡献

$$\int d^4P\,\Delta_f(P) = \frac{-i}{(2\pi)^4}\int\frac{d^4P}{P^2+m^2} \qquad (0^-)$$

$$\int d^4P\,\Delta_{f\mu\nu}(P) = \frac{-i}{(2\pi)^4}\int\frac{\delta_{\mu\nu}+\dfrac{P_\mu P_\nu}{m^2}}{P^2+m^2}\,d^4P \qquad (1^-)$$

5. 每条基础粒子内线贡献

$$\int d^4p\,S_F(p) = \int d^4p\,\frac{i}{(2\pi)^4}\,\frac{i\hat{p}-M}{p^2+M^2}$$

6. 每一个基础粒子线封闭圈贡献

$$-Sp$$

7. 每一个电磁顶点贡献一个因子

$$-(2\pi)^4\delta^4(p-p'-q)Q\mathscr{F}_\mu(q)$$

q 为光子动量.

按照上述规则写出矩阵元以后，再利用 (2.20) 和(2.21)式将 Γ 用介子波函数 χ 表出，就得到了最后结果.

为了说明书写矩阵元的规则，我们考虑两个具体例子，首先考虑 $\omega\to\pi+\gamma$，设 P、P' 和 q 分别表示 ω、π 和 γ 的四度动量，σ 和 λ 分别标志 ω 和 γ 的极化，则相应于图 4 有

$${}^{em}\langle P',q\lambda|P,\sigma\rangle^\lambda = -Q(2\pi)^{12}\delta^4(P-P'-q)\frac{e_\mu^\lambda}{\sqrt{2q_0}}\frac{1}{\sqrt{2E_\pi}}\frac{e_\rho^\sigma}{\sqrt{2E_\omega}}\times$$
$$\times\int d^4p_2(-1)S_p\{\bar{\Gamma}(p_2,P'+p_2)S_F(P'+p_2)\mathscr{F}_\mu(q)S_F(P+p_2)\times$$
$$\times\Gamma_\rho(P+p_2,p_2)S_F(p_2)\} + \text{反基础粒子放光子项}. \qquad (3.4)$$

将 (2.20)、(2.21) 式代入 (3.4) 式，得到

$${}^{em}\langle P', \text{[illegible]} \frac{Q}{(2\pi)^4}\frac{e_\mu^\lambda}{\sqrt{2q_0}} \text{[illegible]} P'-q)\int d^4p_2\times$$
$$\times Sp\{\bar{\chi}(p_2,P'+p_2)\mathscr{F}_\mu(q)\chi^\sigma(P+p_2,p_2)S_F^{-1}(p_2)\} + \text{反基础粒子放光子项}. \qquad (3.5)$$

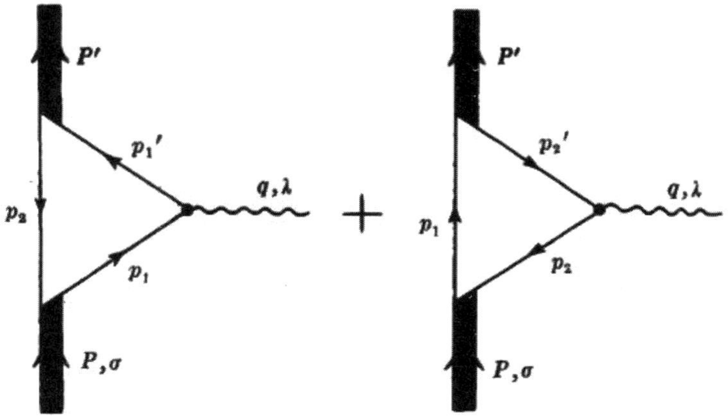

图 4

再来考查有介子中间态的情况，例如 $\pi \to \gamma + \gamma$，相应于图 5a 的矩阵元包含有一对基础粒子的中间态. 如果基础粒子的质量很大，这种图形的贡献会很小，而主要贡献应该来自介子(即束缚态基础粒子对)中间态*. 相应于图 5b 的矩阵元为

$$
{}^{出}\langle q_1\lambda_1,\ q_2\lambda_2|P\rangle^{\lambda} = (2\pi)^{20}Q^2\frac{e_{\mu\lambda_2}e_{\nu\lambda_1}}{\sqrt{2q_{10}2q_{20}2P_0}}\delta^4(P-q_1-q_2)\Delta_{f\alpha\beta}(q_2)\times
$$
$$
\times\int d^4p_4 Sp\{S_F(p_4)\mathscr{F}_{\mu}(q_2)S_F(p_4+q_2)\Gamma_{\alpha}(p_4+q_2,p_4)\times
$$
$$
\times\int d^4p_2 Sp\{S_F(p_2)\Gamma_{\beta}(p_2,\ p_2+q_2)S_F(p_2+q_2)\mathscr{F}_{\nu}(q_1)S_F(p_2+P)\Gamma(p_2+P,\ p_2)\}. \quad (3.6)
$$

将(2.20)、(2.21)式代入(3.6)式就得到

$$
{}^{出}\langle q_1\lambda_1,\ q_2\lambda_2|P\rangle^{\lambda} = -\frac{Q^2}{(2\pi)^4}\frac{e_{\mu\lambda_2}e_{\nu\lambda_1}}{\sqrt{2q_{10}}}\sqrt{2q_{20}}\ \delta^4(P-q_1-q_2)\times
$$
$$
\times\Delta_{f\alpha\beta}(q_2)\int d^4p_4 Sp\{\mathscr{F}_{\mu}(q_2)\chi_{\alpha}(p_4+q_2,p_4)\}\times
$$
$$
\times\int d^4p_2 Sp\{\bar{\chi}_{\beta}(p_2,\ p_2+q_2)\mathscr{F}_{\nu}(q_1)\chi(p_2+P,\ p_2)S_F^{-1}(p_2)\}. \quad (3.7)
$$

其它过程的计算不难类推.

---

* 实际上，图 5a 的矩阵元为

$$
\frac{Q^2}{(2\pi)^4}\frac{e_{\mu\lambda_2}e_{\nu\lambda_1}}{\sqrt{4q_{10}q_{20}}}\delta^4(P-q_1-q_2)\int d^4p_2 Sp\{\chi(p_2+P,\ p_2)\mathscr{F}_{\mu}(q_2)S_F(p_2+q_2)\mathscr{F}_{\nu}(q_1)\}.
$$

(3.7) 式中右边第二个积分由于规一化条件[7]基本上为 1 的数量级，故如果 $M \gg m$，图 5b 的贡献比图 5a 大 $\frac{M}{m}$ 的数量级. 但是应该指出，S_F 中的质量 M 不一定就是自由基础粒子的质量，而可能是某种等效质量，如果它远小于自由基础粒子的质量而接近于介子质量的数量级，则图 5a 可能有重要的贡献.

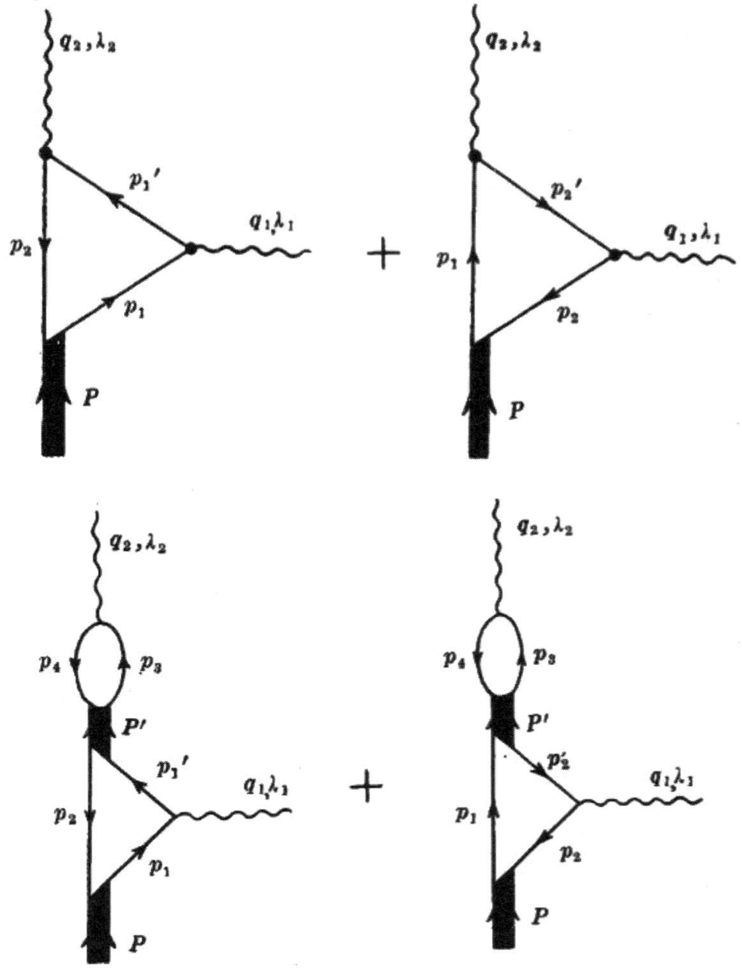

b

图 5

附　　录

定义介子的束缚态结构波函数

$$\chi_{\alpha\beta}(x_1, x_2) = \langle 0 | T(\psi_\alpha(x_1)\bar{\psi}_\beta(x_2)) | M \rangle, \tag{A.1}$$

$$\bar{\chi}_{\alpha\beta}(x_2, x_1) = \langle M | T(\psi_\alpha(x_2)\bar{\psi}_\beta(x_1)) | 0 \rangle. \tag{A.2}$$

考虑在时空弱反演变换下

$$x_\mu \to x'_\mu = - x_\mu;$$

$$\psi(x) \to \psi^W(x) = i\xi_W B\bar{\psi}(-x), \quad \bar{\psi}(x) \to \bar{\psi}^W(x) = - i\xi_W^* \psi(-x) B^{-1}; \tag{A.3}$$

$$|P\rangle \to \langle P^W| = \eta_W \langle P|, \qquad |P,\sigma\rangle \to \langle P,\sigma^W| = \eta'_W \langle P,\sigma|. \tag{A.4}$$

其中

$$B = \gamma_5 C, \tilde{B} = -B, \quad B^{-1}\gamma_\mu B = \tilde{\gamma}_\mu;$$

且

$$|\xi_W|^2 = |\eta_W|^2 = |\eta'_W|^2 = 1.$$

(A.3) 式表示基础粒子场算符所作的变换. (A.4) 式则表示介子态矢的变换: 时空弱反演把初态变成终态，但并不改变四度动量和极化，这里极化矢量取作线极化矢量 σ_μ^σ, $\sigma = 1, 2, 3$.

由此，对赝标介子有

$$\begin{aligned}
\chi_{P\alpha\beta}(x_1, x_2) &= \langle 0|T(\phi_\alpha(x_1)\bar{\phi}_\beta(x_2))|P\rangle = \\
&= \langle P^W|\theta(x_1 - x_2)\bar{\phi}_\beta^W(x_2)\phi_\alpha^W(x_1) - \theta(x_2 - x_1)\phi_\alpha^W(x_1)\bar{\phi}_\beta^W(x_2)|0\rangle = \\
&= \langle P^W|T_{-x}(\bar{\phi}_\beta^W(x_2)\phi_\alpha^W(x_1))|0\rangle = \\
&= \eta_W|\xi_W|^2\langle P|T_{-x}(\phi_{\beta'}(-x_2)\bar{\phi}_{\alpha'}(-x_1))|0\rangle B_{\alpha\alpha'}B^{-1}_{\beta'\beta} = \\
&= \eta_W B_{\alpha\alpha'}\bar{\chi}_{P\beta'\alpha'}(-x_2, -x_1)B^{-1}_{\beta'\beta} = \eta_W(B\tilde{\bar{\chi}}_P(-x_2, -x_1)B^{-1})_{\alpha\beta}. \qquad (A.5)
\end{aligned}$$

式中 T 表示按 x_{10}, x_{20} 的大小编排算符的次序，T_{-x} 表示按 $-x_{10}$, $-x_{20}$ 的大小编排算符的次序. (A.5) 式也可写成

$$\bar{\chi}_P(x_2, x_1) = \eta_W^{-1}B\tilde{\chi}_P(-x_1, -x_2)B^{-1} \qquad (A.6)$$

或

$$\bar{\chi}_P(p) = \eta_W^{-1}B\tilde{\chi}_P(p)B^{-1}, \qquad (A.7)$$

对于矢量介子用同样的作法得到

$$\bar{\chi}_P^\sigma(x_2, x_1) = \eta_W'^{-1}B\tilde{\chi}_P^\sigma(-x_1, -x_2)B^{-1} \qquad (A.8)$$

或

$$\bar{\chi}_P^\sigma(p) = \eta_W'^{-1}B\tilde{\chi}_P^\sigma(p)B^{-1}, \qquad (A.9)$$

进而由 η_W 与时空强反演相因子 η_s，电荷宇称 η_c 的关系:

$$\eta_W = \eta_s\eta_c,$$

及对赝标介子 $\eta_s = 1$, $\eta_c = 1$, 对矢量介子 $\eta_s = -1$, $\eta_c = -1$, 定出

$$\eta_W = 1, \quad \eta'_W = 1.$$

将此值代入 (A.7) 和 (A.9) 式即得 $\bar{\chi}_P(p)$ 和 $\bar{\chi}_P^\sigma(p)$ 的表式.

下面考虑重子的束缚态结构波函数，定义

$$\chi_{\alpha\beta\gamma}(x_1, x_2, x_3) = \langle 0|T(\phi_\alpha(x_1)\phi_\beta(x_2)\phi_\gamma(x_3))|B\rangle, \qquad (A.10)$$

$$\bar{\chi}_{\alpha\beta\gamma}(x_3, x_2, x_1) = \langle B|T(\bar{\phi}_\alpha(x_3)\bar{\phi}_\beta(x_2)\bar{\phi}_\gamma(x_1))|0\rangle \qquad (A.11)$$

在时空弱反演变换下，$\phi(x)$ 作 (A.3) 式所示的变换，$\frac{1}{2}^+$ 重子态矢作如下变换

$$|P, r\rangle \to \langle P, r^W| = \eta_W(-r)\langle P, -r|, \qquad (A.12)$$

其中，当自旋朝上时 $r = 1$，自旋朝下时 $r = -1$. (A.12) 式表示重子在变换下不改变四度动量，但改变自旋的取向. 于是

$$\begin{aligned}
\chi^r_{P\alpha\beta\gamma}&(x_1, x_2, x_3) = \langle 0|T(\phi_\alpha(x_1)\phi_\beta(x_2)\phi_\gamma(x_3))|P, r\rangle = \\
&= \langle P, r^W|T_{-x}(\phi_\gamma^W(x_3)\phi_\beta^W(x_2)\phi_\alpha^W(x_1))|0\rangle = \\
&= (i\xi_W)^3\eta_W(-r)B_{\gamma\gamma'}B_{\beta\beta'}B_{\alpha\alpha'}\langle P, -r|T_{-x}(\phi_{\gamma'}(-x_3)\phi_{\beta'}(-x_2)\phi_{\alpha'}(-x_1))|0\rangle = \\
&= (i\xi_W)^3\eta_W(-r)B_{\gamma\gamma'}B_{\beta\beta'}B_{\alpha\alpha'}\bar{\chi}^{-r}_{P\gamma'\beta'\alpha'}(-x_3, -x_2, -x_1), \qquad (A.13)
\end{aligned}$$

或

$$\bar{\chi}^{r}_{P\alpha\beta\gamma}(p_3, p_2, p_1) = \frac{1}{(i\xi_W)^3\eta_W} B^{-1}_{\alpha\alpha'} B^{-1}_{\beta\beta'} B^{-1}_{\gamma\gamma'} r \chi^{-r}_{P\gamma'\beta'\alpha'}(p_1, p_2, p_3). \quad (A.14)$$

相因子 η_W 可以取作

$$\eta_W = (-1)(\xi^*_W)^3.$$

故

$$\bar{\chi}^{r}_{P\alpha\beta\gamma}(p_3, p_2, p_1) = B^{-1}_{\alpha\alpha'} B^{-1}_{\beta\beta'} B^{-1}_{\gamma\gamma'}(-ir)\chi^{-r}_{P\gamma'\beta'\alpha'}(p_1, p_2, p_3). \quad (A.15)$$

重子波函数的一般形式是

$$\chi^{r}_{P\alpha\beta\gamma} = \chi_{\alpha\beta\gamma\rho} u^{r}_{\rho}(P). \quad (A.16)$$

按照下面的关系式

$$i\gamma_5 v^r = r u^{-r}, \quad v^r = C\bar{u}^r,$$

得

$$iB\bar{u}^r = r u^{-r}. \quad (A.17)$$

于是

$$\begin{aligned} \chi^{r}_{P\alpha\beta\gamma} &= B^{-1}_{\alpha\alpha'} B^{-1}_{\beta\beta'} B^{-1}_{\gamma\gamma'}(-ir)\chi_{\gamma'\beta'\alpha'\rho} u^{-r}_{\rho}(P) = \\ &= B^{-1}_{\alpha\alpha'} B^{-1}_{\beta\beta'} B^{-1}_{\gamma\gamma'} B_{\rho\rho'}\chi_{\gamma'\beta'\alpha'\rho}\bar{u}^{r}_{\rho'}(P). \end{aligned} \quad (A.18)$$

参　考　文　献

[1] 北京大学理论物理研究室基本粒子理论组，高等学校自然科学学报，物理学版，1，57，1966.
[2] 中国科学院原子能研究所基本粒子理论组，原子能，第 3 期，137，1966.
[3] 北京大学理论物理研究室基本粒子理论组，中国科学院数学研究所理论物理研究室，北京大学学报（自然科学），12，103，1966.
[4] 北京大学理论物理研究室基本粒子理论组，中国科学院数学研究所理论物理研究室，北京大学学报（自然科学），12，124，1966.
[5] 中国科学院数学研究所理论物理研究室，北京大学理论物理研究室基本粒子理论组，北京大学学报（自然科学），12，162，1966.
[6] 北京大学理论物理研究室基本粒子理论组，中国科学院数学研究所理论物理研究室，北京大学学报（自然科学），12，209，1966.
[7] 北京大学理论物理研究室基本粒子理论组，中国科学院数学研究所理论物理研究室，北京大学学报（自然科学），12，194，1966.

附录五 Research on the theory of elementary particles carried out under the brilliant illumination of Mao Tse-Tung's thought

P A P E R S

OF

THE 1966 SUMMER PHYSICS COLLOQUIUM OF

THE PEKING SYMPOSIUM

RESEARCH ON THE THEORY OF ELEMENTARY PARTICLES

CARRIED OUT UNDER THE BRILLIANT ILLUMINATION

OF MAO TSE-TUNG'S THOUGHT

BY

RESEARCH GROUP OF THE THEORY OF

ELEMENTARY PARTICLES, PEKING

THE PEOPLE'S REPUBLIC OF CHINA

Peking

July, 1966

RESEARCH ON THE THEORY OF ELEMENTARY PARTICLES
CARRIED OUT UNDER THE BRILLIANT ILLUMINATION
OF MAO TSE-TUNG'S THOUGHT

**Research Group of the Theory of
Elementary Particles, Peking**

Holding high the great red banner of Mao Tse-tung's thought, the seven hundred million Chinese people are at present vigorously repudiating the old world, old traits and old ideas, vigorously repudiating the decadent feudal, bourgeois and revisionist ideologies. In the course of this unprecedented, great socialist cultural revolution, we, the group on the theory of elementary particles, are going through a process of destroying the old and constructing the new and have embarked on the road of scientific research under the guidance of Mao Tse-tung's thought. We present to you in this article an account of the experience and understanding that we have acquired in studying and applying Mao Tse-tung's thought to scientific research work.

Take Our Own Road

In the more than ten years after liberation, research work on the theory of elementary particles had been started from scratch in our country. In the field of the theory of knowledge and methodology, not a few of us were, for a period of time, restricted by the metaphysical and idealist ideologies of the West and were affected by the blind faith in the Soviet Union. We have suffered some setbacks and have traversed some tortuous paths. To have suffered is naturally a bad thing, but it gave us a lesson and awakened us.

Under the leadership of the Chinese Communist Party and in adherence to Chairman Mao Tse-tung's teachings on emancipating the mind and breaking down blind faith, we armed ourselves with Mao Tse-tung's thought and conducted a systematic investigation, analysis and criticism of the history of modern physics in the first half of 1965.

Numerous facts in history showed us that a correct world outlook is of primary importance to a worker of natural science. The useful contributions that some scientists in history were able to make were the result of a conscious or unconscious reflection of naive-dialectico-materialist ideologies. But they were often unable to resist the corruption of bourgeois philosophical viewpoints. Once they fell into the mire of idealism and metaphysics, they would go straight into a blind alley, incapable of making any valuable contributions in ten or twenty years, or, even, in their remaining years.

We have noticed that not a few scientists who, although conscientiously undertook scientific research, had traversed many tortuous paths and their redoubled efforts were often rewarded by only half the result, because they did not have the correct world outlook and methodology. Take the German physicist Planck for instance. He advanced the quantum theory as early as 1900, but later his metaphysical world outlook led him to doubting his own theory. In the fifteen years, after Planck advanced the quantum theory, the correctness of the view of this theory had been borne out by the studies on photoelectric effect and on the specific heat of the solids as well as the advancement of atomic structure, etc. But Planck had shut his eyes and turned a deaf ear to all this. Only till 1915 was he compelled to admit that the road he had been following for fifteen years was a dead end.

Through this investigation, analysis and criticism of the history of modern physics, we have broken away from the superstitious beliefs in Western "authorities", and at the

- 3 -

same time, criticised the erroneous idea which negates the guiding role of philosophy in natural science. We are firmly determined to arm our minds with Mao Tse-tung's thought, explore the path of research on elementary particles and take our own road.

The Old Must Be Destroyed Before the New Can Be Constructed

In order to "take our own road", it is necessary first of all to establish a correct world outlook. Here, a correct approach towards the relationship between politics and professional skill is of paramount importance. Natural science as a kind of social practice always serves politics. It serves the interests either of the masses of the people or of the exploiting classes. The scientific workers of our four continents should regard scientific work as a component part of the revolutionary cause of opposing imperialism and colonialism. They should serve the cause of developing the science and culture of their own nation and people and the cause of winning and safeguarding national independence, defending world peace and promoting human progress.

By "taking our own road", it means learning to apply the correct theory of knowledge and methodology. All sorts of idealist and metaphysical viewpoints of the bourgeoisie have now become serious obstacles to the development of natural science. Particularly with the continuous deepening of the general crisis of the capitalist world and the daily decline of the Western bourgeois culture, positivist ideology and mathematico-idealist ideology have gradually but widely spread in the research on the theory of elementary particles.

The positivists advocate that the only reliable knowledge is that of the sensations and experiences, and that all the essence behind the empirical facts is unbelievable fabrication. The mathematico-idealists regard mathematical formalism

- 4 -

describing the law of motion of matter as the primary thing, while matter itself is of a secondary nature, and they hold that all things are controlled by mathematical equations. As the relations between the empirical facts are expressed in terms of mathematical equations in very many cases, the positivists also enter into alliance with the mathematico-idealists.

Under the influence of these idealist trends, the following two erroneous views on the elementary particles spread among the majority of Western scientists.

According to the first view, all the more than one hundred kinds of elementary particles are regarded as elementary, and there does not exist any deeper stratum in the structure of matter. G. F. Chew of the United States is the representative of the physicists holding this view. He inherits from the old positivist Heisenberg the dogma that the objectives of investigation in physics are only various kinds of "observables" (concretely speaking, they are energy levels, decay lifetimes and cross-sections). The function of the so-called "theory" is simply to find a recipe for calculation which gives the correlation among these "observables". He also preaches from time to time that in order to build up the theory of S-matrix and explain all strong interaction phenomena, it is sufficient to use only the postulates of the Lorentz invariance, the unitary condition, the causality condition and the so-called "maximal analyticity".

The absurdity of the view of Chew and others originates from their attempt to discard the objective essence of the thing and to solve the problems of the elementary particles by using only the relations among superficial phenomena or by imposing some condition of pure subjective conjecture. Precisely because of his erroneous viewpoint, Chew has suffered one failure after another in his practice of scientific investigation. This is the unavoidable lot of those who stick to the positivist and mathematico-idealist view.

\- 5 -

Now let us come to the second view. People holding this view avoid the question of whether there exists any structure or deeper stratum, and admit only the relations of symmetry among superficial phenomena of the elementary particles, while denying these relations as the reflection of anything essential. We call this theory the phenomenological theory of symmetry.

In fact, the theory of symmetry was first advanced in 1959 by Shuzo Ogawa of Japan in accordance with the view that the elementary particles have structures, that is, the view embodied in the Sakata model, some of whose predictions were experimentally proved to be true. This fact should be regarded as an important clue to the internal structures of the meson and the baryon. However, many Western scholars, guided by positivist thinking, have gone in the opposite direction For example, Gell-Mann of the United States proposed the "quark" scheme in 1964, tentatively saying that the "quark" is something more fundamental, but he added immediately that the "quark" is only a kind of mathematical entity. In the last two years, similar views are often to be found in the Western literature on the elementary particles. They hold that the "quark" is no more than a mathematical symbol, and they do not admit the existence of entities inside the elementary particles, which are more fundamental than the elementary particles.

This reminds us of the situation at the beginning of the 20th century. At that time, a large group of physicists denied the existence of the atom and declared that the concept of the atom is only a kind of "working hypothesis". This situation is surprisingly similar to that obtaining now. Led by the trend of positivist and mathematico-idealistic thinking, many Western scholars exaggerate the worth of the theory of symmetry while working on such theory. They regard all phenomena as the consequences of certain symmetries. In such theoretical studies, they investigate only formally all kinds

- 6 -

of groups, group representations and symmetry breakings; they even blindly embark on the continuous extension of the symmetry group. But they never consider seriously what essential things these symmetries and symmetry breakings reflect. As a result, mathematics has become more and more complicated in form, and physics more and more ambiguous in content.

Therefore, with the guidance of Mao Tse-tung's thought, after having analysed and criticized the positivist and mathematico-idealist thinking, we see clearly at last that we must firmly oppose the positivist and mathematico-idealist views of the West, and that we must penetrate through the various kinds of complicated phenomena and reveal the inner essence of the elementary particles.

"How Can You Catch Tiger Cubs Without Entering the Tiger's Lair?"

Then, how are we to penetrate through the various kinds of complicated phenomena and reveal the inner essence of the elementary particles? We have studied Chairman Mao Tse-tung's celebrated philosophical works "On Practice" and "On Contradiction", and learned very much about the theory of knowledge and about methodology. We hold: First, the theory of the elementary particles can start only from scientific experiments and must be tested by scientific experiments; and secondly, we must understand the motion, transformation and development of the elementary particles from the viewpoint of "one divides in two". Constinuously reveal contradictions in the course of practice and guide the practice with the view of continuously revealing and resolving contradictions, this is the basic spirit of our methodology.

With this guiding thought, we analysed and discussed large amounts of materials concerning the theories and experiments on the elementary particles in August last year. We discovered that the same experimental materials are often

- 7 -

understood in different ways from different view points. As has been said above, it is inevitable for the positivists and mathematico-idealists to come to distorted understanding of the complicated phenomina in the field of the elementary particles. On the contrary, we admitted the existence of inner contradictions of the elementary particles, and discovered that many evidences can be found now of the existence of the inner structures of the elementary particles. The main evidences are the follwing:

1) More than one hundred kinds of elementary particles have been discovered experimentally up to now. These elementary particles have different masses, which form a mass spectrum and which is very similar to the optical atomic spectra, which played an important part in the history of the investigation of the atomic structures.

2) The elementary particles discovered experimentally have a series of symmetry properties, which are similar to the periodical properties of the chemical elements in certain respects. The periodical properties of the chemical elements are determined by the structure of the outermost electron shell of the atoms. Similarly, the symmetry properties of the elementary particles are possibly determined by still more fundamental constituents — the straton and the anti-straton — inside the elementary particles. "Straton" means one of the infinite number of strata in the structure of matter, not the "ultimate constituent of matter".

3) It has been measured experimentally that the hadron has a definite radius and a definite charge distribution. It is now evident that there are great difficulties in explaining this kind of charge distribution by using the dispersion relation, which is based on the point model.

- 8 -

4) Besides a large number of particles with low spin values, a number of particles of higher spins are also discovered experimentally. These experimental facts can be given a reasonable explanation in a unified way by assuming that the straton inside the elementary particle may have orbital angular momentum, and this implies that the elementary particles have a certain kind of structure.

That the elementary particles have a structure is the point of departure of our research work over the past year and more.

When we consider the problems facing us now from this point of departure, what is most noteworthy is the fact that the elementary particles show the SU(3), SU(6) or $\tilde{U}(12)$ symmetry properties in certain respects, such as: the ratio of the magnetic moments of the neutron and proton, the electro-magnetic form factors of the neutron and proton, the mass formulae for the mesons and baryons, the classification of the mesons and barysons, etc. However, the elementary particles do not show these symmetry properties in other respects, such as: the scattering phenomena, decays due to strong interaction, etc. From the viewpoint of the purely phenomenological theory of symmetry, it is very difficult to understand this complicated situation, in which asymmetry appears together with symmetry. Seen from our viewpoint this shows that the physical phenomena possessing symmetry properties are precisely related to the internal structure of the hadrons, and that the strong interaction among the hadrons does not possess such symmetries. Thus, by analysing the successes and the failures of the theory of symmetry, we are gradually convinced that the SU(6) symmetry exhibited by the elementary particles is the characteristic of the structures of the hadrons composed of stratons. The straton model

- 9 -

of the structure of meson and baryon we are discussing now is the result of the investigation along this line. In this structure model, the hadrons are regarded as composed of stratons bound together by super-strong interaction; symmetry is the characteristic of its structure, and the transition and decay processes of the hadrons are actually the consequences of the transition and annihilation processes of the stratons inside the hadron. This model enables us to achieve a unified understanding of the electro-magnetic interaction, weak interaction and other experimental phenomena of the elementary particles. Conversely, it enables us to investigate the structures of the hadrons and the physical properties of the stratons etc. by analysing the experimental phenomena.

The discovery of the clues is only the beginning of the solution of the problem. How shall we give a concrete description of the structures of the hadrons in the next step?

Chairman Mao Tse-tung said: "Of course, unless we understand the universality of contradiction, we have no way of discovering the universal cause or universal basis for the movement or development of things; however, unless we study the particularity of contradiction, we have no way of determining the particular essence of a thing which differentiates it from other things, no way of discovering the particular cause or particular basis for the movement of development of a thing, and no way of distinguishing one thing from another or of demarcating the fields of science" ("On Contradiction"). The same is also true in the case of the hadrons, Having asserted that the hadrons also obey the law of "one divides in two", we have to investigate how the law of "one divides in two" operates in the particular case of the hadrons. We have to discover the inner contradictions and the particular laws, according to which the opposite aspects of an inner contradiction struggle with each other and transform into each other.

- 10 -

Here we encounter a series of difficulties. First of all, the stratons have not yet been discovered experimentally. Secondly, the sub-microscopic processes inside the elementary particles might be governed by entirely new dynamics about which we have no knowledge.

The discovery of a new law of nature in a new field is achieved by men through the process of practice, knowledge, again practice, and again knowledge which repeats itself. In the process of knowing, people must discard those parts of the old scientific knowledge which are no longer valid, reconstruct those parts which remain valid and advance new views. Therefore, if new dynamics possibly operating inside the elementary particles is to be discovered, we must also apply the method of "one divides in two" to the quantum field theory. How to apply the method of "one divides in two"? Still, we have to rely on practice. "How can you catch tiger cubs without entering the tiger's lair?" Of course, we must not only dare to engage in practice, we must be also good at practice. As mentioned above, at present neither the existence of the straton nor the dynamical law which may possibly operate inside the elementary particles is known experimentally. In these circumstances, if we insist on basing our investigation on a systematic theory, then we have to start from certain a priori mathematical equation, which has hardly any reliable basis in the present case. As we know, the solution of the simplest among these kinds of equations, the Bethe-Salpater equation, encounters great difficulties and most of the solutions already found have hardly any physical meaning. On the other hand, if we dare not introduce new concepts and new hypothesis, we would always stay in the perceptual stage of knowledge, we would be unable to rise to the height of theoretical analysis.

- 11 -

In accordance with Chairman Mao Tse-tung's teachings on the transformation of matter into consciousness and consciousness into matter, we hold that under the present conditions,by giving full play to man's activity, it is possible to carry theoretical investigation into the internal structure of the elementary particles, instead of doing nothing in this respect. At the same time, we decided not to spend too much of our effort in guessing the form and finding the solutions of the equation of motion which has hardly any firm basis. We decided first of all to introduce into the theory the internal wave function which can describe the internal structure of the hadron. The wave function which we proposed can be separated into three factors: The first factor reflects the angular momentum structure of the hadron and is a superposition of products of 4 components spinor wave functions of the individual stratons and anti-stratons. In the case of excited states of higher orbital angular momentum, the wave function describing the orbital angular motion should be coupled to this part in the approximation of L-S coupling. The second factor is the unitary spin wave function describing the unitary spin property of the hadron. The third factor is a function of the relative space-time co-ordinates, which describes the relative motion of the stratons and anti-stratons in bound state. The entire wave function has a Lorentz covariant form. At the same time, we tentatively proposed a method for the calculation of the S-matrix elements describing various electromagnetic and weak interaction processes. We call these theses the "theory of straton model".

The advantages of this approach are obvious: Firstly, it can yield definite interrelations between the phenomena and the structure. It would enable us to discover still more relations

- 12 -

among various phenomena through the medium of the structure. This is the first step in our cognitional penetration into the essence of the elementary particles. Secondly, its connection with experiments is more straight-forward. It is possible to determine the few parameters appearing in the wave function with the help of the experiments and thus to reduce considerably the uncertainties in the theoretical analyses. Thirdly, it enables us to avoid making groundless conjectures concerning the new unknown dynamics operating inside the elementary particles. Fourthly, once the internal wave functions have been found, which describe fairly accurately the internal structures of a number of hadrons, these can be used as guide for the searching of the equation of motion obeyed by the wave functions.

The First Battle

Within a few months, we tentatively proposed a relativistic structure model of mesons and baryons composed of stratons and anti-stratons, and a new method of calculation for the theoretical treatment of this structure model. We took by storm not a few fortresses in a series of combats, big and small. In detail, the results obtained in the first battle consist of the following six items:

I) This structure model gives a unified picture of the internal structures of the hadrons. It gives a unified description of various physical processes within its own framework, such unified description has not been given by the phenomenological symmetry theories and other kinds of theories before. For example, this structure model gives, on a unified basis, the form factors, the magnetic moments, the electric quadruple moments and the corresponding weak magnetic moment, weak quadruple moments of the mesons and baryons. It also gives, on a unified basis, a derivation of currents of weak interaction and electromagnetic interaction: etc. All these theoretical results agree fairly well with the experiments.

II) With the help of the internal wave functions, this structure model gives a simple and clear physical interpretation to the phenomenological symmetry properties exhibited

- 13 -

by the elementary particles. It offers an explanation from the viewpoint of structure, why certain phenomena can also be explained by the phenomenological symmetry theory, while others are completely impossible to be explained by the phenomenological symmetry theories.

III) This structure model can also include certain effect of symmetry breaking with definite physical meaning. For example, it gives corrections to the values of the magnetic moments and the transition magnetic moments due to the effect of the mass spectrum splitting caused by the symmetry breaking. It gives a definite value to the parameter ξ in the K_{l_3} decay. This structure model also includes the symmetry breaking effect due to the transverse momenta of the stratons inside the mesons and baryons. It gives thereby a qualitative explanation to the fact that the neutron has a charge distribution of finite radius. It also gives a qualitative explanation to the existence of electric quadruple transition in the process $N^* \rightarrow N + \gamma$. These results cannot be obtained by the phenomenological symmetry theory. There are also discoussions on the symmetry breaking in the framework of the phenomenological symmetry theory. However, the physical meaning of the symmetry breaking terms introduced into the phenomenological symmetry theory is unclear and arbitrary to a great extent.

IV) The structure model can also yield a series of new correlations. The first kind of correlations is obtained through the medium of the value of the wave function of the meson at the origin of the internal relative space-time co-ordinates. For example, the lifetime of the weak interaction process $\pi^+ \rightarrow \mu^+ + \gamma$ is correlated with the lifetime of the electromagnetic process $\pi^0 \rightarrow \gamma + \gamma$. The second kind of correlations is obtained through the medium of the overlapping integral of the wave functions appearing in the transition matrix element. For example, the electromagnetic form factor of the π-meson is correlated with the form factor of the K_{l_3} decay. The third kind of correlations is originated from the assumption that all the interactions of the mesons and baryons are either due to the interactions of the stratons with the photon and leptons, or due to the interaction among the stratons. For example, the magnetic moments of the baryons are correlated with those of the mesons.

- 14 -

This structure model yields also new results in the field of the strong interaction. These new relations have not yet been derived from the phenomenological symmetry theory.

V) By analysing the theoretical results of the structure model in detail, it is possible to determine the properties of the stratons to a certain extent. For example, it is possible to determine the electric charge of the stratons by detailed analyses of a series of electromagnetic transitions of the mesons. At the same time, it makes a preliminary estimate of the possible mass of the straton.

VI) By taking into account the effect of the internal structure, the divergency difficulty of the quantum field theory is overcome in the problems of electromagnetic interaction and semilaptonic interaction which we investigated. For example, the perturbation calculation of the $\pi \to \mu + \gamma$ decay yields logarithemical divergent result in the past. However, in the structure model, this divergent integral is replaced by the value of the internal space-time wave function at the origin of the relative space-time co-ordinates. Furthermore, in the S-matrix elements for various kinds of transition processes, there appear always strongly convergent form factors, which make the divergent integrals in the quantum field theoretical calculations become convergent integral or terms of finite values.

Viewing it as a whole, because we grasped right from the beginning by means of analysing the experiments the essence of the elementary particles and grasped its internal structure, we were able to explain many phenomena and solve many problems always from physical consideration. These include such problems as: Why SU (3) or SU (6) symmetry appears in certain class of phenomena, while it does not appear in other class of phenomena? How to introduce into our theory reasonably symmetry breaking with a clear physical meaning, etc.? These

- 15 -

are all problems of substance. The phenomenological symmetry theory, though it can explain certain phenomena on the surface, is unable to tackle these problems of substance, because it cannot penetrate deep into the internal structure of the elementary particles and grasp the internal contradictions of the elementary particles. Furthermore, in the structure model of the hadrons, there appears an interesting clue to the solution of the divergency problem in the stratum of the hadrons. It points out that the appearance of the divergence is due to the artificial assumption of the point model. The key to the correct solution of this problem is to replace the view of the point model by that of the existence of the internal structure.

It is hardly possible that the discovery of a series of evidences supporting the existence of internal structure of the hadron could be purely accidental. Therefore, we regard the view as scientifically established beyond doubt that the elementary particles, in particular the hadrons, have internal structures.

The structure model also opens up new and wide prospects for the further development of the theoretical investigation of the elementary particles. It indicates that the achievements of the theory of the elementary particles in the past have to be reexamined from the viewpoint of the structure model. At the same time, it raises a series of problems which have to be investigated further in detail.

To Rely on the Masses, on the New-Born Forces

In looking back at the past year, we see that the certain achievements which we were able to make in our research work in our first attempts to study and to apply Mao Tse-tung's thought are inseparable from our reliance on the masses and on the new-born forces.

There was in the past an argument which holds that the study of theoretical physics depends mainly on the talents of the individual. What he needs are only a pen, a few sheets of paper and several books. It is a kind of work which cannot be

- 16 -

done collectively. This argument runs counter to the application of the working method of mass line which has been consistently taught to us by Chairman Mao Tse-tung. Practice in the past year has shown that our straton model was made not by depending only on the individual efforts of a few scientists but by relying on the collective strength and wisdom of all the participating research personnel organized. For instance, the present achievement of the above-mentioned wave function and method of calculation has been made possible only through constant collective discussions, mutual enlightenment and the process of at least three or four stages of development.

We have in our research work paid attention to the integration of the leaders, the experts and the masses so as to give full play to the initiative and creativeness of the young cadres and at the same time also , the specialized training of the experienced colleagues. To be concrete, we have adopted the following measures: First of all we do well the ideological work among the staff members in the course of the research work, constantly heightening the socialist consciousness of every working personnel; secondly we enable the new-comers to learn while working so that they can go to the forefront of scientific research as soon as possible and thirdly we organize militant groups according to the needs of our work. By relying resolutely on the masses, we have not only achieved good and quick results, but have also had our new cadres brought up successfully and quickly.

In our section, young cadres constit·te eighty per cent of the total. How to train the young cadres? There are two ways to do it, which are radically different from each other. One is the bourgeois way of competition and selection, which encourages individual striving and the pursuit of personal fame and profit. With this way of training, the young cadres feel spiritually repressed and ideologically confined by many old restrictions, with the result that they cannot give full play to their role. The other way is to give prominence to serving the socialist

- 17 -

revolution and socialist construction and to collectivism. This is just the way we have taken. It makes the young cadres lively in spirit. They cherish the interests of their motherland and at the same time do not lose sight of those of the whole world. What pushes them forward is no longer the insignificant personal interests but the fundamental interests of the seven hundred million people and the world people. They regularly and repeatedly study Chairman Mao's article on "Serve the People", and regard all their work as political tasks, militant tasks. When confronted with difficulties, they will study Chairman Mao's article on "The Foolish Old Man Who Removed the Mountains" which fills them with boundless drive. Hence those comrades who have joined the work only for a few months can quickly go to the forefront of the research and accomplish in one or two weeks tasks, to fulfil which in the old way would require several months of time. Being tempered in the concrete tasks and through collective discussions, these youths have quickly grown up. A part of our previous work in research was actually done by some comrades who had joined the work only a few months ago. They were not only able to do their work well, but also able to put forward important viewpoints. For example, the preliminary probing of the strong interaction of the structure model, the discussion on the electric quadruple of hadron and the magnetic octapole, and that on electromagnetic form factors of nucleons were all contributions made by the young comrades.

The above-mentioned are some perceptions and understanding which we gained in studying and applying Mao Tse-tung's thought in the past year.

During the past year, whenever we came across problems, Mao Tse-tung's thought show us the correct direction for their solution; whenever we were confronted with difficulties, Mao Tse-tung's thought inspired us with revolutionary courage. Countless facts tell us that Mao Tse-tung's thought is the

- 18 -

invincible and powerful weapon for our three great revolutionary movements of class struggle, the struggle for production and scientific experiment. We have come to understand profoundly that so long as we are able to grasp and use this weapon well in scientific experiment, it will certainly be transformed into a huge material force. In this way, our scientific work will make constant progress along with the upsurge of our socialist construction as a whole.

This is only the beginning of our study and application of Mao Tse-tung's thought. It is also only the beginning of our knowledge on the structure of the elementary particles. We have only made the first step forward. Greater and harder struggles are ahead of us.

We are convinced that so long as we are able to unswervingly hold high the great red banner of Mao Tse-tung's thought, steadfastly put Mao Tse-tung's thought in command of all work and constantly remould our subjective world while unceasingly transforming the objective world, we are sure to overcome any difficulties on our road of advance and keep on marching forward from one victory to another!

附录六　中国的基本粒子观和基本粒子论
——科学的新风貌 ①

中国の素粒子観と素粒子論
——科学の新しい風——

坂田昌一

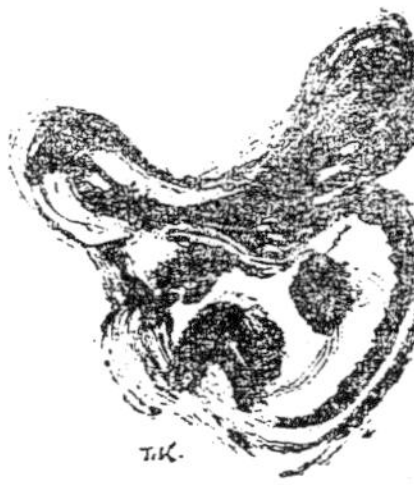

"層子模型"についての手紙

去る七月末、日本の新聞は、北京夏期物理討論会において中国の物理学者が「毛沢東思想の輝かしい灯の下に行われた素粒子論の研究」という論文を発表し、層子模型という新理論を提唱したことを伝えた。北京夏期物理討論会は一九六四年北京科学シンポジウムのコミュニケにもとづき開かれたアジア、アフリカ、ラテン・アメリカ、オセアニア四大州の国際学術会議で、日本からは野上茂吉郎東大教授を団長とする代表団が参加した。

この会議において、中国の科学者が素粒子論についての野心的な研究成果を発表するであろうということは、少し前から予想されていた。というのは、七月初旬たまたま東京で科学者京都会議がひらかれていた際、北京大学の周培源教授より湯川、朝永両先生と筆者にあて特別招待の電報が届き、中国の科学者が素粒子の内部構造論を展開し、欧米で流行している対称性理論の積極面を包含し、その難点を除去した興味ある成果をえたという知らせをうけとっていたからである。会期が切迫していたので、私たちは招待に応ずることが出来なかったが、新しい理論の内容がどのようなものであるかについては非常に大きな関心をもち、詳報を待っていた。そのうち、副団長の早川幸男名大教授から七月二十八日付でかなり長文の手紙が到着し、中国の仕事が、けっして日本の一部の新聞や週刊誌などが中傷していたような無内容なものではなく、大変内容の充実した、水準の高い研究であることが分った。そればかりか、私たちをさらにおどろかせたのは、僅か一年たらずの間に、中国各地に高い方法論とすぐれた組織をもつ強力な研究グループが誕生していることであった。次に彼からの手紙の一節を引用してみよう。

「物理の中味についていえば、中国の力はぐっと厚味を増したように思えます。今まで北京グループの複合模型の仕事が報告されましたが、私の見たところでは、日本よりがっちりやっていると思います。並木氏（筆者注、早大教授）は日本でも同じくらいの成果を得

① 本文选自日本《世界》杂志（岩波书店）1996年第11期，第194-200页。

ているといっていますが、若手の力倆の大きな差は認めています。中心的指導者は朱洪元氏ですが、報告者は皆二十五歳前後の若手です。朱氏は通訳を買って出ていますが、報告者の答より大分長い答が通訳から帰ってきます。きわどい質問には朱氏が自分で答えます。毛沢東思想云々という論文も、実は複合模型の仕事の綜合報告で、題名から予想されるものと内容はかなり違っていました。しかし、到る所に毛著作の引用があり、それに従って研究を進めたといっています。しかし、吾々の見るところでは、それは先生が六十四年に報告されたものの改訂に近く、坂田思想、武谷方法論と内容的に変りありません。……中国を僅かばかり見たところでは、毛思想そのものよりその実績が大きいわけです。北京グループの仕事もその実績は立派なものです。……物理の中味はまだ完全には理解しておりませんが、大体次のようなものです。素粒子は層子からなり（これはサカトンと同じ）、SU(6)を構成します。これが二個乃至三個で結合系をつくり、層子の遷移で素粒子の諸性質を記述します。従ってSU(6)から期待される運動学的関係や質量公式が出る以外、崩壊率や形相因子などが内部波動関数で表わされます。内部自由度については、一応BS方程式で書きますが、これでいろいろな量を共変的にあらわすだけで方程式を解くことはしません。……つまり一種のくりこみをやり、点模型で発散する積分を層子の波動関数でおきかえるわけです。この辺の取り扱い方は論理的に筋立っていて、〝プログレス〟(筆者注、日本の欧文雑誌）にでる多くの論文のように天地の定まらないのとは趣を異にしています。この模型で電磁相互作用を中心にして素粒子の静的性質を徹底的に調べているのは、朱氏の軍配も見事なら、これを一年でやりとげた若手の精力と力倆には感心します。日本の若い人には爪のあかでもおみやげに持って行ってあげたい気がします。これに対して、並木氏が日本の仕事を引っ下げて一戦挑むと意気さかんですが、織田勢の鉄砲隊に向って槍の名手が攻めて行くような気がします。中国側の若さと共同研究の歩調は一九四五——一九五〇に吾々がやったのとよく似ているような気がします。あのとき吾々は槍と刀でやり、今まで槍一筋に生きようとしていますが、鉄砲隊がない戦争はどうなることでしょう。

このような仕事ぶりは原子核でもあるようです。O^{16}の励起準位の理論もそのようだったそうです。周氏は毛沢東のセンメツ戦の思想に学んだといっていますが、全くその通りです。それに対して日本はゲリラで行くと答えておきましたが、四十の坂を越した中年兵ばかりのゲリラでどこまで対抗できるでしょうか。早く若手が〝生徒団〟を卒業して戦列についてくれないと先が知れています。………」

早川氏の手紙は、日本の現状と対比しつつ、中国における素粒子論の急速な発展をヴィヴィドに伝えてくれた。そのうち、彼をはじめ、代表団の全員が帰国し、社会主義文化大革命のさなかで開かれた歴史的会合の全貌が伝えられるとともに、層子模型についても詳しい内容が明らかになった。

かつて、筆者は、一九六四年北京科学シンポシウムの開幕式において、現代科学を腐敗と堕落の道にひき入れつつある欧米の「実証主義」「実用主義」に反対し、これと対決できる正しい方法論をうちたてることの重要性を強調したが、文化大革命のなかで行われた中国の素粒子論研究はまさに私の期待した〝科学の新しい風〟ということができる。これまで日本の素粒子論は方法論と組織的研究を軸として発展したことを誇としてきた。一九六四年北京科学シンポシウムにおいても、私たちはその経験を語り、各国科学者の賞讃をうけた。ところが、いまや中国において、社会主義文化大革命の一環として、毛思想により武装した若手研究者を主体とする強力なグループが誕生し、日本のグループとその成果を競いあうようになった。早川氏が指摘されているごとく、こんどは、私たちが中国の経験を学び、若手研究者を勇気付けて日本の伝統をさらに発展させるよう努力せねばならぬ順番となった。代表団の土産話をきき、北京グループの層子模型に関する論文に目を通したところで、中国における素粒子論の発展についてのべてみたい。

中国の理論物理学と日本の方法論

中国の理論物理学は、他のあらゆる分野の研究と同様、解放直後においては零にひとしい状態から出発した。筆者は、一九五六年と一九六四年の二回中国を訪問したが、最初のとき北京で専門の話を交すことができたのは、北京大学の胡寧教授だけであった。層子模型の展開において指導的役割を果された中国科学院原子能研究所の朱洪元教授は、そのころ未だイギリスから帰国されていなかったか、或はソ連に行かれて留守だったのではないかと思う。当時胡教授は、自分たちは教育の仕事で手一杯だと語られていたことを思い出す。その後、百家争鳴の方針にもとづく科学十二ヵ年計画が実施され、科学者が大量に養成されたので、理論物理学者の数も急速に増加した。実際、筆者が一九六四年北京科学シンポシウムに出席したときには、多数の若い理論家と出会い、彼らが高い水準の報告を行うのをきくことができた。ただシンポシウムがはじまる前、筆者がちょっと心配したのは、中国の若手のなかにも、欧米で流行している問題を同じやり方で後から追かけてゆくような傾向が現われているのではないかという点であった。もし、そうだとするとせっかく私たちが方法論に関する論文を用意していても、話が一向に喰いあわないからである。ところが、実際に若い人たちの話をきき、討論に参加してみると、私たちの心配は全くの杞憂であり、中国の物理学者たちは、自己の路をきりひらくため、方法論の問題と真剣にとりくむ姿勢をとっていることを知った。今から考えてみると、理論物理学の分野では、すでにその頃から文化大革命が始まっていたといえる。

筆者は一九六一年日本物理学会誌に「新素粒子対話観」という論文をかいた。これは、筆者が提唱した〝複合模型〟の背景となる方法論について論じた論文で、素粒子は物質の窮極であるという一般通念に反対し、物質の階層だという唯物弁証法的観点を主張したものであった。一九六四年北京科学シンポシウムに出席した際、私が一番おどろいたことは、毛主席が人民大会堂の広間で各国の団長と握手してまわられた折、私にむかってあなたの論文を読みましたといわれたことであった。「新素粒子観対話」はロシア語に訳され、〝哲学の諸問題〟誌上に掲載されたことがある。毛主席が読まれたのは、おそらくその論文であろう。彼が非常な読書家であることは知っていたが、その範囲が素粒子観にまで及んでいるとは思わなかった。さすが現代最高の哲学者だとひどく感心した。

私たち日本の理論物理学者は、武谷三段階論を誇とし、方法論の重要性をはやくから説いていたにも拘らず、これまで欧米の科学者のなかには一人の友人さえ見出すことができなかった。ところが、一九六四年の北京科学シンポシウムにおいては、事情が全く異っており、中国の物理学者たちがこぞって日本の方法論に強い関心を寄せてくれた。なかでも、原子能研究所の銭三強所長、理論物理の指導者朱洪元教授、哲学研究所の于光遠氏らの熱意は大変なものであった。おそらく彼らは丁度その頃から、正しい方法論——唯物弁証法を運用し、中国の科学に自己の路を歩ませようと、考えはじめていたのであろう。当時〝人民日報〟には毎日のように「一分為二」という〝矛盾論〟の根本問題についての議論が大きく掲載されていた。私たちは、ホテルの工作員までがこれらの論文を熱心に読んでいるのをみて、大変びっくりしたが、毛思想を大衆のものとする社会主義文化大革命がまさに始まろうとしていたのであろう。

昨年七月、私は周培源先生から手紙をもらい、またびっくりしてしまった。「新素粒子観対話」が〝人民日報〟や〝紅旗〟に掲載されたことを伝えてきたからであった。大衆路線が毛思想の中核であることは知っていたが、素粒子観までが大衆討議により鍛えられるとは思わなかった。その頃、中国では物理学者と哲学者の間で科学技術工作に唯物弁証法を運用する問題について非常に熱心な討議がくりかえされていたようである。当時行われた討論会の記録を読むと、朱洪元氏が次のような発言をしている。

「『新素粒子観対話』は非常に啓発される論文である。

日本の物理学者はおくれて発展したなかでとくにすぐれている。

今世紀はじめの三十年には、相対性理論が生まれ、量子力学が形成され発展して、理論物理学に飛躍的な変化がもたらされた。しかし、その時代には、日本の理論物理学者はそれほど大きな貢献をしたわけではなかった。ところが、今日日本の素粒子論はすでに世界の最前列にたっている。素粒子物理についての実験条件では、日本は一部の欧米諸国におくれている。日本には宇宙線についての実験の工作がいくらかあり、このほかには、十億電子ボルトの電子加速器一台があるだけである。ところが、日本の理論物理学は、核力の中間子論、場の量子論の超多時間理論、くりこみ理論、および、二種の中間子と二種中性微子の仮説、西島——ゲルマン法則、SU(3)群の素粒子分類法などを提唱して、一連の重要な貢献を行い、実験条件のすぐれた一部の欧米をしのいでいる。

日本の素粒子論は、なぜこんな急速に発展して高度な水準にたっしたのであろうか。一九六四年の北京科学シンポジウムの期間、私は坂田昌一教授の談話から、彼が二十年代の末期にエンゲルスの〝自然弁証法〟を読み、その後次第に唯物弁証法を意識的に運用して、自分の科学研究活動をみちびいてきたことを知った。彼とその同僚たちは、理論物理学のなかの方法論の問題をとくに研究した。コペンハーゲン学派の観点が理論物理学界を風靡していたとき、彼らはこれにまきこまれることなく、西側に盲目的に追従せず、あえて自分の路をつきすすんだ。これが彼らが上位にたつようになった重要な原因であると、私は考える。

われわれが科学工作で世界の先進水準に追いつこうとするには、どうしても唯物弁証法を学び、運用して、理論的思惟のうえで主動性をもつようにつとめ、枠を破って、自分の路をつきすすむのに勇敢でなければならない。ただ盲目的に外国に追従していくのでは、永遠に国際的な先進水準に追いつくことができない」と。

中国における素粒子論の発展

自己の路を歩む　中国の素粒子論が「自己の路を歩む」ことを決意し、毛沢東思想を最高の方針として、若手研究者のエネルギーを結集

198

し、精力的に展開されはじめたのは、方法論についての学習と討議が一段落した昨年九月ごろからであったらしい。それ以後僅か十ヵ月の間に北京をはじめ蘭州、南開などに素粒子論グループを形成し、層子模型に関する十篇ちかくの論文をつくり出した力は、まことにすばらしい。社会主義文化大革命のなかで毛思想を科学工作に運用した著しい成果といえよう。

北京グループは、彼らがいかにして研究をすすめたかについて、「毛沢東思想の輝かしい灯の下に行われた素粒子論の研究」のなかで、詳しく説明している。この論文の各節では、「走自己的路」、「破旧立新」、「不入虎穴、焉得虎子」、「依拠群衆、依拠新生力量」といった毛思想を表わした言葉が夫々の見出しとなっている。彼らはいう。「自己の道を歩む」というのは、なによりもまず正しい世界観にたち、正しい方法論を運用することを意味する。中国の科学者の多くは、この十数年間なお認識論と方法論の領域で、欧米流の形而上学的観点や観念論的思想にとらわれ、またソ連への盲信によって影響されていた。そのため、いくらかの失敗やまわり路をしたが、いまやそれらの経験のなかから教訓をくみとり、正しい世界観を打ち立てねばならないと。

新しいものを創り出すまえに旧思想を打破ろう 彼らは欧米で現在流行している素粒子論の二つの傾向——〃靴紐理論(ブートストラップ)〃と〃対称性理論〃を詳しく検討し、鋭く批判する。これらの理論は、夫々一応積極的な面はもっていたが、欧米の理論物理学を風靡している形而上学的観点と実証主義的傾向の影響をうけ、いまや袋小路に迷いこんだ感じである。日本でも、湯川教授がかつてこれらの理論を評し、催眠術と手品だといわれたのは、実に名言であった。一九六四年の北京科学シンポシウムの際、筆者がその話をすると、朱洪元、胡寧教授らは手を打ってよろこんだ。科学の世界に新しい風を起すには、形而上学的観点と実証主義的思想を打ち破らねばならない。

最近まで欧米の物理学者の大半は、素粒子はデモクリトスのアトムのごとく、もはやそれ以上分割することのできない〃物質の窮極〃であるという形而上学的観点をとっていた。これに対し、一九五四年筆者は、分子——原子——原子核——素粒子といった原子論的諸概念はすべて物質の無限の階層の一つであるという弁証法的観点にたち、素粒子の背後には、これを構成しているより根源的な粒子——〃基本粒子(ウルバリオン)〃が存在しているという仮説、すなわち〃複合模型〃を提唱した。当時見出されていた素粒子の諸性質を説明するには、基本粒子として、陽子、中性子、ラムダ粒子の三つをえらぶのがよさそうであったが、その後巨大加速器を用いた実験研究の発展により〃共鳴準位〃とよばれる極めて短命な素粒子が数多く発見されるようになってから、基本粒子としては、これまでの素粒子のリストのなかに登録されていない、もっと質的にちがった粒子を考えねばならなくなった。現在のところ、基本粒子としてどんなものを仮定するかによって、いろいろな種類の複合模型が成り立ち、その優劣はなかなかつけがたいが、確実にいえることは、元の模型に似た三つの基本粒子——〃基本三重子(ファンダメンタル・トリプレット)〃が主役を演じているらしいということだけである。可能な模型のうち、最も簡単なものは、もとの模型と同様、一組の三重子を仮定するゲルマンの〃クオーク模型〃であり、このほかに、新しい自由度を導入し、二組乃至三組の三重子を仮定した理論とか、三重子と一重子を基礎とした〃四元模型〃などが各国で詳しく検討されつつある。

中国の科学者が〃層子(ストラトン)〃とよんだのは、筆者たちが〃基本粒子〃と名付けたもののことで、主として一組の三重子を扱っているから、見掛けの上では、ゲルマンの〝クオーク〟と同じものだともいえる。しかし、クオークと本質的にことなっているのは、その背後にある素粒子観で、層子という名称は、物質の無限の階層の一つであるという観点を明確に打出すためだといっている。日本のなかには、名前などどうでもよいと考える人が多いかも知れないが、ゲルマンが〝クオーク〟などという冗談めいた名前をつけた裏には、基本粒子などというものは、現実には存在せず、物理学者が現象を説明するため便宜的に導入した概念に過ぎないという実証主義の哲学が顔を出している。実際、ゲルマンは、フランスの雉子料理を例にとり、雉肉を犢の肉の間に挟んで焼き、あとで犢の肉の方はすててしまう調理法があるが、素粒子の背後にクオークを考えるのは、この場合の犢の肉のようなものだといっている。今世紀の初頭、オストワルドが、化学反応を原子によって説明するのは、蒸気機関車のはたらきを、そのなかに馬がかくされているといって説明するのと同じくらい馬鹿げているといったのと似ている。

弁証法的唯物論の立場では、自然は質的にことなる無限の階層からできており、原子論的概念はすべて物質の階層の一つだと考えられる。その意味からすれば、分子でも、原子でも、素粒子でも、すべて〝層子〟とよばれる資格を備えている。ところが彼らが基本粒子のことをことさらに、層子とよんだのは――あるいは中国では素粒子のことを偶然にも基本粒子と名付けていることが一つの理由かも知れないが――、おそらく層子といえども必ずいつの日にかその内部構造があばき出されるであろうということを忘れさせないためであろう。筆者は〝層子〟という言葉を新聞で読んだとき、さすが文字の国だけあって、うまいことをいうと思って感心した。もはやアトミズムとしての性格を失った現代の原子論（アトミズム）は、今後層子論（ストラトニズム）とよびかえられるべきではなかろうか。

虎穴に入らずんば虎児をえず　弁証法的素粒子観、すなわち層子論的観点にもとづき、層子模型を展開しようと決意した中国の物理学者たちは、まず研究に着手するにあたって、毛沢東の〝実践論〟と〝矛盾論〟を精読し、認識論と方法論の学習を行ったと書いている。日本では方法論にたいしてかなり理解をもった物理学者のなかにさえ、実際に仕事をする際——例えば計算を行ったり、実験を行ったりするときには、方法論は不要であると思っている人が多い。しかし、方法論は、あらゆる実践のなかを貫くものであって、ここまでが哲学、ここから先は科学だというような境界はない。これらの人々は、科学と哲学を別ものだと考える欧米の影響から抜けでていないのである。科学が哲学と無縁なものだと考える人こそ、もっとも俗悪な哲学——実証主義と形而上学——のとりことなっているのに気付いていない。〝実践論〟と〝矛盾論〟は、中国革命により鍛えられたすぐれた認識論と方法論であり、科学の研究においても必ず強力な武器となりうるにちがいない。層子模型の展開は、まさにこのことを見事に実証したといってよい。

中国の素粒子論に対し、日本の素粒子論は、湯川中間子論の発展によって鍛えられた方法論——武谷哲学を武器としてもっている。毛沢東思想と武谷三段階論の関係を論ずるのは現代唯物論哲学の最高の課題であろうが、私たち物理学者は、中国の物理学者と、素粒子論の研究を互に競いあうことによって、この関係を明らかにできるのではあるまいか。

複合模型を展開するにあたり、まず直面する困難は、一つには、基本三重子がまだ実験的に発見されていないことであり、二つには、全く新しい力学法則により支配されているかも知れないということである。北京グループは、ここでまず〝矛盾論〟の知恵を借り、「一分為二」の方法を量子力学に適用し、層子の階層において成立つ知識と成り立たぬ知識を分離し、後者をそのままにして、前者を展開するというやり方をとった。具体的にいえば、早川氏の手紙にも書かれているごとく、素粒子の内部構造を記述する波動関数は導入するが、波動方程式を見出したり、解いたりする問題は将来にのこす。波動関数は、さしあたり実験結果を分析するためのパラメターとして用い、半現象論的な議論をすすめることによって、内部構造をあばき出す。以上が彼らのやり方であり、困難に出会ってもひるまず、「虎穴に入らずんば虎児をえず」という毛思想を武器として敢然と立ちむかい、新しい理論を展開して、大きな成果を挙げたのであった。

北京グループのやり方を読み、なにも〝実践論〟、〝矛盾論〟を引き合いに出さなくても、どこの物理学者でも、よくやるやり方に過ぎないのではないかという人があるかも知れない。しかし、そんな人は、かつてエンゲルスが辛辣に皮肉ったように、一生涯散文を語っていたにも拘らず、自分ではそれをちょっとも気付かなかったモリエールのジュルダン氏のことを想い出せばよい。

大衆に依拠し、新生力量に依拠する　最後に北京グループの報告は組織の問題にふれ、彼らが大きな成果を挙げえたのは、大衆に依拠し、新生力量に依拠するという毛主席の大衆路線の方式を用いたためだとのべている。北京グループの八〇%は若手であり、彼らはグループに参加してから数ヵ月たてば、もう最前線に立てるようになったそうだ。大衆討議と相互啓発、そして〝働きつつ学ぶ〟というやり方、これらが、指導者と専門家と大衆の三者を結合し、若手の創意と専門家の技術を十二分に発揮させる力となったのであろう。なんといっても、おどろくべき事実といわねばなるまい。

（さかた・しょういち　名古屋大学教授・理論物理学）

附录七 张文裕、朱洪元等十八位高能物理学家写给周恩来总理的信①

周总理:

我们是二机部四零一所一部(即中国科学院原子能研究所一部)的部分高能物理科技人员。一年来，为了执行毛主席的外交路线，我们和外国的交往越来越频繁，也越来越对我国高能物理工作的落后和缺乏领导的现状感到不安。由于问题长期不得解决，我们觉得有必要将情况和意见直接报告总理。

我所现有各级科技人员三百余人，虽然属于二机部，但十几年来，二机部从未认真领导过我们的科研工作。从一九五六年起，高能物理工作，五起五落，方针一直未定。一九六五年撤出苏修杜布诺联合核子研究所至今，除云南宇宙线观测站能勉强作一点实验工作外，高能物理实验几乎是一片空白，高能理论研究则全是依靠外国的实验数据。以前在联合核子所工作过的稍有实践经验的科研人员，有不少已经改行和分散到各地。我国高能物理的这种状况已越来越不能适应国内外革命形势发展的需要。

为了改变这种状况，我所在一九六七——一九七一年向二机部打过七次报告。两年多前，部领导指示我所向高能物理方向发展。我们经过深入调研和反复讨论，在今年初提出了关于发展高能物理的一个初步设想，除开展“基

① 此信根据中国科学院馆藏档案整理(档案号: 1972-30-0004-0003)。1972年8月18日，张文裕等18位高能物理学家完成此信。8月21日，张文裕给郭沫若写信，信中说道:“听说周总理近来对我国基础学科的发展，十分关切。我所(原子能所一部)在高能物理工作的部分同志写一封信，拟向总理反映我国高能物理长期以来的问题和今后发展的一些设想。并请您审阅批示。如认为可以，我们非常您能将此信亲自交给周总理，让周总理亲自了解这门学科在我国的情况。”23日，郭沫若做了批示:“西尧同志: 原信我看了一遍，觉得有道理，送请你看看，如认为可以转呈总理，请就便转呈。”一天后，刘希尧的意见是:“请打印若干份，……待光亚同志回京后，请他召集有关方面一议，提出意见。原件退我转呈总理。”

本粒子”内部结构的理论研究和宇宙线的研究外，着重点是想在五年左右的时间内，在高能加速器和探测器方面进行预先研究，以便掌握基本技术，培养科技人员，初步改变我国高能物理的落后面貌，为今后的发展打下坚实的基础（详细报告已于今年四月送二机部和中国科学院）。但是，每次报告送上去，都好像石沉大海，部领导既不下来调查研究，也不表示可否。由于多年没有人管，我所开展任何实验工作都非常困难：经费很少，缺少实验室，材料设备买不到，加工挂不上号。在这种情况下，高能物理只好“靠边站”，大部分同志没事干，人心动荡不安。他们问：“我们也有两只手，为什么要蹲在四零一所一部吃闲饭？”

我们认为，造成这种现象的主要原因有两个：

（一）体制有问题：二机部的主要业务范围是核燃料，与高能物理这门基础科学有较大的距离，根本顾不上抓。

（二）方针不明确：关于要不要发展高能物理和怎样发展高能物理，二机部领导谁也不敢拿主意，因此年复一年拖了下来。

这样下去，对我国高能物理的发展将极为不利。最近，我们和杨振宁座谈之后，再次讨论了这些问题，现在提出如下看法和意见：

一、高能物理要不要发展？

我们认为高能物理很重要，必须发展，主要理由是：

1. 高能物理是当代物理学的前沿和发展的中心，是基础理论学科的带头的项目之一。正如杨振宁所说：在高能物理学中将出现像相对论、量子力学一类的划时代的突破。因此，要开展基础理论研究，一定要抓高能。目前美帝、苏修、西欧和日本都在高能物理方面花很大力量，进行竞争。

2. 历史的经验告诉我们，物理学的每一次重大突破都能够促进生产技术的新的飞跃发展，高能物理也不会例外。事实上，目前已经初步看到高能物理的一些用途。

3. 贯彻毛主席外交路线的需要（高能物理在国际学术交流中所占比例很大）。

二、发展高能物理要不要建造高能加速器?

高能物理是一门必须有实验的科学，理论研究不能搞先验论，必须以实验作为基础，虽然一部分探路性质的实验工作可以依靠宇宙线，但是绝大部分的定量精密实验，都必须依靠高能加速器，此外别无其他途径。高能物理的任何应用，也不能没有高能加速器。

三、是不是现在就造高能加速器?

当前我国的高能物理技术力量薄弱，国家经济力量也很有限，我们不主张现在就造高能加速器，但是一定要抓紧时间，进行有关高能加速器的预先研究。这种研究工作总共约需经费二千多万元（相当于我国过去向联合核子研究所一年缴纳的经费稍多一点），看来是国家经济条件所允许的。杨振宁在座谈中提到近年来国际上高能物理发展的速度减慢，是我们赶上去的好机会。我们同意这个看法，因此，预先研究要抓就必须快抓，争取时间，反之，如果还像现在这样任其自生自灭，那末（么）几年后一旦国际上高能物理加快了发展速度，我国就更只好瞠乎其后。

四、加速器预先研究要不要有目标?

在这个问题上，我们和杨振宁有不同看法。他认为现在提目标没有意义，我们认为预先研究不能没有目标，目标就是训练干部，掌握先进技术，并为我国第一台高能加速器的设计和制造工艺提供第一手的技术资料（建造高能加速器也要采取自力更生的方针，外国技术资料只是参考材料）。将来什么时候造高能加速器，造一个什么样的高能加速器，一方面要由我国的工业和经济发展情况等条件来决定，一方面也要通过科学上的预先研究，才能逐步肯定下来。初步设想的我国第一台高能加速器，将是一台强流、超导、直线质子加速器。利用这种加速器，不但可以进行较多的国外加速器不能作的精密实验，而且可以带动新学科，开辟新领域，还可以用它来研究生产核燃料，把基础研究和应用研究结合起来。

十多年的历史教训告诉我们，要发展高能物理，必须加强党的领导，排除“左”右倾思想的干扰，采取自力更生的方针。我们建议尽快确定发展高能物理的方针政策，同时组织上给以保证，尽快成立高能物理研究所，并划归基础理论研究的主管部门领导。只有这样，才能把这一工作提上日程，才能把预先研究抓起来，才有希望改变我国高能物理的落后面貌。

以上意见当否，供参考。

二机部四零一所一部
张文裕　朱洪元　谢家麟　张庆国　汪　容
何祚庥　徐绍旺　等十八人
一九七二年八月十八日

后　记

我于2012年开始关注层子模型历史。尽管当时还在中国科学院理论物理研究所攻读理论物理专业博士学位，但在导师吴岳良院士的启发下对物理学史产生兴趣，并与中国科学院自然科学史研究所时任所长张柏春研究员相识。毕业后，我有幸进入中国科学院自然科学史研究所从事专业的科学史研究工作，在张柏春研究员和美国纽约市立大学胡大年教授建议下集中精力研究此专题。这是中国现代科学史的典型案例，也能发挥我在粒子物理方面的专长。

在书稿即将完成之际，我首先要感谢张柏春研究员。张老师引领我进入科学史研究之门，并在论文选题、撰写和方法论上给予了关心、支持和指导。他既注重细节研究，也擅于把握学科整体发展方向。考虑到我没有受过科学史专业训练，张老师采取了边做研究边补学科学史研究方法的培养方式。除鼓励参加相关的报告和课程外，他还推荐我参加德国马普学会科学史研究所的学术活动，逐渐扩展国际学术视野。张老师在百忙中指导我们修改论文，帮助我理解史学研究的方法和规范。他对学术的严格要求会令我受益终身。

感谢吴岳良院士对于我转入物理学史领域给予的持续的鼓励和指导。吴老师思维敏捷，视野宽阔，做研究时不受传统观念束缚。他对于物理学研究中理论创新的执着追求一直影响着我。感谢辽宁师范大学岳崇兴教授。岳老师是我的硕士导师，他带领我进入粒子物理学领域并从各方面给予我鼓励和帮助。两位导师的精心指导，使我打下了扎实的物理学基础。

感谢胡大年教授的教诲和启发。胡老师注重历史研究中的细节，时常同我们分享研究心得和最新成果。他积极推荐我参加美国物理学会的学术会议和组织活动，使我有机会同国际同行交流最新研究成果。在每次英文报告演讲结束后，胡老师还会细心纠正我的英语发音问题。

感谢以下诸位先生热情地接受我的访谈并提供珍贵史料。他们是诺贝尔物理学奖获得者杨振宁先生，中国科学院理论物理研究所戴元本院士、何祚庥院士、张肇西院士、朱重远研究员、黄朝商研究员、赵万云研究员、张历宁研究员、赵恩广研究员、张元仲研究员、庆承瑞研究员和刘纯研究员，北京大学高崇寿教授、宋行长教授，中国科学院高能物理研究所杜东生研究员、徐德之研究员、郁宏研究员，中国科学技术大学刘耀阳教授，中国科学院物理研究所杨国桢院士，中国海洋大学于良教授，中国科学院政策研究所范岱年研究员和美国卡耐基梅隆大学李灵峰教授。此外，感谢中国科学院高能物理研究所鞠长生研究员、中国科学院理论物理研究所陈时研究员、中国科学技术大学周邦融教授和浙江的杨祥聪教授接受了我的电话访谈或邮件请教。感谢意大利热内那大学 G.Morpurgo 教授同我的邮件交流。他详细介绍了个人学术经历和非相对论夸克模型工作。

感谢中国科学院档案馆、中国科学院高能物理研究所档案馆和数学与系统科学研究院档案馆的老师们协助查找相关档案。感谢胡宁先生女儿胡滨以及福建陈峰提供珍贵的照片和手稿。感谢日本名古屋大学坂田昌一纪念馆馆长 Y.Okamoto 教授、M.Tanabashi 教授、K.Yamawaki 教授、T.Nishitani 教授，茨城大学 H.Sakata 教授和联合核子研究所 A.Zchemchugov 博士在我访问名古屋大学坂田昌一纪念馆和联合核子研究所时提供的友好帮助。

感谢中国科学院自然科学史研究所老师们的指导和帮助。“科技知识创造与传播（第二期）”项目负责人关晓武研究员持续关心研究进展并针对具体问题提供了改进意见。西方科学史研究室主任田淼研究员对学术研究的敏感性是我学习的榜样。她还经常在国外学术访问时为我们搜集史料，还组织拉丁语学习班提高我们的语言能力。董光璧先生和戴念祖先生对物理学史问题的把握和学术积累是我学习的楷模。罗桂环研究员、张九辰研究员、邹大海研究员、孙烈研究员、刘益东研究员、方在庆研究员、方一兵研究员、姚大志研究员，以及刘烨昕副研究员、王芳副研究员、陈朴副研究员、陈巍副研究员、陈悦副研究员、高璐副研究员、李萌副研究员、王斌副研究员、王晓斐博士和天津大学苏轩博士、兰州大学马敏敏副教授在科学史研究方法上的指导和帮助，同样使我受益匪浅。此外，还要感谢赵力书记以及张宗鹤、彭冬玲、黄海雁、王莹、张佩、曹希敬、鲍宁、霍婷婷等同事在工作上提供的帮助。

感谢中国科学技术大学胡化凯教授、丁兆君副教授和首都师范大学尹晓冬教授耐心回答我在研究工作中遇到的问题。感谢中国科学院理论物理研究所所长蔡荣根院士、邹冰松院士、周宇峰研究员、周善贵研究员、杨一玻副研究员、李理副研究员，以及科研处处长庄辞和综合处处长安慧敏；北京大学马伯强教授，中国科学院高能物理研究所贾宇研究员、魏微研究员、钱森研究员、占亮研究员，中国科学院大学汤勇副教授，国家天文台黄达副研究员，山西大学高山教授，辽宁师范大学杨硕副教授，以及师弟刘卓博士、房震博士和汤亦蕾博士同我在物理学专业知识的交流讨论。

多年来，马普学会科学史研究所 J.Renn 所长、M.Schemmel 研究员和 A.Blum 博士，柏林工业大学 F.Steinle 教授，美国加州理工学院王作跃教授，明尼苏达大学 M.Janssen 教授，纽约州立大学石溪分校 R.Crease 教授，俄罗斯科学院科学史研究所圣彼得堡分所 D.Saveljeva 副教授，日本广岛大学 H.Ichikawa 教授，东京工业大学 H.Saito 副教授和综合研究大学院大学 K.Ito 副教授关心该课题进展，或是赠送学术资料，或是分享新的学术思路和观点，谨致谢忱。

本书核心内容已分别于2018年和2021年发表在 *Chinese Annals of History of Science and Technology* 期刊。感谢译者俞月圆编辑和吕昕编辑。他们的职业素养和敏捷的反应能力令我印象深刻。此外，书稿部分内容曾在德国马普学会科学史研究所组织的 Workshop、第 15 届东亚科技史年会、第 1 届国际科学史研究院会议和“2021 年量子科技系列报告”上报告，感谢与会人员提出的修改建议。

最后，我要感谢我的家人和朋友们。我特别幸运地生活在一个团结、互助的大家庭。家人的辛勤付出是我专心完成科研工作的保证。感谢父母的哺育和支持使我取得今天的一点点成绩。感谢伯父刘明和和叔叔刘明月的鼓励和关心。当然，还要感谢我的爱人吴云。他在繁重的科研任务之余，始终不渝地支持我的工作。他严谨的处事态度和乐观的性格也影响着我。感谢儿子吴晟勋为我们带来的欢乐。

研究“层子模型”历史专题，即将十年有余。需要指出的是，由于本人学识有限，书稿内容难免疏漏，衷心地恳请历史知情者、学界同仁和读者给予批评、指正，我会在未来的研究中加以改正和提升。

本专题研究得到“科技知识创造与传播（第二期）”、中国科学院青年创新促进会、中国科学院青年研教项目和国家自然科学基金（20世纪以来的中国粒子物理学及其学术谱系发展研究）提供的经费支持。本书的顺利出版还得益于山东科学技术出版社杨磊主任耐心、严谨的编辑。在此特别感谢他的热心帮助！

刘金岩

2021年7月17日于北京中关村